普通高等教育"十一五"部委级规划教材(高职高专)

纤维纺丝工艺与质量控制

(上册)

杨东洁　主编
辛长征　副主编

中国纺织出版社

内 容 提 要

《纤维纺丝工艺与质量控制》是普通高等教育"十一五"规划教材，共分上、下两册，本书为上册。书中系统地介绍了化学纤维的主要性能指标、化学纤维成型原理、化学纤维拉伸和热定型原理；黏胶纤维、聚丙烯腈纤维（腈纶）、聚乙烯醇缩醛纤维（维纶）、聚氨酯弹性纤维（氨纶）的生产工艺及质量控制；新型化学纤维的性能及生产。

本书为高职高专高分子材料加工工艺学或化学纤维工艺学课程的教材，也可供从事化学纤维生产的技术人员、制造人员、分析测试人员和科研人员参考。

图书在版编目(CIP)数据

纤维纺丝工艺与质量控制. 上册/杨东洁主编. —北京：中国纺织出版社，2008.10（2024.8 重印）

普通高等教育"十一五"部委级规划教材. 高职高专

ISBN 978-7-5064-5263-2

Ⅰ. 纤… Ⅱ. 杨… Ⅲ. ①化学纤维—纺丝—生产工艺—高等学校：技术学校—教材 ②化学纤维—纺丝—质量控制—高等学校：技术学校—教材 Ⅳ. TQ340.1

中国版本图书馆 CIP 数据核字(2008)第 118213 号

策划编辑：朱萍萍　　责任编辑：安茂华　　特约编辑：秦　伟

责任校对：余静雯　　责任设计：李　歆　　责任印制：何　艳

中国纺织出版社出版发行

地址：北京市朝阳区百子湾东里 A407 号楼　邮政编码：100124

邮购电话：010—67004461　传真：010—87155801

http://www.c-textilep.com

中国纺织出版社天猫旗舰店

官方微博 http://weibo.com/2119887771

北京虎彩文化传播有限公司印刷　各地新华书店经销

2008 年 10 月第 1 版　2024 年 8 月第 9 次印刷

开本：787×1092　1/16　印张：19.5

字数：404 千字　定价：59.00 元

出版者的话

2005年10月，国发[2005]35号文件“国务院关于大力发展职业教育的决定”中明确提出“落实科学发展观，把发展职业教育作为经济社会发展的重要基础和教育工作战略重点”。高等职业教育作为职业教育体系的重要组成部分，近些年发展迅速，编写出适合我国高等职业教育特点的教材，成为出版人和院校共同努力的目标。早在2004年，教育部下发教高[2004]1号文件“教育部关于以就业为导向深化高等职业教育改革的若干意见”，明确了促进高等职业教育改革的深入开展，要坚持科学定位，以就业为导向，紧密结合地方经济和社会发展需求，以培养高技能人才为目标，大力推行“双证书”制度，积极开展订单式培养，建立产学研结合的长效机制。在教材建设上，提出学校要加强学生职业能力教育。教材内容要紧密结合生产实际，并注意及时跟踪先进技术的发展。调整教学内容和课程体系，把职业资格证书课程纳入教学计划之中，将证书课程考试大纲与专业教学大纲相衔接，强化学生技能训练，增强毕业生就业竞争能力。

2005年底，教育部组织制订了普通高等教育“十一五”国家级教材规划，并于2006年8月10日正式下发了教材规划，确定了9716种“十一五”国家级教材规划选题，我社共有103种教材被纳入国家级教材规划。在此基础上，中国纺织服装教育学会与我社共同组织各院校制订出“十一五”部委级教材规划。为在“十一五”期间切实做好国家级及部委级高职高专教材的出版工作，我社主动进行了教材创新型模式的深入策划，力求使教材出版与教学改革和课程建设发展相适应，充分体现职业技能培养的特点，在教材编写上重视实践和实训环节内容，使教材内容具有以下三个特点：

(1)围绕一个核心——育人目标。根据教育规律和课程设置特点，从培养学生学习兴趣和提高职业技能入手，教材内容围绕生产实际和教学需要展开，形式上力求突出重点，强调实践，附有课程设置指导，并于章后附有复习指导及形式多样的思考题等，提高教材的可读性，增加学生学习兴趣和自学能力。

(2)突出一个环节——实践环节。教材出版突出高职教育和应用性学科的特点，注重理论与生产实践的结合，有针对性地设置教材内容，增加实践、实验内容，并通过多媒体等直观形式反映生产实际的最新进展。

(3)实现一个立体——多媒体教材资源包。充分利用现代教育技术手段，将授课知识点、实践内容等制作成教学课件，以直观的形式、丰富的表达充分展现教学内容。

出版者的话

教材出版是教育发展中的重要组成部分，为出版高质量的教材，出版社严格甄选作者，组织专家评审，并对出版全过程进行过程跟踪，及时了解教材编写进度、编写质量，力求做到作者权威，编辑专业，审读严格，精品出版。我们愿与院校一起，共同探讨、完善教材出版，不断推出精品教材，以适应我国高等教育的发展要求。

中国纺织出版社

教材出版中心

前言

《纤维纺丝工艺与质量控制》是按照《培养规格》的要求，在对高分子材料（化学纤维方向）专业的人才培养模式和教学内容体系改革进行充分调查研究和论证的基础上，充分吸取高职高专和成人高等学校在探索培养技术应用型专门人才方面取得的成功经验和教学成果基础上编写而成的，充分体现了高等职业教育的应用特色和能力本位，调整了新世纪人才必须具备的文化基础和技术基础，突出了人才的创新素质和创新能力的培养。为全国统编"十一五"规划教材，供高职高专高分子材料专业（化学纤维方向）高年级学生学习专业课时使用。共分为上，下两册，本书为上册，重点介绍了溶液纺丝品种（黏胶纤维、腈纶、维纶、氨纶）的原材料性能、工艺特点、原理分析、工艺控制条件分析、生产设备类型及配置、常见问题分析与解决方法等。在每章的最后介绍了当前新技术、新工艺、新设备和新材料，帮助读者开阔视野。并且还介绍了化学纤维的主要性能指标、化学纤维成型原理、拉伸原理和热定型原理。

本书的编写原则为实用性、先进性相结合，特别强调可操作性。为便于教学，适应企业培训和技术人员自学，在书中还安排了思考题及答案。本书可作为大专院校、有关企业、设计院所的相关教师、学生、企业研究应用与制造人员、分析测试人员阅读。

本书由杨东洁主编，辛长征副主编。参加编写的人员有伏宏彬（第一章第一节～第三节），伯燕（第一章第四节），辛长征（第二章、第三章），叶建军（第四章第一节），杨东洁（第四章第二节～第八节、第六章、第七章、第八章），刘晓华（第五章）。全书由杨东洁统稿，辛长征分工修改。

由于编者水平有限，书中难免有疏漏、缺点和错误，恳请使用本书的广大读者批评、指正。在此对本书中列出资料的作者以及尚未列入资料的作者表示感谢。

编者

2008年6月

课程设置指导

课程名称 化学纤维工艺学(上)

适用专业 高分子材料专业(化学纤维方向)

总学时 130

理论教学时数 100 **实践学时数** 30

课程性质 化学纤维工艺学是高分子材料加工技术专业(化学纤维方向)必修的一门核心专业课,主要学习和研究化学纤维生产工艺,化学纤维的基本生产方法、原理、生产设备,化学纤维生产的工艺和质量控制。

课程目的 本课程是在学习完《高分子材料加工技术专业(化学纤维方向)》的基础课和专业技术基础课后开设的,教学中体现理论基础够用、实践能力突出、综合素质优化、因材施教、因需培养的原则。通过本课程的学习,使学生掌握生产化学纤维的基本方法及工艺控制,培养学生分析问题和解决问题的能力,引导学生将理论与实际相结合,成为应用型高级人才。

课程教学的基本要求 教学环节包括课堂教学、实践教学、课后作业、课堂练习和考核。通过各教学环节重点培养学生对理论知识理解和运用能力。

1.课堂教学

(1)概况。了解化学纤维的分类、发展历程及趋势、加工过程和特征。了解化学纤维的各种主要性能指标的意义和检测方法。

(2)化学纤维成型原理。了解熔体纺丝成型原理、湿法纺丝成型原理、干法纺丝成型原理。

(3)化学纤维拉伸和热定型原理。了解化学纤维拉伸和热定型原理。

(4)再生纤维素纤维的生产及质量控制。了解纤维素结构和性能以及黏胶纤维原料。重点掌握纤维素碱化、压榨、粉碎工艺及设备。掌握碱纤维素老成工艺及设备。重点掌握黄化工艺及设备,掌握纤维素黄原酸酯溶解工艺及设备。掌握黏胶的混合、熟成、过滤、脱泡的工艺及设备。重点掌握黏胶纤维纺丝中的化学反应、纺丝工艺、凝固浴组成及作用,纺丝影响因素、设备。重点掌握黏胶纤维后加工工艺流程及工艺控制。重点掌握黏胶纤维生产中的质量控制。

(5)聚丙烯腈纤维的生产及质量控制。了解聚丙烯腈纤维生产用化工原料,掌握聚丙烯腈的合成工艺及设备,掌握聚丙烯腈纺丝原液的制备及其性质,重点掌握聚丙烯腈纺丝成型原理、工艺控制和设备,重点掌握聚丙烯腈纤维的后加工工艺控制和设备，了解溶剂回收和净化，重点掌握聚丙烯腈纤维的质量控制，掌握聚丙烯腈纤维的结构和性能，了解新产品。

(6)聚乙烯醇缩醛纤维的生产及质量控制。了解聚乙烯醇的制备及其性能，掌握纺丝原液的制备工艺及设备，掌握聚乙烯醇缩醛纤维的纺丝成型工艺及设备，掌握聚乙烯醇缩醛纤维的后加工工艺控制，重点掌握聚乙烯醇缩醛纤维的质量控制，了解新产品。

(7)聚氨酯弹性纤维的生产及质量控制。掌握聚氨酯的合成工艺及设备，重点掌握聚氨酯弹性纤维的纺丝成型工艺及设备，掌握聚氨酯弹性纤维的后加工工艺及设备，了解聚氨酯弹性纤维的新品种。

(8)几种常见的新型化学纤维。了解常用的新型化学纤维的结构、生产方法及应用。

2.实践教学

实践教学分为课内实验和工厂实训。根据不同行业和岗位(群)能力的需要，对实践教学内容进行调整、更新、重组，以培养学生综合能力，强化实践技能。

3.课外作业

每章给出若干思考题，尽量系统反映该章的知识点。

4.考核

采用课堂练习、实验考核和期末考试作为全面考核。期末考试采用开卷或闭卷笔试方式，题型一般包括填空题、判断题、选择题、简述题等。

教学学时分配

章　数	讲授内容	理论课学时	实践学时
第一章	概论	6	8
第二章	化学纤维成型原理	6	
第三章	化学纤维拉伸和热定型原理	6	4
第四章	黏胶纤维生产及质量控制	34	8
第五章	聚丙烯腈纤维生产及质量控制	20	6
第六章	聚乙烯醇缩醛纤维生产及质量控制	10	4
第七章	聚氨酯弹性纤维生产及质量控制	10	
第八章	新型化学纤维的性能及生产	8	
合　计		100	30

目录

第一章　概论

纤维(Fibre)是一种柔软而细长的物质,其长度与直径之比至少为10:1,其截面积小于0.05mm^2。对于供纺织用的纤维,其长度与直径之比一般大于1000:1。在纺织纤维中,一类是天然纤维(Natural fibre),如棉、麻、羊毛、蚕丝等;另一类为化学纤维(Chemical fibre)。化学纤维是指用天然的或合成的高聚物为原料,经过化学方法和机械加工制成的纤维。化学纤维的问世使纺织工业出现了突飞猛进的发展,经过100多年的历程,今天的化学纤维无论是产量、品种,还是性能与使用领域都已超过了天然纤维,而且化学纤维生产的新技术、新设备、新工艺、新材料、新品种、新性能不断涌现,呈现出蓬勃发展的趋势[1]。

第一节　化学纤维的分类与命名

一、化学纤维的分类

化学纤维的种类繁多,分类方法也有很多种,根据原料来源、形态结构、纤维制造方法、单根纤维内的组成和纤维性能差别等分类如下。

(一)按原料来源分类

按照原料来源,化学纤维分为再生纤维(Regenerated fibre)和合成纤维(Synthetic fibre)两类。

1.再生纤维　再生纤维也称人造纤维,是利用天然聚合物或失去纺织加工价值的纤维原料经过一系列化学处理和机械加工而制得的纤维。其纤维的化学组成与原高聚物基本相同,包括再生纤维素纤维(Regenerated cellulose fibre)(如黏胶纤维、铜氨纤维)、再生蛋白质纤维(Regenerated protein fibre)(如大豆蛋白纤维、花生蛋白纤维)、再生无机纤维(如玻璃纤维、金属纤维)和再生有机纤维(如甲壳素纤维、海藻胶纤维)。

2.合成纤维　合成纤维是以石油、煤、石灰石、天然气、食盐、空气、水以及某些农副产品等天然低分子化合物为原料,经化学合成和加工制得的纤维。常见的合成纤维有七大类品种:聚酯纤维(涤纶)、聚酰胺纤维(锦纶)、聚丙烯腈纤维(腈纶)、聚乙烯醇缩甲醛纤维(维纶)、聚丙烯纤维(丙纶)、聚氯乙烯纤维(氯纶)和聚氨酯弹性纤维(氨纶)。图1-1列出纺织纤维分类及其品种。

(二)按形态结构分类

按照化学纤维的形态结构特征,化学纤维通常分成长丝(Continuous filament)和短纤维(Staple fibre)两大类。

- 纺织纤维
  - 天然纤维
    - 植物纤维：棉花、麻
    - 动物纤维：羊毛、蚕丝、其他动物毛等
  - 化学纤维
    - 再生纤维
      - 纤维素纤维：黏胶纤维、莱塞尔纤维、铜氨纤维、二醋酯纤维、三醋酯纤维
      - 蛋白质纤维：植物蛋白纤维、动物酪朊纤维
      - 甲壳质纤维：壳聚糖纤维、甲壳素纤维
    - 合成纤维
      - 杂链纤维
        - 聚酯纤维
        - 聚酰胺纤维
        - 聚氨酯弹性纤维
        - 其他：聚脲、聚甲醛、聚酰亚胺、聚酰胺—酰肼、聚苯并咪唑等
      - 碳链纤维
        - 聚丙烯腈纤维
        - 聚乙烯醇缩醛纤维
        - 聚氯乙烯纤维
        - 聚烯烃纤维
        - 含氟纤维

图 1－1　纺织纤维的分类及其品种

1. 长丝　在化学纤维制造过程中，纺丝流体（熔体或溶液）经纺丝成型和后加工，得到的长度以千米计的纤维称为化学纤维长丝。化学纤维长丝可以分为单丝（Monofil）、复丝（Multifilament）、捻丝、复捻丝、帘线丝和变形丝（Textured filament）。

（1）单丝：长度很长的连续单根纤维。

（2）复丝：两根或两根以上的单丝并合在一起组成的丝条。化学纤维的复丝一般由 8～100 根单纤维组成。

（3）捻丝：复丝加捻成为捻丝。

（4）复捻丝：两根或两根以上的捻丝再合并加捻就成为复捻丝。

（5）帘线丝：由一百多根到几百根单纤维组成，用于制造轮胎帘子布的丝条。

（6）变形丝：化学纤维原丝经过变形加工使之具有卷曲、螺旋、环圈等外观特性而呈现蓬松性、伸缩性的长丝。

2. 短纤维　化学纤维产品被切断成几厘米至十几厘米长度，这种长度的纤维称为短纤维。根据切断长度不同，短纤维可分成棉型、毛型和中长型短纤维。

棉型短纤维（Cotton type fibre）的长度为 30～40mm，线密度为 1.67dtex 左右，纤维较细，类似棉花；毛型短纤维（Wool type fibre）的长度为 70～150mm，线密度为 3.3～7.7dtex，纤维较粗，类似羊毛；中长型短纤维（Mid fibre）的长度为 51～65mm，线密度为 2.2～3.3dtex，介于棉型和毛型之间。

（三）按纤维制造方法分类

化学纤维按基本的制造方法不同，可分为两类，即熔体纺丝纤维和溶液纺丝纤维（即干法纺丝纤维、湿法纺丝纤维）。

熔体纺丝（Melt-spinning）是高分子熔体从喷丝孔压出，熔体细流在周围空气（或水）中凝固成丝的方法；干法纺丝（Dry-spinning）是高分子浓溶液从喷丝孔压出，形成细流，在热介质中溶

剂迅速挥发而凝固成丝的方法；湿法纺丝（Wet-spinning）是高分子浓溶液由喷丝孔压出，在凝固浴中固化成丝的方法。

（四）按单根纤维内的组成分类

按照单根纤维内的组成，化学纤维分为单组分纤维和多组分纤维。

由同一种高聚物组成的纤维称单组分纤维。大多数常规纤维为单组分纤维，如涤纶。

由两种或两种以上高聚物组成的纤维称多组分纤维，如腈纶。各组分沿纤维轴向有规则地排列并形成连续界面的纤维，称为复合纤维；各组分随机分散或较均匀混合的纤维，则称为共混纤维。

（五）按纤维性能差别分类

按纤维性能差别，化学纤维主要分为三类：差别化纤维（Differential fibre）、功能纤维（Functional fibre）和高性能纤维（High-performance fibre）。

1. 差别化纤维 指经过化学或物理变化从而不同于常规纤维的化学纤维。如异形纤维、复合纤维、超细纤维、易染纤维、阻燃纤维、亲水性合成纤维、着色纤维和抗起球纤维等。

2. 功能纤维 指在纤维现有的性能之外，再同时附加上某些特殊功能的纤维。如导电纤维、光导纤维、离子交换纤维、含陶瓷粒子纤维、调温保温纤维、防辐射纤维、生物活性纤维、生物降解性纤维、负离子纤维、抗菌除臭纤维等。

3. 高性能纤维 指强度为17.7cN/dtex、模量为441.5cN/dtex以上的特种纤维，如碳纤维、芳香族聚酰胺纤维、聚苯并咪唑纤维、聚苯硫醚纤维及超高分子量聚乙烯纤维等。

二、化学纤维的命名

再生纤维的短纤维一律叫“纤”（如黏纤、富纤），合成纤维的短纤维一律叫“纶”（如锦纶、涤纶）。如果是长纤维，就在名称末尾加“丝”或“长丝”（如黏胶丝、涤纶丝、腈纶长丝）。

三、化学纤维的主要品种

目前世界上生产的化学纤维品种繁多，据统计有几十种，同时一些新品种还在陆续问世。主要产品见表1－1。

表1－1 化学纤维主要品种[2]

学名、英文名		分子结构	我国商品名	英文缩写
再生纤维素纤维	Viscose	$[C_6H_{10}O_5]_n$	黏胶纤维	—
聚酯系	聚对苯二甲酸乙二酯纤维，polyester	$-[OC-C_6H_4-COO(CH_2)_2O]_n-$	涤纶	PET
脂肪族聚酰胺系	聚酰胺6纤维，nylon 6	$-[HN(CH_2)_5CO]_n-$	锦纶6	PA6
	聚酰胺66纤维，nylon 66	$-[HN(CH_2)_6NHCO(CH_2)_4CO]_n-$	锦纶66	PA66
聚丙烯腈系	聚丙烯腈纤维，acrylic	$-[CH_2-CH(CN)]_n-$	腈纶	PAN

续表

学名、英文名		分子结构	我国商品名	英文缩写
聚乙烯醇系	聚乙烯醇缩醛纤维,vinylon	$\left[CH_2-CH-CH_2-CH\right]_n$ $\quad\;\;\llcorner OCH_2O \lrcorner$	维纶	PVA
聚烯烃系	聚丙烯纤维,propylene	$\left[CH_2-\underset{\displaystyle CH_3}{\underset{\vert}{C}H}\right]_n$	丙纶	PP
	超高分子量聚乙烯纤维	$\left[CH_2-CH_2\right]_n$	乙纶	UHMWPE
含氯纤维	聚氯乙烯纤维,chlorofibre	$\left[CH_2-\underset{\displaystyle Cl}{\underset{\vert}{C}H}\right]_n$	氯纶	PVC
聚氨酯系	聚氨基甲酸酯纤维,spandex	$\left[HNCOOR\right]_n$	氨纶	PU
芳香族聚酰胺系	聚间苯二甲酰间苯二胺纤维,Nomex	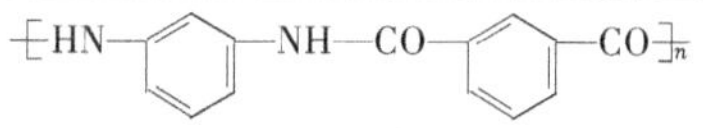	芳纶 1313	PMIA
	聚对苯二甲酰对苯二胺纤维,Kevlar	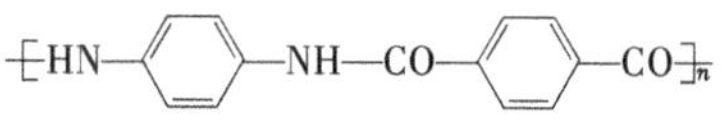	芳纶 1414	PPTA

第二节 化学纤维发展概述

一、世界化学纤维工业的发展概况

1884 年,法国 H. B. Chardonnet 将硝酸纤维素溶解在乙醇或乙醚中制成黏稠液,再通过细管吹到空气中凝固而成细丝,这是最早的再生纤维——硝酸酯纤维。该纤维于 1891 年在法国贝桑松建厂进行工业化生产,由于硝酸酯纤维易燃,生产中使用的溶剂易爆,纤维质量差,所以未能大规模发展,但从此开始了化学纤维工业的历史;1899 年,由纤维素的铜氨溶液为纺丝液,经化学处理和机械加工制得的铜氨纤维实现工业生产;1905 年,黏胶纤维问世,因原料(纤维素)来源充分、辅助材料价廉、穿着性能优良,而发展成为再生纤维的最主要品种。其间,1900 年英国托珀姆还开发了金属喷丝头、离心式纺丝罐、纺丝泵等,完善了黏胶纤维的加工设备。继黏胶纤维之后,又实现了醋酯纤维(1916 年)、再生蛋白质纤维(1933 年)等再生纤维的工业化生产。

合成纤维的起步较晚。1935 年,美国 W. Carothers 等研究成功第一种合成纤维——聚酰胺 66(锦纶 66),并于 1939 年在美国实现工业化生产。1941 年由德国 Schlack 发明的聚己内酰胺纤维(锦纶 6)在德国实现工业化生产。在其后的二三十年内,合成了数十种成纤高聚物,并采用熔体纺丝和溶液纺丝法纺丝,其中最成功、最重要的品种有聚丙烯腈纤维(1950 年,又称腈纶)、聚乙烯醇缩甲醛纤维(1950 年,又称维纶)、聚对苯二甲酸乙二酯纤维(1953 年,又称涤纶)和聚丙烯纤维(1957 年,又称丙纶)。20 世纪 60 年代,石油化学工业的迅猛发展促进了合成纤维工业的发展,其产量远远超过了天然高分子纤维。

1956 ~ 1960 年,发展了第二代化学纤维——改性纤维,通过改性使原有化学纤维的染色、光热稳定、抗静电、防污、阻燃、抗起球、蓬松、手感、吸湿等性能有较大改进。有改变纤维性能的抗静电、吸湿、吸汗、抗起球、耐热、阻燃、高卷曲、高收缩、高蓬松纤维;有改变纤维形状的异形、中空、超细、特殊立体卷曲纤维等。

1960 年迄今，发展了第三代化学纤维——高性能纤维，如强度为 19 ~ 22dN/tex、模量为 460 ~ 850dN/tex 的高强度、高模量纤维(芳纶 1414)；在 304℃下连续加热 1000h 强度仍保持 64%，在火焰中难燃，具有自熄性的耐高温纤维(芳纶 1313)；伸长率为 500% ~ 600% 时，弹性回复率为 97% ~ 98% 的弹性纤维(氨纶)等。

二、我国化学纤维工业的发展概况

我国的化学纤维工业是新中国成立后发展起来的一门新兴工业。发展历程可以大致分为三个阶段。

第一阶段，即起步阶段(1956 ~ 1965 年)。由东欧国家引进黏胶纤维生产技术和设备，同时依靠自己的力量建设了一批黏胶纤维生产厂。20 世纪 60 年代初，从日本、英国分别引进了维纶、腈纶的成套生产线。

第二阶段，即奠基阶段(1966 ~ 1980 年)。20 世纪 60 年代，我国大力开发聚乙烯醇纤维，生产棉型维纶;20 世纪 70 年代，相继形成十多万吨的生产能力，为缓和棉布供应紧张起了一定的作用。同时聚丙烯腈也得到相应的发展。进入 70 年代，随着我国石油化工的发展，大型乙烯和合成基地的建成，促使合成纤维工业蓬勃发展，其中聚酯纤维的发展尤为迅速，为我国化学纤维工业的更大发展奠定了基础。

第三阶段，即发展阶段(1981 年开始)。20 世纪 80 年代建设了特大型化纤企业——江苏仪征化纤纺织厂；完成了上海石化公司的二期工程，并在广东新会、广东佛山、河南平顶山以及辽宁抚顺等地建成了多个技术先进的涤纶、锦纶和腈纶厂。20 世纪 90 年代，又完成了仪征三期和辽化二期工程。1995 年我国的化学纤维产量达到 288.5 万吨，仅次于美国，位居世界第二位。90 年代末开始，在浙江、江苏先后建立起多家大型现代化的化学纤维生产企业，如江苏三房巷集团有限公司、浙江桐昆化纤集团股份有限公司、浙江恒逸集团有限公司等。

为了适应我国纺织工业发展的需要，在化学纤维工业迅速发展的同时，我国也开始重视差别化纤维的研究与开发，化学纤维新品种不断投产。其中有年产量超过万吨的有色纤维、网络丝、细旦丝、高强低伸缝纫线等;有年产量超过千吨的高收缩纤维、异形纤维、涤纶阳离子可染改性纤维、三维立体卷曲涤纶、空气变形丝、远红外纤维、中空仿羽绒纤维、抗静电纤维、纳米纤维、智能纤维等。

2004 年世界纤维总产量已达到 6080 万吨，比 2003 年增长了 14%，其中化学纤维增长了 9%，产量达到 3460 万吨。联合国预测在 2050 年需要天然纤维和化学纤维总量达 9000 ~ 10000 万吨，其中化学纤维占 80%，产量增长速度将超过世界人口增长速度。我国是化学纤维生产大国，2006 年化学纤维产能已达到 2250 万吨，占全世界化学纤维产能的 40%，其中 70% 以上的产能都是 1999 年以后发展起来的优质产能，主要技术和设备达到 20 世纪 90 年代末的国际先进水平，部分达到 21 世纪初的国际先进水平[3]。到 2006 年底，年产 20 万吨以上的化学纤维企业达 26 家，合计产能 1033 万吨，占总产能的 45.9%，平均产能为 40 万吨/年[4]。

第三节　化学纤维生产方法概述

化学纤维的制造可以概括为以下四个工序。

(1)原料制备。高分子化合物的合成(聚合)或天然高分子化合物的化学处理、物理处理和机械加工。

(2)纺丝熔体或纺丝溶液的制备。

(3)化学纤维的纺丝成型。

(4)化学纤维的后加工。

一、原料制备

化学纤维一般是高分子化合物(成纤高聚物,Fibre-forming polymer)制成的,此成纤高聚物可直接取自于自然界,也可由自然界的低分子化合物经化学聚合而得。生产化学纤维的成纤高聚物必须是线型的、能伸直的分子,支链尽可能少,没有庞大侧基;高聚物分子之间有适当的相互作用力,或具有一定规律性的化学结构和空间结构;高聚物应具有适当高的平均分子量和较窄的相对分子质量分布;高聚物应具有一定的热稳定性,其熔点或软化点应比允许使用的温度高得多。

再生纤维由天然高分子化合物经化学加工制造而成,其原料制备过程是将天然高分子化合物经一系列的化学处理和机械加工,提纯去除杂质。

合成纤维则以石油、煤、天然气及一些农副产品等低分子化合物为原料制成单体后,经过化学聚合成为具有一定官能团、一定平均分子量和分子量分布的线型聚合物,然后再制成纤维。由于聚合方法和聚合物的性质不同,合成的聚合物可能是熔体状态或溶液状态。

二、纺丝熔体(液)的制备

将成纤高聚物加工成纤维,首先要制备纺丝液。纺丝液的制备有熔体法和溶液法两种方法,分别对应纺丝熔体和纺丝溶液。表 1－2 列出了几种主要成纤高聚物的热分解温度和熔点,仅供参考。

表 1－2　几种主要成纤高聚物的热分解温度和熔点[5]

聚合物	热分解温度/℃	熔点/℃	聚合物	热分解温度/℃	熔点/℃
聚乙烯	350～400	138	聚己内酰胺	300～350	215
等规聚丙烯	350～380	176	聚对苯二甲酸乙二酯	300～350	265
聚丙烯腈	200～250	320	纤维素	180～220	—
聚氯乙烯	150～200	170～220	醋酸纤维素	200～230	—
聚乙烯醇	200～220	225～230	—	—	—

(一)纺丝熔体的制备

凡高聚物的熔点低于其分解温度的,多采用将高聚物熔融成流动的熔体(纺丝熔体)进行纺丝(如涤纶、锦纶、丙纶等)。

熔体纺丝法用于工业生产有两种实施方法:一是熔体直接纺丝;另一种是切片纺丝。图1-2列举了采用熔体直接纺丝法和切片纺丝法生产熔纺长丝和短纤维的工艺流程。

与切片纺丝法相比,熔体直接纺丝法省去了铸带、切粒、切片干燥及再熔融等工序,大大简化生产流程,减小车间面积,节省投资,有利于提高劳动生产率和降低成本。

切片纺丝法灵活性强,停车开车方便,而且纺丝前对切片质量的选择余地较大,可以调换。但工序较多,投资费用较大,劳动生产率较低,成本较高。目前对于生产产品质量要求较高的帘子线以及不具备聚合生产能力的企业,大多采用切片纺丝法。应该指出的是,熔体直接纺丝法是发展方向,国外大多数均采用此方法,我国在20世纪90年代末和21世纪初已经建成多条大规模的涤纶熔体直接纺丝生产线。

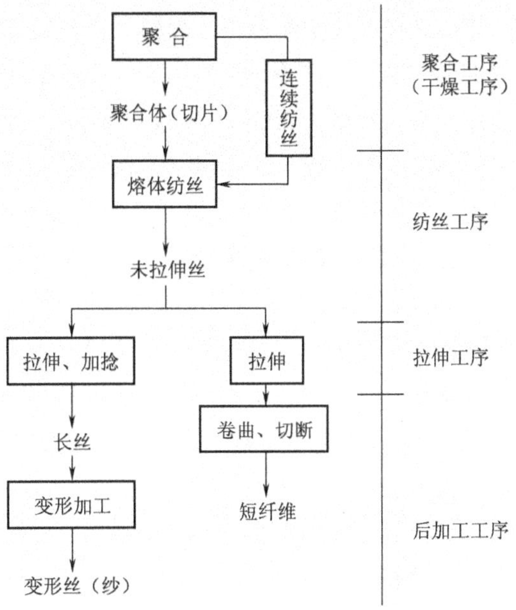

图1-2 熔体纺丝法制备纤维的工艺流程

(二)纺丝溶液的制备

凡高聚物的熔点高于其分解温度或无熔点,多采用将高聚物溶解成流动的液体(纺丝溶液)进行纺丝(如腈纶、黏胶纤维等)。

采用溶液纺丝法时,纺丝溶液的制备有两种方法:一是直接利用聚合后得到的聚合物溶液作为纺丝原液,称为一步法;二是将聚合物溶液先制成颗粒状或粉末状的成纤聚合物,然后再溶解,以获得纺丝液,称为二步法。

采用一步法省去了聚合物的分离、干燥、溶解等工序,可以简化工艺流程,连续化程度高,易实现高度自动化,基建投资较少,但工艺管理要求严格,纺丝与聚合工序间的故障相互影响,生产弹性较差。反应中产生不合格的聚合物不易分离出来,而且由溶剂、单体带入的以及反应中产生的杂质均为纺丝溶液的组成部分,对纺丝过程和纤维质量不利。

采用二步法时,需要选择合适的溶剂将成纤聚合物溶解,所得的溶液在送去纺丝之前还要经过混合、过滤和脱泡等工序,这些工序总称为纺前准备。

三、化学纤维的纺丝成型

将纺丝熔体或溶液用纺丝泵(或称计量泵)连续、定量且均匀地从喷丝头的喷丝孔中压出,呈液体细丝状，再在适当介质中固化成细丝，这一过程称为纺丝，这是化学纤维生产的核心工序。

常用的纺丝方法根据纺丝流体制备的方法和液体细丝固化的方法不同，分为熔体纺丝和溶液纺丝两类。

（一）熔体纺丝

熔体纺丝是将成纤高聚物熔体经纺丝喷丝头流出熔体细流、在周围空气（或水）中冷却凝固成型的方法。如涤纶、锦纶、丙纶等采用熔体纺丝方法制得。此方法流程短，纺丝速度高，纺丝速度一般为900～1200m/min，高速纺丝可达3200m/min以上，成本低，但喷丝板孔数较少，长丝1～150孔，短纤维300～800孔，高的可达1000～2600孔，甚至更多。若用常规圆形喷丝孔，则纺得的纤维截面大多为圆形；采用异形喷丝孔，则纺得的纤维截面为异形。该法适用于能熔化、易流动、不易分解的高聚物。

（二）溶液纺丝

溶液纺丝分为湿法纺丝和干法纺丝。

1. 湿法纺丝　湿法纺丝是将高聚物在溶剂（无机、有机）中配成纺丝溶液后经喷丝孔流出细流，在凝固浴中凝固成型的方法。腈纶、维纶、黏胶纤维等可以采用湿法纺丝方法制得。此法喷丝板孔数较多，一般为4000～20000孔，高的可达5万孔以上。但纺丝速度低，约为50～100m/min。由于液体凝固剂的固化作用，虽然仍是常规圆形喷丝孔，但纤维截面大多不呈圆形，且有较明显的皮芯结构。该法适用于不耐热、不易熔化但能溶于某一种溶剂中的高聚物。

2. 干法纺丝　干法纺丝是将纺丝溶液经喷丝孔流出细流，溶剂被加热介质（空气或氮气）挥发带走的同时，使得高聚物凝固成丝的方法。腈纶、维纶、氯纶、氨纶、醋酯纤维等可以采用干法纺丝。干法纺丝要求采用易挥发的溶剂溶解高聚物。此法纺丝速度较高，约为200～500m/min，成品质量好。但喷丝孔数较少，一般为300～600孔，辅助设备多，成本高。

表1－3列出了三种基本纺丝成型方法的特征，仅供参考。

表1－3　三种基本纺丝成型方法的特征

纺丝方法	熔纺法	干　法	湿　法
纺丝液状态	熔体	溶液	溶液或乳液
纺丝液浓度/%	100	18～45	12～16
纺丝液黏度/Pa·s	100～1000	20～400	2～200
喷丝孔直径/mm	0.2～0.8	0.03～0.2	0.07～0.1
凝固介质	冷却空气，不回收	热空气或氮气，再生	凝固浴，回收、再生
凝固机理	冷却	溶剂挥发	脱溶剂（或伴有化学反应）

除了上述三种经典纺丝方法以外，现在还出现了化学反应纺丝、复合纤维纺丝、干湿法纺丝、乳液纺丝、悬浮纺丝、冻胶纺丝、液晶纺丝、相分离纺丝等方法。

四、化学纤维的后加工

纺丝流体从喷丝孔中喷出刚固化的丝称为初生纤维。初生纤维虽已成丝状，但其结构还不完善，物理机械性能较差，如伸长大、强度低、尺寸稳定性差、沸水收缩率很高、纤维硬而脆，没有使用价值，还不能直接用于纺织加工。为了完善纤维的结构和性能，得到性能优良的纺织用纤维，必须经过一系列的后加工。后加工随化学纤维品种、纺丝方法和产品要求而异，其中主要的工序是拉伸和热定型。

第四节　化学纤维的主要品质指标及其检测方法

纤维的品质是指对纤维制品的使用价值有决定意义的许多指标的总体。反映纤维品质的主要指标有物理性能指标，包括纤维的长度、细度、密度、光泽、吸湿性、热性能、电性能等；机械性能指标，包括断裂强度、断裂伸长、初始模量、回弹性、耐多次变形性等；稳定性能指标，包括对高温和低温的稳定性、对光—大气的稳定性、对化学试剂的稳定性及对微生物作用的稳定性等；加工性能指标，包括纤维的抱合性、起静电性和染色性等；短纤维的附加品质指标，包括纤维长度、卷曲度、纤维疵点等[6]。

一、细度

细度是指纤维粗细的程度，分直接指标和间接指标两种。直接指标一般用纤维的直径和截面积表示。由于纤维截面积不规则，且不易测量，通常用直接指标表示其粗细的时候并不多，故常采用间接指标表示。间接指标是以纤维质量或长度确定，即定长或定重时纤维所具有的质量（定长制）或长度（定重制），在化学纤维工业中通常以单位长度的纤维质量，即线密度（Linear density）（旧称纤度）表示。

（一）表示方法

1. 特（tex）或分特（dtex）　特或分特是国际单位制（法定计量单位）。1000m 长的纤维的质量（g）称为特，其 1/10 为分特。由于纤维细度较细，用特数表示细度时数值较小，故通常以分特表示纤维的细度。

对同一种纤维来讲（即纤维的密度一定时），特数越小，单纤维越细，手感越柔软，光泽柔和且易变形加工。

2. 旦（denier）　9000m 长的纤维的质量（g）称为旦。对同一种纤维来讲（即纤维的密度一定时），旦数越小，单纤维越细。旦为线密度的非法定计量单位。1 旦 =9 特。

3. 公制支数　公制支数简称公支，指单位质量（g）的纤维所具有的长度（m）。对同一种纤维而言，支数越高，表示纤维越细。公制支数为线密度的非法定计量单位。

特或分特、旦数和支数的数值可以相互换算，关系如下：

$$旦数 \times 支数 = 9000$$

$$特数 \times 支数 = 1000$$

$$旦数 = 9 \times 特数$$

$$分特数 = 10 \times 特数$$

（二）测定方法

化学纤维细度的测定方法有直接法和间接法两种。直接法用得最广的是中段切取称重法。间接法利用振动仪或气流仪测定纤维的细度。国际上推荐采用振动法来测量单根化学纤维的线密度。由于振动法是在单根纤维上施加规定张力，使其在伸直的情况下测量其线密度的，故测量结果比较准确，特别是卷曲较大的纤维以及需要测试单纤维相对强度时，采用振动法更具优越性。

在化学纤维生产中，原材料、设备运转状态和工艺条件的波动都会使未拉伸丝、拉伸丝的条干不均匀。因此，测定纤维沿长度方向的条干均匀度是衡量纤维质量变化的重要指标，它影响纤维的物理—机械性能与染色性能，还影响纤维的纺织加工性能及织物外观[7]。一般采用乌斯特（Uster）条干均匀度仪进行测定，测定结果以平均差系数 $U\%$、均方差系数 $CV\%$、极差系数 R 表示。

二、吸湿性

吸湿性（Moisture absorption）是纤维的物理性能指标之一，通常把纤维材料从气态环境中吸收水分的能力称为吸湿性。

（一）吸湿性指标

1. 回潮率与含水率　纤维材料中的水分含量，即吸附水的含量，通常用回潮率（Moisture regain）或含水率（Moisture content）表示。前者是指纤维所含水分的质量与干燥纤维质量的百分比，后者是指纤维所含水分质量与纤维实际质量的百分比。化纤行业一般用回潮率来表示纤维吸湿性的强弱。

2. 标准状态下的回潮率与公定回潮率　各种纤维的实际回潮率随环境温湿度而变，为了比较各种纤维材料的吸湿能力，将其放在统一的标准大气条件下（20℃、65%相对湿度）一定时间后，使它们的回潮率在“吸湿过程”中达到一个稳态值，这时的回潮率为标准状态下的回潮率。

在贸易和成本计算中，纤维材料往往并不处于标准状态，为了方便计重和核价，必须对各种纤维材料的回潮率做出人为统一规定，称之为公定回潮率。各种纤维在标准状态下的回潮率和我国所规定的公定回潮率（Official regain）见表 1－4。

表 1－4　纤维在 20℃、65%相对湿度下的回潮率和我国所规定的公定回潮率

纤　维	标准状态下的回潮率/%	公定回潮率/%	纤　维	标准状态下的回潮率/%	公定回潮率/%
蚕丝	9	11.0	维纶	3.0～5.0	5.0
棉	7	8.5	锦纶	3.0～5.0	4.5
羊毛	16	16.0	腈纶	1.2～2.0	2.0
亚麻	7～10	12.0	涤纶	0.4～0.5	0.1
苎麻	7～10	12.0	氯纶	0	0
黏胶纤维	12～14	13.0	丙纶	0	0
醋酯纤维	6～7	7.0	乙纶	0	0

从表 1 -4 中可见，天然纤维和再生纤维素纤维的回潮率较高，合成纤维的回潮率较低。

（二）吸湿性的检测方法

按照吸湿性的测试特点，大致可分为直接测定法和间接测定法两类。

直接测定法是直接获取纤维中水分质量的测定方法，从而计算出含水率或回潮率。直接测定法有烘箱法、红外线辐射法、吸湿剂干燥法、真空干燥法等，其中烘箱法应用最广。

间接测定法是利用纤维材料中含水多少与某些物理性质（如电阻、电容、水分子振动吸收性能等）密切相关的原理，通过测量这些性质来推测含水率或回潮率，如电阻测试法、电容测试法等。这类方法测量迅速、不损伤纤维、可在线测量，但干扰因素较多，结果的稳定性和准确性受到影响。

三、密度

纤维的密度（Density），是指单位体积纤维的质量，常用单位为克/厘米^3（g/cm^3）。由于物质组成、大分子排列堆砌以及纤维形态结构不同，各种纤维的密度是不同的，在主要的化学纤维品种中，丙纶的密度最小，黏胶纤维的密度最大，主要纺织纤维的密度见表 1 -5。

表 1 -5 主要纺织纤维的密度

纤维	密度/（g/cm^3）	纤维	密度/（g/cm^3）
黏胶纤维	1.50 ~ 1.52	氨纶	1.54
涤纶	1.38	棉	1.32
锦纶	1.14	羊毛	1.32
腈纶	1.14 ~ 1.17	蚕丝	1.33 ~ 1.45
维纶	1.26 ~ 1.30	麻	1.5
丙纶	0.91	—	—

测定纤维密度的方法很多，有液体浮力法、比重瓶法、气体容积法、液体温升悬浮法和密度梯度法等。其中密度梯度法精确度较高，也较简单。

四、拉伸性能

纤维材料在使用中会受到拉伸、弯曲、压缩、摩擦和扭转作用，产生不同的变形。化学纤维在使用过程中主要受到的外力是张力，纤维的弯曲性能也与其拉伸性能有关，因此拉伸性能是纤维最重要的机械性能。它包括强力和伸长两个方面，因此又称强伸性能。表示材料拉伸过程受力与变形的关系曲线，称为拉伸曲线。它可以用负荷—伸长曲线表示，也可用应力—应变曲线（Stress-strain curve）表示。图 1 -3 为几种常见纤维的应力—应变曲线。

应力—应变曲线初始阶段为弹性区域，在这一区域中纤维分子链产生弹性形变，相互间没有大的变位。超过这一范围后为延性区域，外力克服分子间引力，使分子链间产生滑移，纤维应力较小的增加会产生较大的延伸，应力去除后发生不可回复的剩余应变，如图 1 -4 所示。

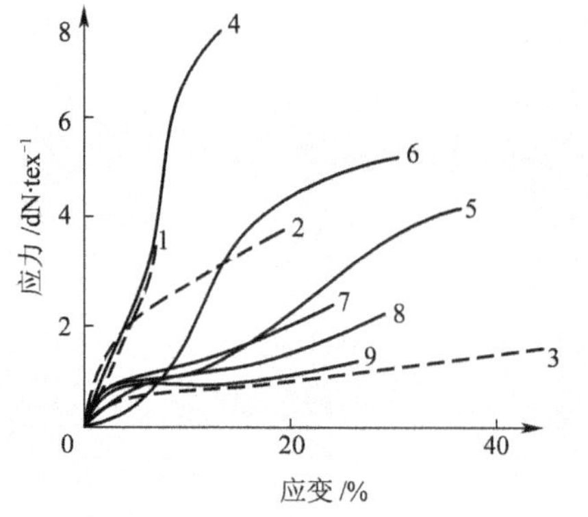

图 1－3　常见纤维的应力—应变曲线

1—棉　2—丝　3—羊毛　4—高强力涤纶　5—涤纶

6—锦纶　7—腈纶　8—普通黏胶纤维　9—醋酯纤维

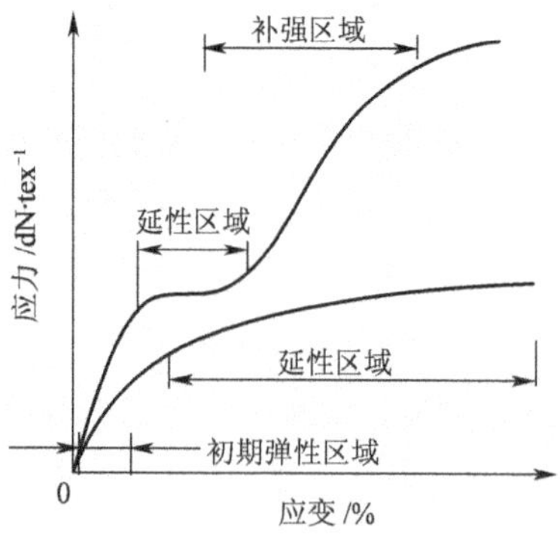

图 1－4　纤维的应力—应变曲线的代表性形状模式图

(一)断裂强度

断裂强度是表征纤维品质的主要指标,提高纤维的断裂强度可以改善制品的使用性能。纤维的断裂强度通常有以下几种表示方法。

1. 断裂强力　亦称绝对强力或断裂负荷,简称强力。即纤维材料受外界直接拉伸到断裂时所需的力,单位为牛顿(N),衍生单位有厘牛顿(cN)、毫牛顿(mN)、千牛顿(kN)等。各种强力机上测得的读数都是强力。强力与纤维的粗细有关,所以对不同粗细的纤维,强力没有可比性。

2. 相对强度　拉断单位细度纤维所需要的强力称为相对强度,即纤维的断裂强力与线密度之比,用以比较不同粗细的纤维拉伸断裂性质的指标,单位为牛顿/特克斯(N/tex)。

3. 强度极限　纤维单位截面积上能承受的最大强力,单位为帕斯卡(Pa)。

4. 断裂长度　以自身重量拉断纤维所具有的长度,单位为千米(km)。

纤维的断裂强度通常用强力试验机测定。断裂强度高,纤维在加工过程中不易断头、绕辊,最终制成的纱线和织物的牢度也高;但断裂强度太高,纤维的刚性增加,手感变硬。

(二)断裂伸长

纤维拉伸时产生的伸长占原来长度的百分率称为伸长率。纤维拉伸至断裂时的伸长率称为断裂伸长率(Elongation at break),它表示纤维承受拉伸变形的能力。

断裂伸长率大的纤维手感比较柔软,在纺织加工时,可以缓冲所受到的力,毛丝、断头较少;但断裂伸长率也不宜过大,否则织物容易变形。普通纺织纤维的断裂伸长率在10%~30%范围内比较合适。但对于工业用强力丝,则一般要求断裂强度高、断裂伸长率低,使其产品不易变形。

(三)初始模量

初始模量(Initial modulus)亦称弹性模量或杨氏模量(Young's modulus),为纤维受拉伸而当伸长为原长的1%时所受的应力,即应力—应变曲线(或称负荷—伸长曲线)起始一段直线部分的斜率,单位为牛顿/特克斯(N/tex),如图1－5中直线 OY 的斜率。初始模量表示试样在小负荷下变形的难易程度,反映了材料的刚性。

纤维的初始模量取决于高聚物的化学结构以及分子间相互作用力的大小。大分子柔性越强，纤维的初始模量就越小，也就越容易发生形变。对于由同一种高聚物制得的纤维，若分子间的作用力越大，取向度或结晶度越高，则纤维的初始模量就越大。

在主要的化学纤维品种中，涤纶的初始模量最大，锦纶的则较小，因而涤纶织物挺括，不易起皱；而锦纶则易起皱，保形性差。

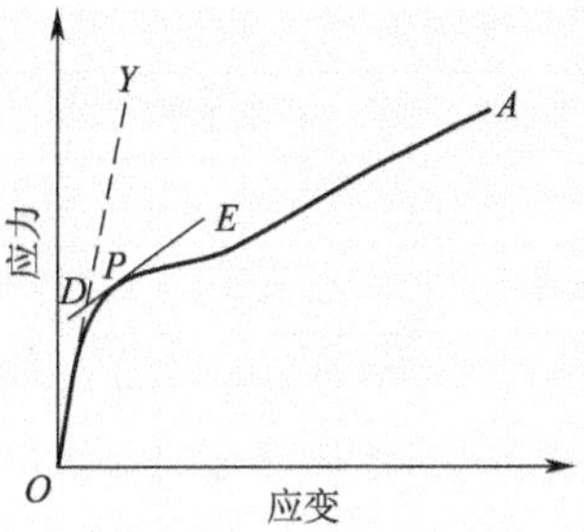

图 1－5　纤维初始模量与屈服点的求法

（四）屈服应力与屈服应变

在拉伸曲线上，曲线的坡度由较大转向较小时，表示材料对于变形的抵抗能力逐渐减弱，这一转折点称为屈服点（Yield point），如图 1－5 中的 P 点。屈服点处所对应的应力和伸长就是它的屈服应力和屈服应变。屈服点是纤维开始明显产生塑性变形的转变点。一般而言，屈服点高的纤维，不易产生塑性变形，拉伸弹性较好，其制品的抗皱性较好。

（五）断裂功、断裂比功和功系数

断裂功（Work of rupture）是指拉断纤维时外力所做的功，也就是纤维受拉伸到断裂时所吸收的能量。如图 1－6 所示，断裂功就是曲线下所包含的面积（阴影部分）。目前的电子强力仪已经可以根据上述积分原理计算出断裂功。断裂功的大小与试样的粗细和长度有关，所以不同粗细和长度的纤维没有可比性。为了能相互比较，常采用断裂比功。

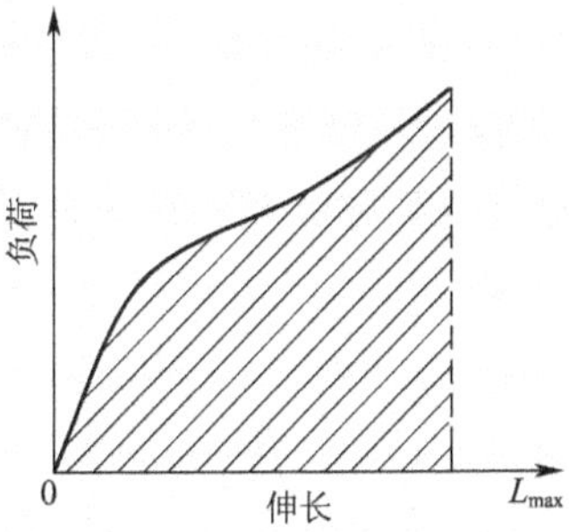

图 1－6　断裂功的求法

断裂比功（Specific work of rupture）是指拉断单位线密度、单位长度纤维材料所需的能量，单位常用 N/tex 来表示。

负荷—伸长曲线下面积与断裂强力和断裂伸长乘积之比称为功系数。功系数越大，外力拉伸纤维所做的功越多，表明这种材料抵抗拉伸断裂的能力越强，其制品的使用寿命也就越长。各种纤维的功系数大致在 0.36～0.65 之间。

断裂功、断裂比功和功系数反映纤维的韧性，可用来表征纤维及其制品耐冲击和耐磨的能力。其他条件不变时，断裂功或断裂比功愈大，纤维的韧性及其制品的耐磨和耐冲击的能力愈好。当断裂强力、断裂伸长相同时，功系数大表示拉断时外力做功大，纤维坚韧。

几种常见化学纤维的拉伸指标见表 1－6。

表 1－6　几种常见化学纤维的拉伸指标

纤维品种		断裂强度/（N/tex）		钩接强度/（N/tex）	断裂伸长率/%		初始模量/（N/tex）	定伸长回弹率/%（伸长 3%）
		干态	湿态		干态	湿态		
涤纶	高强低伸型	0.53～0.62	0.53～0.62	0.35～0.44	18～28	18～28	6.17～7.94	97
	普通型	0.42～0.52	0.42～0.52	0.35～0.44	30～45	30～45	4.41～6.17	

续表

纤维品种	断裂强度/(N/tex)		钩接强度/(N/tex)	断裂伸长率/%		初始模量/(N/tex)	定伸长回弹率/%(伸长3%)
	干态	湿态		干态	湿态		
锦纶6	0.32~0.62	0.33~0.53	0.31~0.49	25~55	27~58	0.71~2.65	100
腈纶	0.25~0.40	0.22~0.35	0.16~0.22	25~50	25~60	2.65~5.29	89~95
维纶	0.44~0.51	0.35~0.43	0.28~0.35	15~20	17~23	2.21~4.41	70~80
丙纶	0.40~0.62	0.40~0.62	0.35~0.62	30~60	30~60	1.76~4.85	96~100
氯纶	0.22~0.35	0.22~0.35	0.16~0.22	20~40	20~40	1.32~2.21	70~85
黏胶纤维	0.18~0.26	0.11~0.16	0.06~0.13	16~22	21~29	3.53~5.29	55~80
富强纤维	0.31~0.40	0.25~0.29	0.05~0.06	9~10	11~13	7.06~7.94	60~85
醋酯纤维	0.11~0.14	0.07~0.09	0.09~0.12	25~35	35~50	2.21~3.53	70~90

(六)回弹性

材料在外力作用下(拉伸或压缩)产生的形变,在外力除去后,恢复原来状态的能力称为回弹性(Elastic recovery)。纤维在负荷作用下所发生的形变包括三部分:普弹形变、高弹形变和塑性形变。这三种形变不是逐个依次出现而是同时发生的,只是各自的速度不同。因此,当外力撤除后,可回复的普弹形变和松弛时间较短的那一部分高弹形变(急回弹形变)将很快回缩,并留下一部分形变,即剩余形变,其中包括松弛时间长的高弹形变(缓回弹形变)和不可回复的塑性形变。剩余形变值越小,纤维的回弹性越好。

表征纤维回弹性的方法一般有两种。

1. 一次负荷回弹性质——回弹率和弹性功 测定的方法是先施加一定的负荷(或使产生一定的伸长),然后撤去负荷,经松弛一定时间(30s或60s,视测定仪器和方法而定)后,测定剩余伸长。则回弹率可表示如下式及图1-7所示。

$$\text{回弹率}=\frac{\varepsilon_e}{\varepsilon_t}\times 100\%=\frac{\varepsilon_t-\varepsilon_p}{\varepsilon_t}\times 100\%$$

式中:ε_e——可回复的弹性伸长;

ε_p——不能回复的塑性伸长或剩余伸长;

ε_t——总伸长。

弹性功可表示如下:

$$\text{弹性功}=\frac{\text{卸荷时所回复的功}}{\text{伸长时所做的总功}}=\frac{\text{CBDC 的面积}}{\text{ABDCA 的面积}}$$

回弹率又有两种不同的测定方法:一种叫定负荷回弹率,另一种叫定伸长回弹率。

2. 多次循环负荷回弹性质 纤维在实际使用中不会只受一次拉伸而断裂,而是经受反复多次微弱而方向和频率经常变化的负荷作用,因此需要相应的纤维耐多次循环负荷的测定方法,才能够正确地反映使用过程中的性能。在测定负荷—延伸性能时,如果在达到断裂负荷以前就停止增加负荷,并逐渐减小,以致完全撤去负荷,这种增加和撤去负荷的过程可以循环重复很多次,就得到多次循环负荷—延伸曲线,如图1-8所示。

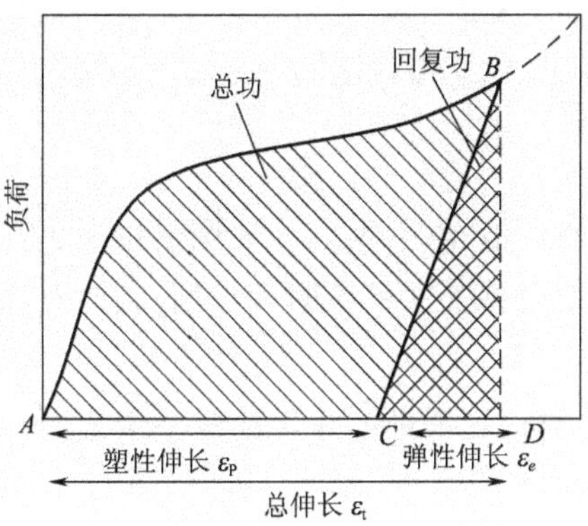

图 1－7 形变时纤维的弹性和塑性伸长

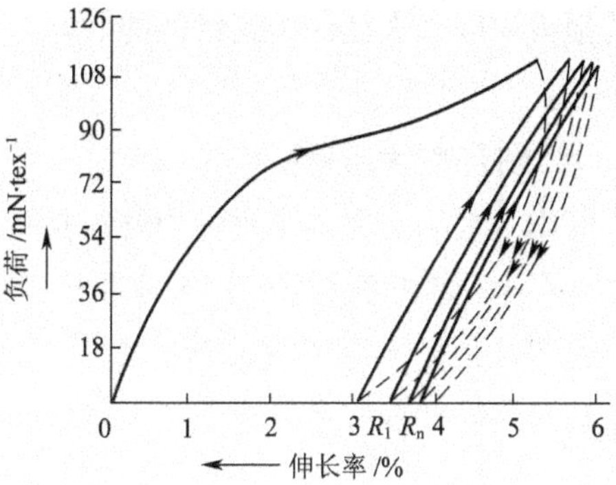

图 1－8 纤维的多次循环负荷—延伸曲线

纤维的回弹性与其制品的尺寸稳定性和折皱性有密切关系。回弹性高的纤维(例如涤纶)制成的服装不易起皱,具有挺括等特性。

五、耐疲劳性

耐疲劳性通常是指纤维在反复负荷作用下,或在静负荷的长时间作用下引起的损伤或破坏。

疲劳破坏的机理从能量学角度,可以认为是外界作用所消耗的功达到了材料内部的结合能(断裂功)使材料发生疲劳;也可以从形变学角度认为是外力作用产生的变形和塑性变形的积累达到了材料的断裂伸长,使材料发生疲劳。

疲劳破坏有两种形式。一种是纤维材料在一不大的恒定拉伸力作用下,开始时纤维迅速拉长,然后逐步缓行,最后趋于不明显,到达一定时间后,纤维在最薄弱的地方发生断裂,称为静态疲劳。另一种是纤维经受多次加、减负荷的反复作用,塑性变形的逐渐积累,纤维内部逐渐形成裂痕,最后被破坏的现象,叫动态疲劳。

可采用单纤维强力仪来测定耐疲劳性。一般说来,回弹性较好的纤维,其耐疲劳性较高,如锦纶的回弹性较好,它的耐疲劳性最好,在最大应力 84.7×10^{-3}N/tex 时的循环次数大于 5000 次。

六、耐磨性

所谓磨损,一般指材料由于机械作用从固体表面不断失去少量物质的现象,即两个固体表面接触做相对运动,伴随着摩擦引起的减量过程。

影响纤维耐磨损性能的因素非常复杂。首先是纤维的分子结构和微观结构。一般情况下,分子主链键能强,分子链柔曲性好,聚合度好,取向高度和结晶度适当,结晶颗粒较细较匀,纤维的玻璃化温度在使用温度附近时,耐磨损性能较好。从纤维性能方面看,纤维表层硬度高,拉伸急弹性恢复率高,拉伸断裂比功大,恢复功系数高时,耐磨损性能较好。另外,温湿度、试样张力、磨料的种类、形状、硬度等都对耐磨损性能有影响。

纤维耐磨性的测定方法很多,一般以纤维在耐磨试验仪器上所测得的断裂强度的降低或质量的损失程度来表征纤维耐磨性的好坏。

七、耐热性和热稳定性

纤维及其制品在加工过程中要经受高温的作用(如染整、烘干等),在使用过程中也常常要接触到高温(如洗涤和熨烫),工业和技术用纤维则更要受到高温的长时间作用,因此对高温作用的稳定性是材料稳定性能指标之一。

耐热性表征纤维在升高温度下测得的机械性能的变化。这种变化在回复至常温时往往能够恢复(属于可复变化),因此亦称物理耐热性。

热稳定性(Thermal stability)表征纤维受热后,机械性能的不可复变化。这种变化是将纤维加热并冷却至常温后测得的,系聚合物发生了降解或化学变化所致,因此亦称化学耐热性。

影响纤维对高温作用的稳定性的因素如下:

(1)高聚物分子链的化学结构。

(2)大分子之间是否存在交联。

(3)分子间相互作用的强弱。

(4)纤维受热时所处的介质(是否有氧和水分存在)。

(5)抗氧剂和热稳定剂的性质和含量。

高聚物的化学结构是影响纤维耐热性(包括热稳定性)的主要因素之一。天然的纤维素纤维和再生的水化纤维素纤维耐热性很高,这类纤维不是热塑性的,因而在升温下它们不会软化或发生黏结。合成纤维在升温下强度的降低程度比水化纤维素纤维高。主要化学纤维品种中,黏胶纤维耐热性最好,而涤纶的热稳定性最好。

高聚物分子中形成交联结构可以提高纤维的耐热性,如聚乙烯醇的缩醛化。

借助于加入少量抗氧剂或链裂解过程的阻滞剂,可使纤维的热裂解和热氧化裂解程度大为减小,可提高纤维热稳定性,但不能提高纤维的耐热性。

八、热收缩

热收缩是纤维热性能之一,指受热条件下纤维形态尺寸收缩,温度降低后不可逆[8]。纤维产生热收缩是由于纤维存在内应力,热收缩的大小用热收缩率(Heat-shrinkage)表示,它是指加热后纤维缩短的长度占原长度的百分率。

根据加热介质不同,有沸水收缩率、热空气收缩率和饱和蒸汽收缩率等。对纤维进行热收缩处理,品种不同采取的热处理条件也不同,见表1-7。

表1-7 纤维热收缩处理条件

纤维	处理条件	处理时间/min
涤纶、锦纶	180℃干热空气	30
腈纶	沸水或120℃蒸汽	30
维纶	沸水	30

用纤维热收缩测定仪测量纤维热收缩率前后的长度。纤维热收缩率的大小,与热处理的方式、处理温度和时间等因素有关。一般情况下,纤维的收缩在饱和蒸汽中最大,在沸水中次之,在热空气中最小。氯纶在100℃热空气中收缩率达50%以上,维纶的沸水收缩率约为5%,正常加工涤纶短纤维的沸水收缩率约为1%。

九、阻燃性

纤维燃烧是纤维物质在遇到明火高温时的快速热降解和剧烈化学反应的结果。阻燃性是纤维的稳定性能指标之一,亦称防燃性。描述纤维燃烧性能的指标有极限氧指数LOI、着火点温度T、燃烧时间t、火焰温度T_B等指标。其中应用较为广泛的为极限氧指数。

表示纺织材料的可燃性,通常采用极限氧指数LOI(Limiting Oxygen Index)来定量区分纤维的燃烧性,简称限氧指数或氧指数。所谓极限氧指数,是指试样在氧气和氮气的混合气中,维持完全燃烧所需的最低氧气体积分数:

$$LOI = \frac{V_{O_2}}{V_{O_2} + V_{N_2}} \times 100\%$$

式中,V_{O_2}和V_{N_2}分别为氧气或氮气的体积。

限氧指数愈高,说明燃烧时所需氧气的浓度愈高,常态下纤维愈难燃烧。根据LOI数值的大小,可将纤维燃烧性能分为四类,见表1-8。

表1-8 根据LOI值对纤维燃烧性能的分类

分类	LOI/%	燃烧状态	纤维品种
不燃	≥35	常态环境及火源作用后短时间不燃烧	多数金属纤维、碳纤维、石棉、硼纤维、玻璃纤维及聚氧化二溴苯(PBO)、氟纶、聚苯硫醚(PPS)纤维
难燃	26~34	接触火焰燃烧,离火自熄	芳纶、氯纶、酚醛、改性腈纶、改性涤纶、改性丙纶等
可燃	20~26	可点燃及续燃,但燃烧速度慢	涤纶、锦纶、维纶、羊毛、蚕丝、醋酯纤维等
易燃	≤20	易点燃,燃烧速度快	丙纶、腈纶、棉、麻、黏胶纤维等

各种化学纤维的限氧指数见表1-9。

表1-9 化学纤维的限氧指数

纤维名称	LOI/%	纤维名称	LOI/%
黏胶纤维	17~19	氯纶	35~37
丙纶	19~20	涤纶	20~22
腈纶	18~20	氟纶	95
锦纶	20~22	酚醛纤维	32~34

测试燃烧性能常用的仪器是氧指数测试仪。要获得阻燃纤维,一是在纺丝原液中加入阻燃剂,混合纺丝制成;二是由合成的难燃聚合物纺制而成。由于主要化学纤维品种都属于易燃或可燃纤维,因此耐燃烧性能的测试与研究已成为当前国内外关注的问题。

十、对化学试剂及微生物作用的稳定性

对化学作用的稳定性是材料的稳定性能之一，亦称耐化学性。它是纤维抵抗化学试剂作用的能力的量度。对微生物作用的稳定性是指纤维抵抗蛀虫、霉菌作用的能力，亦称耐微生物性。

化学纤维对化学试剂作用的稳定性主要决定于其聚合物的结构。一般碳链化学纤维比杂链化学纤维对酸碱的稳定性好，但与侧基也有关系，例如：腈纶的大分子链上有氰基，因此不耐强碱。

涤纶化学稳定性主要取决于分子结构。涤纶除耐碱性差以外，耐其他化学试剂性能均比较优良。涤纶有耐微生物作用，不受蛀虫、霉菌等作用。

锦纶耐碱性、耐还原剂作用的能力很好，但耐酸性和耐氧化剂作用性能比较差。锦纶耐微生物作用的能力较好，在淤泥水或碱中，耐微生物作用的能力仅次于氯纶，但有油剂或上浆剂的锦纶，耐微生物作用的能力降低。

腈纶耐酸、耐碱性好，35%盐酸、65%硫酸、45%硝酸对其强度无影响，在50%氢氧化钠（苛性钠）和28%氨水中强度几乎不下降。腈纶耐虫蛀，耐霉菌性能好。

十一、耐光性和对大气作用的稳定性

对日光和大气作用的稳定性是纤维的稳定性指标之一，亦称耐候性。

耐光性（Light fastness）是指纤维受光照后其力学性能保持不变的性能。对大气作用的稳定性是指纤维受光照射、空气中的氧气、热和水分的长时间作用后，不发生降解或光氧化，不产生色泽变化的性能。

化学纤维耐光性与纤维分子链节的组成、主链键和交联键的形成有关；与分子的振动能量和转换有关；与纤维的聚集态结构有关；与光辐射强度、照射时间和波长有关。

气候条件引起纤维性能的变化，主要是由于日光和空气中的氧引起的，因此提高纤维的耐光性和对大气作用的稳定性是提高其光稳定性和氧稳定性。在化学纤维品种中，腈纶的耐光性和对大气作用的稳定性最好，因为在腈纶的大分子中有氰基，能吸收紫外线并把光能转化为热能，可以有效地保持分子化学结构的完整性和分子之间结构的稳定，保护聚合物不受破坏，因此耐候性最好。锦纶的耐光性和对大气作用的稳定性差，其裂解过程是一个氧化反应过程，锦纶分子上的酰胺基具有促进氧化的作用，其裂解速度随氧浓度的增大和温度的升高而增大，故其耐光性差。在锦纶的分子中可以引入氰基，抑制高聚物的光化学裂解过程，从而使纤维的耐光性显著改善。表1-10是几种常用纤维日晒后的强力损失程度，纤维耐光性的排序大致为：腈纶>黏胶纤维>涤纶>锦纶。

表1-10 常用纤维日晒后的强力损失程度

纤维名称	日晒时间/h	强力损失/%
黏胶纤维	900	50
腈纶	800	10~25
涤纶	600	60
锦纶	200	36

十二、染色性

纤维的染色性与三方面的因素有关:染色亲和力、染色速度及纤维—着色剂的性质。

染料与纤维的结合可以通过离子键、氢键、偶极的相互作用。对于活性染料的染色还有共价键的相互作用。纤维的分子结构和超分子结构对纤维与染料的亲和力有很大影响,采用适当的共聚、共混等改性方法可改进染色性,即增大了无序程度和可及度,可以引入亲染料的基团。

染料从溶液中进入纤维是一个打散过程,它取决于染浴中的染料向纤维表面扩散、染料被纤维表面吸附以及染料从纤维表面向纤维内部扩散的程度。

纤维—染料复合体的稳定性是决定染色坚牢度的结构因素,各种染色牢度主要与纤维—染料复合体的性质有关,而不仅仅取决于染料本身的性质。

染色均匀性反映了纤维结构的均匀性,它与纤维生产的工艺条件密切相关。染色均匀性是化学纤维长丝的重要质量指标之一。

十三、导电性

在电场作用下,电荷在纤维材料中定向移动而产生电流的特征称为纤维材料的导电性质。反映纤维材料导电性质的物理量为纤维的比电阻。质量比电阻就是长度为 1cm、质量为 1g 的材料在一定温度下所具有的电阻。对于纤维材料来说,由于截面的面积不易测量,用体积比电阻就不如用质量比电阻方便,所以在实际应用中经常用质量比电阻来表征纤维材料的导电性能。其数值越大,纤维的导电性能越差。表 1 - 11 是几种常用化学纤维的质量比电阻。纤维比电阻值通常用 YG321 型纤维比电阻仪测定。

表 1 - 11 几种常用化学纤维的质量比电阻

纤维种类	质量比电阻/($\Omega \cdot g/cm^2$)
黏胶纤维	10^7
锦纶、涤纶(去油)	$10^{13} \sim 10^{14}$
腈纶(去油)	$10^{12} \sim 10^{13}$

影响纤维比电阻的因素较多。纤维吸湿后,比电阻迅速下降;环境温度升高,其比电阻也下降;如果化学纤维上有油剂,也会降低纤维比电阻。

十四、导热性

化学纤维的导热性是纺织纤维的热学性质之一,与纺织染整加工和服用性能有密切关系。纤维材料的导热性用导热系数 λ 来表示,法定单位为 W/(m · ℃)。λ 值越小,表示材料的导热性越低,它的绝热性或保暖性越高。表 1 - 12 是各种纺织材料的导热系数。

由表 1 - 12 中可以看出,静止空气的导热系数最小,是最好的热绝缘体。因此,纺织材料的保暖性取决于纤维层中夹持的空气的数量和状态。在空气不流动的前提下,纤维层中夹持的空气越多,纤维层的绝热性越好,而一旦空气发生流动,纤维层的保暖性就大大下降。水的导热系

表 1-12 纺织材料的导热系数(室温20℃测量)

材料	λ/[W/(m·℃)]	材料	λ/[W/(m·℃)]
棉	0.071~0.073	涤纶	0.084
羊毛	0.052~0.055	腈纶	0.051
蚕丝	0.05~0.055	丙纶	0.221~0.302
黏胶纤维	0.055~0.071	氯纶	0.042
醋酯纤维	0.05	空气	0.026
锦纶	0.244~0.337	水	0.697

数较大,约为纺织材料导热系数的十倍左右。因此,随着回潮率的提高,纺织材料的导热系数将增大,保暖性将下降。此外,纺织材料的温度不同,导热系数也不同,温度高时,导热系数稍大。纤维实际上是纤维、空气和水的混合物,故纤维的导热系数受纤维的结构与排列、空隙或空气的含量及空气流动性水分含量等的影响。从制造化学纤维的角度看,提高化学纤维保暖性的方法之一,就是制造空心纤维,使每根纤维内部夹有较多静止空气。

十五、光泽与横截面

光泽是化学纤维的重要外观性质。纤维的光泽与正反射光、表面漫射光、来自内部的散射光和透射光密切相关。光泽的主体是正反射光,但表面的漫反射光和来自内部的散射光也是不容忽略的,因此纤维的光泽取决于它的纵向表面形态、内部结构和横截面形状等。

纤维纵向表面形态主要取决于纤维沿纵向表面的凸凹情况和表面粗糙程度。如纵向光滑、粗细均匀,则漫反射少,镜面反射高,表现出较强的光泽。化学纤维中添加的消光剂不但造成纤维表面不平整,使漫反射增强,而且这些小颗粒的消光剂也增加了纤维吸收光线的能力。

纤维横截面的形状很多,它们的光泽效应差异很大,其中有典型意义的是圆形和三角形。以相同的入射光量比较,三角形截面纤维存在部分全反射现象,光泽较强,同时进入纤维内部的光线也会在纤维的内表面产生镜面反射和平行的透射。像棱柱晶体一样转动时或从不同视角观察时,会产生光泽明暗相同的现象,称为"闪光"效应。而三角棱镜的色散作用,还会产生不同的色彩效应。常用的闪光丝就是一种具有三角形截面的合成纤维长丝。

近年来,在化学纤维生产中,由两种或两种以上的聚合物制成的双组分纤维和多层结构纤维等复合纤维,以及利用特殊形状的喷丝孔生产的各种断面的异形纤维,得到迅速发展。简单的异形纤维,如三角形、星形、多叶形、Y 形纤维等,都可获得特殊的光泽效应。

十六、含油率和上油率

化学纤维的含油率是指化学纤维上油剂干重占含油纤维干重的百分率。上油率是指化学纤维上油剂干重占脱油后纤维干燥质量的百分率。

含油率的高低与纤维的可纺性能关系密切。含油率低的纤维容易产生静电现象，含油率过高则容易产生黏缠现象，这两种现象都会影响纺织生产加工的正常进行。化学纤维的油剂分为纺丝油剂和纺织油剂，施加纺丝油剂仅仅是为了纺丝工艺的需要，在后道工序中将被洗掉，再加上纺织油剂，使纺织工艺能顺利进行。纺织油剂因纤维品种及纺织加工工序要求而异，各种油剂的成分和配方并不相同。

化学纤维油剂的含量一般掌握在满足抗静电性和平滑性等要求的情况下，含油率以少为好。目前棉型化学纤维的含油率为：涤纶 0.1% ~0.2%、丙纶 0.1% ~0.2%、维纶 0.15% ~0.25%、腈纶 0.3% ~0.5%、锦纶 0.3% ~0.4%。毛型化学纤维的含油率要稍高些，如毛型涤纶的含油率以 0.2% ~0.3% 为宜。长丝一般含油率为 0.8% ~1.2%。测量含油率通常采用萃取法。

十七、短纤维的附加品质指标

在评定短纤维的品质时，除与长丝共有的各项指标外，还有一些特有指标，其中主要是纤维长度分布图所表现的纤维长度的均匀性，纤维的卷曲度和卷曲稳定性以及纤维中瑕疵点的多少等。

（一）切断长度

纤维长度是指纤维伸直但没伸长时两端间的距离。化学纤维的长度是根据需要而定的，可以切断成等长纤维，也可以牵切成不等长纤维，决定化学纤维切断长度的依据是纺织加工设备形式和混纺纤维的长度，主要有棉型、毛型和中长型三种。棉型化学纤维的长度为 30 ~40mm，毛型化学纤维长度为 70 ~150mm，中长型化学纤维长度为 51 ~65mm。

超长纤维是长度超过一定界限的短纤维。棉型纤维超过名义长度 5mm 并小于名义长度的 2 倍者，中长型及毛型纤维超过名义长度 10mm 并小于名义长度 2 倍者称为超长纤维。纤维长度超过名义长度 2 倍及以上者（包括牵切纤维）称为倍长纤维。

表示化学纤维长度的指标有平均长度、长度偏差、超长纤维率、短纤维率及倍长纤维含量等。

(1) 平均长度：指纤维长度的平均值。一般都用质量加权的平均长度表示。

(2) 长度偏差：指实测纤维平均长度和纤维名义长度的差异百分率。

(3) 超长纤维率：指超长纤维质量占纤维总质量的百分率。

(4) 短纤维率：指短纤维质量占纤维总质量的百分率。

(5) 倍长纤维含量：以 100 g 纤维所含倍长纤维质量（mg）表示。

一般来讲，短纤维的存在会使成纱条干不匀，毛茸多，断头多，因此要求短纤维率愈小愈好；超长纤维和倍长纤维的存在，会使纺纱过程中发生绕打手、绕锡林、绕罗拉等现象，引起断头增多，纱的条干不匀，严重影响正常生产和成纱质量，其危害性更甚于短纤维。因此要求超长纤维率和倍长纤维含量愈小愈好。

化学纤维的长度测试主要有三种方法：中段切断称重法、单根纤维测量法和长度测试仪法。其中，中段切断称重法最常见。

（二）卷曲度

沿着纤维纵向形成的规则或不规则的弯曲称为卷曲。由于化学纤维的表面比较光滑，不像棉纤维那样有天然扭曲，也不像羊毛那样表面有鳞片，因此纤维之间的抱合力比较小，不利于纺织加工。为了改善这一性能，增加化学纤维与棉、毛混纺时的抱合力，改善纤维的柔软性，必须将纤维进行卷曲加工。化学纤维卷曲性能检验在卷曲弹性仪上进行。

通常采用单位长度纤维上的卷曲数来表示卷曲度。一般供棉纺用的化学纤维要求高卷曲度（4～5.5 个/cm），供精梳毛纺的化学纤维及制膨体毛条的长纤维要求中卷曲度（3.5～5 个/cm）。为了全面地表征化学纤维的卷曲度，可采用下列指标。

1. 卷曲数 J_n 卷曲数是表示卷曲多少的指标，指单位长度（10mm 或 25mm）内纤维的卷曲个数，其公式如下：

$$J_n = \frac{J_a}{2L_0} \times 25 \quad 或 \quad J_n = \frac{J_a}{2L_0} \times 10$$

式中，J_n 为纤维卷曲数；J_a 为纤维在 25mm 内全部卷曲的波峰数和波谷数；L_0 为纤维在轻负荷下测得的长度，mm。

卷曲数太少会发生清花时纤维卷成形困难、黏卷严重、梳理纤维网下坠、成条差等弊病，甚至无法纺纱，对纤维的可纺性影响很大。如棉型涤纶的卷曲数不宜低于 10 个/25mm，以 13～18 个/25mm 为佳。毛型涤纶的卷曲数以 8～13 个/25mm 为佳。一般化学纤维的卷曲数为 12～14 个/25mm。

2. 卷曲率 J

$$J = \frac{L_1 - L_0}{L_1} \times 100\%$$

式中，L_1 为纤维在重负荷下测得的长度，mm。

卷曲率表示卷曲程度。卷曲率越大，表示卷曲波纹越深，卷曲数多的卷曲率也大。一般化学纤维的卷曲率在 10%～15%。

3. 卷曲回复率 J_w

$$J_w = \frac{L_1 - L_2}{L_1} \times 100\%$$

式中，L_2 为纤维在重负荷下保持 30s 后卸载，回复 2min，再在轻负荷下测得的长度，mm。

卷曲回复率表示卷曲的牢度。卷曲回复率越小，表示回缩后剩余的波纹越深，即波纹不易消失，卷曲耐久。一般化学纤维的卷曲回复率在 10% 左右。

4. 卷曲弹性恢复率 J_d

$$J_d = \frac{L_1 - L_2}{L_1 - L_0} \times 100\%$$

卷曲弹性回复率表示卷曲弹性的好坏。卷曲弹性率越大，表示卷曲容易回复，卷曲弹性越好，卷曲耐久度越好。一般为 70%～80%。

（三）纤维疵点

化学短纤维的外观疵点包括纤维的含杂和疵点两项内容。含杂是指除纤维以外的夹杂物，疵点是指生产过程中形成的不正常异状纤维。疵点包括僵丝（脆而硬的丝）、并丝（黏合在一起不易分开的数根纤维）、硬丝（由于纺丝不正常而产生的比未牵伸丝更粗的丝）、注头丝（由于纺丝不正常，中段或一端呈硬块的丝）、未牵伸丝（未经牵伸或牵伸不足而产生的粗而硬的丝）、胶块（没有形成纤维的小块聚合体）、硬板丝（因卷曲机挤压形成的纤维硬块）、粗纤维（直径为正常纤维4倍及以上的单纤维）等异状纤维。

☞ 复习指导

1. 重点掌握化学纤维制造的四个工序。
2. 重点掌握化学纤维的主要品质指标的范围。
3. 掌握化学纤维的分类、命名和主要品种。
4. 掌握品质指标对纤维质量的影响。
5. 了解化学纤维发展史。
6. 了解检测手段。

☞ 思考题

1. 名词解释。

纺织纤维　化学纤维　合成纤维　再生纤维　长丝　短纤维　熔体纺丝　干法纺丝　湿法纺丝

2. 化学纤维制造的四个工序是什么？
3. 化学纤维的主要品质指标有哪些？
4. 纤维材料的拉伸指标有哪些？
5. 如何从测得的纤维应力—应变曲线图上测算该纤维的初始模量、屈服应力、屈服应变、断裂强度？
6. 何为极限氧指数？各种纤维的燃烧性能如何？
7. 为什么说一般测得的纺织材料的导热系数是纤维、空气和水分混合物的导热系数？
8. 纤维的细度不匀指哪些？纤维长度上的细度不匀和截面不匀如何测量？
9. 纤维卷曲对加工和使用有何影响？

参考文献

[1]袁传刚.论化学纤维的发展方向[J].山东纺织科技,2004(6):49-52.
[2]张一心,朱进忠,袁传刚,等.纺织材料[M].北京:中国纺织出版社,2005.
[3]许坤元.中国化纤影响世界[N].中国纺织报,2007-9-13.

[4]郑植艺.中国化纤行业发展模式面临根本性转变[N].中国纺织报,2007-9-13.
[5]沈新元,吴向东,李燕立,等.高分子材料加工原理[M].北京:中国纺织出版社,2000.
[6]董纪震,孙桐,古大治,等.合成纤维生产工艺学[M].北京:纺织工业出版社,1981.
[7]陈稀,黄象安.化学纤维实验教程[M].北京:纺织工业出版社,1988.
[8]徐帮学.化学纤维与化纤制品生产加工工艺技术标准规范及检测检验实用手册[M].吉林:吉林音像出版社,2003.

第二章　化学纤维成型原理

化学纤维的成型是将纺丝流体（聚合物熔体或溶液）以一定的流量从喷丝孔挤出，固化而成为纤维的过程。它是化学纤维生产过程中最重要的环节之一。化学纤维成型亦称纺丝，主要采用熔体纺丝法（Melt-spinning）、干法纺丝法（Dry-spinning）和湿法纺丝法（Wet-spinning）。从工艺原理角度，这三种纺丝方法均由四个基本步骤构成：纺丝流体（溶液或熔体）在喷丝孔中流动→挤出液流中的内应力松弛和流动体系的流场转化，即从喷丝孔中的剪切流动向纺丝线上的拉伸流动的转化→流体丝条的单轴拉伸流动→纤维的固化。

在这些过程中，成纤聚合物要发生几何形态、物理状态和化学结构的变化。

第一节　熔体纺丝成型原理

熔体纺丝成型的基本过程包括纺丝熔体的制备、熔体自喷丝孔（Spinneret hole）的挤出（Extrusion）、挤出熔体细流的拉长变细、冷却固化（Solidify），固化丝条的上油和卷绕（Take-up），如图2－1所示。概括地说，从聚合物到成丝仅是一个随着传热过程而产生的物态变化，即固态聚合物在高温下转变为流动的黏流体，并在纺丝压力下挤出喷丝孔，在喷丝板（Spinneret）到卷绕装置之间，丝条必须被拉伸（Drawing）至需要的细度并充分冷却固化而成为固态丝条（初生纤维，As-formed fibre）的过程。

一、熔体细流冷却固化历程

熔体由纺丝计量泵（Metering pump）以一定压力压经喷丝孔压出时，在外力（卷绕拉力、熔体重力和空气的摩擦力等）、纺丝冷却筒（Air cooling chimney）和纺丝甬道（Metering duct）中的空气气流的冷却作用下，使熔体拉长、变细、固化而最终形成初生纤维。由于熔体是高分子化合物，呈现出非牛顿型的流动，所以熔体细流的固化成型历程，基本上可分为入口区、孔流区、膨化区、形变区和稳定区（图2－2）。

（一）入口区

入口区指熔体经过的每个喷丝孔的喇叭口部分。熔体从较大的空间进入直径逐渐变小的喇叭口内，流速增大会损失一部分能量，这部分能量损失则用于使柔顺的高分子化合物的分子链以高弹形变的方式改变自己的分子构象，并作为弹性能贮存于体系之中。高聚物在入口区具有的这种特征称为“入口效应”。

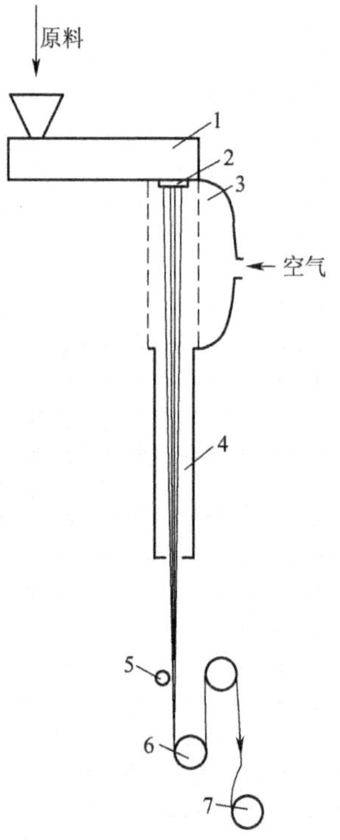

图 2－1　熔体纺丝示意图

1—螺杆挤出机　2—喷丝板　3—吹风窗

4—纺丝甬道　5—给油盘　6—导丝盘　7—卷绕装置

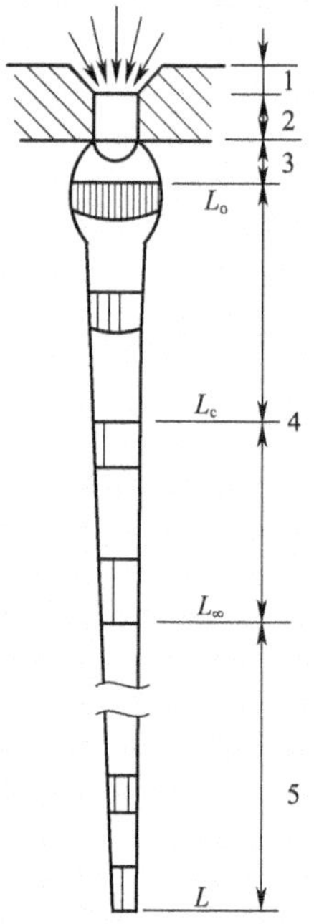

图 2－2　熔体细流及固化成型示意图

1—入口区　2—孔流区

3—膨化区　4—形变区　5—稳定区

（二）孔流区

孔流区指熔体在喷丝孔的毛细孔中流动的区域。在此区域中，熔体有两个特点，一是流速不同，细流流速在毛细管（Capillary）中呈抛物线分布，孔壁处速度小，孔中心速度高，形成明显的径向速度梯度，这是非牛顿流体的特征。另一个是入口效应产生的高弹形变有所消失。弹性形变的消失需要一定的时间，称为松弛时间，约 0.1～0.38s。由于熔体流经孔道的时间约为 10^{-8}～10^{-4}s[1]，与松弛时间相差甚远，弹性内应力来不及松弛，故高弹形变的消失非常小。

（三）膨化区

膨化区指熔体细流离开喷丝孔后的一段区域。直径膨化最大的地方，通常离喷丝板不超过 10mm。在此区中，由于剪切速率和剪切应力迅速减小，熔体在进入孔口时所贮存的弹性能以及在孔流区贮存的并来不及在孔道中松弛的那部分弹性能将在熔体流出孔口处发生回弹和应力松弛，导致细流膨化胀大。过大的膨化易造成细流断裂或纺丝不匀，因此必须防止。

产生出口膨化现象的主要原因是高弹形变的迅速回复，使细流产生膨胀。另外，熔体流经出口时速度场的变化以及熔体的表面张力等也是重要因素。前面已经提到，熔体在孔流区内，由于高弹形变，大分子构象在剪切应力作用下发生了变化，由卷曲状态变为比较伸展的状态，并沿孔流方向取向，但是它仍有自动回复到卷曲状态的趋势。另外，孔流区内贮存了部分能量，所以当熔体压出喷丝孔时，因不受孔壁约束而应力松弛继续进行，这时原来贮存的能量使熔体细流产生径向膨胀而导致出口膨化。

膨化胀大的程度与相对分子质量、纺丝温度和喷丝孔长径比有关，随相对分子质量减小、纺丝温度提高和喷丝孔长径比增大而膨化率降低。

在熔体纺丝时，膨化现象不利于纺丝成型，所以在纺丝成型过程中应严格控制膨化率。膨化率过大时，会产生纤度不匀、熔体破裂、熔体和喷丝板剥离性能差等。

（四）形变区

形变区也称冷凝区，也就是膨化区之后与固化点之间的区域，是熔体细流向初生纤维转化的重要过渡区，是发生拉伸流动和形成纤维最初结构的区域，因此是纺丝成型过程最重要的区域。熔体细流在 $L_o \sim L_c$ 之间（图 2－2），即离开喷丝板板面约 10～15cm 的距离内，温度仍然很高，流动性较好。在卷绕张力等力的作用下，熔体细流很快被拉长变细、速度迅速上升，速度梯度也增加。同时，由于接触到冷却风，细流从上到下温度逐渐降低，熔体黏度增加，致使大分子取向度增加，双折射上升；如卷绕速度很高，还可能发生大分子结晶。该区的终点即为固化点（L_∞），固化点离喷丝板板面约 40～80cm，一般成型条件下约为 60cm 左右。工业上将细流变细、变长的现象称为喷丝头拉伸，拉伸倍数为卷绕速度与熔体喷出速度之比。

（五）稳定区

固化点后一直到卷绕筒为止的这段区域称为稳定区。在该区，熔体细流已固化为初生纤维，不再有明显的流动发生，基本上已经形成一定的结构，对外界的影响也比较稳定，纤维不再细化，速度不变。

二、挤出细流的类型

化学纤维成型首先要求把纺丝流体从喷丝孔道中挤出，使之形成细流。因此正常细流的形成是熔体纺丝及溶液纺丝必不可少的先决条件。随着纺丝流体黏弹性和挤出条件的不同，挤出细流的类型大致可以分为如图 2－3 所示的四种，即液滴型、漫流型、胀大型、破裂型。

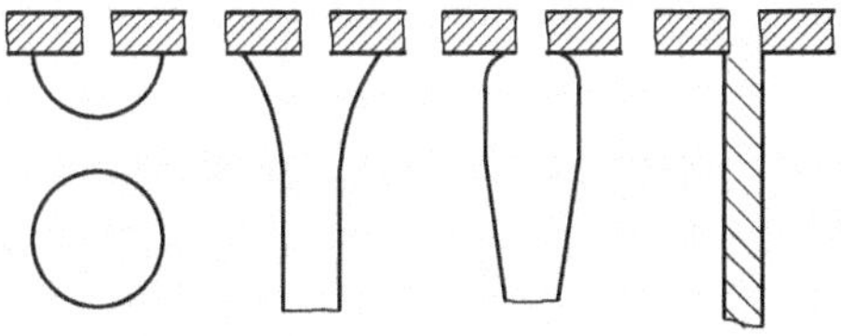

图 2－3　挤出细流的类型

（一）液滴型

液滴型不能成为连续细流，无法形成纤维。可以用表面张力与黏度的比值 σ/η 作为纺丝流体是否出现液滴型的判据依据。一般来讲，比值 σ/η 大于 10^{-2}cm/s，就会形成液滴型细流，且出现的可能性随 σ/η 值而增大。除纺丝流体的性质外，挤出条件也很重要。当喷丝孔径 R_0 和挤出速度 v_0 减小时，形成液滴的可能性增大。在实际纺丝过程中，通常通过降低温度使 η 增大，或增加泵供量使 v_0 增大而避免液滴型细流出现。

（二）漫流型

随着 η、R_0 和 v_0 的增加以及 σ 的减小，挤出细流由液滴型向漫流型过渡。漫流型虽然因表面积比液滴型小 20% 而能形成连续细流，但由于纺丝流体在挤出喷丝孔后即沿喷丝板表面漫流，细流间易相互粘连，引起丝条的周期性断裂或毛丝，因此仍是不正常细流。

挤出速度 v_0 大于临界挤出速度 v_{cr} 时,漫流型向胀大型转化。如果 R_0 和 η 越小,则临界挤出速度 v_{cr} 越大,这时需要采取更高的挤出速度 v_0($v_0 \geqslant v_{cr}$),才能使纺丝流体从喷丝板表面剥离变成胀大型。在实际纺丝过程中,通常在喷丝板表面涂以硅树脂或适当改变喷丝头的材料性质,以降低纺丝流体与喷丝板间的界面张力;或适当降低纺丝流体的温度,以提高其黏度;或增大泵供量使 v_0 增大,从而减轻或避免漫流型细流的出现。

(三)胀大型

胀大型细流一般属于正常的纺丝细流。只要胀大比 B_0(指细流最大直径与喷丝孔直径之比)控制在适当的范围内,细流就连续而稳定。一般纺丝流体的 B_0 约在 1~2.5 的范围内。B_0 过大,对于提高纺速和丝条成型的稳定性不利,因此实际纺丝过程中希望 B_0 接近于 1。

孔口胀大的根源在于纺丝流体的弹性。自由挤出细流的胀大比随孔口处的法向应力差的增加而增大。增加松弛时间,减小喷丝孔长径比 L/R_0 以及增加纺丝流体在喷丝孔道中的切变速率 $\dot{\gamma}$ 均能使法向应力差增大,从而导致挤出胀大比增加。挤出胀大比过大往往是熔体破裂的先兆。

(四)破裂型

在胀大型的基础上,如继续提高切变速率,挤出细流会因均匀性的破坏而转化为破裂型。熔体破裂是发生在临界挤出速度以上的一种不稳定流动现象。当细流呈破裂型时,其初生纤维外表呈现波浪形、鲨鱼皮形、竹节形或螺旋形畸变,甚至发生破裂。

对纺丝来说,破裂型细流属于不正常类型,它限制着纺丝速度的提高,使纺丝过程不时地中断,或使初生纤维表面形成宏观的缺陷,并降低纤维的断裂强度和耐疲劳性能。

熔体破裂是一种弹性湍流现象。可以用弹性雷诺准数 Re_{el} 作为熔体破裂出现的判断依据,一般 $Re_{el} > 5$ 时发生熔体破裂[2]。Re_{el} 实质上就是黏弹性流体在剪切流动中的可复弹性形变。增大纺丝流体松弛时间或切变速率均能使熔体破裂的可能性增大。

三、熔体纺丝的运动学和动力学

从出喷丝孔至卷绕点的整个纺丝路径称为纺丝线,纺丝线的速度分布(速度场)和应力分布(应力场)对熔纺纤维结构的形成起着重要的作用,历来是化学纤维成型理论研究的核心问题之一。

(一)熔体纺丝线上的速度分布

熔体从喷丝孔挤出后,熔体丝条逐渐被拉细,运动速度逐步加大,这是丝条在纺丝线上最直观的变化。丝条直径的变细是熔体在纺丝线上的纵向速度梯度场中拉伸流动的结果。

根据拉伸应变速率 $\dot{\varepsilon}(x)$ 的不同,可将整个纺丝线分成三个区域(图 2-4)[3]。

1. 挤出胀大区　在此区中,熔体在进入孔口时所贮存的弹性能以及在孔流区贮存的并来不及在孔道中松弛的那部分弹性能将在熔体流出孔口处发生回弹,从而在细流上显现出体积膨化的现象。由于体积膨化,故 v_x 沿纺程减小,轴向速度梯度为负值;在细流最大直径处,轴向速度梯度为零。在改变喷丝头拉伸比的情况下,胀大比随 v_L/v_0 的增大而下降。当拉伸比增至一定

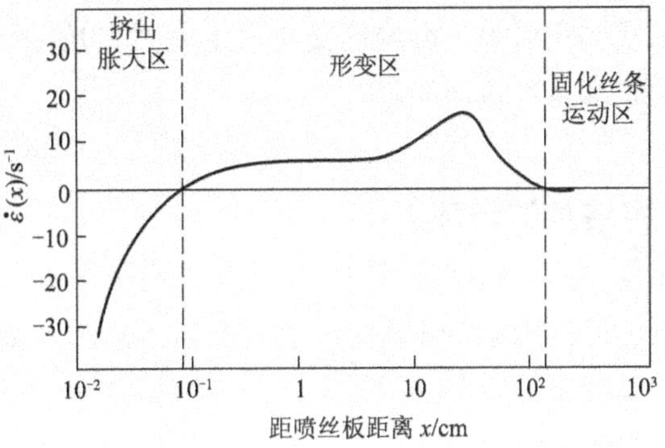

图 2－4　纺丝过程中拉伸应变速率分布的示意图

挤出胀大区 $\dot{\varepsilon}<0$；形变区 $\dot{\varepsilon}>0$；固化丝条运动区 $\dot{\varepsilon}=0$

值时，挤出胀大区可完全消失。由于熔纺的 v_L/v_0 通常较大，故挤出胀大区通常不存在。

2. 形变区　挤出胀大区和形变区交界处对应于直径膨化最大的地方，通常离喷丝板不超过 10mm，其长度随纺丝条件而异，通常在 50～150cm 左右，这一区中 $\dot{\varepsilon}(x)$ 出现极大值，一般为 10～50s^{-1}。形变区是熔体细流向初生纤维转化的重要过渡阶段，是发生拉伸流动和形成纤维最初结构的区域，因此是纺丝成型过程最重要的区域。在此区中，熔体细流被迅速拉长而变细，速度迅速上升，速度梯度也增大。由于冷却作用，丝条温度降低，熔体黏度增加，致使大分子取向度增加，双折射上升；如卷绕速度很高，还可能发生大分子的结晶。该区的终点即为固化点（Solidification point）。

3. 固化丝条运动区　在固化丝条运动区中，熔体细流已固化为初生纤维，不再有明显的流动发生。纤维不再细化，v_x 保持不变。纤维的初生结构在此继续形成。此区的结晶发生在取向状态，该取向状态影响结晶的动力学和形态学[4]。

（二）熔体纺丝线上的力平衡

熔体出喷丝孔进入空气中便成为自由的细流，立即受到卷绕张力等的轴向拉伸作用，而丝条在运行过程中，将克服各种阻力而被拉长细化，此时对于向下运动的熔体细流受到各种力的作用而处于平衡：

$$F_p + F_g = F_r + F_i + F_f + F_s$$

式中，卷绕张力 F_p 可用张力计在纺丝线上直接测定，重力 F_g、惯性力 F_i、摩擦力 F_f 及表面张力 F_s 可根据理论计算得到，从而可求出流变阻力 F_r。

四、熔体纺丝过程中的热量变化

熔体纺丝成型过程中，从熔体细流到纤维成型，主要是细流和周围介质的传热过程，同时伴随结晶和分子取向的过程。

纺丝熔体温度很高，而纺丝冷却的介质温度却很低，所以整个纺丝成型过程中，熔体细流不断向周围介质释放热量，温度逐渐下降。

通常，熔体纺丝成型过程中的传热是对流传热，生产中采用强制对流传热，比较常用的是在形变区位置采用环形吹风或侧吹风等。影响热交换的主要因素是冷却吹风的风量、风温、吹风形式和吹风位置以及聚合物本身的热性能等。

五、熔体纺丝中纤维结构的形成

从纺丝得到的纤维结构，即所谓卷绕丝结构，卷绕丝结构是在整个纺丝线上发展起来的，它是纺丝过程中流变学因素（熔体细流的拉伸）、纺丝线上的传热和高聚物结晶动力学之间相互作用的结果。取向和结晶是纤维的主要结构因素，它们对后加工和产品质量有重要影响。

（一）熔体纺丝过程中的取向作用

1. 纺丝过程中的取向机理 从喷丝孔喷出的熔体细流在卷绕拉力的作用下拉长变细，在变形区内，在速度梯度场作用下，熔体细流内大分子沿纤维轴向进行有规则的平行排列，这种现象称为取向（Orientation）。由于初生纤维在以后的拉伸中还要进一步取向，故把纺丝成型过程中的取向称为预取向（Pre-orientation）。应该指出，在大分子取向的同时，由于大分子链的热运动，使得已取向的大分子会不断地改变自己的构象而导致解取向（解除取向）。因此，纺丝成型过程时，初生纤维所获得的取向度（Orientation degree）是这两种对立作用互相竞争的结果。

取向度的大小，在生产上普遍采用测定纤维的双折射 Δn 表示，Δn 数值大，说明纤维取向度高；Δn 数值小，说明纤维的取向度低。

根据聚合物在纺丝线上的形态特点，纺丝过程中取向作用有两种取向机理，一种是处于熔体状态下的流动取向机理，另一种是纤维固化之后的形变取向机理。前者包括喷丝孔中切变流场中的流动取向和出喷丝孔后熔体细流在拉伸流场中的流动取向。图 2－5 为三种取向机理的示意图。

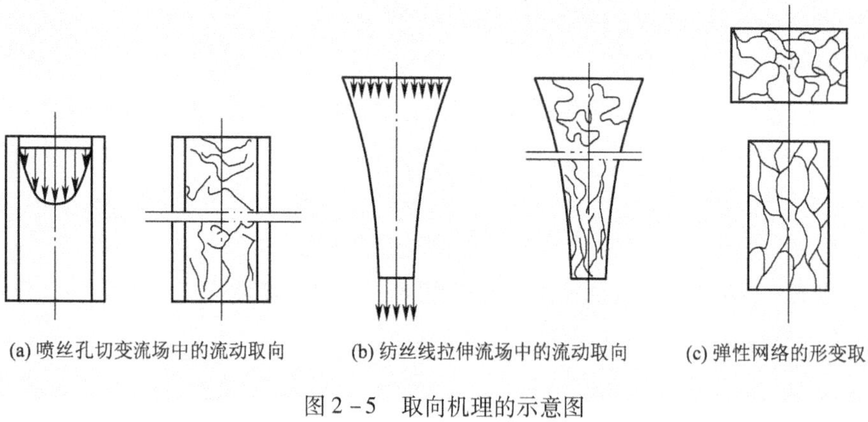

(a) 喷丝孔切变流场中的流动取向　(b) 纺丝线拉伸流场中的流动取向　(c) 弹性网络的形变取向

图 2－5　取向机理的示意图

一般来讲，喷丝孔中切变流场中的流动取向，是在径向速度梯度场中的取向，由于熔体在喷丝孔中流动时温度较高，因而松弛时间较短，造成的取向就小。再则，即使有流动取向，在挤出胀大区中也将松弛殆尽。所以喷丝孔中流动取向的贡献很小，对于熔体纺丝，这种贡献可以忽略不计；出喷丝孔后熔体细流在拉伸流场中的流动取向，是在轴向速度梯度场中的取向，卷绕丝的取向主要是纺丝线上拉伸流动的贡献；纤维固化之后的形变取向发生在纺丝线上的固化区，是一种橡胶网络取向拉伸，对卷绕丝的取向度也有贡献，这种取向可视为松弛时间无限大时的拉伸流动取向。

2. 熔体纺丝线上分子取向的发展 熔体纺丝线上取向度的变化规律，因成纤聚合物的特性而异。可以将双折射 Δn 沿纺程的分布划分为三个区：

(1)流动形变区。该区在喷丝板以下 0 ~ 70cm 的范围内。此处大部分的细化形变已基本完成，但是双折射仍然很小。这是因为该区的形变速率较低，聚合物处于高温，大分子链的热运动是主要作用，所以在这里解取向作用是主要的，而取向却很小。

(2)结晶取向区。该区在喷丝板下 80 ~ 130cm 的范围内。熔体温度逐渐降低，黏度增大，分子热运动减慢，与解取向相比，取向成为主要趋势。当双折射增至 0.02 ~ 0.03 时，某些分子排列形成密集相，这对晶核的形成起着重要的作用。一旦晶核形成，结晶和取向迅速加速。应该指出，取向迅速增加主要是由于结晶，无定形区取向的增加是非常小的。

(3)塑性形变区。这个区域始于接近固化的末端，距离喷丝板大约 130cm 左右。尽管表面看来纤维几乎固化，但丝条的温度仍高于其玻璃化温度 T_g(Glass transition temperature)，在纺丝张力作用下，可产生部分变形取向。

(二)熔体纺丝过程中的结晶

结晶(Crystal)是熔体纺丝过程中最主要的相转变，它直接决定卷绕丝的后加工性能及成品丝性能。

1. 熔体纺丝中纤维结晶的主要特征 熔体纺丝中纤维结晶的特征包括两个方面：一是卷绕丝本身的晶态结构，二是熔体纺丝中高聚物结晶过程的发展。

卷绕丝的结晶特性包括晶格结构、结晶度、结晶形态和结晶取向等。它们对于纤维的物理性质都有特殊的影响。

(1)晶格结构。成纤高聚物的晶体，大多数为对称性较小的晶系，如三斜、单斜、正交等，也有少数为六角晶系。值得注意的是，纤维结晶中常常出现同质多晶现象，即在不同的纺丝过程和纺丝条件下，生成不同的晶型。如聚丙烯在快速冷却时形成六角次晶，而在缓慢固化时形成单斜晶。

(2)结晶度 θ_c。高聚物的结晶与低分子物质不同，高聚物结构的复杂性决定了高聚物在通常条件下不可能全结晶而存在有非晶部分。可以想象，从晶区到非晶区，分子链的规整性逐步丧失。因此，结晶与非晶部分之间并没有明确的界限。我们用结晶度 θ_c 来表征高聚物的结晶情况。θ_c 定义为结晶物质的重量分数或体积分数，测定结晶度的方法有密度法、X 射线衍射法、红外光谱法、核磁共振法等。其中简便易行的是密度法。

(3)结晶形态及尺寸。在光学显微镜和电子显微镜下，发现结晶高聚物有多种形态：片晶、单晶、微丝晶、球晶、柱晶等。在一些熔纺卷绕丝中发现有球晶形态，主要是在低速成型的粗丝条中。

晶粒的平均尺寸可以从相转变的动力学理论推导出来，也可以用广角 X 射线对晶粒大小进行测定，其数量级为 $1 \sim 10^2$nm。

(4)晶区取向。熔体纺丝中的结晶过程是在应力作用下发生的,分子取向对高聚物结晶过程的影响还表现在使结晶粒子有一定的取向。作为晶区取向结构单元的晶胞有三个晶轴,故在一定的取向态下,三个晶轴对纤维轴都具有一定的夹角,分别决定了三个晶轴对纤维轴的取向因数,通常以大分子链所沿的晶轴(*C* 轴)对纤维轴的取向作为晶区取向因数。

2. 纺丝线上的取向结晶 所谓取向结晶(Oriented - crystallization),通常是指在聚合物熔体、溶液或非固体中,大分子链由或多或少的取向状态到开始结晶的过程。熔体纺丝线上的结晶,正是其典型的例子。一般认为取向分子的结晶速率比未取向的高出几个数量级。

取向使结晶速率大大增加的原因,可概括为两类。第一,从结晶理论的角度看,大分子取向规整区域越大,则开始结晶的温度(即临界结晶温度)也越高。第二,从热力学的角度看,取向比未取向体系的熵值低,所以从熔体转变成晶体时,取向体系的熵值变化较小,即自由能变化较大,这样就能使那些在未取向体系中不稳定的亚稳晶核稳定下来,即增大晶核生成的速率。

(三)纺丝过程中的玻璃化转变

一些结晶速度慢而玻璃化温度较高的高聚物,如聚对苯二甲酸乙二酯,在熔体纺丝的冷却条件下,通常是不结晶的,当丝条温度降至玻璃化温度时,高聚物从弹性流体转变为玻璃态,得到的卷绕丝是非晶态的纤维。

高聚物的玻璃化转变是指非晶态高聚物从玻璃态到橡胶态的转变,对于结晶高聚物很少是100%的结晶,总有非结晶部分存在,因此也会有玻璃化转变。

从分子的尺度上看,玻璃化温度 T_g 是高聚物链段开始运动时的温度,这种链段运动导致大分子活动性骤增。高聚物中大分子的活动性与自由体积有关,在高冷却速度下,将使高聚物冻结而产生更多的自由体积,这就使高聚物在重新加热时,在较低的温度下便发生玻璃化转变。同理,纺丝过程中的大分子取向使高聚物堆砌更紧密,使自由体积减小,因而使玻璃化温度提高。因此玻璃化温度可与纺丝速度相联系,随着卷绕速度的增加,卷绕丝的取向度也增加,致使玻璃化温度升高。

第二节 湿法纺丝成型原理

湿法纺丝是化学纤维三种基本成型方法之一,它适用于不能熔融仅能溶解于非挥发性的或对热不稳定的溶剂中的聚合物。聚丙烯腈纤维(腈纶)、聚乙烯醇纤维(维纶)、聚氯乙烯纤维(氯纶)、黏胶纤维、氨纶和许多刚性链高聚物组成的纤维都使用湿法纺丝。

湿法纺丝要求事先把高聚物制成纺丝原液(成纤高聚物的浓溶液),然后把原液经混合、过滤、脱泡等纺前准备,通过计量泵精确计量,经烛形滤器(Candle filter)、鹅颈管进入浸没在凝固浴中的喷丝头,从喷丝头毛细孔中挤出的原液细流进入凝固浴,原液细流中的溶剂向凝固浴扩散,凝固浴中的凝固剂向细流内部扩散,于是高聚物在凝固浴中析出而形成初生纤维,如图 2 - 6 所示。

与熔纺不同,湿法成型过程中除有传热外,传质十分突出,有时还伴有化学反应,因此情况

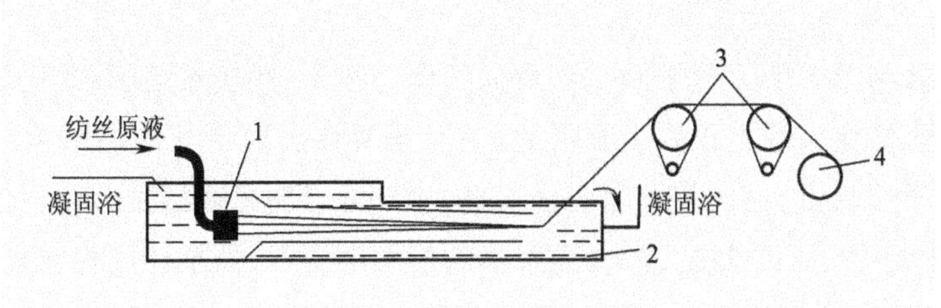

图 2-6　湿法纺丝示意图

1—喷丝头　2—凝固浴　3—导丝盘　4—卷绕装置

十分复杂。这导致湿法纺丝理论至今尚未建立一系列定量描述此过程的基本方程式。因此下面仅定性地讨论一些与纺丝溶液转变为初生纤维(冻胶体,亦称凝胶体)有关的主要问题。

一、成纤高聚物溶解的基本规律

为了能在黏流态下加工成型,湿法纺丝中一般需将成纤高聚物配制为浓溶液(纺丝原液)。纺丝原液的制备是湿纺工艺中的一个重要环节。

(一)溶解过程的热力学

高聚物的溶解比小分子物质的溶解过程慢得多,一般需要几小时乃至数天。所谓溶解就是指溶质分子通过分子扩散与溶剂分子均匀地混合,以致成为分子分散的均相体系。由于高聚物与溶剂分子的尺寸相差悬殊,两者分子运动的速度存在着数量级的差别,因此,当高聚物与溶剂混合后,溶剂分子很快渗透进入高聚物,而高聚物分子向溶剂的扩散速度却非常慢,这就决定了高聚物的溶解过程必定分为两个阶段:首先是发生体积溶胀,溶剂分子由外层逐渐扩散进入高聚物的内层;然后,大分子逐渐分散到溶剂中去,形成均匀的溶液。交联高聚物由于交联的化学键束缚,只能溶胀,不能溶解。

在溶解过程中,大分子之间以及溶剂分子之间的作用力不断减弱,而大分子与溶剂分子之间的作用力则有所增强;与此同时,大分子及溶剂分子均发生空间排列状态和运动自由程度的变化。从热力学角度来看,分子之间作用力的变化将使体系的热焓 ΔH 发生变化;而分子运动自由度的改变则与体系的熵变有关。因此,溶解过程能否自发进行,可以用体系在溶解过程中所发生的自由能改变 ΔF_m 来判别,如果 ΔF_m 为负值,则溶解过程可以自发地进行,它应该服从下面的热力学关系式:

$$\Delta F_m = \Delta H_m - T \cdot \Delta S_m$$

式中:ΔF_m——混合自由能;

ΔS_m——混合熵;

ΔH_m——混合热焓;

T——绝对温度。

(二)影响溶解度的结构因素

一般,成纤高聚物的溶解度是由它的化学组成和结构、官能团的数量和它在分子链上的分布以及结晶、取向等超分子结构因素所决定的。当然,溶剂的化学结构对溶解度的影响也是极其重要的。

1. 大分子链结构的影响 分子间作用力强的聚合物，一般较难溶解；柔性分子链较易溶解，刚性分子链的聚合体在室温下仅发生有限的溶胀，需要在高温下才能够溶解；在高聚物分子链中引入少量的化学交联点，会使溶解度明显下降；相对分子质量高的聚合物，其分子间的作用力就比较大，故随着相对分子质量的提高，高聚物的溶解度下降；低聚体的存在则有利于减弱分子间的作用力，可使溶解度有所提高。

2. 超分子结构的影响 无定形高聚物要比部分结晶高聚物容易溶解。这是因为前者大分子之间的作用力较弱，后者结晶部分分子间的作用力较强。

但是极性的结晶高聚物也可以在常温下溶解，这是因为高聚物中无定形部分与溶剂混合时，二者强烈的相互作用会释放出大量的热，致使结晶部分熔融，因此溶解过程能在常温下进行[5]。例如聚酰胺在常温下能溶于甲酚、浓硫酸、甲酸等极性溶剂之中。

3. 溶剂性质的影响 绝大部分通过浓溶液纺丝加工的成纤高聚物都是极性高聚物，一般都采用极性溶剂溶解。混合溶剂或者溶剂与非溶剂的混合物，往往比单一溶剂的溶解性好。这是由于高聚物大分子链上存在各种特性官能团，它能被各种特性的分子溶剂化之故。

（三）溶剂的选择

高分子—溶液相互作用参数χ_1的大小可作为溶剂优劣的一个半定量判据。如果相互作用参数χ_1小于1/2，表示大分子和溶剂分子相互作用能大，溶剂的溶解能力强；如果相互作用参数χ_1大于1/2，高聚物一般不能溶解。表2－1通过实验方法（渗透压法）测定出高聚物和溶剂间的χ_1，仅供参考。

表2－1 高聚物—溶剂相互作用参数χ_1

高聚物	溶剂	温度/℃	χ_1
聚苯乙烯	甲苯	23	0.44
	苯	23	0.45
	醋酸乙酯	23	0.55
聚氯乙烯	四氢呋喃	27	0.14
	硝基苯	53	0.29
	丙酮	53	0.60
聚乙烯醇	水	25	0.494
聚丙烯腈	二甲基甲酰胺	23	0.17～0.29

在实际应用中，还应考虑以下三个方面的溶解规则。

1. 相似相溶规则 组成和结构相似的物质可以互溶，极性大的溶质溶于极性大的溶剂；极性小的溶质溶于极性小的溶剂；非极性高聚物溶于非极性的溶剂。

2. 内聚能密度或溶度参数（δ）相近规则 高聚物与溶剂的内聚能密度或溶度参数（δ）接近或相等时，溶解才能进行。一般来讲，当高聚物的溶度参数δ_1和溶剂的溶度参数δ_2差值$|\delta_1 -$

$\delta_2| < 1.5$ 时，两种物质可以互溶。

在选择高聚物的溶剂时，除了使用单一溶剂外，还经常使用混合溶剂。混合溶剂对高聚物的溶解能力往往比使用单一溶剂时为好。

3. 溶剂化规则　溶剂化规则就是极性定向和氢键规则，此规则表明含有极性基团的高聚物和溶剂之间的溶解性有一定的内在联系。

以上讨论的是溶剂的溶解能力，它是选择溶剂首先要考虑的，但在工业上选择溶剂还需从经济效果和劳动保护方面考虑，一般注意以下几点。

(1)沸点不应太低或过高，通常以溶剂沸点在 50 ~ 160℃ 为佳；如沸点太低，会由于挥发而造成浪费，并污染空气；如沸点太高，则不便回收。

(2)溶剂需具备足够的热稳定性和化学稳定性，在回收过程中不易分解。

(3)溶剂的毒性低，对设备的腐蚀性小。

(4)溶剂在溶解聚合物的过程中，不引起对高聚物的破坏或发生其他化学变化。

(5)在适当的温度下，溶剂应具有良好的溶解能力，并在尽可能高的浓度时仍有尽可能低的黏度。

表 2 - 2 列出了几种常用的成纤高聚物的溶剂，仅供参考。

表 2 - 2　几种常用的成纤高聚物的溶剂

聚合物	溶剂	溶剂沸点/℃	聚合物开始溶解的温度/℃
聚乙烯醇	水	100	60 ~ 80
聚丙烯腈	DMF	153	20
	DMAc	165	75
	碳酸乙烯酯	238	70 ~ 80
	DMSO	189	—
	硝酸(55% ~ 70%)	—	低于 0
	硫酸(60% ~ 70%)	—	77
	NaSCN 溶液(18% ~ 55%)	—	低于 20
聚氯乙烯	丙酮加二硫化碳(1:1)	—	60
	DMF	153	60 ~ 150
	DMAc	165	110 ~ 130
聚间苯二甲酰胺	含有亲液盐类(氯化锂)的 DMAc 溶液	—	—
聚间苯二甲酰间苯二胺	DMF	153	—
	DMAc	165	—
	DMSO	189	—
	含有亲液盐类(氯化锂)的 DMSO 溶液	—	—
聚对苯二甲酰对苯二胺	硫酸(发烟硫酸)	—	—
	含有亲液盐类(氯化锂)的 DMAc 溶液	—	—

(四)溶解过程的动力学

高聚物溶解过程的重要特征之一,是有一个溶胀过程。因此溶胀过程的速度对整个聚合物的溶解速度有重要影响。

高聚物的溶胀程度随时间而增加,而且还与溶剂的性质和组成、温度、压力等条件有关。图2-7中1、2两条曲线表示聚合物典型的有限溶胀特征。曲线3表示聚合物中含有少量低分子物质,在溶胀过程中,低分子物质被提取,而使聚合物的含量下降。曲线4所表示的聚合物除发生溶胀之外,还进一步发生溶解,最终聚合物能够完全被溶解。

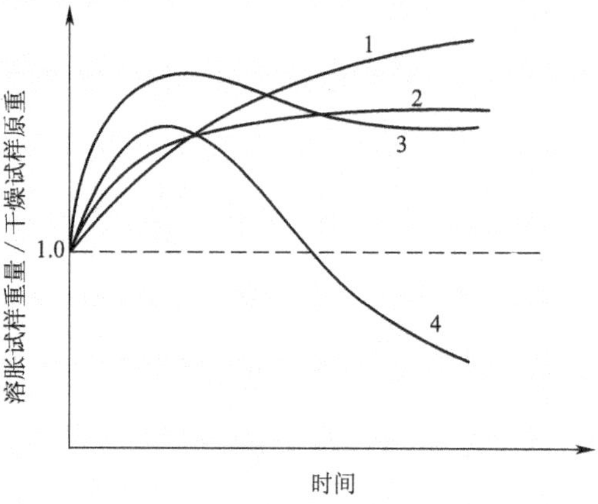

图2-7 在聚合物溶胀和溶解过程中试样重量的变化

1—慢速有限溶胀 2—快速有限溶胀 3—伴有可提取的低分子的溶胀过程 4—伴有部分高聚物溶解的溶胀过程

二、湿法纺丝的运动学和动力学

(一)湿法成型过程中纺丝线上的速度分布

湿纺中纺丝原液从喷丝孔挤出后,细流在孔口发生胀大并进入凝固浴。如果细流是以速度 V_f 自由流出的,胀大细流的直径为 D_f,其大小沿细流轴向保持恒定;但是,生产中细流是在第一导辊的拉伸力作用下被引出的,则细流在越过最大直径 D_m 后逐渐变细,这一细化过程一直持续到凝固点为止(图2-8)。

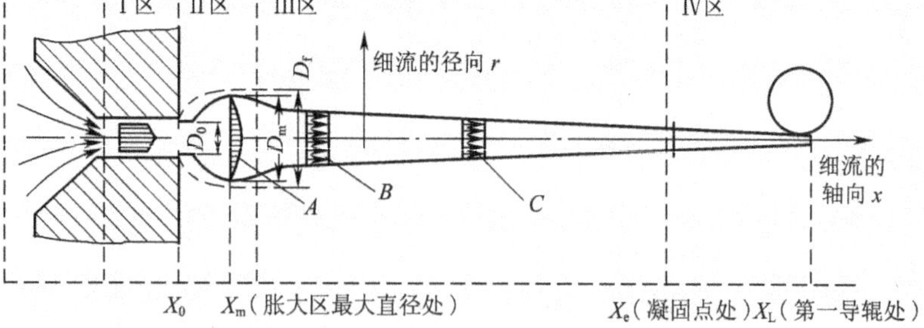

图2-8 纺丝原液细流的细化过程示意图

根据图 2 - 8 中细流沿纺程 x 所具有的运动学特点，可以把纺程划分为四个区间：孔流区（Ⅰ）、胀大区（Ⅱ）、细化区（Ⅲ）和凝固纤维的等速行进区或简称为等速区（Ⅳ）。

在湿法纺丝中，影响纺丝成型速度 V_x 的因素比熔纺复杂，纺程上 V_x 的测定较为困难，关于湿法成型纺丝线上纺丝速度分布的资料较少。聚乙烯醇纤维的纺丝可作为典型例子。图 2 - 9 是 PVA 湿法纺丝线上的速度和速度分布。图 2 - 10 是 PVA 湿法纺丝线上的直径分布。

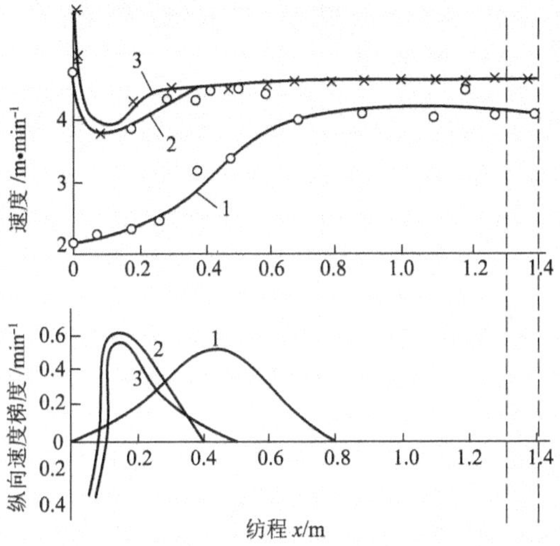

图 2 - 9 聚乙烯醇原液细流在不同喷丝头拉伸比下的速度和速度分布图

1—喷丝头正拉伸 2—喷丝头零拉伸 3—喷丝头负拉伸

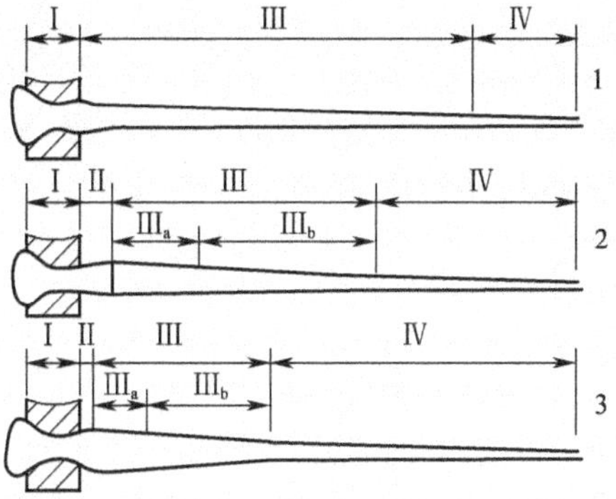

图 2 - 10 不同喷丝头拉伸比下的细流直径分布图

1，2，3 分别对应于喷丝头拉伸比依次下降

与熔纺不同，湿纺中，当纺丝原液从喷丝孔挤出时，原液尚未固化，不能承受过大的喷丝头拉伸（Draw-down），故湿法纺丝通常采用喷丝头负拉伸、零拉伸或拉伸比不大的正拉伸。从图 2 - 9和图 2 - 10 可以看出：

（1）采用喷丝头正拉伸时，在整个或大部分纺丝线上，由于在正拉伸时第一导盘的速度 V_L 较大，纺丝线的速度略大于喷丝速度 V_0，胀大区消失或部分消失，速度 V_x 和速度梯度$\frac{dV_x}{dx}$沿纺程的分布情况和熔纺相类似。

（2）零拉伸与负拉伸的情况大致相仿。由于胀大区（Ⅱ）的存在，刚进入凝固浴时，纺丝线的速度低于喷丝速度 V_0，然后纺丝线被缓慢地加速到 V_L，在这种情况下成型时，纺丝线上可能出现收缩区域，故存在胀大区，其速度 V_x 和速度梯度$\frac{dV_x}{dx}$沿纺程的分布情况与熔纺不同。此时，纺丝线上张力很小，可以得到内应力较低的初生纤维。

（二）湿法成型区内的喷丝头拉伸

纺丝线在成型区内的拉伸状态由两个参数表征：喷丝头拉伸率 ϕ_a（或喷丝头拉伸比 i_a）和

平均轴向速度梯度$(\bar{q})_a$。

通常真实喷丝头拉伸率(ϕ_f)增大对应于膨化比$B_0\left(=\frac{R_f}{R_0}\right)$增大。但$B_0$太大会影响成型的稳定,因此湿纺中常采用喷丝头负拉伸,以降低ϕ_f,从而使成型得以稳定。应该指出,在表观上,湿法成型区内的喷丝头拉伸率是负的,但由于胀大区的存在,细流实际上所经受的拉伸率却是正的。

(三)湿法纺丝线上受力分析

1. 纺丝线上轴向力平衡 湿法纺丝线上的轴向力平衡方程式与熔纺相似。设x为纺丝线上距喷丝头某点的坐标,则在$x=0$至$x=x$区间纺丝线上各项力的平衡满足下列方程式。

$$F_r(x)+F_g(x)=F_s+F_i(x)+F_f(x)+F_c+F_r(0)$$

式中,$F_r(x)$为流变力或张力、$F_g(x)$为重力、F_s为表面张力、$F_i(x)$为惯性力、$F_f(x)$为摩擦阻力(凝固浴产生)、F_c为摩擦阻力(导丝装置产生)、$F_r(0)$为流变阻力(喷丝孔出口处)。

在实际生产中,当无导丝装置时,$F_g(x)$、F_s、$F_i(x)$、F_c由于数值太小,可忽略不计,故上式可改为:

$$F_r(x)=F_f(x)+F_r(0)$$

2. 纺丝线上的径向应力分析 在湿纺中,由于有皮层形成,所以表面的固体皮层与内部的可流动芯层在物理性质上有明显的差异。

根据皮芯模型,可得到与实践经验大致相符合的推论:

(1)所有施加于纺丝线上的张力,实际上完全由皮层所承受和传递,而尚处于流动状态的芯层,则几乎是松弛的。换句话说,大部分拉伸张力导致皮层产生单轴拉伸形变,使皮层中的大分子和链段沿纤维轴取向,只有极小部分张力致使芯层发生单轴拉伸流动。最终结果,皮层的取向度比芯层高得多。

(2)靠近喷丝头的区域内,由于皮层非常薄,沿纺丝线所传递的张力,均由这很薄的皮层承受,故皮层内的应力很大。因此在采用过大的纺丝张力时,往往引起原液细流的断裂。实践证明,这种断裂往往发生在离喷丝头表面数毫米之内。

三、湿法纺丝中的传质过程

在湿法纺丝过程中,凝固浴中凝固剂同液体细流接触作用后,改变了液体细流的相平衡,破坏了聚合物在溶剂中的溶剂化作用,使聚合物和溶剂分离为两相。液体细流中的溶剂及盐类向外扩散,而凝固剂向内扩散,结果形成固相纤维。所以湿法纺丝成型的本质是双扩散的传质过程和传热过程。

在湿法纺丝中,因为在传质过程中温度差别不大,纺丝成型的热效应也不大,故热交换过程在大多数情况下没有很大的意义。传质过程复杂且对纺丝成型影响极大。

四、湿法纺丝中纤维结构的形成

湿纺初生纤维结构的形成与成型条件密切相关。可以从初生纤维溶胀度、形态结构和超分子结构三个方面来反映湿纺初生纤维的结构。

（一）初生纤维溶胀度

初生纤维的溶胀度 D. S. 是反映其结构的重要参数，对纤维的结构和性能有一定影响，主要表现在如下几方面。

（1）取向度。初生纤维溶胀度低，说明初生纤维中高聚物含量高，分子间作用力强，成品纤维的侧序相应较高，在同样的拉伸倍数下，所得纤维具有较高的取向度，因而有较高的断裂强度。

（2）序态和染色饱和值。纤维经相同的拉伸和后处理后，由高溶胀度的初生纤维制得的成品纤维，具有较高的碘溶胀度（低序态）和高的染色饱和值。

（3）干燥收缩率。高溶胀度的初生纤维，经拉伸和水洗后，其初级溶胀纤维的 D. S. 值仍较高，纤维在干燥过程中具有较高的纵向收缩率。

（二）形态结构

1. 横截面形状　横截面形状是溶液纺纤维的重要结构特征之一，它影响纤维及其织物的手感、弹性、光泽、色泽、覆盖性、保暖性、耐脏性以及起球性等多种性能。

凝固条件不同，可导致纤维形成不同的横截面。强烈的凝固条件，容易形成非圆形的横截面；缓慢的成型条件，容易导致圆形横截面的形成。

例如，腈纶湿法成型时，如采用有机试剂作溶剂，凝固速度快，在较短时间内发生较大程度的浓缩，但皮层凝固程度高于芯层，芯层收缩时，皮层相应的收缩率较小，导致背向浴流的侧面凹进，使截面呈肾形。相反，采用无机溶剂时，凝固缓慢，皮层柔软，能随同芯层一起均匀收缩，使截面维持圆形。

2. 皮芯结构　湿纺初生纤维形态结构沿径向有结构上的差异，这个差异继续保留到成品纤维中。纤维（特别明显的是黏胶纤维）外表有一层极薄的、密实的、较难渗透的、难染的皮膜，该膜对传质过程有决定性作用。皮膜内部是纤维的皮层，再向里是芯层如图 2－11 所示，皮层中一般含有较小的微晶并具有较高的取向度；芯层结构较为松散，微晶较粗大。

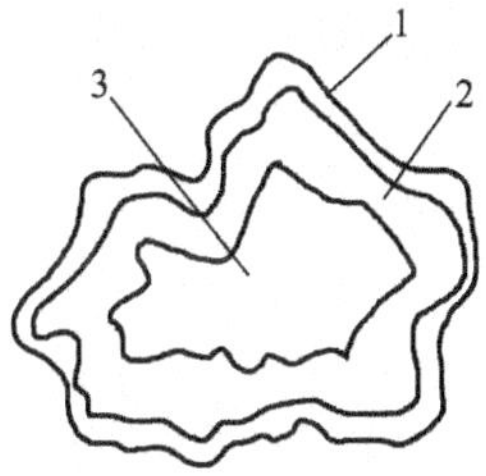

图 2－11　黏胶纤维的横截面

1—膜层　2—皮层　3—芯层

湿纺纤维的横截面之所以出现皮层与芯层之差异，其主要原因如下。

（1）纺丝原液细流进入凝固浴后，细流周边和内部的聚合物的凝固机理不同以及凝固剂在纤维内部分布不匀，导致皮层和芯层的结构不同。

（2）纺丝原液在喷丝孔口处的膨化效应，导致细流外表层的“拉伸效应”，对皮层和芯层的形态结构有影响。

（3）在喷丝头拉伸区中，皮层已经凝固，而芯层尚处于液流态，使纺丝张力主要作用在纺丝线表面的冻胶层上，大部分拉伸张力导致皮层产生单轴拉伸形变，使皮层中的大分子和链段沿纤维轴取向，只有极小部分张力致使芯层发生单轴拉伸流动，从而使沿纤维径向分布的各层具有不同的取向度。

（4）外层大分子链在喷丝孔内产生的取向，在凝固浴中快速冻结，而内层因凝固速率较慢，取向的分子链发生解取向。

3. 空隙 由于成型过程中发生溶剂和凝固剂双扩散和纺丝溶液发生相分离，当纺丝溶液中聚合物浓度低于临界浓度时，首先在细流表面出现皮层，然后通过此皮层，溶剂从细流内部扩散出来，非溶剂从凝固浴中渗透进去，纺丝液体积发生变化，内部进行凝固。由于皮层颇为刚性，聚合物粒子的合并使内部体系收缩时，皮层不能按比例发生形变，湿纺初生纤维内部产生大空洞或毛细孔，其尺寸可大至几十微米，经拉伸、干燥、热处理后，这样的空洞或毛细孔尺寸会有所减小或闭合，但难于根除，最终影响成品纤维的机械性能。具有空洞或闭合空洞的成品纤维在服用过程中受摩擦易发生纵向开裂(原纤化)。凝固剂浓度越低，纤维内部形成的空隙就越大。

(三)超分子结构

湿纺初生纤维虽具有一定取向度(大分子和微晶)，但与熔纺相比就显得不很重要。

纺丝线上的取向有喷丝孔道中的剪切流动取向、纺丝线上的拉伸流动取向和拉伸形变取向。剪切流动取向：在湿法成型过程中，除纺丝线上外表的一薄层外，其余都来不及凝固，加上孔口膨化的影响，使原来已有取向的大分子链产生解取向，所以孔道中的剪切流动取向较小。拉伸流动取向：由于在湿纺中轴向速度梯度和平均拉伸应力要比熔纺中低得多，因此，熔纺中的流动取向机理在湿纺条件下其效果较小。拉伸形变取向：湿法成型过程中，初生纤维的取向主要来自于拉伸形变取向。

关于湿纺初生纤维的结晶结构至今还了解不多，特别是纺丝条件对其影响的研究较少。黏胶纤维、腈纶和铜氨纤维的X射线衍射测定表明，在未拉伸纤维中有某种结晶或准晶序态。

第三节 干法纺丝成型原理

干法纺丝时，纺丝液由计量泵输送到喷丝头，从喷丝头毛细孔中挤出的纺丝液细流进入纺丝甬道与热介质(空气或氮气)接触，通过甬道中热介质的作用，使溶液细流中的溶剂快速挥发，并被热介质流带走。溶液细流在逐渐脱去溶剂的同时发生浓缩和固化，并在卷绕张力的作用下伸长变细而成为初生纤维。如图2－12所示为干法纺丝的示意图。

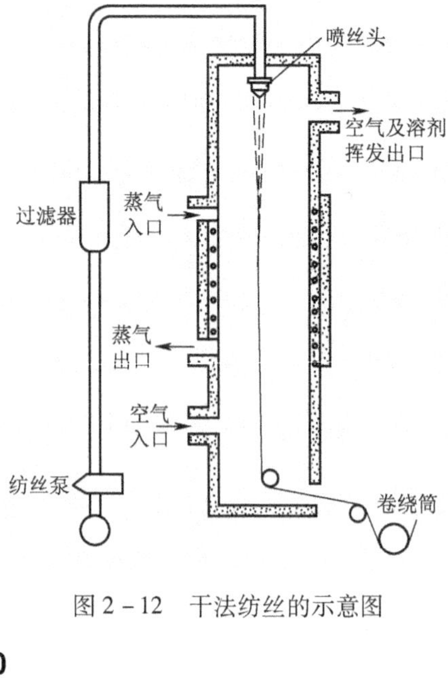

图2－12 干法纺丝的示意图

干法纺丝过程中，通常要受到溶剂从丝条中挥发速度的限制，聚合物固化速度较慢，这就决定了干纺工艺的特点。

(1)纺丝溶液的浓度比湿法高，一般达18%～45%，相应的黏度也高，能承受比湿纺更大的喷丝头拉伸(2～7倍)，易制得比湿纺更细的纤维。

(2)纺丝线上丝条受到的力学阻力远比湿纺小，故其纺速比湿纺高，一般达300～600m/min，高者可达 1000m/min 或更高些，但由于受到溶剂挥发速度的限制，干纺速度总比熔纺低。

(3)喷丝头孔数远比湿纺少，这是因为干法固化慢，固化前丝条易粘连，一般干纺短纤维的喷丝头孔数不超过 1200 孔（最高 4000 孔），而湿纺短纤维的喷丝头孔数高达数万至十余万孔。因此干法单个纺丝位的生产能力远低于湿纺，干纺一般适于生产长丝。

一、溶剂的选择

纺丝速度主要取决于溶剂的挥发速度，所以选择的溶剂应使溶液中高聚物的浓度尽可能高，而溶剂的沸点和蒸发潜热应尽可能低，这样就可减少在纺丝溶液转化为纤维过程中所需挥发的溶剂量，降低热能消耗，并可提高纺丝速度。除了技术经济要求以外，还应考虑溶剂的可燃性以满足安全防护要求。最常用的干法纺丝溶剂为丙酮、二甲基甲酰胺等。

二、干法纺丝的运动学和动力学

图 2－13 为腈纶干法成型过程中纺丝线上直径(d_x)和速度(V_x)的变化情况。在靠近喷丝板的区域内，d_x 急剧下降，这主要是由于细流拉伸流动的结果；以后，d_x 因溶剂蒸发和喷丝头拉伸的作用而缓慢减少；随着溶剂蒸发量的减少和丝条的固化，d_x 趋于平稳。

图 2－13 表明，干法纺丝线上的速度分布与熔融纺丝相似，胀大区基本消失。这是因为干法纺丝时，根据流变因素来看，成型条件接近于熔纺，纺丝速度较高(600～1200m/min)。

干纺过程中纺丝线受力的数学表达式要比熔纺难于描述，因为一些参数的变化在很大程度上依赖于不能精确量化的蒸发条件。但其轴向力平衡方程与熔纺相同。

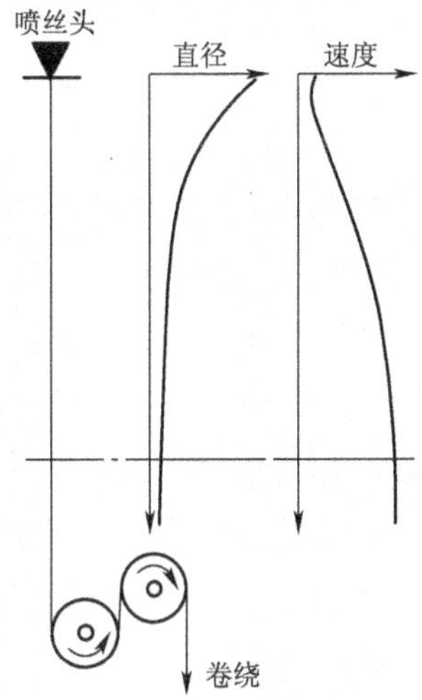

图 2－13 腈纶干法纺丝线上直径和速度分布

三、干法纺丝中的传热和传质

干法成型与熔法不同，熔法中主要是传热过程，而干法同时进行传热和传质的过程。干法纺丝中有大量的溶剂要从纤维中除去，这是利用热介质加热液体细流来使溶剂挥发。

溶剂从纺丝线上除去有三种机理：闪蒸、纺丝线内部的扩散以及从纺丝线表面向周围介质的对流传质。

干法纺丝中，纤维在流动过程中进行传质和传热，所以纤维溶剂含量的变化及其温度的分布可分为几段，如图 2－14 所示。

Ⅰ区：在喷丝孔出口处，热的纺丝液解除压缩的结果，发生溶剂闪蒸，使溶剂迅速大量挥发，聚合物细流表面的温度很快减少到湿球温度 T_M，而后温度变化很慢，经过一段时间后接近所需温度和纤维中层温度，因为在Ⅰ区蒸发所需热量在很大程度上是由纺丝溶液供给的，同时同周围介质产生热交换。传质以对流方式进行，因为细流表层上溶剂的浓度大。此段距离比较短。

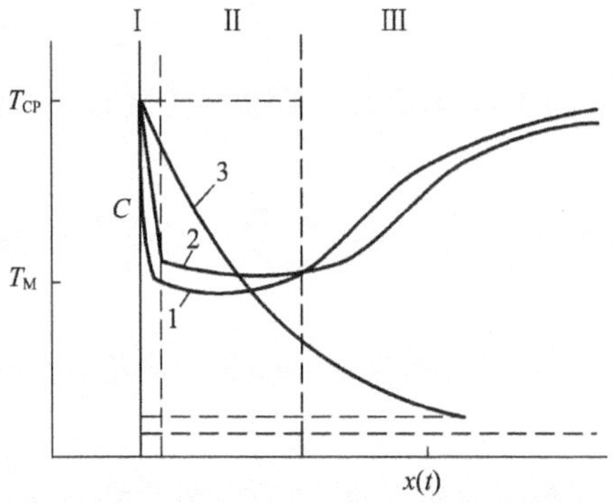

图 2-14　干法成型时沿纺程温度和溶剂的浓度分布图

1—纤维表面温度　2—纤维中心温度　3—纤维内溶剂的平均浓度

Ⅰ—起始蒸发区　Ⅱ—恒速蒸发区　Ⅲ—降速蒸发区

T_{CP}—纤维周围介质温度　C—纤维内溶剂的浓度　$x(t)$—纺程(时间)　T_M—湿球温度

Ⅱ区:由于热风的传热与丝条溶剂蒸发达到平衡,这一阶段丝条的温度实际上保持不变,且等于湿球温度。沿纤维截面的温度同样是相同的,纤维同周围介质之间的热交换也恒定。在该区内丝条内部温度保持较低,溶剂缓慢扩散,质量交换速度变化很小,可以近似地认为不变。这时聚合物细流中溶剂的浓度会大一些,所以蒸发过程不是由内部扩散控制,它主要取决于外部的(对流的)热、质交换速度和与此相对应的表面温度。这个阶段的热、质交换大致相同,纤维表面温度不变。

Ⅲ区:是纤维传质传热形成纤维结构的主要区域。纤维开始成型,溶剂从纤维中间层向表面扩散,溶剂蒸发的速度更慢,浓度分布变得更大,随着蒸发强度的急剧降低,丝条表面温度上升并接近热风温度。此时,纤维中的分子扩散速度又小,在此阶段开始除去使聚合物分子溶剂化的那部分溶剂。在Ⅲ区内,溶剂的蒸发速度变小,以致聚合体与溶剂间的相互作用加强,而且受内部扩散控制。Ⅲ区丝条的固化过程基本上完成,此时溶剂含量约为30%~50%。从甬道出来的纤维溶剂含量为5%~25%。

复习指导

1. 重点掌握熔体纺丝成型原理。
2. 掌握湿法纺丝成型原理。
3. 了解干法纺丝成型原理。

思考题

1. 熔体细流的固化成型分为哪几个区?
2. 挤出熔体细流有哪几种类型?熔体破裂的依据是什么?哪种类型是正常的纺丝类型?
3. 熔体纺丝过程中有哪几种取向?

4. 成纤高聚物的溶解过程是什么？影响成纤高聚物溶解度的结构因素有哪些？
5. 采用有机溶剂的腈纶湿法成型时，纤维截面为何呈肾形？
6. 湿法纺丝成型的本质是什么？
7. 熔体纺丝成型的本质是什么？
8. 干法纺丝成型的本质是什么？
9. 溶剂如何从纺丝线上除去？

参考文献

[1]董纪震，孙桐，古大治，等．合成纤维生产工艺学[M]．北京：纺织工业出版社，1981.
[2]沈新元，吴向东，李燕立，等．高分子材料加工原理[M]．北京：中国纺织出版社，2000.
[3]张一心，朱进忠，袁传刚，等．纺织材料[M]．北京：中国纺织出版社，2005.
[4]陈稀，黄象安．化学纤维实验教程[M]．北京：纺织工业出版社，1988.
[5]徐帮学．化学纤维与化纤制品生产加工工艺技术标准规范及检测检验实用手册[M]．吉林：吉林音像出版社，2003.

第三章　化学纤维拉伸和热定型原理

用不同的纺丝法制成的初生纤维，虽然具有纤维的基本结构和性能，特别是经过纺丝过程中的初步拉伸和定向后，纤维已具有一定的结晶度和取向度，但是纤维的物理机械性能还不适宜作纤维成品。这是由于它的取向度和结晶度还较低，结晶还不稳定，结构也不紧密，它的强度和模量都不够高，延伸率较大，所以这种初生纤维容易变形，纤维的外形和尺寸不稳定，因此需要进一步加工和处理，才能使纤维符合纺织加工的要求。在后加工工序中，最重要的是拉伸和热定型。

第一节　化学纤维拉伸

一、拉伸的目的和作用

初生纤维进行拉伸取向的生产过程是纤维分子结构发生取向结晶重排的过程。拉伸(Drawing)中，在外力作用下使纤维直径变小，纤维沿作用力方向发生变形，纤维中柔曲的分子链发生舒展，并沿作用力的方向单向变形、重排和取向，同时产生结晶作用。

各种初生纤维在拉伸过程中所发生的结构和性能的变化并不相同，但有一个共同点，即纤维的低序区(Low ordered region)(对结晶高聚物来说即为非晶区)的大分子沿纤维轴向的取向度大大提高，同时伴有密度、结晶度等其他结构方面的变化。由于纤维内大分子沿纤维轴取向，形成并增加了氢键、偶极矩以及其他类型的分子间力，纤维承受外加张力的分子链数目增加了，分子间的距离缩小，结构变紧密，从而使纤维的断裂强度显著提高，延伸度下降，耐磨性和对各种不同类型形变的疲劳强度亦明显提高。

二、拉伸实施方法

在化学纤维生产中，拉伸可以与纺丝工序连续地进行；也可与纺丝工序分开，先把初生纤维卷装在筒子上或存于盛丝桶中，然后在专门的拉伸设备上进行拉伸。

初生纤维的拉伸可一次完成，有的必须进行分段拉伸。纤维的总拉伸倍数(Drawing ratio)是各段拉伸倍数的乘积。一般熔纺纤维的总拉伸倍数约为3.0~7.0；湿纺纤维拉伸倍数可达8~12倍；某些高强高模纤维，采用冻胶纺丝法，拉伸倍数达几十至几百倍。

按拉伸时纤维所处的介质来分，纤维拉伸方式有干拉伸(Dry-drawing)、蒸汽浴拉伸(Steam-drawing)和湿拉伸(Wet-drawing)三种。

（一）干拉伸（空气浴）

干拉伸是指拉伸时初生纤维处于空气包围之中，纤维与空气介质及加热器之间有热量传递。干拉伸又可分为室温拉伸和热拉伸。

（1）室温拉伸：拉伸时，不对纤维进行加热，而拉伸产生的热量传递给空气介质，空气起冷却作用。此种拉伸方式适用于玻璃化温度 T_g 在室温附近的初生纤维。

（2）热拉伸：是用热盘、热板或热箱加热，适用于 T_g 较高，或者是拉伸应力较大或纤维较粗的纤维。这是一种纤维同时被加热和拉伸的方式，通过加热使纤维的温度升高到 T_g 以上，促进分子链段运动，降低拉伸应力，有利于拉伸顺利进行。

（二）蒸汽浴拉伸

蒸汽浴拉伸是指拉伸时纤维被包围在饱和蒸汽或过热蒸汽之中，由于加热和水分的增塑作用，使纤维的拉伸应力有较大的下降。蒸汽浴拉伸又可分为饱和蒸汽浴拉伸和过热蒸汽浴拉伸。

（三）湿拉伸

湿拉伸是指拉伸时纤维被液体介质（水、油剂或溶剂与沉淀剂的混合液）包围，有热量传递，在成型过程中的拉伸还可能有传质过程甚至有化学反应。湿拉伸又可分为液浴法和喷淋法。

（1）液浴法：拉伸时纤维完全浸在浴液之中，纤维与介质之间的传热、传质过程进行得较快且较均匀。

（2）喷淋法：拉伸时将热水或热油剂喷淋到纤维上，边加热边拉伸。

三、拉伸曲线

（一）拉伸曲线的基本类型

初生纤维在拉伸过程中，应力和应变不断发生变化。反映初生纤维拉伸时应力和应变内在联系的曲线叫做拉伸曲线，又称为应力—应变曲线（Stress-strain curves）（简称 S—S 曲线）。

各种初生纤维的应力—应变曲线可归纳为如图 3－1 所示的三种基本类型。

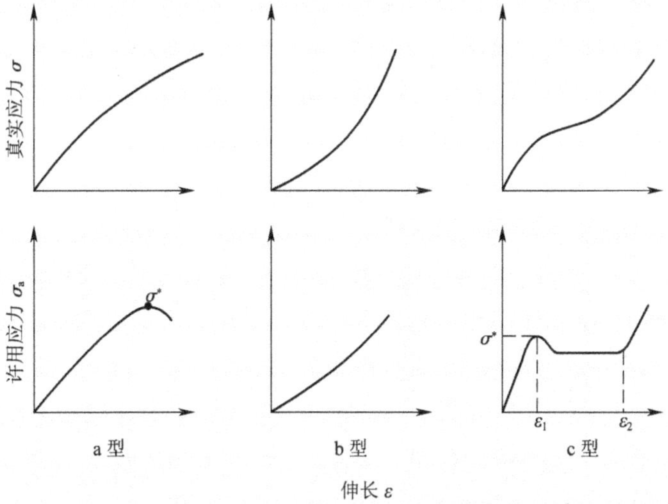

图 3－1　应力—应变曲线的基本类型

1. a 型　图 3－1 中，a 型曲线呈凸形，由图中 a 型的 σ_a—ε 曲线可见，随着 ε 的增大，许用应力 σ_a 到达最大值 σ^*（称为屈服应力，Yield stress），随后急剧下降，出现应力集中和细化点。因为模量 $E\left(\frac{dE}{d\varepsilon}<0\right)$ 随着应变的增大而下降，纤维经不起拉伸，很快就被拉断，也就是当纤维克服了屈服应力 σ^* 而开始塑性变形时，就立即断裂。这种类型的初生纤维是不可拉伸的（拉伸时出现脆性断裂），应避免初生纤维出现这种应力—应变行为。塑料和金属材料的拉伸属于这种类型。

2. b 型　图 3－1 中，b 型曲线呈凹形，表明初生纤维在拉伸时，模量 $E\left(\frac{dE}{d\varepsilon}>0\right)$ 不断增加，即模量随着应变的增大而增大，纤维在拉伸过程中发生自增强作用。正因为纤维自增强，所以不出现细化点，能承受更大的拉伸应力，拉伸可顺利进行，这种拉伸不会出现应力集中，属于均匀拉伸，故应创造条件使初生纤维出现这种应力—应变行为。湿法纺丝成型的凝固丝，是一种高度溶胀的冻胶体，由聚集态大分子间的物理交联形成的网络结构内充满着液体（溶剂或沉淀剂），这样的网络结构在拉伸时取向并导致结晶，因而模量增加。所以，湿纺凝固丝的 S—S 曲线基本上属于 b 型曲线，拉伸时不会出现细颈现象。

3. c 型（先凸后凹形）　图 3－1 中，c 型曲线呈先凸后凹形。

（1）在小形变区内 $\varepsilon<\varepsilon_1$，形变是均匀且可逆的，相当于弹性形变。

（2）在 $\varepsilon_1<\varepsilon<\varepsilon_2$ 区内，形变先集中在一个或多个细颈处，继而细颈逐渐发展，在此区域内拉伸属于不均匀拉伸，此区域内的形变是不可逆的。

（3）在 $\varepsilon_2<\varepsilon<\varepsilon_{max}$ 区内，形变均匀，拉伸应力逐渐增大，形变也随之增大，直至断裂。

具有 c 型应力—应变曲线的拉伸过程又称为冷拉过程。

本体聚合物初生纤维，如涤纶、锦纶和丙纶的熔纺卷绕丝，在 T_g 附近拉伸时，其应力—应变曲线基本属于 c 型（先凸后凹形）曲线，如图 3－2 所示。

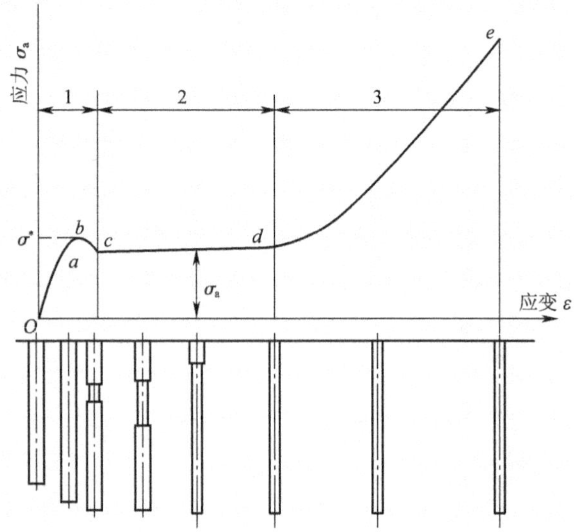

图 3－2　熔纺卷绕丝的拉伸曲线

(1) oa 段：形变的初始阶段，为一很陡的直线段，此时发生单位形变的应力很大，即杨氏模量（应力与应变的比）很大，而总的形变量很小，这时纤维的形变符合弹性定律，属于普弹形变，a 点称为线性极限。

(2) ab 段：开始偏离直线，但仍基本上是可回复的。因此曲线的斜率随拉伸倍数的提高而下降。此段的变形相当于强迫高弹变形，到 b 点时，应力达到极大值。b 点称为屈服点（Yield point），此点的应力即为屈服应力，屈服应力是拉伸过程中最重要的材料特性参数之一。

(3) bc 段：此段变形大而应力稍有下降，纤维的一处或几处出现"细颈"不均匀的变形。在这一段中，应力下降的原因可能是由于纤维在拉伸时放热，使纤维发生软化所致。bc 段是细颈发生阶段，在生产上通常所说的"拉伸点"或"拉伸区"，就是指细颈产生的具体位置。控制好拉伸点或拉伸区的位置，使其固定，是拉伸工艺中重要条件之一。

(4) cd 段：是细颈的发展阶段。此段将出现的"细颈"又进一步拉伸，到达 d 点"细颈"消失，此时细颈发展到整根纤维。此段中形变特别大，取向度不断增加，但应力却保持不变。这时的应力为拉伸应力。应力不随拉伸倍数而变化，而成为平台区。与 d 点相对应的拉伸倍数称为自然拉伸比。

(5) de 段：过了 d 点，纤维被拉伸变形不大，而应力增长很快，这时纤维受到均匀的拉伸和取向，纤维形态变化表现为直径均匀地同时变细，直至 e 点，拉伸应力增加到了纤维的强度极限，于是纤维发生断裂。与 e 点相对应的拉伸倍数称为最大拉伸倍数。e 点的应力称为断裂应力（亦称断裂强度），相应的应变称为断裂伸长。由于在 de 段需要加大应力才能使纤维继续发生形变，所以这一段又称为应变硬化区。

在生产工艺上，一定要控制纤维的实际拉伸倍数，使之大于自然拉伸比而小于最大拉伸比。

（二）初生纤维结构对拉伸性能的影响

初生纤维的结构包括分子链结构和超分子结构。对一种给定的纤维来说，大分子的化学结构基本上是固定的，分子链结构指的是聚合物的平均分子量及相对分子质量分布；而超分子结构是指高聚物内部高分子链间的几何排列和堆砌结构，也就是指结晶和取向。

1. 熔纺成型的本体聚合物卷绕丝

(1)初生纤维结晶度和结晶变体的影响。初生纤维的结晶结构对其应力—应变性质影响很大。随着初生纤维结晶度的增大，使应力—应变曲线沿着 b→c→a 型的方向转化，导致屈服应力 σ^* 的提高，并增大了自然拉伸比。

(2)初生纤维预取向的影响。一般熔纺初生纤维的预取向度都较低，但它对后拉伸的影响不应忽视。随着初生纤维预取向度的增大，形变特性沿着 c→b 型的方向转化，即自然拉伸比有所减小，并转变为均匀拉伸，屈服应力和初始模量都有所增大。

(3)初生纤维平均分子量的影响。初生纤维平均分子量和相对分子质量分布对拉伸应力和应力—应变曲线的形状有影响，特别是对于 b 型形变。一般说，随着初生纤维相对分子质量的增大，拉伸时的屈服应力有所提高。初生纤维要避免 a 型的不可拉伸情况，就必须具备一定的初始模量和较高的断裂强度，才能经得起一定应力下的拉伸作用。必须指出，初生纤维的相对分子质量并不是越大越好，事实上，随着相对分子质量的增加，分子间的作用力增强，使分子间的相对滑移困难，即难以实现塑性形变。所以，相对分子质量如超过一定限度，反而会使纤维的可拉伸性降低。

（4）其他影响。当初生纤维内包含与纤维直径大小相当的气泡和固体粒子（包括凝聚粒子、消光剂 TiO_2 等）时，此处形成纤维中的缺陷，造成该处应力集中，这种初生纤维就经不起拉伸，在较小的拉伸作用下就会发生断裂。由于纺丝成型时工艺控制不当，在初生纤维内出现的裂缝或线密度波动，产生过分细的横截面等也是拉伸的薄弱环节，亦会使纤维的拉伸性能变坏。

2. 湿法成型的冻胶体凝固丝 湿纺时，纺丝原液在凝固浴中脱溶剂化而凝固形成的初生纤维，是一种高度溶胀的立体网络状的冻胶体。立体网络的骨架由大分子或大分子链束构成，大分子间的缠结（由分子脱溶剂化后相互作用而形成）是这个骨架的物理交联点，在没有交联的地方，链段仍保持一定的溶剂化层，在网络骨架的空隙中充满着溶剂与沉淀剂的混合物。

凝固丝的形成条件对冻胶体的可拉伸性影响很大。

（1）凝固浴温度。凝固浴温度越低，双扩散速度越慢，溶质从溶液中沉淀出来的速度也越慢，网络骨架也就越细密，冻胶体凝固丝中的内应力也越小，拉伸性能就越好。

（2）凝固浴中溶剂含量。凝固浴中溶剂含量增加，初生纤维中溶剂含量也增大，此时初生纤维中的溶剂起了增塑作用，拉伸应力就减小，最大拉伸比则增大，使冻胶更具有弹性和塑性。但是冻胶中溶剂含量也不是越多越好，因为溶剂太多，立体网络的交联点数目就较少，网络较弱，强度必然较低，就经不起高倍拉伸。

（三）拉伸条件的影响

1. 拉伸温度 初生纤维的应力—应变性质对温度非常敏感，在拉伸过程中，为提高纤维的强度和其他机械性能，必须使结构单元（链段、大分子链、链束等）沿纤维轴取向。为此，要求在拉伸过程中各种结构单元具有足够的活动性，而提高温度正是供给结构单元以足够的热运动能量的重要手段。

一般情况下，拉伸温度要满足 $T_g < T < T_m(T_f)$，因为初生纤维拉伸时形变值极大（20%～2000%），这主要依赖于塑性形变。当 $T > T_g$ 时，才能保证结构单元（链段、大分子链、链束等）的运动处于显著状态，使大分子链沿纤维轴整齐排列，提高其取向度。如果温度略低于 T_g，利用机械力的强拉作用，虽然也能使高聚物产生强迫高弹形变而达到一定的取向效果，但这时纤维内的应力要比在 T_g 以上拉伸时大得多，丝条很容易断裂，而且强迫高弹形变数值有限。但如果拉伸温度过高，则会走向反面。由于拉伸时的取向作用和分子热运动的解取向作用是对立统一的，温度过高，解取向转化为矛盾的主要方面，纤维的强度就会因之而下降。其次，温度过高还会使结晶速度增大，由于结晶反而会使拉伸应力上升[1]。

表3－1列出了几种主要合成纤维的拉伸温度和玻璃化温度，仅供参考。

表 3－1 几种主要合成纤维的拉伸温度和玻璃化温度

纤 维	拉伸温度/℃	玻璃化温度 T_g/℃	熔点 T_m/℃或流动温度 T_f/℃
锦纶 6	室温	35～49	223
锦纶 66	20～150	47～65	265
涤纶	>80	非晶态:69;水中 49～54 部分结晶:79～81 高度取向结晶:120～127	260～265
腈纶	80～120 165(在甘油中)	90 105;140	320
氯纶	水中 80～98	92	170～220

2. 低分子物 初生纤维中存在水、溶剂、单体等低分子物质,可使大分子间距离增大,减少大分子间的相互作用力,降低松弛活化能,使链段和大分子链容易运动,从而使聚合物的 T_g 降低,这种现象称为增塑作用。增塑作用对纤维拉伸行为的影响与提高温度相似,由于水或低聚物的增塑作用而使屈服应力下降,并使应力—应变曲线水平段缩短,即促使由 c 型形变向 b 型形变转化。

3. 拉伸速度 拉伸速度增大时,对应力—应变曲线的影响与降低温度的影响相类似:在 c 型形变范围内,随着拉伸速度的提高,屈服应力和自然拉伸比有所增大。如果原来属于 b 型形变,则随着拉伸速度的增大逐渐由 b 型向 c 型转化。

4. 初生纤维纤度 在某种情况下,发现应力—应变性质与被拉伸试样的粗细(纤度)有关。粗度增大时,拉伸应力和自然拉伸比有所增大,即相当于降低温度的影响。

四、拉伸过程中纤维结构的变化

(一)分子取向和结晶取向

非晶态高聚物纤维的拉伸取向较简单,视取向单元的不同,可以分为两类:大尺寸取向和小尺寸取向。大尺寸取向是指整个分子链已经取向了,但链段可能未取向,如熔体纺丝中从喷丝孔出来的熔体细流即有大尺寸取向现象。小尺寸取向是指链段的取向排列,而分子链的排列是杂乱的。一般在温度较低时,整个分子不能运动,在这种情况下取向,就得到小尺寸取向。

晶态高聚物纤维的拉伸取向比较复杂,因为在取向的同时,伴随有复杂的分子聚集态结构的变化。在通常情况下,结晶高聚物拉伸取向的过程,实质上是球晶的形变过程。在低倍拉伸时,球晶处于弹性形变阶段,球晶体被拉成椭圆状,继续拉伸到不可逆形变阶段,球晶变成带状结构。球晶形变过程中,组成球晶的片晶之间发生倾斜、晶面滑移和转动,甚至破裂,部分折叠链被拉伸成为伸直链,使原有结构部分或全部破坏,而形成新的结晶结构,它由取向的折叠链片晶与在取向方向上贯穿于片晶之间的伸直的分子链段组成,这种结构被称为微纤结构,也有可能在拉伸取向过程中,原有的折叠链片晶部分地转变成为分子链沿拉伸方向有规则排列的完全伸直链晶体。

(二)结晶的变化

结晶态高聚物从熔融体冷却到 T_m 与 T_g 之间的任一温度,都能产生结晶,总的过程是从无序进而有序,生成有序结构单元后生长成晶体。

高分子的结晶过程有成核阶段和生长阶段。在成核阶段,高分子规则地排列起来生成热力学稳定的晶核。成核的方式有两种,即均相成核和异相成核。均相成核是指处于无定形状态的高分子由于过冷或过饱和而形成晶核的过程,均相成核只有在稍低的温度下才能发生,因为在较高的温度下,分子的热运动较剧烈,所以晶核不易产生,即使生成也不稳定,随着温度降低均相成核速率增大;异相成核是指高分子被吸附在固体杂质表面或熔体中存在的未被破坏的晶种表面而形成晶核的过程,异相成核可以在较高温度下发生,但不能在熔点以上发生。在生长阶段,结晶生长的速率取决于链段向晶核扩散的速率和规整堆积速率,且随温度降低而减小[2]。

前已指出,结晶聚合物拉伸取向的过程,实质上是球晶的形变过程。对于不同化学结构的结晶高聚物,在不同的拉伸工艺条件下,结晶变化情况也不一样,一般可分为以下三种情况。

(1)拉伸过程中相态结构不发生变化,非晶态的未拉伸试样拉伸后仍保持非晶态,结晶试样则不改变其结晶度。这种情况是非结晶型高聚物如无规聚苯乙烯、聚甲基丙烯酸甲酯等拉伸时的一般规律。此时拉伸只涉及非晶区取向而不引起结晶。对于部分结晶的高聚物,在非晶区的分子活动度大的情况下,防止了在所加张力作用下晶粒发生熔化或破坏,就可能出现这种情况。

(2)拉伸过程中试样原有结构发生部分破坏,结晶度有所降低。这种情况下,试样产生形变,使原有结构破坏并成为一种新的、缺陷较多的结构,并沿着所加张力的方向取向。如果形变在低温下发生,则原有的晶态结构破坏之后并不发生重建,导致结晶度下降。

(3)拉伸过程中发生进一步结晶,结晶度有所增大。这种情况是由两种不同的因素诱发的。一种因素(纯粹动力学因素)是增加分子的活动性,与周围介质的热交换(热拉伸时)和形变能量的转换,导致纤维温度提高,并使纤维结晶速度增大。在聚乙烯、聚丙烯、聚酯、聚酰胺、聚氯乙烯及聚乙烯醇纤维热拉伸或冷拉伸时,都发现结晶度有所提高;另一种因素是分子取向和应力作用,它会影响共聚物的结晶动力学和平衡结晶度,橡胶是取向诱导结晶的最典型的一类材料。在各向同性状态下,它是非晶态的。拉伸时很快地结晶。

综上所述,拉伸过程中引起原有纤维相态结构变化的程度,取决于纤维本身的性质和拉伸条件。一般说来,未拉伸纤维的序态越高,则其破坏就越大,拉伸纤维结构的缺陷也就越大。因此,一般在纺丝成型过程中,希望得到取向度和结晶度尽可能低(或具有较不稳定结晶变体)的卷绕丝,以利于通过后拉伸而得到结构较完善、性能较优良的纤维。但是,这并不包括采用高速纺丝或超高速纺丝工艺,以得到部分取向丝(POY)或接近完全取向丝(FOY)在内。

五、拉伸对纤维物理机械性质的影响

拉伸会使纤维的微观结构发生某些变化。熔纺卷绕丝在 T_g 以下或拉伸速度过大时拉伸,有时会呈现泛白失透现象,其密度低于通常的纤维 10% ~20%,这主要是由于强迫拉伸在纤维内部造成空洞的缘故。与此相反,溶液纺的初生纤维由于纤维中所含溶剂的增塑作用,分子活动性较大,拉伸时破坏了凝固过程中所形成的空洞,使空洞率减小。拉伸温度越高,空洞破坏就越严重。空洞率的改变可影响纤维的吸附性能。

拉伸条件,特别是拉伸比(拉伸倍数)是影响拉伸纤维力学性质的主要因素。图 3 – 3 显示了在室温下拉伸倍数对各种化学纤维强度的影响。由图 3 – 3 可见,强度随拉伸倍数而增大的速度各不相同。

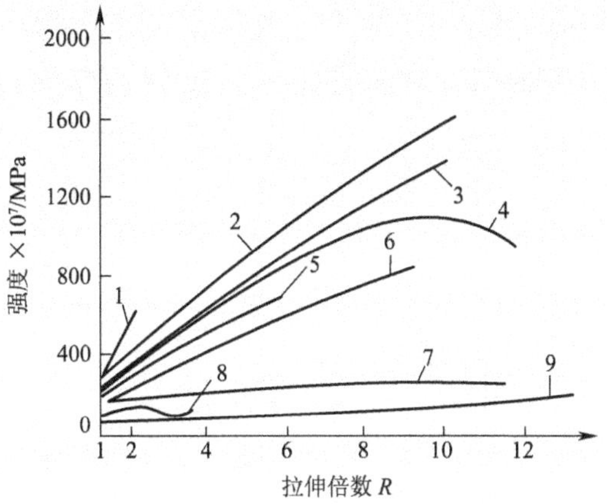

图 3 – 3　各种纤维的强度对拉伸倍数 R 的依赖关系

1—黏胶纤维　2—聚乙烯醇纤维　3—聚甲醛纤维　4—PVA 与乙烯基己内酰胺共聚物纤维　5—聚酰胺和聚酯纤维　6—聚丙烯腈纤维　7—乙烯醇与 N – 乙烯基吡咯烷酮的共聚物纤维　8—三醋酯纤维　9—聚四氟乙烯纤维

除了强度以外,拉伸纤维的其他力学性质也都与拉伸比密切相关。例如,拉伸模量 E 和屈服应力 σ^* 随拉伸比 R 而单调增大;断裂伸长率 ε 和总变形功 W 随 R 递增而单调地减小。另一方面,形变弹性功 $W_{弹}$ 对拉伸比 R 的关系曲线则有一个极大值。

结构均匀性是已拉伸纤维的重要指标。纤维热拉伸的时间越长,温度越高,松弛过程进行得就越完全,纤维的结构均匀性就越高。

第二节　化学纤维热定型

一、概述

(一)热定型与纤维结构和尺寸的稳定性

热定型是合成纤维生产特有的工序[3]。初生纤维经过拉伸定向后,使纤维内部的分子结构排列整齐规整,有高的取向度和结晶度,分子间的相互作用力增加,所以纤维的使用性能有明显的改善和提高。但当外力作用时,分子链相互受到的作用力是不平衡的,所以各个分子链受力后的变形也极不相同。在同一时间内有的分子链的取向和结晶度高,变形与作用力相适应地达到平衡变形,或达到较稳定的变形。有的分子链或分子的某些链段虽然在外力作用下发生了变形，但分子链间或链段的作用力并未达到平衡状态，外力除去后分子链间或链段中存在的内应力并没有消除。纤维中内应力的存在使纤维的结构处于不稳定状态。这种不稳定的结构使分子链的排列、取向度和结晶度都将不够稳定。所以刚拉伸后未进行热处理的纤维容易变形，尺寸不稳定，性能也不稳定[4]。

要使纤维内部较不稳定的结构转变成稳定度较高的结构，大分子必须先产生一定程度的热运动，使原有结构得到松弛，然后在冷却过程中重建。纤维在纺丝成型和拉伸过程中所经历的时间很短（一般不超过几秒钟），而大分子链段运动需要一定的松弛时间。热定型所经历的时间较长，通常以分钟计，热定型时间与大分子链段的松弛时间有同样的数量级，因此来得及进行纤维结构的重建，纤维中较弱的分子间键得以拆散，处于紧张状态的分子链段得以松弛，内应力大部分得到消除，在随后的冷却过程中重建成更加强固和稳定的结构。这样，在很大程度上改善了纤维的品质。

（二）热定型的目的

热定型的目的主要有以下四个方面。

（1）消除纤维在拉伸过程中产生的内应力，使大分子发生一定程度的松弛，提高纤维的形状稳定性（尺寸稳定性）。形状稳定性可用纤维在沸水中的剩余收缩率来衡量（沸水收缩率）。沸水收缩率越小，表示纤维在加工和服用过程中遇到湿热处理（如染色或洗涤）时，尺寸越不易变动。

（2）进一步改善纤维的物理机械性能，如提高纤维结晶度、弹性、打结强度、耐磨性等以及固定卷曲度（对短纤维）或固定捻度（对长丝）。

（3）改善纤维的染色性能。

（4）去除纤维在拉伸上油过程中所带入的水分，使纤维达到成品所需的含湿要求，同时可避免由于油剂不干，纤维长期存放而致使变黄的可能。

（三）热定型的进行方式

热定型可在张力作用下进行，也可在无张力作用下进行。若根据热定型时张力的有无或大小来区分，热处理可分为松弛热定型和张力热定型两类。松弛热定型是在自由状态下进行，可消除卷曲时纤维产生的内应力，并把卷曲度固定下来；而张力热定型在张力作用下进行，使大分子结构被迫固定，因此不易产生解取向，成品纤维取向度高，可提高纤维强度和模量，降低伸长。

如按热定型介质或加热方式来区分，则有干热空气定型、接触加热定型、水蒸气湿热定型、浴液（水、甘油等）定型四种方式。

二、纤维在热定型中的力学松弛

（一）热定型温度

在热处理过程中温度的高低极为重要，如温度太低则应力松弛所需时间很长。如温度太高，分子链的运动过分剧烈，不仅消除了纤维上的内应力，同时使纤维结构产生较大变化，可能出现解取向，结晶度也发生变化，导致纤维的物理性能下降。所以在热定型中取向和解取向是相互矛盾的，解决这对矛盾核心的问题是适当控制热定型的温度。

表 3－2 列出了成纤高聚物转变温度的一些数据，其中的经验“转变温度”可以作为制订工艺条件的参考。经验转变温度 T_t 定义为黏弹回复速率等于 10%/min 时的温度，即此温度相当于松弛时间为 10min，它通常比 T_g 高 20～100℃。对于疏水性纤维，如聚乙烯、聚丙烯等，由于它们几乎不吸湿，湿度对于松弛回复过程没有明显影响，故干态和湿态下经验转变温度相同。反之，对于纤维素、聚酰胺、醋酯纤维素以及聚乙烯醇等亲水性纤维，在湿态下经验转变温度 T_t 明显降低，对于这些纤维，湿度在热定型过程中起重要作用。

表 3－2　成纤高聚物转变温度

高聚物	玻璃化温度 T_g/℃	熔点 T_m/℃	经验转变温度 T_t/℃	
			干态	湿态
低密度聚乙烯	－68	105～115	－25	－25
等规聚丙烯	－20	180	－10	－10
聚酰胺 6	40～50	215～230	—	—
聚酰胺 66	40～50	255～265	60	10
聚丙烯腈	约 100	320	90	70～75
聚对苯二甲酸乙二酯	67～81	264～267	100	85
纤维素醋酸酯	69	230	180	105
聚乙烯醇	80～85	225～230	—	—
纤维素	—	—	200	0

在实际定型工艺中所采用的热定型温度是在玻璃化温度与熔点之间适当选择的，对于每一种纤维都有一个最合适的热定型温度范围。一般热定型温度应高于纤维或其织物的最高使用温度，以保证在使用条件下的稳定性。此外，热定型应在一定温度条件下完成，以在合理的短时间内（如 10～100min）达到动力学平衡。表 3－3 列出了几种合成纤维的热定型条件对纤维剩余收缩的影响。与表 3－2 相比较，可见热定型温度比表 3－2 中所列的转变温度高得多。热定型条件越强烈，所得纤维的剩余收缩 $\Delta\varepsilon_r$ 就越小。

表 3－3　几种合成纤维的热定型条件对纤维剩余收缩 $\Delta\varepsilon_r$ 的影响

纤维	未定型	在水中热定型		水蒸气热定型		干态热定型	
	$\Delta\varepsilon_r$/%	T/℃	$\Delta\varepsilon_r$/%	T/℃	$\Delta\varepsilon_r$/%	T/℃	$\Delta\varepsilon_r$/%
锦纶 6	12～14	98	6～8	131	0	190	0～1
锦纶 66	12～14	98	7～9	131	0～1	225	0～1
涤纶	15～17	100	2～4	120	1～2	234	0
腈纶	7～8	100	4～5	134	0～1	200	0～1

（二）纤维在热定型过程中的收缩

热定型中纤维自然会产生一定的收缩。如果使纤维在固定装置上和一定的压力下进行处理(张力热定型),可以避免大量的收缩及解取向作用,这时,内应力的消失当然不如纤维处于自由状态下热处理那样完全,但这对纤维性能不仅没有坏的影响,而且还更为可取。但是,张力热定型在新条件下存在的拉伸,不可避免地会出现新的高弹形变,不能达到完全消除高弹形变的目的,因为旧的高弹形变未消除,新的高弹形变又发展了,所以在张力热定型之后,必须接着进行一次松弛热定型,以消除内应力,否则纤维尺寸就不稳定。

纤维在热定型过程中的收缩程度主要决定于温度和时间,不同纤维的收缩率不一样,所以热定型的条件也是不同的。如锦纶 6 和锦纶 66 两种纤维热定型的时间比聚酯纤维进行热定型的时间就要短一些,因为后者结晶较缓慢。

为了缩短纤维中内应力松弛的时间,可以升高温度,但温度升高受到结构、变形、收缩的限制。因此对某些纤维来说,为了缩短时间,可以采用降低 E 值(活化能)的办法。在生产中经常在拉伸前进行热增塑,使拉伸的活化能下降,使纤维预收缩一部分以减少过程的时间。

应该指出的是,当温度一定时,热松弛时间主要决定于成纤聚合物大分子的高弹变形的活化能。活化能降低的办法不是对所有纤维都能起一定作用的,在实际生产中进行热定型处理时,主要是控制温度和时间。

三、热定型过程中纤维结构和性能的变化

(一)热定型过程中纤维结构的变化

1. 结晶度、晶粒大小和晶格结构的变化 对于结晶性的聚合物(聚酰胺、聚酯、聚丙烯、聚乙烯醇和聚乙烯纤维),如将纤维松弛热定型,结晶度提高 20% ~30%,定型温度较高时,结晶度的增大往往更快。如将纤维在定长热定型或在张力下热定型,则所得纤维的结晶度保持不变或比松弛热定型时增加得较慢。

2. 取向度的变化 纤维取向度的变化受热定型方式的影响很大。经松弛热定型后,总的来说取向度(通常用双折射来表征)有所减小,这是因为原来的晶区和无定形区部分解取向,同时可能发生了再结晶的综合结果。定长热定型或在张力下热定型时,通常双折射保持不变或有所增大。图 3 -4为涤纶双折射与热定型温度的关系,仅供参考。

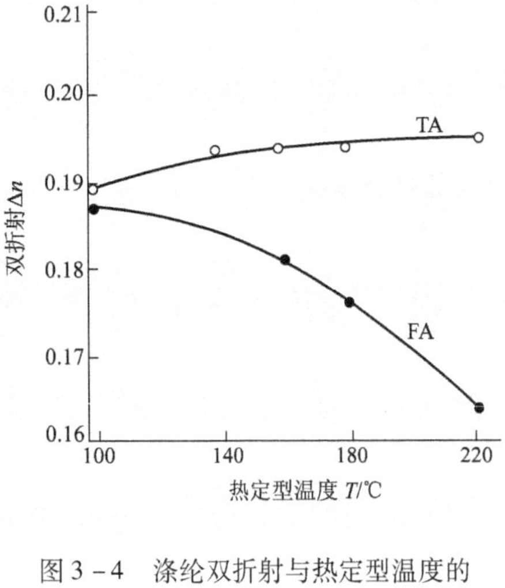

图 3 -4 涤纶双折射与热定型温度的关系(定型 1min)

FA—松弛热定型 TA—张力热定型

(二)热定型过程中纤维性能的变化

热定型时纤维发生松弛和结构变化,引起纤维物理机械性质发生改变,这种改变取决于始用纤维的性质和热定型条件,特别是定型温度和张力对纤维物理机械性质的影响最为明显。

图 3 -5 表明了热定型时纤维结构和性质的变化与热定型时间的关系。由图 3 -5 可知,断裂强度在松弛热定型时通常有所减小,张力热定型时则

保持不变或有所提高，断裂延伸在热定型时有所增大，松弛热定型比张力热定型增大的程度更大。

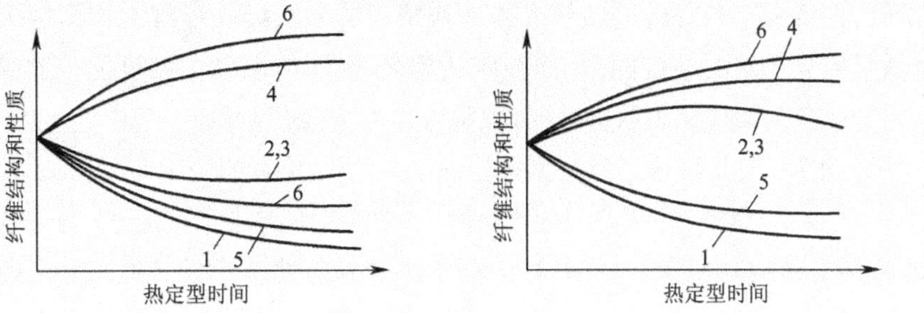

(a) 松弛热定型　　(b) 定长热定型

图 3－5　松弛热定型和定长热定型时，纤维结构和性质的改变

1—纤维的收缩　2—取向度　3—断裂强度　4—断裂伸长　5—吸湿率　6—对活性介质作用的稳定性

图 3－6 表示在不同温度下热定型 30min 后，涤纶的形变特性。可见热定型温度的提高，纤维的断裂伸长有所增大，抗张强度和初始模量有所减小，总变形功 *W* 有所增大。

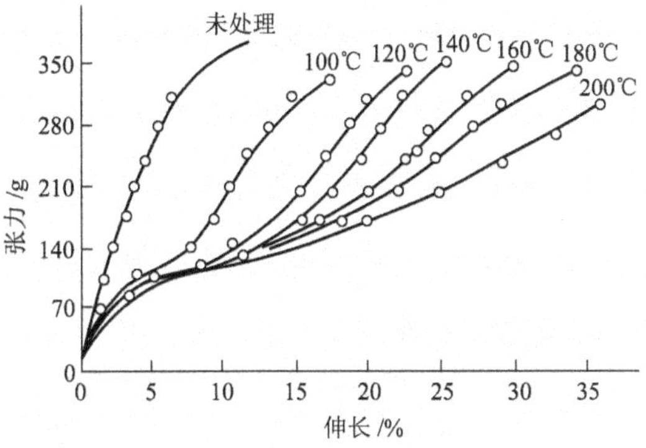

图 3－6　不同温度下热定型 30min 后，涤纶的形变特性

一般来讲，热定型时，随温度升高，纤维收缩率增加，但有一个临界温度，超过这个温度，纤维急剧收缩，强伸度性质也急剧恶化。

热定型对纤维的吸湿及染色性能的影响较为复杂，由于水分子及染料一般只能渗入纤维的无定形区，吸收性能主要取决于纤维的结晶度、晶粒尺寸、无定形区的取向以及微孔结构。对于不同类型的纤维，热定型对于吸收性能的影响也不尽相同。

四、热定型机理

（一）热定型过程中大分子间作用能的变化

从纤维的大分子链结构分析可知，对于聚酰胺纤维，大分子间的作用力主要是氢键：$\gt C{=}O\cdots HN\lt$；聚酯纤维则是极性酯键 $-\overset{\overset{\displaystyle O}{\|}}{C}-O-$ 以及苯环之间的相互作用；聚丙烯腈纤维

分子间有极性的侧基—CN 的作用；而聚烯烃纤维只有—CH_2 或侧基—CH_3 的作用。

从分子间的结合能的观点出发，化学纤维的热定型过程包括以下三个阶段。

第一阶段（图 3-7，Ⅰ）：通过加热或掺入增塑剂的方法降低纤维无定形区大分子间作用力，从而降低了大分子间的结合能，并使纤维达到高于 T_g 的温度。该过程扩散或传热速度很快，几秒钟内纤维分子间作用力就会减弱，此阶段称为“松懈”阶段。

第二阶段（图 3-7，Ⅱ）：这是热定型过程的主要阶段，亦即真正的定型阶段。此时，分子间结合能 E 自发地由 E'_2 增大至 E''_2。由于“松懈”和热振动的结果，个别的大分子链节和链段周期性相互靠近并重新相互排斥。振动时，大分子个别的活性基团与其他大分子的同样基团相遇，靠近到原子间相互作用的距离，就形成新的键。此时由于处在高温下，这些键很弱，但其数目则不断增加，同时分子间的作用力就增大。

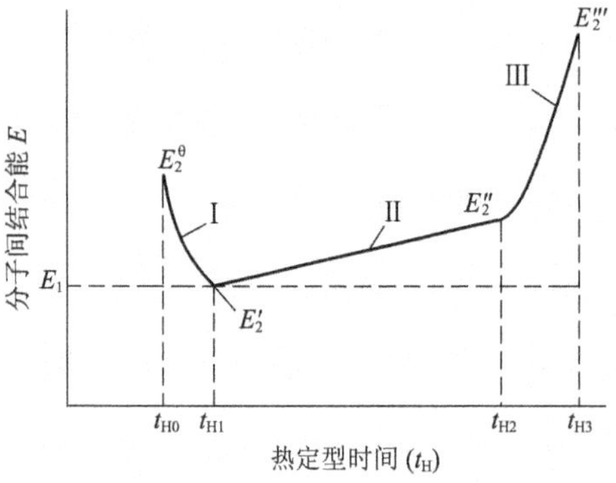

图 3-7　热定型过程中分子间结合能的变化

由于相邻大分子的活性基团发生结合需要时间，因此第二阶段的时间比第一阶段长好几倍。如果把热和增塑作用合二为一，可加快第二阶段的速度，因此，在热水或蒸汽介质中热定型的效果比在同样温度的热空气介质中定型要好一些。

第三阶段（图 3-7，Ⅲ）：通过水洗、干燥工艺除去纤维中增塑剂，再将纤维冷却降温至 T_g 以下，此时在第二阶段所产生的新键以及大分子的位置可在几秒内固定下来，此过程取决于传热或增塑剂的扩散速度。

（二）热定型与高聚物固体的多重转变

高聚物固体的结构是复杂的，其主链可能具有不同的化学组成，不同的取代基和不同长度的侧链，原子间存在内旋转，分子间存在分子间力，所以高聚物中存在着多种方式的运动，每一种运动方式所需的活化能与进行运动的具体运动单元的特点有关。所以聚合物在宽广的温度范围内表现出多种运动单元的转变温度，通常称之为聚合物的多重转变。简单地说，聚合物中除了相当于 50~100 个主链原子的链段开始运动的玻璃化温度 T_g、整个大分子链开始流动的黏流温度 T_f 以及结晶聚合物的熔融温度 T_m 以外，还存在着多种转变温度，例如侧基的运动，主链中 4~8 个碳原子在一起的“曲柄”运动，主链中杂原子基团如聚酰胺中的酰氨基、聚酯中的酯基的运动，主链中苯环的运动，结晶聚合物中晶区的缺陷和折叠链的手风琴式的运动以及晶型的转变等。每一种方式的运动一定要在高于其转变温度以上方能进行。

各种转变点的具体内容与结构有关。一般说来，在无定形高聚物中，可能存在五种运动方式：

①侧基的运动；

②主链中数个—CH_2—基的运动（又叫曲柄运动）；

③主链中杂原子的运动（例如聚酰胺中酰氨基的运动）；

④主链中 50~100 个碳原子所构成的链段运动（相当于 T_g）；

⑤整个大分子链作为单位的运动。这些运动与 α、β、γ、δ 转变有关。

δ 转变（低于 80K）：δ 转变的活化能为 8.368 ~ 12.552kJ/mol（2 ~ 3kcal/mol），高聚物中有小的取代基如甲基、乙基、苯基存在时，将出现 δ 内耗峰。

γ 转变（80 ~ 240K）：γ 转变的活化能为 20.92 ~ 83.68kJ/mol（5 ~ 20kcal/mol），γ 转变可由两种运动方式所引起。一是侧链的运动：高聚物中含有较长的侧链或侧链中含有极性原子时的运动；二是主链的运动（曲柄运动）：凡是高聚物结构中含有三四个或更多的—CH_2—链节或相当于这些链节的单位时，都可发生主链的运动。

β 转变（200 ~ 300K）：β 转变的活化能为 41.84 ~ 167.36kJ/mol（10 ~ 40kcal/mol），β 转变中包含下列内容：主链内含有极性基团取代的次苯基的运动；链中杂原子与小分子的作用；相当于 T_g 的链段运动。

α 转变（300K 到熔点）：α 转变的活化能为 83.68 ~ 418.4kJ/mol（20 ~ 100kcal/mol），α 转变中包含下列内容：T_g 的链段运动；T_{cc} 运动，即无定形高聚物中整个分子链的活动。

由此看来，在 β 转变与 α 转变中也可能存在着相当于高聚物玻璃化转变的活动，所以玻璃化温度 T_g 的大小决定于具体高聚物的化学结构，只是在大多数情况下，T_g 相当于 α 转变过程中。

聚合物中各种一定单元的松弛过程和转变温度可在其动态力学—温度图上反映出来，如在宽广的温度范围内，以不同频率来测定高聚物的内耗（tanδ），就得出内耗 tanδ 对温度的关系图（图 3 - 8），也就是温度—力学图。

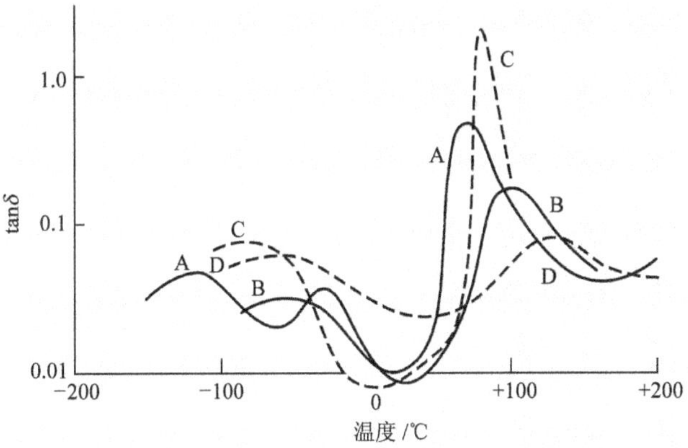

图 3 - 8　聚酰胺 66 和涤纶的温度—内耗关系

A—结晶的聚酰胺 66，从 - 200℃、频率 231 周/s 变化到 + 200℃、频率 48 周/s

B—结晶的 PET，固定频率 0.72 周/s　C—非晶态 PET，固定频率 1.2 周/s

D—取向的 PET 纤维，固定频率 0.72 周/s

在内耗—温度图上同时出现低于室温的内耗峰和高于室温的内耗峰，称之为“双内耗峰”现象。在生产实践中发现，涤纶的热定型效果最好，聚酰胺纤维次之，腈纶也有热定型效果，而聚烯烃纤维和纤维素纤维热定型效果不好，其原因可从它们的内耗—温度图中得到解释。从图

3－8可以看出,涤纶有两个内耗峰,一个高于室温(α转变),一个低于室温(β转变),因此,涤纶的热定型效果很好,而且涤纶由于大分子上没有能生成氢键的基团,吸水性很差,虽然热定型温度要高于锦纶,但达到的定型效果较为永久,水洗对它没有影响。从图3－8可以看出,锦纶66的内耗峰更多:－110℃、－10℃、65℃、190℃处都出现或大或小的内耗峰,这就是说,它在高于室温或低于室温都存在内耗峰,但由于其分子间有氢键,湿态下锦纶66的α转变温度可降低到室温,虽然可借水或其他溶剂的存在以降低热定型温度,但热定型的效果随后将受到水分子的影响以致受到损害。

人们希望纺织用纤维在使用温度(室温)下具备必要的柔性和弹性,同时又希望它不发生蠕变或蠕变尽可能小,即能保持纤维的形状和尺寸的稳定性[5]。要符合上述条件,就要求成纤聚合物结构中存在多种运动单元。一种理想纤维的内耗—温度谱应包括两部分内容:一部分松弛时间很短,相当于低于室温时具有一个内耗峰,这就是说,在低于室温时这些小的运动单元已发生运动,这就使纤维在室温下具有必要的柔性和弹性;另一部分是松弛时间相当长,相当于室温以上又具有内耗峰,这就是说,一些较大的运动单元(一般指链段)在室温下还不能发生运动,这就防止了在室温下发生不需要的蠕变或松弛,并使纤维在高温时存在一个新的较有活动能力的状态,使能在热定型的高温下进行快速松弛,纤维的内应力得到消除,同时使热定型后纤维的结构得以稳定。

复习指导

1. 重点掌握拉伸曲线。
2. 掌握拉伸和热定型中纤维结构和性能的变化。
3. 了解热定型原理。

思考题

1. 何谓干拉伸?有哪几种方式?
2. 何谓蒸汽浴拉伸?有哪几种方式?
3. 何谓湿拉伸?有哪几种方式?
4. 简述熔纺卷绕丝的应力—应变曲线。
5. 为何拉伸温度要满足$T_g < T < T_m(T_f)$?
6. 合成纤维热定型的目的是什么?
7. 按有无张力,热定型的方式有哪些?
8. 在无定形高聚物中,可能存在哪五种运动方式?
9. 为何涤纶热定型效果好?

参考文献

[1]董纪震,孙桐,古大治,等.合成纤维工艺学(上册)[M].北京:纺织工业出版社,1984.

[2]代丽君,张玉军,姜华⁻B 高分子概论[M]. 北京:化学工业出版社,2006.
[3]周达飞,唐颂超. 高分子材料成型加工[M]. 北京:中国轻工业出版社,2002.
[4]王贵恒. 高分子材料成型加工原理[M]. 北京:化学工业出版社,2005.
[5]徐帮学. 化学纤维与化纤制品生产加工工艺技术标准规范及检测检验[M]. 吉林:吉林音像出版社,2003.

第四章　黏胶纤维生产及质量控制

第一节　纤维素的结构与性能

再生纤维素纤维是以棉短绒、木材、竹子、甘蔗渣、芦苇等天然纤维素为原料，经过化学处理和机械加工而成[1]。在化学纤维中，黏胶纤维（Viscose）、莫代尔纤维（Modal）、莱塞尔纤维（Lyocell）、三醋酯纤维（Triacetate）、波里诺西克（富强）纤维（Polynosic）、铜氨纤维（Cupro）和竹纤维等属于再生纤维素纤维的范畴，它们具有纤维素（Cellulose）的结构和性能。本章主要介绍黏胶纤维的生产及质量控制。

一、植物纤维原料及其化学成分

植物纤维（Plant fibre）是制造浆粕（Pulp）的原料，浆粕是生产再生纤维素纤维的原料。植物纤维是植物的一种细胞。植物细胞由细胞膜、细胞壁、细胞质和细胞核组成。在植物细胞形成过程中，首先是在原生质体的外表面形成细胞膜，细胞膜很快生长加厚形成细胞壁。当细胞壁形成后，其原生质体消失，在细胞的中心形成细胞腔，其中充满水和空气，这时细胞已变成了中空细长的形态，称为植物纤维[2]。纤维素是植物中含量最广泛、最普遍的物质之一，它是构成植物细胞壁的基础物质。它常与半纤维素、果胶物质、木质素等混合在一起构成植物纤维的主体。

二、纤维素的结构

由于再生纤维素纤维的化学组成是纤维素，故纤维素的结构就是再生纤维素纤维的结构。

（一）纤维素的分子结构

纤维素是一种由大量葡萄糖剩基（Anhydroglucose unit）彼此按照一定的连接原则，即通过第一个、第四个碳原子用 β 键连接起来的不溶于水的直链状大分子化合物。其分子通式为 $(C_6H_{10}O_5)_n$，n 为聚合度。其化学结构式如下所示。

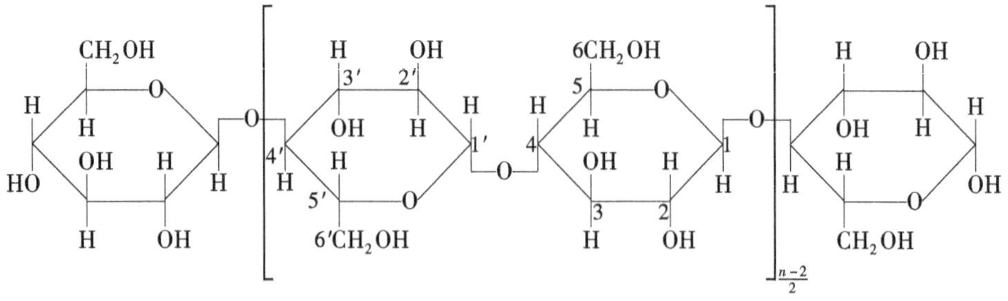

在纤维素的化学结构式的构造单元中，含有三个游离醇羟基，这三个游离醇羟基中，一个是伯羟基，两个是仲羟基，分别处在2、3、6三个碳原子上[3]。

（二）纤维素的聚集态结构

纤维素纤维是由许多纤维素分子组成的，纤维素纤维的结构既不是完全晶态的，也不是完全无定形的，而是半结晶的。纤维素的结构是由许多纤维素大分子形成的连续结构。在大分子分布最紧密的地方，它们平行排列，取向度良好，构成了纤维的定向部分。大分子间的结合力随着分子间距离的缩小而增大。在这些距离最小的地方，大分子间的结合力最大，因而在定向区上可以显示出清晰的X射线图谱，表现出结晶构造的特征。当大分子的密度较小时，大分子之间的结合程度也减弱，有较多的空隙，大分子的分布不平行，较为混乱，这就形成了纤维素的非结晶部分或无定形部分。由于纤维素在长度方向具有连续的结构，因此，一个单独大分子的一部分可能处于纤维素的结晶区域，另一部分则可能处于纤维素的无定形区域，或者穿过无定形区进入其他的结晶区域。表示纤维素大分子结晶区含量大小的指标称为结晶度（Crystallinity）。所谓结晶度，就是纤维素中结晶区的质量对纤维素总质量的百分比。测定纤维素结晶度的方法很多，主要有X射线衍射法、密度法、酸水解法等。一般说来，随着纤维结晶度的提高，纤维的强度、弹性模量、硬性、脆性及密度也增大，而伸度、勾结强度、吸水性、膨润性、染料吸收性等下降。

所谓取向度（Orientation degree），是指所选择的择优取向单元相对于参考单元的平行排列程度。成纤高聚物在外力（如拉伸）作用下，分子链会沿着外力的方向平行排列起来而产生择优取向。因此，纤维素分子产生取向后，分子之间的互相作用力会大大增强，结果对纤维的物理机械性能（如断裂强度、断裂伸度、杨氏模量及原纤化过程），都有显著的影响[4]。测定纤维素取向度的方法有光学双折射法、X射线衍射法（X - ray diffraction）等。

三、纤维素的性质

由于再生纤维素纤维的化学组成是纤维素，故纤维素的性质就是再生纤维素纤维的性质。

（一）纤维素的物理性质

纤维素是白色、无味、无臭的物质。密度为1.50～1.56g/cm^3，不溶于水、稀酸、稀碱和一般的有机溶剂，但能溶解在浓硫酸和浓氯化锌溶液中，同时发生一定程度的分子链断裂，使聚合度降低。纤维素能很好地溶解在铜氨溶液和复合有机溶液体系中。纤维素对金属离子具有交换吸附能力。纤维素中含杂质（如木质素及半纤维素）越多，其对金属离子的吸附能力越强。

纤维素一般具有良好的对水或其他溶液的吸附性。吸附性的强弱与纤维素的结构及毛细管作用有关。纤维素在200℃以下热稳定性尚好；当温度高于200℃时，纤维素的表面性质发生变化，聚合度下降。

（二）纤维素的化学性质

从纤维素的化学结构可知，纤维素是由D-（+）-葡萄糖酐以α-1,4-苷键连接而成的多糖类直链型高分子化合物。在纤维素的化学结构式的构造单元中，含有三个游离醇羟基。这三个游离醇羟基中，一个是伯羟基，两个是仲羟基，分别处在2、3、6三个碳原子上。纤维素的上述结构特点，使其化学性质在下面两个方面反映出来。

（1）与大分子截短有关的反应。在一定条件下苷键断裂，致使纤维素大分子截短，主要指水解反应。

（2）与羟基有关的反应。很多试剂都能与葡萄糖基环中的羟基发生反应，生成不同的纤维素衍生物。但由于伯羟基与仲羟基的化学反应性能不同，因此它们在与不同试剂作用时，其化学反应历程及产物也不同。

1. 酸对纤维素的作用　纤维素大分子中的1,4－苷键具有缩醛键的性质，对酸很敏感，特别是在强无机酸溶液以及在高温水作用下都会发生水解作用，苷键发生断裂，致使聚合度下降。

在多相介质中，纤维素的水解速度变化很快。在水解初期，水解速度较大，经过一定时间以后，水解速度迅速下降，并在多数情况下维持恒定，直至反应终了。这是因为：其一，纤维素大分子存在着弱连接的部分，苷键对酸作用的稳定性是不均一的；其二，纤维素中存在着晶区和非晶区，在无定形区域纤维素易发生水解，而在结晶区域则较不易水解。

测定聚合度的下降变化是检验纤维素水解速度的方法之一，还可通过测定水解纤维素末端基增加的方法和测定生成葡萄糖数量的方法来检验纤维素的水解速度。

随着纤维素水解程度的增大和聚合度的降低，纤维素制品的性质也发生了有规律的变化，如碱溶性增高、吸湿性改变以及纤维材料的综合力学物理性能显著降低等。纤维素的水解产物通称水解纤维素，但应指出，水解纤维素不是一个固定的产物，也不是一个单一的产物，它是随着水解程度的增加，或随着纤维素聚合度的降低所得到的一种混合物。

2. 氧化剂对纤维素的作用　纤维素是多羟基化合物，很容易被氧化剂氧化，同时分子链发生断裂，聚合度降低。氧化后在链环上（葡萄糖酐）引起功能基的改变。纤维素是由许多葡萄糖酐作为环节所组成，每个环节上存在三个羟基，各种不同形式的氧化均发生在这些羟基上。我们将被氧化剂氧化的纤维素称为氧化纤维素。由于葡萄糖基环中的羟基有两种，即伯羟基和仲羟基，它们的性质不同，因此氧化反应的历程和产物也各不相同。这样，氧化纤维素无论是在结构上还是在化学组成上都是不均一的产物，它们的性质也有相当大的差异。

不同的羟基所发生的不同氧化反应，有如下几种可能的方向。

（1）伯羟基（—CH_2OH）氧化成醛基（—CHO），并可继续氧化成羧基。

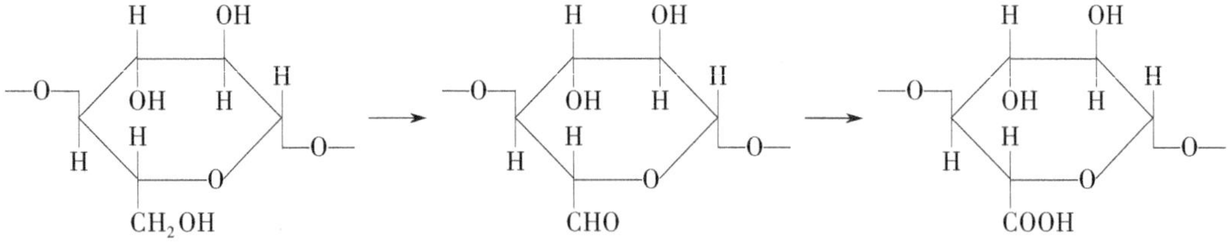

（2）链末端环节中的还原性基团氧化成羧基。

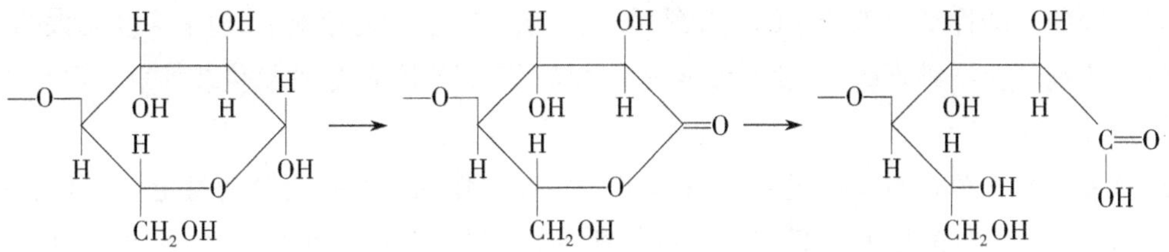

（3）葡萄糖酐环节中 C2 和 C3 上羟基氧化成醛基，并可继续氧化成羧基。

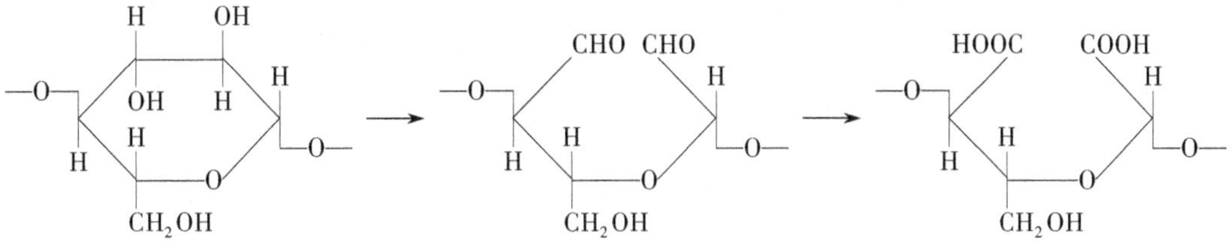

（4）C2 和 C3 上的羟基在环不破裂下氧化成一个酮基或两个酮基。

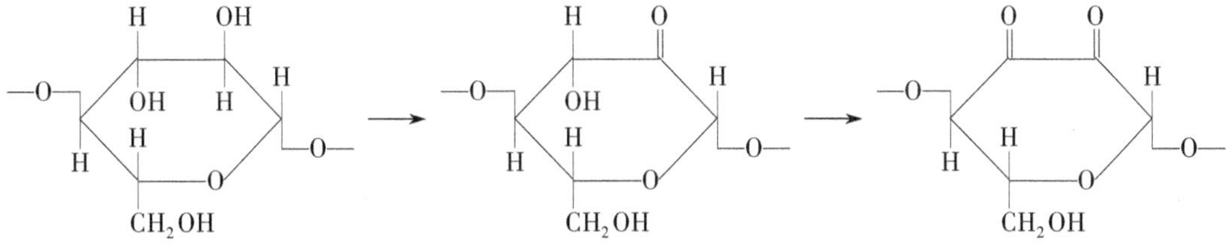

（5）C1 和 C5 连接破裂，并在 C1 上发生氧化。

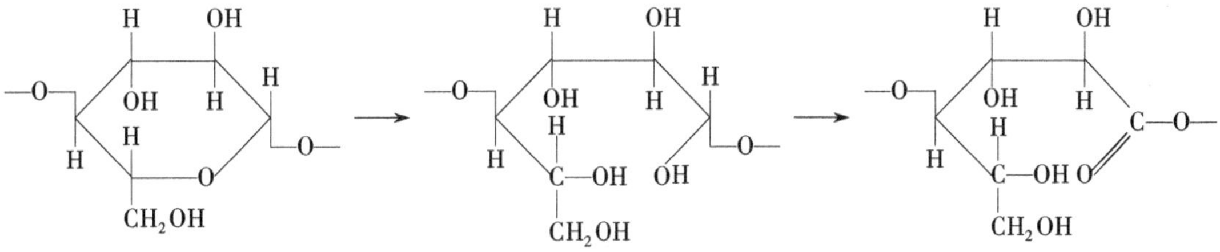

（6）C1 和 C2 连接破裂，并在第一碳原子上形成碳酸酯的基团和第二个碳原子上形成醛基，它可继续氧化成羧基。

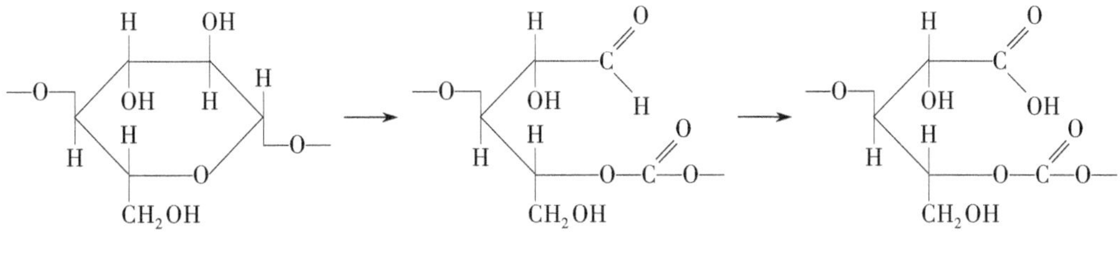

（7）在纤维素大分子环节间“氧桥”氧化形成过氧化物，随后大分子链断裂。

上述若干形式的氧化纤维素，对碱溶液是不稳定的。在碱溶液中，纤维素的聚合度降低。但它们对酸溶液则普遍稳定，因此在酸性介质或在碱性介质中发生氧化时，对纤维素的聚合度影响是不同的。酸性氧化剂产生的氧化纤维素，一般具有强的还原能力，但聚合度无大的变化；而碱性氧化剂氧化纤维素时，则使纤维素发生降解，聚合度下降，这种氧化纤维素常常是还原能力较低。

3. 碱对纤维素的作用 一般来说，由于苷键对碱的作用具有相当高的稳定性，因此在常温下，稀碱溶液对纤维素几乎不起作用。纤维素与浓碱作用时，会使纤维素发生化学变化、物理化学变化和结构变异。其化学变化就是生成新的化合物——碱纤维素；其物理化学变化就是润胀和溶解，使纤维素变得富有弹性和丝光。另外，可使纤维素中的低聚物部分发生溶解，从而提高了纤维素相对分子质量的均一性，改善了它的力学性质。纤维素的结构变异是指大分子中的葡萄糖基环之间的相互位置发生改变，这可以从 X 射线的衍射图谱发生变化而表现出来。

氢氧化钠溶液与纤维素相互作用后的一个特点是能形成碱纤维的若干变体。这种化学组成相同的物质能生成若干结构变体的现象称为同质多晶现象。研究证明，碱纤维素的结构变体至少有五种，随着处理条件的变化，五种变体之间可以互相转化。

4. 纤维素的酯化反应 纤维素与各种无机酸和有机酸反应，生成各种酯化物，如硝化纤维素、纤维素黄原酸酯等。

5. 纤维素的醚化反应 纤维素与卤代烷、卤代羧酸作用生成纤维素醚，比较重要的有纤维素甲基醚、纤维素乙基醚及羧甲基纤维素（CMC）等，它们有广泛的用途。

6. 纤维素的热裂解 采用热重分析（TGA）、差热分析（DTA）、红外光谱（Infrared spectroscopy）及机械性质测定的研究方法测出的纤维素纤维对热的行为是，在 200℃以下，热稳定性尚好，当温度高于 200℃时，红外光谱表明开始出现羰基等物理和化学变化；在 280 ~ 300℃时，红外光谱和差热分析都表明纤维素发生剧烈的裂解。

必须指出，影响纤维素热裂解的因素除了作用的温度和时间外，水分和空气的存在亦有很大关系，因为加热时，在水分存在下，纤维素发生水解，当空气中氧存在时，纤维素发生氧化，都对纤维素的热裂解有影响。

7. 纤维素的光化学裂解 纤维素受光照而起的破坏作用有两种类型：一种是光照对于化学键的直接破坏，它与氧的存在并无关系，称为光解作用；另一种是由于一种光敏物质的存在，而且必须在氧及水分同时存在时才能使纤维素发生破坏，这种光化学作用称为光敏作用。

（1）光解作用。光解作用是指吸收光后直接使化学键破裂，所以这就需要吸收的光子能量足够达到使键破裂的能量级。对纤维素来讲，要使 C—C 键或 C—O 键破裂，需要 335 ~ 337kJ/mol（80 ~ 90kcal/mol）的能量，C—H 键破裂需要约 418kJ/mol（100kcal/mol）的能量。由于大气层的吸收，日光中低于 270nm 的紫外线（此部分紫外线的能量能破坏上述化学键）部分不能到达地球。因此，纤维素由光解作用而导致的裂解只存在于实验中。实际上纤维素的破坏多数是由于光敏作用。

（2）光敏作用。光波长大于 340nm 的光线，虽不能引起纤维素的直接降解，但某些染料和化合物（如氧化锌和二氧化钛）却能够吸收近紫外光和可见光部分。该化合物分子被激发，将能量转给周围空气中的氧，氧被活化，生成臭氧。在有水蒸气存在时，活化氧与水蒸气反应，就可形成过氧化氢。因而,活化氧或过氧化氢就能促使纺织材料的降解。

第二节　黏胶纤维概述

一、黏胶纤维的品种及发展概况

黏胶纤维是以天然纤维素(浆粕)为基本原料,经转化为纤维素黄酸酯溶液再纺制而成的再生纤维素纤维。它是一类历史悠久、技术成熟、产量巨大、品种繁多、用途广泛的化学纤维。根据纤维的结构和性能不同,黏胶纤维又分为以下品种(图4-1)。

- 黏胶纤维
  - 普通纤维
    - 长丝
    - 短纤维——棉型纤维、毛型纤维、中长型纤维、高卷曲纤维
  - 高湿模量类纤维
    - 波里诺西克纤维(富强纤维)
    - 高湿模量纤维(HWM viscose)
    - 高卷曲纤维
  - 强力纤维
    - 普通型强力纤维
    - 超强力型纤维
  - 特种纤维——复合纤维、交联纤维、接枝纤维、阻燃纤维、中空纤维、防射线纤维

图4-1　黏胶纤维主要品种

黏胶纤维的问世仅迟于纤维素硝酸酯纤维,是最古老的化学纤维品种之一。1891年,克罗斯(Cross)、贝文(Bevan)和比德尔(Beadle)等首先制成纤维素黄原酸钠溶液,由于这种溶液的黏度很大,因而命名为"黏胶"。黏胶遇酸后,纤维素又重新析出。根据这个原理,在1893年发展成为一种制备化学纤维的方法,这种纤维被命名为黏胶纤维。到1905年,米勒尔(Muller)等发明了一种稀硫酸和硫酸盐组成的凝固浴,实现了黏胶纤维的工业化生产。

黏胶纤维工业化生产已经有一百年历史。在这一百年里,生产技术不断进步,从普通纤维发展到强力纤维、高湿模量纤维。目前,世界黏胶纤维的产量约占化学纤维总产量的12%左右。

自20世纪90年代,欧洲各国、美国、日本等工业强国纷纷关闭它们的黏胶纤维厂,缩减黏胶纤维的产量,把黏胶纤维的生产集中在少数大公司,这样有利于治理污染及新工艺、新品种的开发;与此同时,他们经过技术革新,大幅度提高黏胶纤维产品的质量,开发新品种、新技术,大大提高产品的附加值。例如,他们的黏胶长丝纺速已达140m/min,丝的纤度已像最细的蚕丝那样纤细,并开发出中空、阻燃、防臭、竹节、异形、远红外等上百个差别化纤维品种;在产品质量方面,黏胶纤维的染色一致性明显提高,毛丝疵点和伸度变异系数大大降低;另外,他们不断向外输出新的黏胶纤维生产技术,比如我国各大化学纤维公司都在花巨资引进先进的技术和设备,如连续式纺丝机、酸浴闪蒸系统、丝饼内压洗设备、废气回收技术等。通过上述办法,欧洲各国、美国、日本等国家虽然缩减了黏胶纤维的生产量,但减少了劳务费用支出,降低了环境污染及治

理费用,又因其产品附加值的大幅度提高,加之大笔的技术输出收入,整体的经济效益却大大提高了[5]。

我国化学纤维工业的建立是从黏胶纤维开始的。从20世纪50年代开始,我国先后建成了丹东化学纤维厂、保定化学纤维厂等黏胶纤维生产厂。50年来,黏胶纤维稳步发展。从20世纪90年代起,我国黏胶纤维工业快速发展,产量以平均每年10%以上的速度增长。2004年我国黏胶纤维产量达90万吨,占世界总产量的1/3,保持黏胶纤维第一生产大国的地位。黏胶纤维在我国发展潜力巨大,有以下几个原因。

(1)黏胶纤维前景依旧看好。黏胶纤维本身具有优良的染色、吸湿、抗静电等性能,其织物穿着舒适、卫生、潇洒、鲜艳,具有许多纤维所不及的性能,这也是黏胶纤维遭受合成纤维冲击而未被淘汰的根本原因。随着国内人民生活水平的提高,人们在衣着及家居装饰上的消费观念更趋于"回归自然"以及成衣向欧美市场出口看好,都将相应的带动黏胶纤维需求的增长。由此可以预见,黏胶纤维仍将继续是纺织品的重要原料。随着发达国家逐步退出黏胶纤维的生产行列,会让出更多的市场空间,这对我国黏胶纤维的发展无疑是一次历史性机遇。

(2)我国发展黏胶产业的优势。我国黏胶行业生产集中度比较高,单厂平均产能达到2万吨以上,部分龙头企业(如新乡化纤、吉林化纤、山东海龙)已接近国际水平;黏胶纤维的原料为棉浆粕、木浆粕等天然物质,我国棉短绒(棉浆粕原料)资源非常丰富,完全可以就地取材,对企业降低生产成本极为有利;由于发达国家黏胶纤维产量逐年降低,为我国黏胶长丝出口提供空间。

然而,我国黏胶纤维生产也面临着以下几方面的问题需要解决。

(1)环保问题。黏胶纤维生产存在对环境的污染问题,主要是硫化氢、二硫化碳对周围大气的污染及废水中有机物、硫酸盐对水质的污染。由于环保原因,发达国家逐渐退出黏胶纤维生产领域,产能向发展中国家转移,其中以中国、印度和印度尼西亚发展最快。如果传统黏胶纤维的生产在污染治理方面措施合理,尽管工艺复杂、投资大,但黏胶纤维仍然有它的生命力。我国发展黏胶纤维工业不能以牺牲环境为代价,要积极消化吸收国外黏胶纤维生产企业,如英国的Acordis公司、芬兰的Kemira公司、奥地利的兰精(Lenzing)公司等,在治理有害物质排放方面取得的最新成果和成功经验,发达国家企业对有害物质的回收率均在85%左右,Lenzing公司的联合装置系统对有害气体的回收率达90%[6]。

(2)差别化黏胶纤维。国内黏胶纤维品种还十分单一,以常规品种为主,化学纤维差别率只有25%左右,并且缺乏在非服用领域的开发研究。而国际黏胶纤维的发展趋势是高性能、差别化、功能化与环保化等新型纤维的开发应用,下游产品风格因此而更加丰富多样。远红外、超细纤维、中空纤维、负氧离子、抗菌、阻燃等多功能复合黏胶纤维的开发应用则进一步提高了面料的档次,使其向保健、舒适、功能化、特色化、高仿真、高附加值方向发展。黏胶纤维除了应用于服用领域之外,在非服用领域的发展空间也极为广阔,例如非织造布、工业丝、工程建设、国防等领域,这些领域都是中国纺织工业协会确定的纺织行业重点投资方向。

二、黏胶纤维生产工艺流程

各种黏胶纤维，不论采用何种浆粕原料和生产设备，其基本生产工艺流程都是相同的（图4－2～图4－4），都经历下列三个过程。

（1）黏胶的制备。包括浆粕的准备、碱纤维素的制备及老成、纤维素黄原酸酯的制备及溶解、黏胶的纺前准备（包括黏胶的混合、过滤、脱泡及熟成）。

（2）黏胶纤维的成形。包括纺丝及纤维的拉伸。

（3）黏胶纤维的后处理。包括水洗、脱硫、漂白、酸洗、上油、干燥等。黏胶长丝还需进行加捻、络丝分级包装等加工；黏胶短纤维则需经切断、打包等工序。

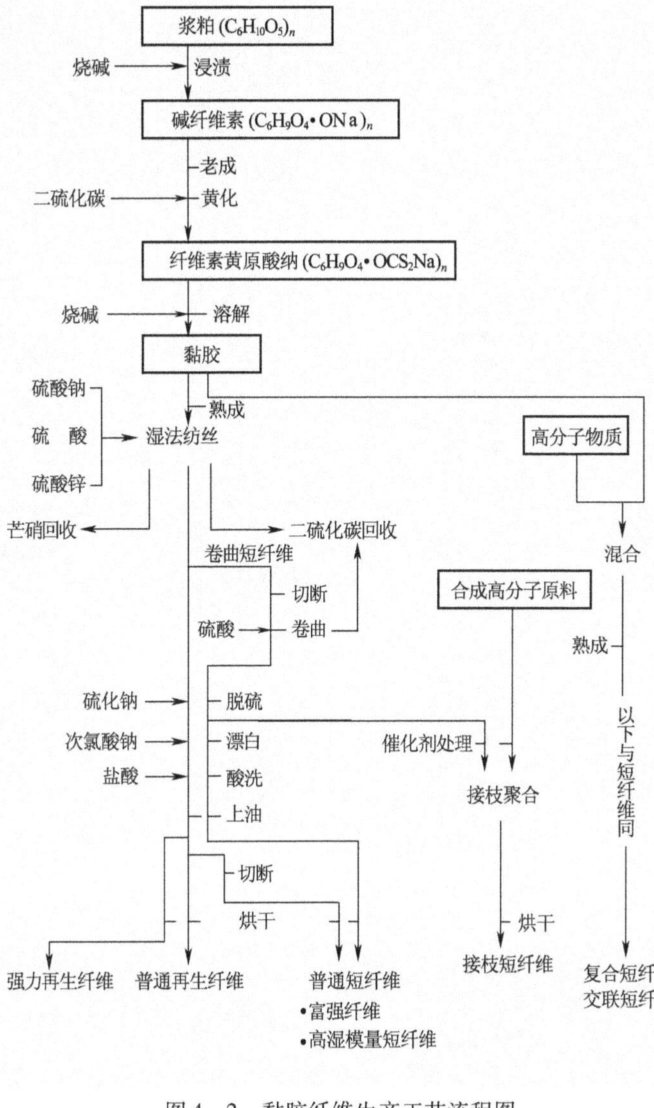

图4－2　黏胶纤维生产工艺流程图

注　1. • 为黏胶制造、纺丝等条件与普通短纤维不相同

2. 二硫化碳的回收，只在短纤维制造时进行

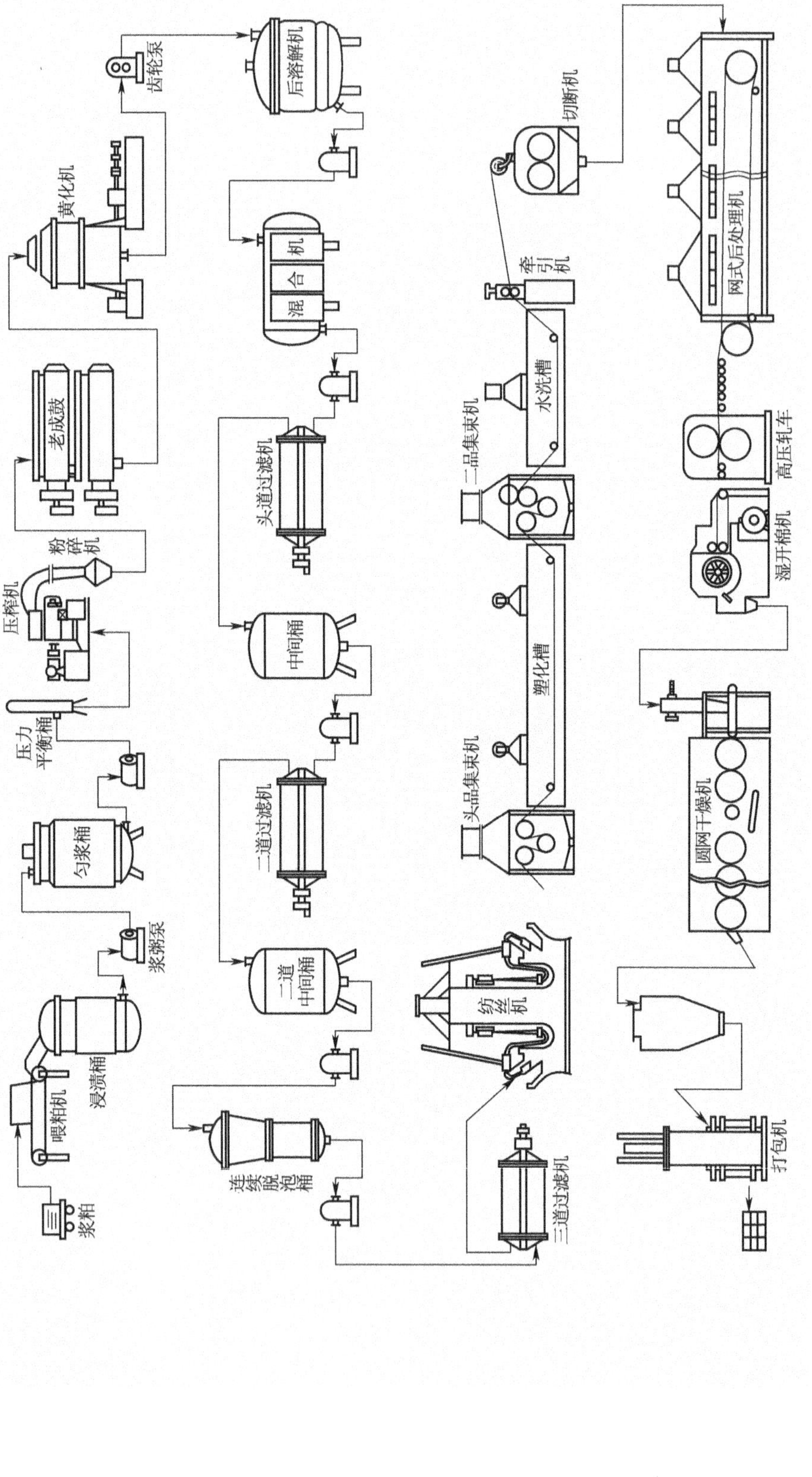

图 4－3 普通黏胶短纤维生产工艺流程图

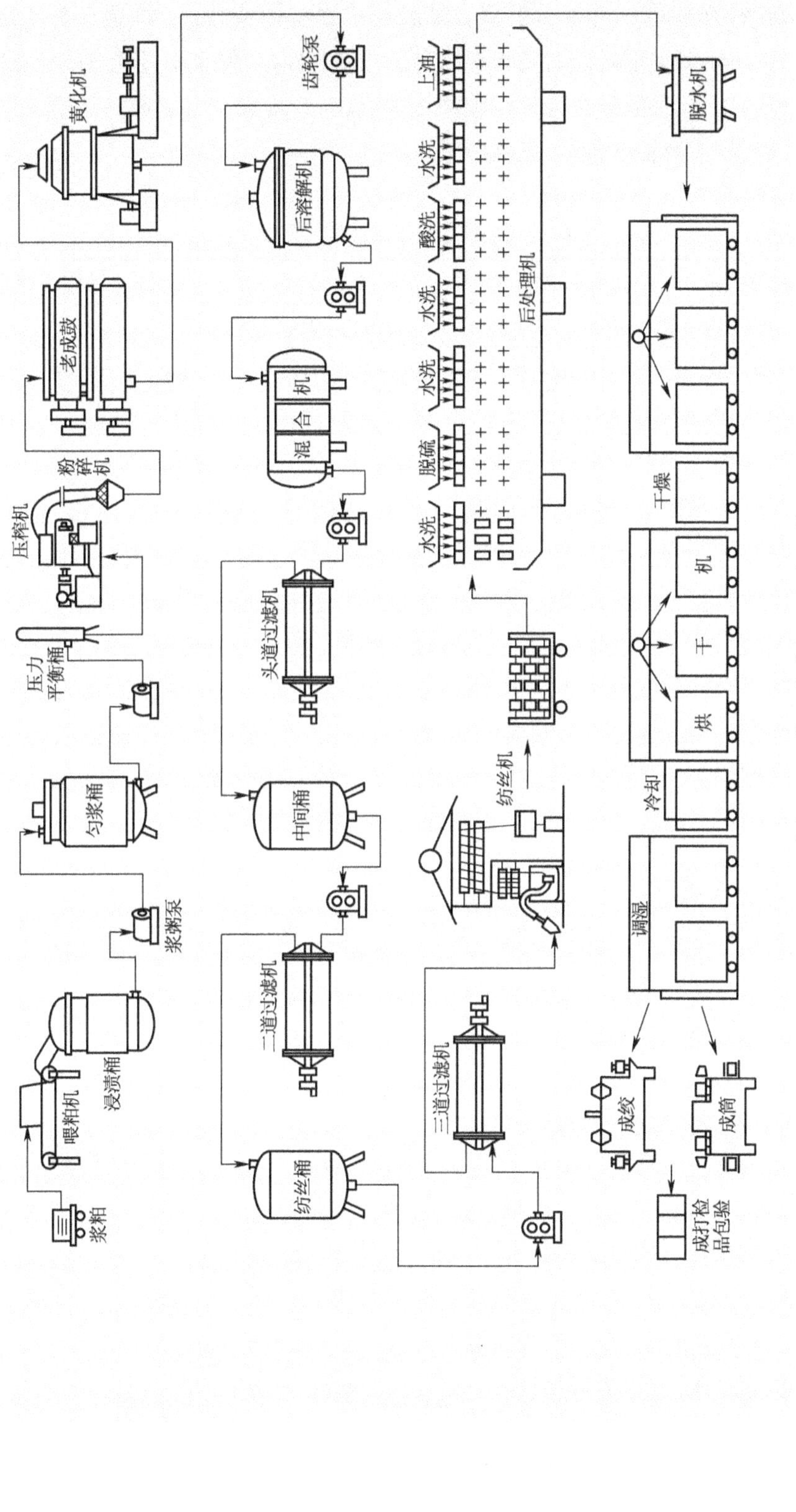

图4－4　普通黏胶长丝生产工艺流程图

三、黏胶纤维的性能及用途

(一)黏胶纤维的性能

黏胶纤维的吸湿及解湿性能好,透气性好,柔软性好,穿着舒适;染色性能优良;对光、热及化学试剂稳定性高;不起球,不易起静电,也不易沾污,更没有棉花加工中出现的棉尘问题;废弃物可以自然降解,符合环境与可持续发展。黏胶纤维也有一些缺点,如湿牢度仅为干牢度的1/2,疲劳强度低,不耐磨,抗皱性差,高水膨润和尺寸稳定性差,保水率过高造成干燥时间长,防霉防蛀能力较低。总之,黏胶纤维与棉纤维的化学组成(纤维素)相同,故其性质大同小异。表4-1列出了黏胶纤维主要性能指标,仅供参考。

表4-1 黏胶纤维主要性能指标

纤维性能		普通短纤维	普通长丝	强力丝	高湿模量短纤维
断裂强度/(dN/tex)	干态	2.2~2.8	1.5~2.1	3.1~4.7	3.1~4.7
	湿态	1.2~1.8	0.8~1.1	2.2~3.7	2.3~3.8
(湿强/干强)/%		55~60	45~60	70~80	70~80
断裂伸长率/%	干态	16~22	10~24	7~15	7~14
	湿态	21~29	24~35	20~30	8~15
弹性恢复率/%(伸长3%时)		55~80	60~80	60~80	60~85
初始模量/(dN/tex)		27~63	58~76	100~145	63~100
密度/(g/cm^3)		1.50~1.52	1.50~1.52	1.50~1.52	1.50~1.52
回潮率/%(20℃,相对湿度65%)		12~14	12~14	12~14	12~14
热的影响		软化、不熔化			
碱的影响		强碱中膨化,强力下降			
酸的影响		热稀酸、冷浓酸中强力下降			

(二)黏胶纤维的用途

黏胶纤维不仅可在数量上补充天然纤维的不足,而且某些性能优于常规的合成纤维,因而有广泛的用途。

1. 民用方面 黏胶纤维可以纯纺,也可与棉、毛、麻、丝以及各种合成纤维混纺或交织,其织物质地细密柔软,手感光滑,透气性好,穿着舒适,染色后色彩鲜艳,宜做内衣、外衣及各种装饰织物。此外,也广泛用于制造非织造织物。

2. 工业和其他方面 黏胶纤维的工业用途很多。黏胶纤维强力丝的强度高,耐热性好,价格较低,在轮胎、耐压胶管、输送带、帆布、涂层织物等工业中有重要地位;用黏胶纤维制成的止血纤维、纱布、绷带及医用床单、被服、人工肾血液透析器等,在医疗卫生部门有着广泛的用途;在黏胶中混入致孔剂,成型后纤维中含有众多的微孔而具有较大的表面积,其特点是有良好的染色性、高吸水性,可用作滤布、面罩和防毒面具,还可作为香烟滤嘴,因其保水率高,还可用于医疗、卫生、保健用品等;与丙烯酸接枝的黏胶纤维具有很高的离子交换能力,可用于空气净化、污水净化，或从废液中捕集微量放射性元素和稀有、贵重金属；将黏胶纤维碳化制得高强、高模的碳纤维，是航空、航天、军事工业和许多高新技术部门重要的增强材料；在黏胶中混入石墨，纺制成的石墨纤维可用作工业密封材料。奥地利兰精公司开发的石墨黏胶纤维用于气体的密封和曲辊，使用温度范围可达200℃。

第三节　黏胶纤维生产用原料

黏胶纤维的基本原料是纤维素（浆粕），生产过程中还需用多种化工材料，如烧碱、二硫化碳、硫酸、硫酸钠、硫酸锌、硫化钠、水、油剂、消光剂及各种助剂。表4－2列出了几种黏胶纤维的主要原材料消耗量，仅供参考。

表4－2　几种黏胶纤维的主要原材料消耗量

项　目	规　格	每吨纤维消耗量			
		普通短纤维	普通长丝	富强纤维	强力纤维
浆粕/t	水分10%	1.02～1.06	1.08～1.12	1.04～1.12	1.12～1.16
烧碱/t	100%	0.60～0.67	0.65～0.69	0.68～0.77	1.11～1.18
二硫化碳/t	—	0.30～0.32	0.31～0.32	0.34～0.40	0.30～0.34
硫酸/t	100%	0.87～0.89	1.20～1.26	1.05～1.20	1.40～1.50
硫酸锌/kg	100%	54～57	54～60	40～50	370～400

注　二硫化碳和硫酸锌消耗量中未扣除回收量。

一、浆粕

（一）浆粕的结构特点

浆粕是生产黏胶纤维的主要原料，按原料来源分为木浆、棉浆和草浆（甘蔗渣、芦苇、竹子）。纤维素是浆粕的主要成分。目前生产黏胶纤维的主要原料是木浆和棉浆。

纤维素相对分子质量大，一般在100万以上，其化学结构是由D－葡萄糖酐以β－1，4苷键连接而成的线型大分子，分子式为$(C_6H_{10}O_5)_n$，结构式为：

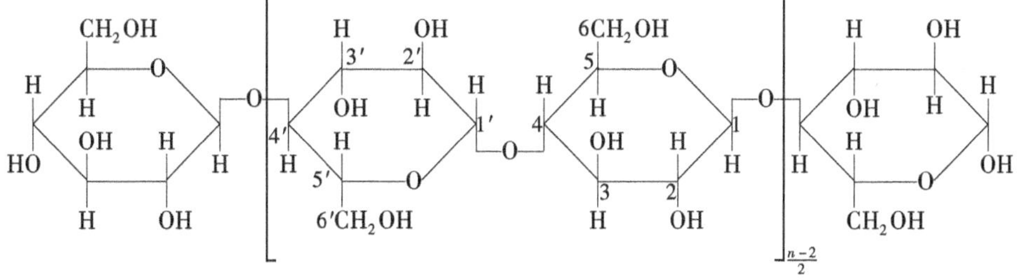

*n*代表D－葡萄糖酐的数目，即聚合度

纤维素和其他高分子一样，具有相对分子质量的不均一性。纤维素不是一种均一的物质，而是一种不同相对分子质量的混合物。在工业上分为 α－纤维素（也称为甲种纤维素，简称甲纤）、β－纤维素、γ－纤维素。后两种纤维素统称为半纤维素。α－纤维素是植物纤维素在特定条件下不溶于20℃的17.5% NaOH溶液的部分，溶解的部分称为半纤维素。β－纤维素是以上溶解部分用醋酸中和又重新沉淀分离出来的那一部分纤维素。仍然溶解而不能沉淀的部分为 γ－纤维素。聚合度越低纤维素越易溶解，故 α－纤维素的聚合度在200以上，β－纤维素的聚合度在140～200之间，γ－纤维素的聚合度在10～140之间。半纤维素的含量高，给黏胶制造工艺带来许多不利因素，制出的产品机械性能较差。

（二）浆粕的质量控制

黏胶浆粕的重要指标是 α－纤维素含量、灰分、树脂含量、聚合度、吸碱性能和反应性能。

1. α－纤维素含量 工业上通常用 α－纤维素和半纤维素来表征浆粕的纯度。即浆粕浸渍在20℃、17.5% NaOH水溶液中，在45min内不溶解的部分称为 α－纤维素，溶解部分为半纤维素。

提高浆粕的 α－纤维素含量不仅可以提高成品纤维的得率，提高设备生产能力，降低化工原料消耗量和简化浸渍碱液回收，而且还能提高成品纤维质量。半纤维素含量高，影响到其后的浸渍、老成、黄化、过滤、熟成等工艺过程，也降低了成品纤维的品质。

2. 灰分 指浆粕经高温灼烧后的残余物，主要成分是 SiO_2、铁、镁、钙等，它们使黏胶的黏度增高，并能与酸生成不溶性盐（如 $CaSO_4$、$MgSO_4$），从而降低酸浴的透明度或堵塞喷丝头，而且硅酸盐颗粒易将纤维切断，降低纤维的强力；灰分中的铁、铜、锰等能加速碱纤维素的老成降解，使工艺不稳定，最终影响黏胶纤维的强度和色泽。

灰分的来源主要有两个方面：原料本身，各种溶剂、水、环境条件。

3. 树脂含量 浆粕中含有少量树脂，有利于过滤；树脂含量过多，会影响黄化反应的均匀性，使黏胶变得浑浊，堵塞喷丝孔。

4. 聚合度 要求纤维素聚合度适中，聚合度分布分散性小。聚合度的增加对纤维的断裂强度、延伸度以及疲劳性能都有好处，故制备高强度、高聚合度纤维（如强力黏胶纤维、高性能黏胶纤维），要求较高聚合度。但聚合度过高，则因制得的黏胶黏度过高而导致过滤困难，或者需要延长碱纤维素的老成。各种黏胶纤维浆粕中纤维素的聚合度差异较大，其聚合度通常为500～1000。实践证明，聚合度大于1200的纤维素由于黄化性能和黄原酸酯的溶解性能差会造成黏胶过滤困难；聚合度小于200的纤维素，由于其半纤维素特征，亦会使黏胶过滤困难，且纤维的强度、耐磨性能和耐疲劳性能下降。

5. 吸碱性 吸碱性通常是以吸碱值（浆粕吸碱后质量增加的百分比）、膨润度（浆粕吸碱后体积增加的百分比）和吸碱厚度（将浆粕条一端浸入17.5% NaOH水溶液中，5min碱液被吸上的毫米数）来表示。

浆粕吸碱值过低，则浆粕浸渍时易上浮，采用连续浸渍压榨机时，投料困难，浆粥浓度不均匀；浆粕吸碱值过高，则浆粕表面迅速膨润，使纤维毛细管很快被堵塞，碱液渗透困难，碱纤维素不均匀。

生产上，如果浆粕吸碱值过低，应采取降低浸渍温度，降低浸渍碱液浓度进行调整，还可以在浸渍时加入0.3%（对α－纤维素）的渗透剂（如聚氧乙烯脂肪胺类）来提高浆粕浸渍时的吸碱能力；如果浆粕吸碱值过高，应采取提高浸渍温度，提高浸渍碱液浓度的方式进行调整，以防止过度膨润。

6. 反应性　反应性指浆粕在碱化、黄化及生成的黄原酸酯的溶解等性能。它表示浆粕在消耗合理数量的NaOH和CS_2之后，是否能得到溶解性良好的纤维素黄原酸酯和易于过滤的黏胶。反应性能好，NaOH和CS_2的消耗量少，溶解性能和过滤性能好，所得到的黏胶可纺性好。

木浆粕质量标准见表4－3，棉浆粕质量标准见表4－4。

表4－3　木浆粕质量标准

指标名称		人造丝浆		短纤维浆	
		一等	二等	一等	二等
α－纤维素/%		≥90	≥89	≥89	≥88
多缩戊糖/%		≤4	≤4	≤4	≤4
黏度/10^{-4}Pa·s		180～220	170～230	190～220	190～230
树脂、脂肪/%		≤0.4	≤0.5	≤0.4	≤0.5
灰分/%		≤0.12	≤0.15	≤0.08	≤0.18
白度/%		≥90	≥85	≥80	≥78
尘埃度	$3mm^2$以下的尘埃/个	≤80	≤100	≤100	≤140
	3～$5mm^2$的尘埃/个	≤2	≤4	≤4	≤4
	大于$5mm^2$的尘埃	不许有	不许有	不许有	不许有
定积质量/（g/m^2）		600±50	600±50	600±50	600±50
膨润度/%		260～400	260～400	260～400	260～400
吸碱值/%		400～550	400～550	400～550	400～550

注　表中尘埃度为500g绝干浆板中尘埃点个数。

表4－4　棉浆粕质量标准

指标名称	人造丝浆		短纤维浆	
	一等	二等	一等	二等
α－纤维素/%	≥96	≥95	≥93	≥92
黏度/10^{-4}Pa·s	105～170	107～180	110～130	108～132
灰分/%	≤0.07	≤0.09	≤0.08	≤0.12
白度/%	≥82	≥80	≥80	≥78
小尘埃（$3mm^2$以下）/（个/500g）	≤40	≤60	≤70	≤90
中大尘埃（$3mm^2$以上）/（个/$5m^2$）	≤2	≤4	≤2	≤4
定积质量/（g/m^2）	500～700	不符合一等品	500～700	不符合一等品
膨润度/%	≤170	≤160	≤170	≤160
吸碱值/%	400～550	400～550	400～550	400～550

从表4-3和表4-4可以看出,长丝浆粕的α-纤维素含量高,波动范围较小;半纤维素含量低;黏度均匀;树脂及蜡质含量低;灰分含量低;白度高;尘埃度低;含铁量低。这些良好的指标控制从原料上解决了黏胶长丝对浆粕的质量要求。

二、其他化工原料

(一)氢氧化钠

氢氧化钠俗称固碱、苛性钠、烧碱、火碱。无色透明结晶体,吸湿性强,易溶于水,溶解时放出大量热。暴露空气中吸湿后呈黏稠状液体,溶于丙三醇(甘油)、乙醇,不溶于乙醚和丙酮。腐蚀性强,能破坏纤维和有机组织,高温下能腐蚀碳钢。吸收空气中的二氧化碳后,生成碳酸氢钠和碳酸钠,能与酸类中和成盐。

烧碱制造方法有:苛化法、水银电解法和隔膜电解法。其中,水银电解法和采用离子交换膜的隔膜电解法所生产的产品纯度高,适宜黏胶纤维生产使用。

黏胶纤维生产对烧碱质量要求很高,含杂质越少越好。盐类杂质,如 NaCl、Na_2CO_3 等,影响浆粕浸渍时膨润不匀,使碱纤维素黄化不正常;盐类又是强电解质,使黏胶熟成过快;烧碱中的铁和锰等杂质,能使碱纤维素老成加快;此外,铁质还影响黏胶过滤,或者受氧化作用生成有色物质,斑染纤维。

(二)二硫化碳

二硫化碳(CS_2)外观为无色或淡黄色透明油状液体,易燃,有毒,有恶臭,但纯 CS_2 并无恶臭,只有微弱芳香味,CS_2 恶臭来自于无机的或有机的硫化物杂质。

CS_2 沸点46.4℃,是一种优良的溶剂,也是一种无色易挥发的可燃液体。CS_2 气体与空气混合后有强烈爆炸性。CS_2 对人体有毒性,能通过呼吸系统和皮肤进入人体,因此,在生产、运输、贮存和使用等过程中应采取特别相应的安全措施。

CS_2 在水中溶解度很小(20℃时0.2%),密度又大,因此运输、贮存时多用水封。

CS_2 是由含碳物质(如木炭、焦炭、甲烷、丙烯、石油混合气等)与硫黄蒸气在高温下反应生成。根据加热方式不同,又分为电炉法、外烧炉法、沸腾床法和等离子法。CS_2 在黏胶纤维生产中用于碱纤维素黄化,生成的纤维素黄酸盐,用稀碱溶解制成黏胶。

(三)硫酸

纯硫酸是无色、透明的油状液体,密度1.834g/cm^3,沸点338℃,凝固点10℃,硫酸是强酸、强氧化剂和腐蚀剂,硫酸与水混溶时放出大量热量,使用时应特别注意。

黏胶生产用硫酸要有较高的纯度,而且其中氧化氮、铁、铅等杂质不能过多。黏胶纤维生产用硫酸主要配置黏胶纤维凝固浴。

(四)硫酸钠

硫酸钠($Na_2SO_4 \cdot 10H_2O$)又名芒硝,无色晶体,带苦咸味。相对密度1.462,熔点324℃;100℃时失去全部结晶水转化为晶体。工业用无水硫酸钠又名元明粉,含硫酸钠90%~97%。黏胶纤维生产用硫酸钠主要配置黏胶纤维凝固浴。

（五）硫酸锌

硫酸锌（$ZnSO_4 \cdot 7H_2O$）又名白矾，无色晶体，相对密度1.966，是黏胶纤维凝固浴组分。

（六）水

黏胶纤维生产需耗用大量水，且对水质要求高。根据用途的不同，黏胶纤维用水通常分为工艺用水（用于溶液配制、纤维洗涤等）和一般用水（用于冷却、洗涤等）。一般用水是经过混凝和过滤处理的清净水；而工艺用水则需经过混凝、过滤并经软化处理的软水，其硬度不超过0.1～0.3度。

第四节　黏胶的制备

一、黏胶制备基本过程、方法及工艺流程

（一）制备基本过程

黏胶的制备又称原液制备或纺丝液制备。其目的就是通过化学反应将浆粕制成可供纺丝用的黏胶（纺丝原液），一般包括碱化和黄化两个主要化学过程。

碱化：纤维素（浆粕）＋氢氧化钠⟶碱纤维素

黄化：碱纤维素＋二硫化碳⟶纤维素黄原酸酯

纤维素不能直接与二硫化碳发生反应，必须将纤维素先制成碱纤维素，才能与二硫化碳发生化学反应，生成纤维素黄原酸酯。而纤维素黄原酸酯能溶于稀碱溶液，制成黏胶（纺丝原液）。

生产上，黏胶制备按下列三个步骤进行：

（1）浆粕浸渍于烧碱溶液中，生成碱纤维素，经压榨、粉碎、老成，制成一定聚合度的碱纤维素；

（2）碱纤维素与二硫化碳进行反应，生成纤维素黄原酸酯；

（3）纤维素黄原酸酯溶于稀碱液中，制成黏胶，再经过过滤、脱泡和熟成，送往纺丝机[7]。

（二）制备方法及工艺流程

黏胶原液的制造有古典法、连续法、五合机法三种。目前大多数生产厂采用连续法。

1. 古典法　这是最老的一种生产方法。其生产工艺流程均需分开进行，属于间歇式生产，此方法浸渍温度低，制得的碱纤维素质量最好，但生产工序多，浸渍时间长，设备多，生产周期长，劳动强度大，劳动生产率低，故此法已被淘汰。

其工艺流程为：浆粕→槽式浸渍压榨机→粉碎机→老成箱→黄化鼓→溶解机→混合机→过滤机→脱泡桶

2. 连续浸压粉法　采用连续浸压粉机将浆粕的浸渍、压榨、粉碎三道工序合并在一台机器上进行，此法连续化和自动化程度高，能保证产品质量，劳动强度低，设备投资少，生产能力大，可缩短某些工序，粉碎时能耗低，在黏胶长丝和黏胶短纤维生产中普遍采用。只是碱纤维素的质量比古典法稍差。

其生产工艺流程为：浆粕→连续式浸渍压榨粉碎联合机→老成鼓→黄化机→溶解机→混合机→过滤机→连续快速脱泡桶

3. 五合机法 此法将浸渍、粉碎、老成、黄化、初溶解五道工序合在一个机台内完成。经初溶解后的黏胶直接送后溶解机、混合、过滤、脱泡，此法生产周期短，设备投资少，占地面积小，劳动条件好，但制得的黏胶质量差，仅用于普通黏胶短纤维生产。

其生产工艺流程为：浆粕→五合机→后溶解机→混合机→过滤机→脱泡桶

二、浆粕的准备

浆粕是黏胶纤维生产的基本原料。浆粕在使用之前，通常要经过一个准备过程，即贮存、调湿和混粕过程。

（一）贮存

黏胶纤维厂贮存的浆粕量，以能保证维持连续生产，并有足够批次的浆粕进行混合为宜，一般贮存一个月生产所需的浆粕量。

（二）浆粕的调湿

从理论上讲，浆粕含水率的波动应控制在 ±2% 范围内，否则要进行烘干及调温处理。但由于浆粕的烘干和调湿需占用很大的车间和花费相当大的劳动力，故目前国内外大型的黏胶纤维生产一般都没有专门的调湿过程，而是通过加强浆粕的生产、包装、运输和贮存过程的管理，在使用前将含水率相近的浆粕进行混合和搭配，在使用时根据浆粕含水率的不同而适当调整浸渍工艺，以制得符合要求的碱纤维素。

（三）混粕

浆粕厂生产的各批浆粕或同一批浆粕内部，质量总有差异。混粕的目的正是减少浆粕的品质差异，从而保证黏胶生产顺利进行，使工艺稳定正常，黏胶质量均匀。混粕的原则如下：

（1）混粕批数越多，批量越大，则混粕的均匀性越高，黏胶质量越稳定。但批量过多会过分增加库存量，因此一般以 6 ~ 10 个批号混合作为限度。

（2）根据浆粕的黏度（或聚合度）进行混粕，而且要求 6 ~ 10 个浆粕批号聚合度相差在 30 以内，这是关键所在，同时也要适当兼顾浆粕的含水率、α - 纤维素含量及吸碱值等指标，一般黏胶纤维所用浆粕的聚合度在 500 左右。

（3）各批号的批量不能同时用完，要错开用完时间，以防一次完全更换新批号，造成黏胶质量波动。

三、碱纤维素的制备

碱纤维素的制备包括浸渍、压榨、粉碎三个阶段。

（一）浸渍（碱化）

浆粕在 18% 左右的烧碱溶液中，纤维素与烧碱作用，生成碱纤维素；同时浆粕膨胀，使浆粕中的半纤维素和其他杂质溶出，这个过程称为浸渍，又称碱化。

1. 浸渍的目的　浸渍的目的是：纤维素与烧碱作用，生成碱纤维素；使浆粕中的半纤维素和其他杂质溶出；纤维素大分子间的氢键受到破坏，使纤维素的反应性能提高；碱化后的纤维素能与 CS_2 作用生成纤维素黄原酸酯钠盐制取黏胶溶液[8]。

2. 浸渍过程中的物理、化学变化

（1）碱纤维素的生成。浸渍时，纤维素与 NaOH 作用，生成碱纤维素（碱化）。反应既可形成加成物，又可生成醇化物。

$$[C_6H_7O_2\cdot(OH)_3]_n + x\text{NaOH} + nH_2O \longrightarrow [C_6H_7O_2(OH)_3]_n\cdot x\text{NaOH} + nH_2O + \Delta H$$

$$[C_6H_7O_2\cdot(OH)_3]_n + n\text{NaOH} + nH_2O \longrightarrow [C_6H_7O_2(OH)_2\cdot \text{ONa}]_n + (n+1)H_2O + \Delta H$$

此反应极快，只需几分钟就可完成。生成碱纤维素的反应是可逆反应，又是放热反应，因此，大分子内反应的羟基数以及所得的碱纤维素组成取决于正逆反应的速度比值，随温度、碱浓度等反应条件而改变。

应该指出，浸渍时，除了生成碱纤维素的反应外，还发生了一系列的副反应，如浆粕中的半纤维素碱化反应、部分纤维素的碱性氧化降解反应等。

（2）浆粕的膨化和半纤维素的溶出。浆粕浸渍于碱液中即发生膨化，这时浆粕中的半纤维素和杂质充分接触碱液，保证溶解在烧碱溶液中；浆粕在后续黄化反应时 CS_2 向内扩散的速度加快；破坏了纤维素大分子间的氢键，使更多的羟基游离出来，提高了后续黄化反应能力。

膨化的实质，是由于碱液中的水化钠离子 $[Na(H_2O)_x]^+$ 扩散进入浆粕内部，使纤维素大分子距离拉开，当膨化到一定程度时，不但非结晶区大分子距离增大，结晶区结构亦受到一定程度的破坏。

3. 影响浸渍的因素

（1）浸渍时间。浸渍过程中，生成碱纤维素的反应时间很短，一般在 2～5min 内完成，但半纤维素及杂质的溶出时间较长，一般要 45min 以上。为了使半纤维素和杂质尽量多溶出，生产中应尽可能延长浸渍时间。但浸渍时间的延长会导致设备生产能力下降，为了避免这一矛盾，生产中采用增加带搅拌装置的辅助浸渍设备的方法。

古典法浸渍，一般控制在 60～120min。连续式浸渍，由于浸渍时进行搅拌，有助于半纤维素及杂质的溶出，可以缩短浸渍时间，一般控制在 7～15min（主浸渍）+30min（辅助浸渍）即可。

（2）浸渍碱液温度。浸渍温度影响碱纤维素的生成和浆粕膨胀。因为碱化反应为放热反应，同时大分子的溶胀也要放热，所以从化学热力学角度讲，低温有利于碱纤维素的生成和浆粕膨胀；而提高浸渍温度有利于水解逆反应，不利于生成碱纤维素，并降低浆粕膨润度，吸碱性变差，要想达到同样的浸渍效果，则必须提高浸渍碱液浓度，而且温度升高后 NaOH 与空气中的 CO_2 反应生成 Na_2CO_3 的量也在增加，既增加了烧碱的消耗量，又影响碱化速度和黏胶过滤性能。

浸渍温度低，使浆粕充分膨胀，有利于半纤维素溶出和碱纤维素的生成。但温度不能过低，间歇式浸渍时，如果温度过低，浆粕由于膨胀度过大而崩塌，造成压榨无法进行；连续式浸渍如果温度过低，会给压榨带来困难，严重时造成压榨机堵料。由于纤维素与碱的化学反应是放热反应，因此，浸渍过程中，整个体系的温度会不断上升，必须采取措施使温度保持平衡。

古典法浸渍温度控制在 20～30℃，连续法浸渍温度控制在 40～70℃，五合机法浸渍温度控制在 30～60℃。当然，遇到不同情况时，浸渍温度要灵活调整。例如，浆粕中含大量长度较短的纤维（阔叶林木浆），此类较短纤维在较低浸渍温度下，急剧膨胀，易于堵塞碱液通道，压榨时通液性差，故工艺上采用 70℃以上的浸渍温度，防止压榨困难；对纤维较长的针叶林木浆，可采用 45～55℃较低的浸渍温度；对纤维更长的棉浆，可采用 35～45℃的浸渍温度，但棉浆采用湿浆时，浸渍温度要提高到 55～72℃，否则压榨困难。

（3）浸渍碱液浓度。浸渍碱液浓度主要根据浸渍温度和浆粕原料来选择。其一，浸渍温度高，碱纤维素水解剧烈，要使碱纤维素具有相同的结合碱量，必须提高浸渍碱液浓度；其二，从理论上讲，常温下当碱液浓度在 10%～12% 范围内，纤维素的溶胀最剧烈，容易生成碱纤维素。但在实际生产中，由于浆粕中含有一定的水分，纤维素与烧碱反应也生成水，使碱液被稀释。所以要适当提高浸渍碱液浓度，一般控制在 18%～20%，相当于 230～240g/L。应该注意，如果采用五合机生产短纤维，又因为浸渍浴比很小，为了保证浸渍的完全和均匀，浸渍碱液的浓度必须提高到 20%～22%。

（4）浸渍浴比（浆粥浓度）。浆粕的绝干质量（kg）和浸渍碱液体积（L）之比称为浸渍浴比，此值用百分数表示为浆粥浓度。增大浸渍浴比，可增加碱液与纤维素的接触机会，加速半纤维素的溶出，提高纤维素的浸碱均匀性；但过大的浴比，将会降低浸渍机的单机生产能力，若要维持单机产量又势必使浸渍时间缩短，反而会造成碱化不匀，降低浸渍效果。故浸渍浴比应在产量和浸渍时间许可的条件下尽量大些为好，古典法浸渍浴比为 1∶20，连浸法浸渍浴比为1∶（20～40），有时为了确保一定的浸渍时间，还必须串接辅助浸渍设备。用五合机法制备碱纤维素时，因为取消压榨过程，浸渍浴比受到了限制，一般掌握在 1∶（2～3），这也是此法最大的不足之处。

（5）浸渍碱液中半纤维素的浓度。浸渍碱液中含半纤维素多时，对浆粕的半纤维素溶出不利；同时使浆粥黏度上升，碱纤维素层的渗透能力下降，致使碱纤维素在后续的连续压榨发生困难。黏胶纤维生产一般要求浸渍碱液中半纤维素的浓度在棉浆中控制在 15g/L 以下（因为棉浆带入的半纤维素少），在木浆及草浆中为 25g/L 以下，超过此值则应局部更换碱液。

（二）压榨

压榨是将浆粕经浸渍后把多余的碱、半纤维素、杂质压出，提高碱纤维素纯度，这一过程工艺上称为压榨。

压榨程度可用压榨倍数即用浆粕压榨后的质量与浸渍前干浆粕质量的比值表示；亦可用碱纤维素中 α－纤维素含量（%）表示。压榨倍数按理论值计算为：

$$\text{压榨倍数}=\frac{\text{压榨后碱纤维素质量}}{\text{浸渍前的干浆粕质量}}=\frac{274}{162}=1.69$$

但由于压榨机的构造所限，根本不可能把浆粥压榨到上述的 1.69 倍，通常只能压榨到 2.8～3.3 倍，因而，碱纤维素中还附着了浆粕质量 1.1～1.4 倍的过剩 NaOH。所以，生产中压榨倍数控制在 2.8～3.3，制得相应的碱纤维素。压榨倍数过大，残留在碱纤维素中的碱、半纤维素、杂质和水分过多，α－纤维素相对含量就低，会影响工艺质量；压榨倍数过小，碱纤维素压得过干，对下道工序将进行的化学反应不利，均匀性下降。

压榨度越高，压榨倍数越小，α－纤维素含量越高。通常控制碱纤维素压榨倍数为 2.8～3.3或压榨后碱纤维素组成为α－纤维素含量29%～32%，NaOH 含量16%～17%。

碱纤维素的压榨性能受浆粕的性质和浸渍条件影响如下：

(1)浆粕：浆粕的膨润度小、纤维长、半纤维素含量少则有利于压榨。棉浆较木浆容易压榨。

(2)浸渍：凡是使纤维素膨润和使浆粥黏度上升的因素，都不利于碱纤维素的压榨。

(3)设备：连续式浸压机因压辊的沟槽或网眼堵塞，会造成压榨困难和压榨不均。

(4)操作条件：浆粕摆放不均，投料速度不当，会造成浆粥浓度变化，压榨不均匀。

(三)粉碎

经压榨后的碱纤维素十分紧密、板硬、表面积变小，不利于后续老成和黄化。粉碎的目的是使碱纤维素成为细小、松散的屑状，增大了表面积，有利于老成过程中与空气中的氧接触，使老成均匀；同样也使碱纤维素在黄化中与二硫化碳充分接触，反应均匀，制得黏度一致、过滤性能好的黏胶。因为无论是老成还是黄化反应，都是在气相与固相之间进行，按照表面活性理论，固相颗粒越小，分散程度越高，表面活化则越大，反应越快，越均匀。

粉碎程度有两种表示方法：

(1)碱纤维素的定积质量。指碱纤维素粉碎后，单位体积的质量，一般以克/升(g/L)表示。碱纤维素粉碎的效果越好，则定积质量越小，其表面积越大。连续式粉碎后的粉碎度控制在100～120g/L，3～5min以后可以达到。

(2)粉碎度。指碱纤维素加入过量的稀酸在搅拌下，酚酞指示剂颜色消失的时间(s)，时间越短则粉碎越好。连续法碱纤维素粉碎度约为110s，五合机法约为90s。

特别注意的是，对粉碎效果来说，更重要的是粉碎的均匀性。时间过度延长后，局部过度粉碎的碱纤维素会造成黄化不均匀；局部受到过强挤压的碱纤维素会阻碍氧气的进入，使老成降聚变慢，应该避免。因此，要控制适当的粉碎时间，不宜过长。

(四)碱纤维素生产的设备

根据所用的设备不同，生产碱纤维素的方法通常有三种，即间歇法(亦称古典法)、五合机法及连续法。间歇法已基本淘汰，五合机法也很少使用，连续法是使用最多的方法。

连续法制碱纤维素的设备有多种形式，较普遍应用的是 LR 型浸压粉联合机和毛纳尔(Mauner)型连续浸压粉联合机。

LR 型连续浸压粉联合机主要组成部分有喂给机、浸渍桶、碱液计量桶、浆粥泵、压力平衡桶、压榨机、预粉碎机、细粉碎机和压实机等。它的工作流程如图4－5所示。

浆粕稍倾斜叠置于喂粕机的输送带上，按工艺要求速度连续向前输送，并由喂粕机上分页刀均匀地拨入浸渍桶中，与此同时，浸渍碱液亦连续定量地由碱液泵经碱液计量桶送入浸渍桶中。在浸渍桶内，浆粕被碱液浸没的同时被搅拌叶片搅拌，并与碱液充分混合，上下循环形成浆粥。浆粥在桶内不断循环的同时，一部分定量地从底部出口流出，由浆粥泵送入压力平衡桶。由于通过压缩空气的调节，使平衡桶内浆粥以恒定的压力平稳地送往压榨机进行压榨。压榨后的碱液过滤后回至工作碱液桶，碱纤维素则经预粉碎、细粉碎，形成松软的碎屑，连续均匀地

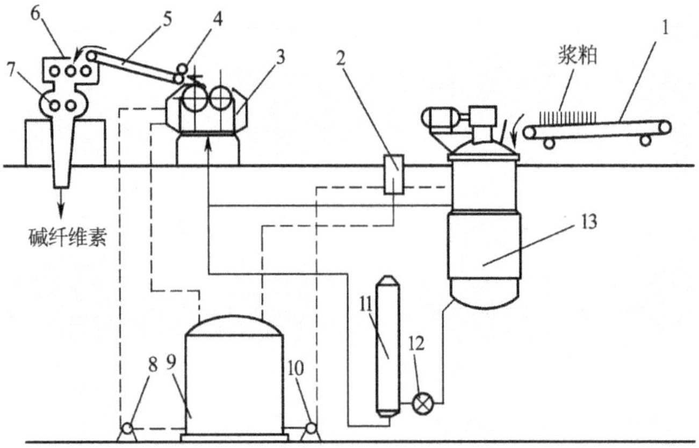

图4-5　LR型连续浸压粉联合机流程示意图

1—浆粕输送带　2—碱液计量桶　3—压榨机　4—预粉碎辊　5—输送带　6—粉碎机　7—压实机　8—冲洗碱液泵　9—工作碱液桶　10—碱液泵　11—压力平衡桶　12—浆粥泵　13—浸渍桶

送出。

1. 喂粕机　喂粕机由两条无端平面输送胶带和前后两撑辊组成。前撑辊由无级变速电动机带动，使输送带前进，同时也使分页刀匀速拨动，均匀地把置于输送带上的浆粕在极慢的前进速度中被一页页定量地送入浸渍桶内，完成投料。提醒注意的是分页刀每摆动一次，最好传送带前进的距离应正好是一张浆粕的厚度。喂粕机结构如图4-6所示。

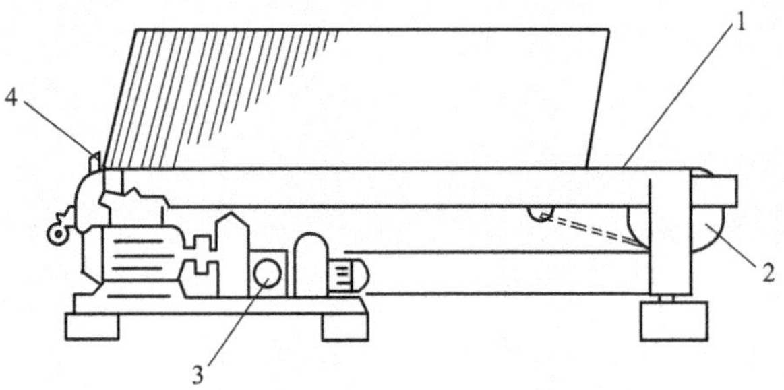

图4-6　喂粕机结构示意图

1—输送带　2—撑辊　3—无级变速装置　4—分页刀

2. 浸渍桶　浸渍桶如图4-7所示，是一个直立的圆桶，桶内装有一个固定的套筒，套筒下装一个离开套筒的假底，在浸渍桶中心有一根搅拌轴，搅拌轴上装有两组搅拌翼片，浸渍桶上有投料口，下有出料口，桶侧有调温水夹套等。

在浸渍过程中，浆粕和碱液连续进入浸渍桶内，搅拌轴转动，从投料口投入的浆粕片首先被锚式叶片握住，卷入反应浆料内，并被一组带齿叶片撕碎成块状，这组叶片在浸渍桶中位于较碱液液面略低处。搅拌轴上还装有另外三组带齿叶片，它在套筒内的固定叶片之间旋转，当浆粕碎片流经固定与旋转带齿片之间时，由于叶片间相对运动使浸渍膨润的浆粕继续撕碎成均匀的浆料。搅拌轴上的叶片均具有16°的升角。由于转动时的升力作用迫使反应浆料自上而下运动，在遇到假底圆盘后，便上升至套筒与桶内壁之间，从而造成浆料在桶内壁与套筒之间的循环，浸渍好的浆粥从出料口流出，完成浸渍过程。

3. 浆粥泵　浆粥泵是用来定量输送浆粥的设备，它由泵体和一对半圆形转子组成。两转子转向相反，每转输送浆粥为4.6～5.4L，浆粥泵用无级变速器来调节转速，如图4－8所示。

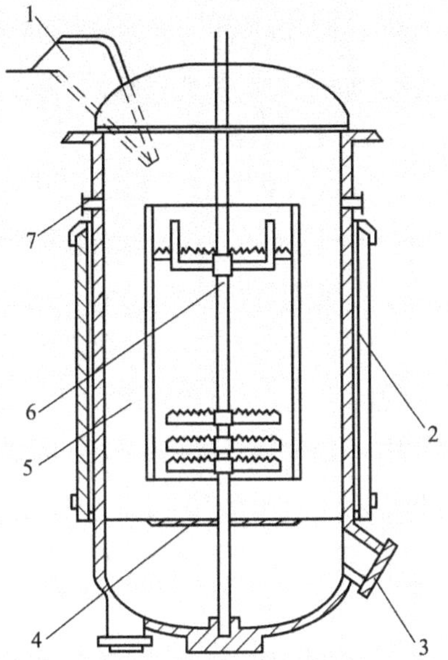

图4－7　浸渍桶结构示意图

1—投料口　2—调温水夹套　3—出料口

4—假底　5—套筒　6—搅拌轴　7—进碱口

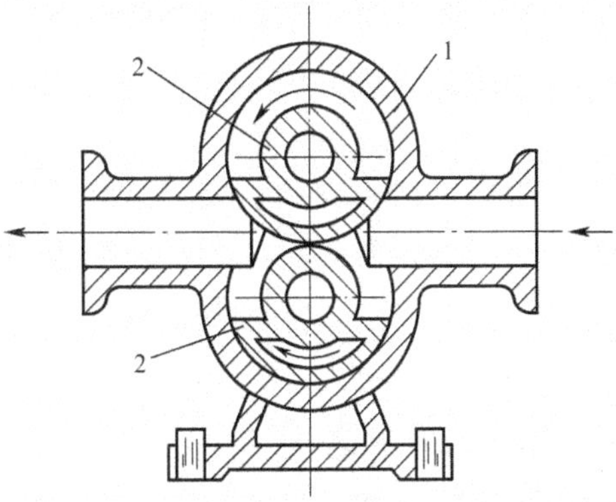

图4－8　浆粥泵结构示意图

1—泵体　2—转子

4. 压力平衡桶　压力平衡桶是高3000mm，直径400mm的密闭圆桶，下部有两个管接头，分别与浆粥泵及压榨机相连。桶内浆液面上有一定高度的空气层，保持着恒定的压力，压力的大小是根据输送浆粥的流体阻力决定的，它与浆粥密度、输送高度及管道阻力等因素有关，通常为69～110kPa。

5. 压榨机　压榨机结构如图4－9所示，主要由一对平行而转向相反的压辊、压榨机箱体以及刮刀装置组成。其中一个压辊带突缘，与另一个压辊嵌在一起，碱纤维素在两辊间受到压榨。压辊的表面或沿周向排列有0.9mm宽的沟槽（称沟槽式），或者分布有直径为0.9mm的小孔（称网孔式），压榨的碱液进入沟槽或网孔，经由辊筒的两端流出，并回流至碱液桶中。两压辊的距离及转速根据机台生产能力大小和碱纤维素

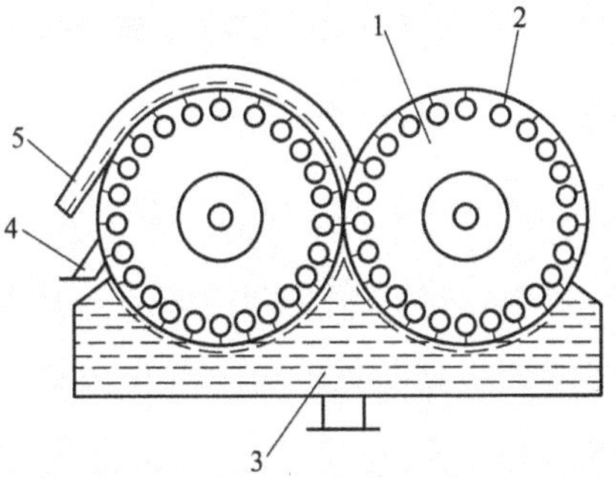

图4－9　压榨机结构示意图

1—压辊　2—冲洗孔　3—浆槽　4—刮刀　5—料饼

压榨的程度而调节，通常分别为1～22.5mm 及0.35～2.1r/min。两压辊与下面的浆粥槽形成密闭的压榨室。在浆粥槽内有三根螺旋搅拌器，不断搅拌，把碱纤维素送给压榨辊进行压榨，以免碱纤维素沉积在槽底。压榨槽内残留的碱纤维素被伸进沟槽或贴近圆孔的刮刀剥下，送去粉碎，同时连续不断地被碱液冲洗，保持压辊干净畅通。

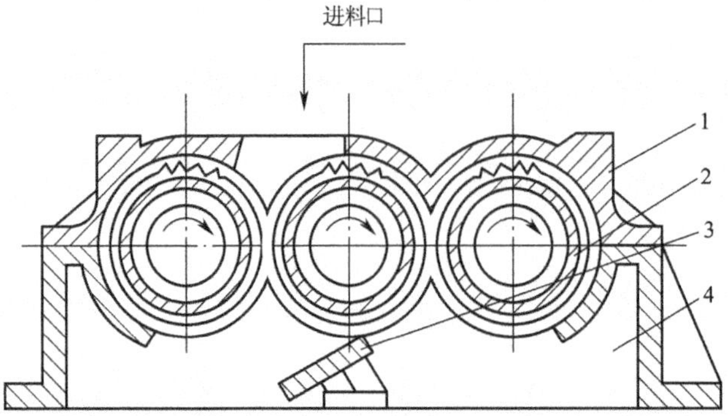

图4－10　粉碎机结构示意图

1—机架盖　2—粉碎辊　3—剥刀　4—机架

6. 粉碎机　粉碎机结构如图4－10所示，它由三个表面带有钢齿的圆辊和机架组成，下面装有剥刀。三个粉碎辊直径相同、转速和转向相同(3000～3500r/min)，刺辊上刺的方向，靠近进料口的两个辊是相同的，这样可有最好的撕碎效果。第三辊上辊刺的方向与前两辊相反，可起清理作用，不致使碱纤维束在刺辊上缠成筒。碱纤维素进入粉碎机后，落到前两辊间被初步粉碎。然后，再进入二辊和三辊间进行细粉碎。

四、碱纤维素的老成

浆粕经浸渍、压榨、粉碎而得到碱纤维素，其聚合度有一定下降，但降低不多，碱纤维素的相对分子质量仍然很大，若制成黏胶则黏度太高，造成纺丝困难，为了降低黏度，必须减少分子链长度。而减少分子链长度的方法则是通过氧化降聚原理来实现的。

粉碎后的碱纤维素在恒定的温度下保持一定时间，在空气中氧化降解，聚合度下降至工艺要求，这一过程称为碱纤维素的老成或老化。老成的目的是使碱纤维素与空气中的氧气发生反应，将黏度降低到工艺要求的范围，再经黄化制得黏度合格的黏胶，以保证黏胶具有良好的过滤性能和可纺性能。例如，原始浆粕中纤维素的聚合度是700～1000，制备普通黏胶纤维和高强力纤维的聚合度分别为300～500和400～550，虽然纤维素在浸渍和黄化等过程中会发生部分降解，但仍需经过专门的老成过程；但对生产高聚合度黏胶纤维(如波里诺西克纤维)，则一般无须经过专门的老成过程。

(一)碱纤维素的降解机理

纤维素分子中的缩醛键容易被酸水解，但对碱的稳定性较高。因此，碱纤维素的降解主要是氧化降解，而碱降解不是主要的。

纤维素的氧化降解，主要是由于氧化，大分子上的羟基氧化成羰基及其过氧化物，使连接各葡萄糖基环的苷键(氧桥)变弱而断裂。这一过程一般为游离基型的连锁反应(分为链的引发、自动催化作用和链的终止三阶段)。

(二)老成方法

1. 按温度划分　按照老成的温度不同，生产上可分为以下三种方法。

常温老成法:温度18~25℃,时间40~60h,用于长丝。

中温老成法:温度30~34℃,时间12~18h;用于长丝。

高温老成法:温度40~60℃,时间1~5h,用于短纤维。

常温长时间老成要比高温短时间老成效果好,长丝生产适用常温或中温老成工艺;短纤维生产由于产量高,周期短,质量均匀性要求不像长丝那样严格,所以采用高温老成方法。

2. 按设备划分 按老成设备不同,可分为以下两种方法。

(1)间歇式老成法。将碱纤维素放置在老成设备中,按工艺要求控制老成温度和时间。间歇式老成只适用于生产规模小的工厂和实验工厂。

(2)连续老成法。是碱纤维素在输送带上或转鼓内进行老成,碱纤维素连续进出,完成老成过程。生产规模较大的工厂一般都采用连续老成。

(三)影响老成的因素

1. 老成温度 在老成过程中,温度是主要控制参数,温度直接影响老成速度。老成温度高时,碱纤维素与空气中氧的作用加快。温度愈高,老成速度愈快。老成过程必须严格控制温度,使制得的黏胶黏度均匀。

生产上采用的老成方式有三种:常温老成(18~25℃)、中温老成(30~34℃)和高温老成(40~60℃)。生产普通黏胶长丝,通常采用低温或中温老成,生产普通黏胶短纤维却多用高温老成。

老成温度的控制有两个要点:一是老成温度必须稳定;二是由于疏松的碱纤维素导热差,对温度变化不易达到平衡。因此,采用静置老成时,应使老成温度与粉碎后碱纤维素温度相仿;若采用连续式老成,则应使碱纤维素出料温度与黄化初温一致,这样既节约碱纤维素在黄化前的调温时间,又防止碱纤维素各部分温度差异而影响老成和黄化的均匀性。

2. 老成时间 碱纤维素的降解在起始阶段都较迅速,随着时间的推移,降解的速率也逐渐下降。随着老成时间的延长,所制得黏胶的黏度也会降低。连续老成以控制老成鼓内料量来控制老成时间。老成鼓内碱纤维素量愈多,在老成鼓内停留时间愈长;温度提高,可缩短老成时间;生产中严格控制老成鼓进出料速度,使老成鼓内料量均一稳定,老成后的碱纤维素黏度才能达到均匀。

3. 半纤维素的影响 半纤维素经过碱化,也能与空气中的氧反应。这样碱纤维素中半纤维素的存在有夺取空气中氧的作用,使正常碱纤维素与空气中氧的反应受到抑制,延缓了老成速度。生产上要求碱纤维素中的半纤维素含量尽量少而且稳定。一般都根据浸渍液中半纤维素含量来调整老成温度,使制得的黏胶黏度均匀、稳定。

4. 碱纤维素的压榨与粉碎度 在其他条件相同时,压榨倍数越高,使压榨后的碱纤维素中甲种纤维素(又称α纤维素)含量低,碱和水含量高,就会使碱纤维素老成作用受到限制而变缓慢;压榨倍数越低,使压榨后的碱纤维素中甲纤含量高,碱和水含量低,使碱纤维素内部空隙增加,碱纤维素充分与空气接触,这样就加快了老成速度。

粉碎度越高,碱纤维素活化表面积越大,降解速度越快。

5. 杂质对老成的影响 碱纤维素中若含有氧化剂或氧化的催化剂,如钴、铁、锰、镍、氯等,老成速度可大大加快,这时所需的老成时间短,或老成温度低;碱纤维素中若含有还原剂或金属杂质,如金、银之类,则老成速度延缓,这时所需老成时间长,或老成温度高。

（四）老成设备

1. 高温老成鼓 R21 型高温老成鼓（图 4－11）是由两个有夹套的圆鼓组成。两鼓上下重叠式排列，或水平式前后排列。第一鼓为老成鼓，第二鼓为冷却鼓，两鼓的结构相同。

鼓内装有一对推进刮刀和一对螺旋搅拌器，也可只装一对推进刮刀而不装螺旋搅拌器。推进刮刀与鼓壁间距为 5～20mm，刮刀有一定的斜度（螺旋角为 3°）以 1.4r/min 的速度旋转，它一方面把碱纤维素向前推进，另一方面又将黏附于鼓壁上的碱纤维素刮下来。两个螺旋搅拌器中，一个左旋，另一个右旋，此外它们又绕着鼓体主轴公转，以推动和翻松碱纤维素。碱纤维素在鼓内受到充分搅拌和不断向前移动的同时完成老成过程。其后，碱纤维素在冷却鼓中以同样的方式完成降温过程。

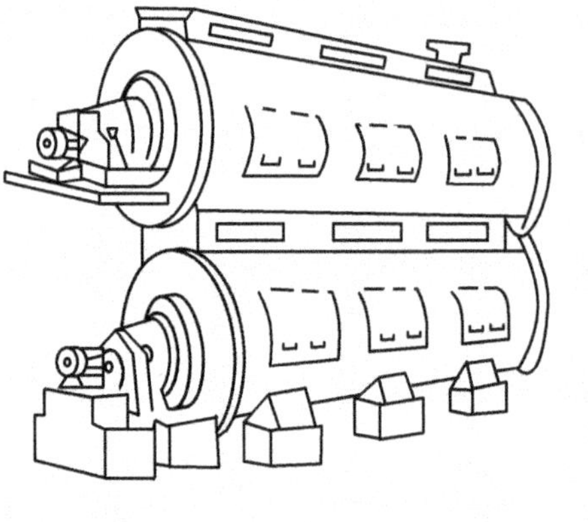

图 4－11　R21 型高温老成鼓示意图

鼓体有调温水夹套，通过调节水温来控制老成温度。

高温老成鼓能连续化、自动化生产，生产效率高，占地面积小，劳动条件好，室温也不必调节；其缺点是老成温度高，且同一批碱纤维素的各部分在鼓内停留的时间不完全一致，因而老成不十分均匀，纤维成品的品质受到一定影响。高温老成鼓在普通黏胶短纤维生产中得到广泛的应用。

2. 转鼓式老成鼓 转鼓式老成鼓（图 4－12）是直径为 2.7m 的转鼓，包括老成鼓和冷却鼓两个鼓。前一个为老成鼓，长度为 24～40m；后一个为冷却鼓，长度为 12～20m。鼓内设有推进刮刀和螺旋推进器，鼓体安装时有 1/100 倾斜度，靠鼓体的旋转，使碱纤维素向前移动。鼓体外有调温夹套，控制老成鼓温度。

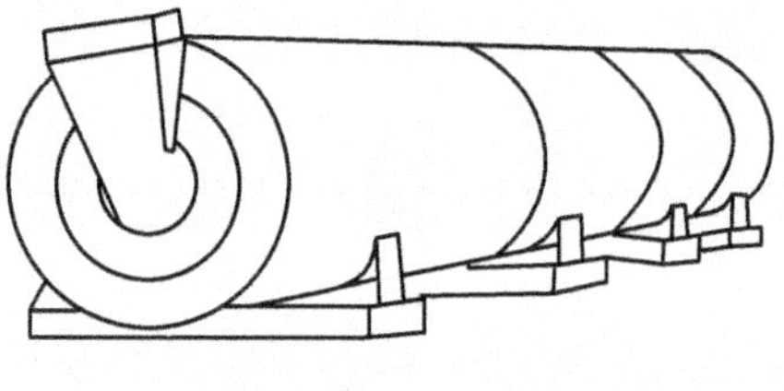

图 4－12　转鼓式老成鼓

与高温老成鼓相比，转鼓式老成鼓的体积庞大，设备笨重，占地面积大，它采用中温老成（25～35℃），故碱纤维素老成比较均匀。

3. 多层输送带式连续老成设备 多层输送带式连续老成设备是在老成室内装设的一种重叠的、由塑料制成的无端输送带（图 4－13）。输送带上的碱纤维素层从加料处顺着一定方向一层层地移动至出料口，并完成老成过程。

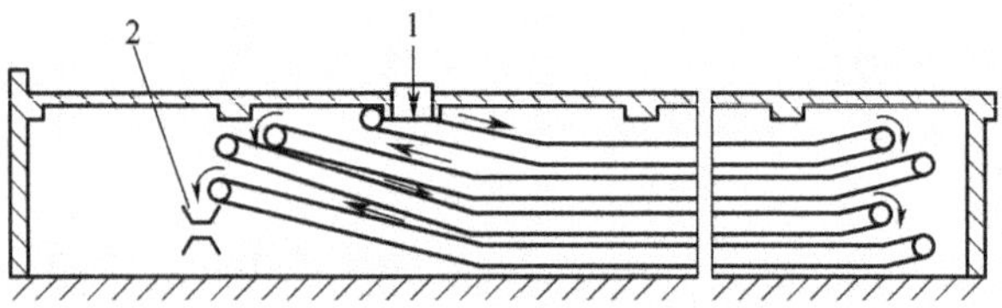

图 4－13　输送带式老成鼓

1—进料口　2—横向出料带

输送带的层数、长度和宽度要根据设备生产能力及老成时间等要求来设计，通常有 2～6 层，长度 70～80m，宽度 2～5m。输送带的速度可在很大范围内调节。老成室要密封保温，有调温调湿设施，以保证老成室内的温湿度，输送带式老成设备由于在输送和老成过程中保持了先进先出的顺序，所以老成均匀性较好。碱纤维素在带上停留 10～32h，每台设备的生产能力可达每天生产 20t 纤维成品。

这种设备最大缺点是要对整个老成室进行空气调节，室内保持 90%～92% 的相对湿度，以避免碱纤维素表面水分过多的蒸发（风干）；室内温度通常不超过 25～26℃，以避免劳动条件的恶化。

五、纤维素黄原酸酯的制备

碱纤维素在一定条件下与 CS_2 反应，生成纤维素黄原酸酯，这一反应过程工艺上称为黄化。黄化的目的是在纤维素大分子上引入黄酸基团，一方面可增大纤维素大分子间的距离，进一步削弱大分子间的作用力（氢键）；另一方面，由于具有亲水性的黄酸基团与溶剂接触时发生强烈的溶剂化作用，原来不能溶于常规碱溶剂中的碱纤维素就成为可溶于水或稀碱中的纤维素黄原酸酯。黏胶就是纤维素黄原酸酯的稀碱溶液。

（一）黄化反应

黄化是黏胶制备中的重要工序，是固相的碱纤维素和液相或气相 CS_2 的反应，反应的结果是难溶的碱纤维素变成可溶性的纤维素黄原酸酯，这种纤维素黄原酸酯可溶于稀碱中得到黏胶原液。黄化反应有主反应和副反应之分。

1. 黄化主反应　碱纤维素与 CS_2 反应生成纤维素黄原酸酯。

$$[C_6H_9O_4 \cdot ONa]_n + nCS_2 \longrightarrow [C_6H_9O_4 \cdot OCS_2Na]_n$$

黄化反应是放热反应。随着反应的进行，黄化机内的温度逐渐升高，降低温度有利于黄化主反应的进行。所以，黄化温度不宜过高。生产中，在黄化机夹套内通入冷却盐水以此控制黄化温度。

2. 黄化副反应　黄化体系十分复杂，有碱纤维素、NaOH、CS_2、半纤维素、水，反应过程又有许多生成物，如纤维素黄原酸酯、多硫化物等，因此在主反应发生的同时，亦发生了复杂的副反应。

（1）纤维素黄原酸酯的水解和皂化。

$$[C_6H_9O_4 \cdot OCS_2Na]_n + H_2O \longrightarrow nCS_2 + nNaOH + [C_6H_{10}O_5]_n$$

$$[C_6H_9O_4 \cdot OCS_2Na]_n + NaOH \longrightarrow nNa_2CS_3 + Na_2CO_3 + [C_6H_{10}O_5]_n$$

（2）CS_2 与 NaOH 反应。

$$CS_2 + 4NaOH \longrightarrow Na_2CO_3 + 2NaHS + H_2O$$

$$3CS_2 + 6NaOH \longrightarrow Na_2CO_3 + 2Na_2CS_3 + 3H_2O$$

$$2CS_2 + 4NaOH \longrightarrow Na_2CO_3 + Na_2CS_3 + H_2S + H_2O$$

$$2CS_2 + 6NaOH \longrightarrow Na_2S + Na_2CO_3 + Na_2CS_3 + 3H_2O$$

CS_2 与 NaOH 反应是主要的黄化副反应，生成红色油状液体三硫代碳酸钠及其他副产物，反应温度愈高，黄化副反应愈强烈。由于红色油状副产物的存在，使纤维素黄酸钠变成微黄色，甚至变成橘红色。

(3)半纤维素的黄化反应及其黄化产物的分解。碱纤维素中的半纤维素同样可以与 CS_2 反应生成各种多糖的黄化产物，此类多糖黄原酸酯亦能皂化和分解。

3. 黄化程度表示法 黄化程度用酯化度(γ)或黄化率(XR)表示，它是指纤维素分子的100个葡萄糖残基上被结合的 CS_2 分子的个数。一般黏胶纤维酯化度在50左右，黏胶强力丝为70左右，酯化度越高，则纤维素黄原酸酯的溶解性能越好。

(二)黄化反应机理

黄化反应是气固相反应。反应过程包括 CS_2 蒸气按扩散机理从碱纤维素表面向内部渗透过程以及 CS_2 在渗透部位与碱纤维素上的羟基进行反应过程。

CS_2 对纤维素的渗透，在无定形区易于达到；而在结晶区，CS_2 在多数微晶表面进行局部化学反应。在溶解过程中，甚至在以后的黏胶溶液中，CS_2 继续向微晶渗透，称为“后黄化”，即 CS_2 排走后继续黄化。因此在黄化反应中，CS_2 的扩散与吸收起重要作用，其中吸收起决定性作用。

(三)纤维素黄酸钠的性质

纤维素黄酸钠是白色固体物质，由于黄化中副产物的存在，所见到的黄酸钠是淡黄色或橘黄色，生产上就是根据这种颜色来判定黄化反应的终点。纤维素黄酸钠易溶解在稀碱溶液中呈胶状，生产上利用这一原理，在黄化后将纤维素黄酸钠溶解在稀碱溶液中制成黏胶。

(四)黄化生产方法

按生产设备划分，有间歇式分批黄化和连续式黄化两种，目前国内主要应用间歇式分批黄化方法。按生产工艺划分一般有三种，区别在于碱液加入方式。

1. 干法黄化 黄化投料时不加碱液，在黄化结束时再加碱液。黄原酸酯呈橘黄色颗屑形式。能制得酯化度较高的黏胶，较易操作和控制，但黄化前碱纤维素已经过强烈的压榨，使 α－纤维素含量达到29%～31%的程度，此时碱纤维素被高度压实、粉碎后存在大量坚硬的颗粒，在黄化反应中由于 CS_2 不易渗入内部，造成局部黄化不良，溶解以后黏胶中常出现较多未经黄化的纤维部分和半黄化的溶胀胶粒，对黏胶过滤和纺丝造成不利影响。另外，出料时要接触 CS_2 余气，对劳动保护不利。

2. 湿法黄化 投料时碱液一次加完，CS_2 和碱液对碱纤维素由外及里边反应边溶解，所以又称为剥皮黄化法。特点是反应均匀，溶解良好，出料迅速容易，不直接接触 CS_2 余气。但与干法黄化比较，在同样 CS_2 用量下，酯化度较低。

3. 干—湿法黄化 投料时加入部分碱液，进行补充碱化，把碱纤维素组成中的 α－纤维素含量降低到20%～22%，以后再进行黄化，黄化结束时再加入剩余碱液进行初溶解，可兼有干法和湿法黄化的优点。与湿法黄化相比，能提高黄化时主副反应的比值，提高酯化度。碱纤维素经过补充碱化后，再一次得到膨润，进一步提高了对 CS_2 的反应能力，改善了黄化反应的均一性。这种黄化方法比干法黄化优越，尽管由于副产物的增加，黏胶的色泽稍深一些，但黄原酸酯的酯化度并无明显下降，而酯化均一性及黄原酸酯的溶解性能得到改善，可明显地提高黏胶过滤性能[9]。

（五）黄化工艺控制

1. 浆粕质量　质量低劣的浆粕，反应性能差，含杂质多，使黄化副反应增多，消耗 CS_2 增加，制出的黏胶质量差；浆粕的原料不同，黄化反应也有差别，如棉浆的反应性能低于木浆。因此，使用棉浆为原料比使用木浆为原料消耗 CS_2 多，使用木浆为原料，CS_2 加入量为 α－纤维素的 33%，而使用棉浆为原料，CS_2 加入量为 α－纤维素的 34%～36%。

2. 碱纤维素的 α－纤维素含量和碱含量　当 α－纤维素含量太低时，碱纤维素表面迅速被大量黄原酸酯包围。由于黏性和膨胀，就阻碍了二硫化碳进一步向碱纤维内部渗透，造成黄化均匀性变差；α－纤维素含量太高时，由于黄化速率太低，也会造成黏胶过滤困难。

碱纤维素如果压榨倍数过大，会造成碱和水过量。碱纤维素中含碱量偏高时，随着温度的提高，副反应（生成三硫代碳酸钠）速度要比主反应（酯化反应）速度增长得快，不利于碱纤维素和 CS_2 反应；含水多造成黄酸钠水解，降低黄酸钠的酯化度。

3. 粉碎度　粉碎度低会使碱纤维素与 CS_2 接触不充分，造成黄化反应均匀性下降，影响黄酸钠的酯化度，造成黏胶过滤困难。

4. 黄化温度　黄化反应是放热反应。从反应热力学角度考虑，在其他因素相同的条件下提高温度，纤维素黄原酸酯所能达到的最高酯化度（γ 值）下降；从反应动力学角度考虑，提高温度，黄化反应速度提高，到达最高酯化度的时间可缩短，但温度过高，碱纤维素膨润度减小，副反应加速，CS_2 消耗量增加，黄化均匀性下降，因此尽量采用低一些的黄化温度，黄化温度不能超过 28～32℃。实际生产中都是固定黄化时间，而根据黄化要求设定初温。过程温度控制是由掌握夹套内冷盐水循环量进行的。黄化温度共有三种控制方法，如图 4－14 所示。

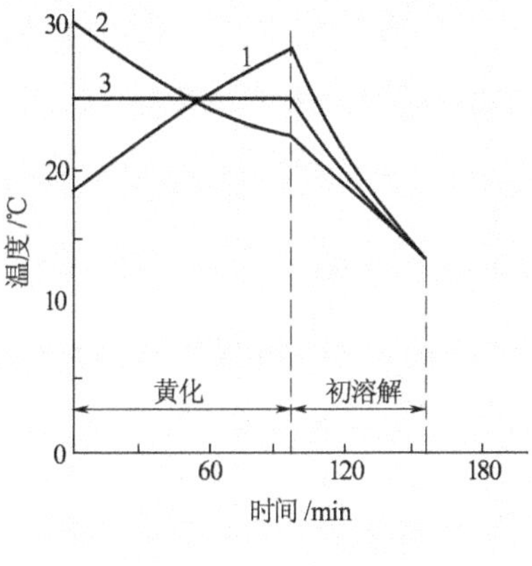

图 4－14　黄化温度曲线

1—升温黄化　2—倒温黄化　3—定温黄化

（1）升温黄化。初温低而终温高（初温 21～24℃，终温 28～30℃），黄化中途不开黄化机夹套冷却盐水降温，到终点时开短时间的盐水。此法中的温度升高，是由于黄化主反应（酯化反应）和副反应（生成三硫代碳酸钠 Na_2CS_3）放热及机械搅拌热引起的。其优点是操作方便，温度易于控制，但由于黄化初温低，往往在黄化前碱纤维素需要降温，延长了黄化时间，降低了黄化机生产能力。

（2）倒温黄化。初温高而终温低（初温 27～30℃，终温 22～23℃），边黄化边开黄化机夹套冷却盐水降温。其优点是缩短了黄化时间，设备利用率高，但操作麻烦，温度难以控制。应该指出，倒温黄化后，酯化度稍低，最好采用低温溶解和后溶解（<10℃），而后在稍高的温度下对黏胶进行熟成。

(3)定温黄化。初温、终温仅相差 1 ~ 2℃,几乎不升高。一般初温 22 ~ 23℃,终温 23 ~ 24℃,黄化中冷却盐水略开。

5. 黄化时间 黄化时间取决于黄化温度、黄化体系内压力、黄化方法及纤维素原料的性质,典型的黄化反应过程如图 4 - 15 所示。

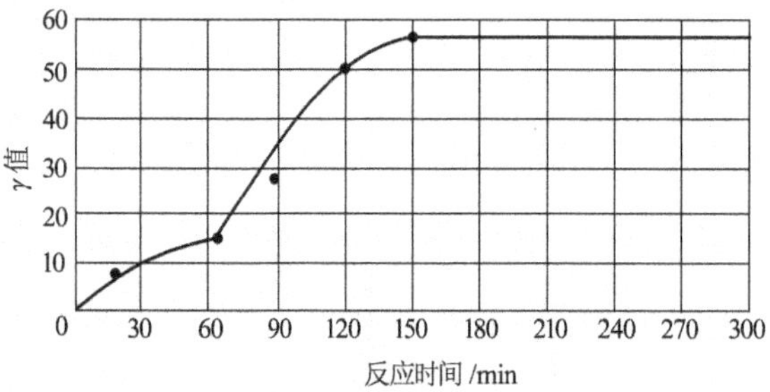

图 4 - 15 黄化反应过程

从图 4 - 15 中看出,随着黄化时间的延长,纤维素酯化度会得到提高,但到一定时间后酯化度不再提高,故黄化时间应恰当。在通常的黄化温度下,黄化时间约为 1.5 ~ 2h。

黄化前排除机内的空气,再加入 CS_2 可使体系中 CS_2 蒸气分压提高,或者采用反应性能良好的原料浆粕都可缩短黄化时间;对于相同的原料,如用不同的黄化方法,黄化时间亦不同。干法黄化一般 100 ~ 120min;湿法黄化只需 80 ~ 100min。

最准确控制黄化终点的方法是定时从黄化机中取样测定酯化度。但在工业生产中,不采用这种复杂的方法,而是用间接观察来判断黄化终点。

(1)颜色判断法。纯粹的纤维素黄原酸酯应是纯白色,但黄化副反应生成的 Na_2CS_3 带有橘黄色。而在正常情况下,副反应速度与纤维素的酯化反应速度大致相等,因此黄化机内物料逐渐由白色变成黄色、橘黄色时,即可认为黄化到达终点。

(2)物料状态判断法。不同原料浆粕制成的黄原酸酯略有不同颜色。棉浆、木浆的黄原酸酯有鲜艳的橘黄色;甘蔗渣、芝秆等草浆的黄原酸酯颜色暗,略带灰绿色(含较多铁质、灰分所致)。

(3)机内气压判断法。在黄化前,先抽真空(8×10^4Pa 真空度),机内呈负压状态。当 CS_2 注入黄化机内后,由于 CS_2 挥发使压力上升。反应开始后,CS_2 逐步被消耗掉,压力又回复到负压状态,表明 CS_2 已消耗完毕,黄化到达终点。一般若设备密封性好,可用此法作参考。

(4)电动机负荷(电流值)判断法。随着黄原酸酯的逐步生成,物料开始发黏,使电动机负荷逐步增大。若在负荷达到峰值时,加入中途水,负荷即迅速下降,随着物料的搅拌,开始形成团状,负荷又有所回升,黄化到达终点。

特别指出,当采用新工艺(如低温黄化工艺或二次浸渍法)时,不能用颜色来判断终点。最初需根据酯化度的测定来确定合适的黄化温度和时间,再参照机内气压变化或电动机负荷法来判断终点。

6. CS_2 加入量 黄化时加入的 CS_2 量,决定于纤维素黄原酸酯要求的酯化度、CS_2 的有效利用率以及纤维素的来源及性质。CS_2 用量中约 60% ~70% 起主反应,20% ~30% 起副反应,5% ~10% 根本不反应,为过量的游离态 CS_2。

实际生产中,酯化度为 50 的黄原酸酯,不仅能溶于稀碱,而且还能溶于水。因此,制备普通黏胶纤维的黄原酸酯,其酯化度通常也控制在 50 左右,CS_2 相应的用量为 30% ~35%(对 α -

纤维素质量)。CS_2 加入量过少,黄化不完全;CS_2 加入量过多,生产成本增加,污染增加,黏胶熟成减慢,导致最终纤维呈乳白色。

黄化时 CS_2 的有效利用率决定于起始反应的 CS_2 量及黄化主反应和副反应消耗量的比例,因而与黄化的方法及所用的工艺条件有关。例如采用五合机法制黏胶,CS_2 用量比常规法高,通常为 36% ~40%;低温的倒温黄化(始温 22℃,终温 18℃),或者采用碱纤维素二次浸渍工艺(除去更多半纤维素),CS_2 用量降低到 27%,可以制得过滤性能良好的黏胶。

使用不同来源及性质的浆粕,CS_2 加入量也不同。棉纤维的结构紧密而均匀,反应性能较差,而草类纤维结构疏松,反应性能较好,但从这点看,草浆黄化所需的 CS_2 量应少于棉浆粕;但是,由于草浆中含有较多的半纤维素,且灰分、杂质等含量亦较高,大大影响了反应性和纤维素黄原酸酯的溶解性能以及黏胶的过滤性能,故草浆粕黄化需 CS_2 比棉浆反而多。

必须指出,黄化时少加二硫化碳,则黄原酸酯的酯化度低,含硫量也低。应采用降低溶解温度、延长黄化溶解时间和补加适量浓碱的办法补救,必要时再添加些黄化助剂。不推荐抽二次真空、在黄化机中补加二硫化碳或在后溶解机内补加二硫化碳的方法,这是由于这几种方法不安全,易发生事故;如多加二硫化碳,则应相应提高溶解温度和延长溶解时间。

7. 黄化过程中的真空变化 在间歇式黄化生产过程中,加入 CS_2 前要抽真空,使机台真空度达到 8×10^4Pa。这是因为抽真空有三个作用,一是有利于二硫化碳完全加入,使 CS_2 尽量气化并渗透到碱纤维素中,使黄化反应完全;二是防爆炸,抽真空使黄化机内氧气量少,即使有金属摩擦,也不会引起爆炸;三是减少废气及损失,在真空状态下,CS_2 气体不易外溢,可以减少废气即不必要的损失,改善劳动条件并节约成本。

当抽真空≥8×10^4Pa 以后,关闭真空阀门加入 CS_2 液体,此时 CS_2 液体开始气化,产生自己的饱和蒸汽压,与真空进行部分抵消,从而使黄化真空度下降。机内 CS_2 达到饱和后不再气化,此时 CS_2 一部分是气相,一部分是液相。当在反应中 CS_2 逐步消耗掉后,CS_2 液体再气化补充,维持 CS_2 的气相处于饱和状态。所以一般来讲,CS_2 加入量总是过量的,故 CS_2 能始终维持自己的气相饱和蒸汽压,使真空度保持不变(不考虑机台漏气等非正常情况)。

8. TiO_2 加入量 如果制备无光或半无光黏胶纤维。要在黏胶中加入消光剂(TiO_2)。生产半无光黏胶纤维,其加入量为 α - 纤维素量的 0.5%,生产全无光黏胶纤维,TiO_2 加入量为 α - 纤维素量的 1.0% 以上。

TiO_2 的加入有两种办法,其一在黄化前将粉末状 TiO_2 加入碱纤维素中,其二是把 TiO_2 调配成乳液,在纤维素黄酸钠溶解时加入。

9. 黄化浴比 黄化浴比指黄化系统中固态物料(干浆粕)的质量(kg)与液态物料(碱液、水、CS_2)体积(L)的比值。

生产上黄化浴比有一个较宽阔的范围,从 2.6 ~4.0 或更大些都有应用。浴比过小,碱纤维素密度大,CS_2 不易向内部扩散,黄化不均匀;适当增大浴比,纤维素的膨胀度增大,则黄化反应加快,均匀性也较好;浴比过大,反应体系中水量过多会加速新生的纤维素黄原酸酯的水解,使酯化度偏低。

干法黄化的整个过程,物料都保持较干的小颗粒状态,黄化浴比小,通常为 2.6 ~3.0;湿法黄化是在较大的浴比下进行，通常为3.5～4.0，黄化后期物料呈稠糊状。

10. 黄化溶解液的浓度及加入量 湿法黄化在黄化前加入溶解碱液进行预碱化，其作用是使碱纤维素进一步膨胀，有利于碱纤维素与 CS_2 进行黄化反应。溶解碱液的加入是把碱纤维素中的 α-纤维素含量降至20%～22%，碱控制在13%以上。溶解碱液浓度根据黏胶组成中的含碱量而定，但必须控制在一定范围内。溶解碱液浓度高，有利于碱纤维素膨胀；但耗碱多，相应黄化副反应增多；溶解碱液浓度过低，会导致纤维素水化，影响黄化反应。

11. 黄化质量判定 主要根据黄原酸酯的总硫量分析数据作出判断。正常黄原酸酯组成的分析数据应在含碱13%～15%，纤维素27%～33%，总硫6%～8%的范围，其余为水。若总硫量偏低，这种黄原酸酯易发生黏结现象；若总硫量偏高，达8.7%以上，黄原酸酯颜色变深；若总硫量高达12.7%以上，且物料呈橡胶状深棕色，这是由于过量二硫化碳造成的坏料[9]。

（六）黄化设备

黄化设备分为几大类，第一种是只能完成黄化过程的机器，如古典黄化鼓和干法连续黄化设备；第二种是能完成黄化及纤维素黄原酸酯初溶解的机器，如R151型、R152型、R153型黄化溶解机和真空黄化捏合机等，这种设备在常规黏胶生产中应用较多；第三种是能将浆粕直接制成黏胶的机器，如五合机。下面介绍几种常用的黄化、溶解设备。

1. 黄化溶解机 黄化溶解机主要由机体、搅拌翼、传动装置和防爆电动机等组成。机盖上有进料口、进碱管、二硫化碳管、加水管和抽真空排放管等，还有视孔、机内照明灯、真空表、安全网，机下部有出料口。黄化溶解机分单搅拌翼和双搅拌翼两种，双搅拌翼黄化溶解机如图4-16所示。

2. 真空黄化捏合机 真空黄化捏合机如图4-17所示，结构与双搅拌翼的黄化溶解机大致相同。机盖上装有进料口、碱液管、软水管、CS_2 管和真空管，以供加入各种反应物料和抽真空

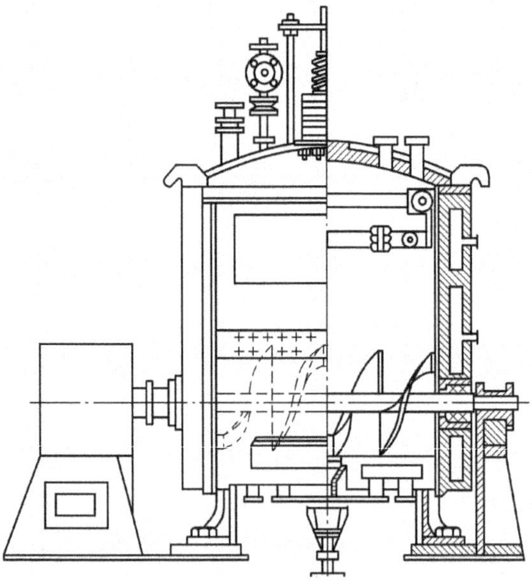

图4-16 双搅拌翼黄化溶解机

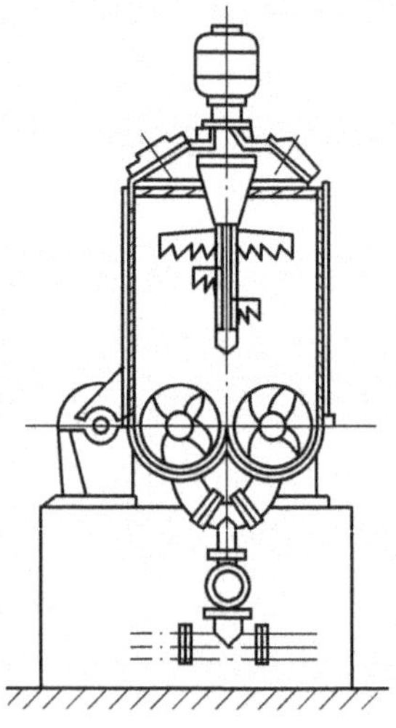

图4-17 真空黄化捏合机

之用。此外，还装有排气管、真空压力表、安全阀及视镜等，以保证黄化过程的安全。在鞍形底部装有一对转向相反的捏合翼，它有正、反两种转向和快、慢两档转速。机的上部，还有一个立式螺旋搅拌器，由单独的电动机转动，它有快、慢两种速度。物料受到充分的搅拌和捏合。为了排除反应热和机械搅拌热，机身与机底部都装有冷却水夹套，机内还装有温度测量管。

真空黄化捏合机的生产能力大，能完成黄化、初溶解过程，并适用于干法黄化和湿法黄化。其缺点是构造较复杂，耗电量大。

3. 其他新型黄化机　CGHR133A 型黄化机是 20 世纪 90 年代初设计的新产品，是专为适应大容量黏胶纤维生产线开发的机种。该类型黄化机为系列产品，根据投料量不同分为 1000kg、1500kg、2500kg 等几种。该机包括筒体、搅拌器、传动系统等部分。筒体为钢板焊接结构，外部设有调温夹套，筒体截面形状为卵圆形。搅拌器为水平放置，共设有旋向相反、内外两层共四根螺旋带式搅拌叶，可使机体内物料在周向搅拌的同时进行轴向搅拌，使反应过程更加均匀、迅速。CGHR133A 型黄化机的主要特点是单机生产能力大，同等规模生产线设备投资少，是大容量黏胶纤维生产线较理想的选择。

ZHR134 型黄化机也是新开发的产品，生产能力与 CGHR133A 型相同，设备制造成本也相近。该机由筒体、搅拌器、传动系统等部分组成。搅拌器为双层螺旋带式，结构与 CGHR133A 型黄化机相同。筒体为一倾斜放置的圆形，与其他黄化机不同的是：该机的二硫化碳喷淋管和碱液喷淋管均放置在筒体外壁上，筒体倾斜放置的目的是使出料彻底，以免影响下一批的黄化质量。

六、纤维素黄原酸酯的溶解

溶解是将固态纤维素黄原酸酯分散在稀碱溶液中，制成可以纺丝的溶液。在工业生产中，初溶解是在黄化机中进行的，后溶解是在具有研磨设备的后溶解机中进行的。

（一）后溶解的目的

后溶解是将初溶解后的高度亲水的纤维素黄原酸酯分散，进一步溶解在稀碱液或软化水中，制成黏胶胶体溶液。初溶解后的黏胶中还有许多纤维素黄原酸酯颗粒，这些颗粒通常称为胶块。在后溶解过程中，胶块在碱液的作用下进一步膨胀和溶解，同时进行机械搅拌，在机械研磨作用下，胶块被磨碎，纤维素黄原酸酯充分溶解，制成分散均匀的黏胶胶体溶液。

（二）后溶解工艺控制

1. 后溶解温度　从热力学角度考虑，降低温度能增加黄酸基团的水化程度，有利于溶解。而从动力学角度考虑，降低温度，溶液体系黏度增高，扩散速度下降，溶解速度显著减慢。生产上采用升高温度加速溶解的方法，将溶解温度分段控制。即先在 20 ~ 25℃下溶解一段时间，随后降温至 10 ~ 12℃继续溶解。

2. 后溶解时间　溶解时间愈长，溶解效果愈好，但生产周期长，生产效率低；如果溶解时间短，溶解效果会变差，影响黏胶质量。所以后溶解时间必须充足，以保证黏胶质量。生产中后溶解时间一般控制在 2 ~ 4h 范围内。

3. 搅拌与研磨　溶解是从固相的纤维素黄原酸酯表面逐渐向中心进行的。黄原酸酯颗粒越细,则溶解的比表面积越大,溶解速度也越快。强烈的搅拌或研磨,造成较高的速度梯度和剪切力,以加速纤维素黄原酸酯大分子转入溶液中;亦通过机械作用把黄原酸酯团块打碎,或把已溶解的黄原酸酯从团块的表面上抹下来,使团块尺寸缩小。实验结果表明,在120~150r/min 的搅拌研磨速度下,溶解时间需要 2~3h;研磨速度提高至 500r/min,溶解时间缩短为 1h。

4. 脱黄化和再黄化 在溶解过程中存在着黄原酸酯上黄酸基团脱落又重新结合的情况,称为脱黄化和再黄化,这种后黄化现象有利于黄酸基团的均匀分布。对溶解质量不好的黄原酸酯,生产中也可利用后黄化的特性,在后溶解过程中补加二硫化碳进行补充黄化,以提高溶解质量。但从安全角度出发,此法一般不宜采用。

5. 黄原酸酯溶解质量 黄原酸酯溶解质量的优劣生产上以是否形成胶团粒子作为标志。胶团粒子形成表示溶解不好。一般胶团粒子有白芯和黑芯两种,白芯是黄化不足或碱化不好;黑芯是黄化过度所致。

(三)后溶解设备

R223 型后溶解机的机体(图 4-18)是一个立式圆筒,顶盖上有黏胶进口管、排气管、视孔、人孔。底部有黏胶出口管。机内有一内套(内胆),并有栅条构成的假底,在假底下面有旋转轴,

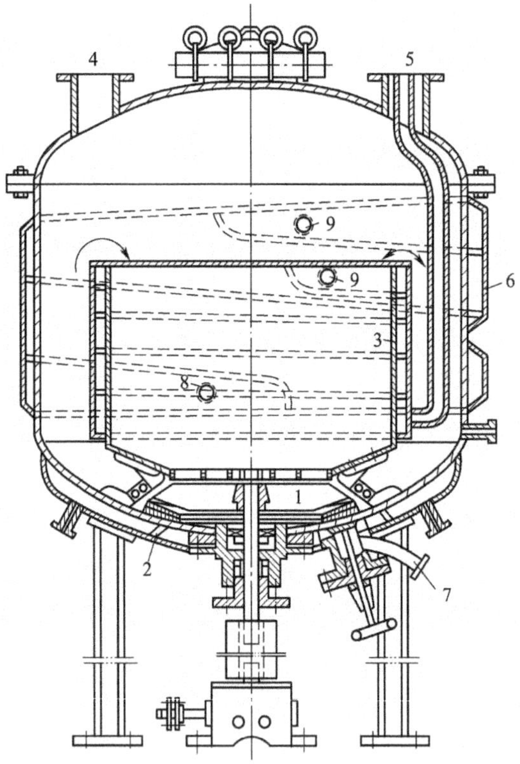

图 4-18 R223 型后溶解机结构示意图

1—搅拌叶 2—磨盘 3—内胆 4—黏胶进口 5,8—冷盐水进口
6—夹套 7—黏胶出口 9—冷盐水出口

轴上装有三片压下式平桨搅拌叶，互成120°，在机底壁上固定有环形的磨盘，盘上刻有径向的沟纹。搅拌叶与磨盘相距很近。纤维素黄原酸酯粒块先由黏胶进料管进入内套，在旋转的搅拌叶与固定的磨盘间被磨碎，而内套与磨盘间有一狭缝，比狭缝小的胶块和黏胶就由狭缝出去，并沿内套与机壁间上升，折返回内套，通过假底，再次受到研磨。而大的胶块仍留在磨盘间继续进行研磨。

为了有效地除去黄原酸酯的溶解热和机械热，溶解器壁的中部、下部以及内胆都设有夹套，并通入冷盐水循环降温。

R223 型溶解机的研磨、搅拌作用强烈，溶解效果好。其缺点是动力消耗大，发热量大，因而冷冻需用量也大。

七、黏胶的纺前准备

经过后溶解的黏胶，它的凝固能力较低，并含有多种固态杂质及气泡，故需进行混合、熟成、过滤和脱泡，以制得具有良好可纺性能的、清净而均一的纺丝黏胶，然后送去纺丝。这个过程，工业上称为黏胶的纺前准备。

（一）黏胶的混合

黏胶混合的目的是减少各批黏胶间的质量波动，维持品质指标的稳定性和均匀性；另外由于黏胶混合桶容积较大，可以储存几批黏胶，保证原液车间和纺丝车间生产的连续性。

黏胶混合是在混合机中进行的。R161 型混合机是内径为2.2m 的卧式钢制圆筒，有效容积为20.5m^3，机内设有卧式的搅拌器，以44r/min 的速度将黏胶搅拌与混合。黏胶混合的方式有连续式混合与间歇式混合。连续式混合是在机内贮存3～4 批黏胶，然后每当进入一批，混合20～30min，再放出一批送去过滤；间歇式混合是将3～4 批黏胶一起混合，然后一次放出。目前生产中多采用连续式混合。

（二）黏胶过滤

过滤的目的是滤除黏胶中不溶解的或半溶解的粒子及机械杂质，以防止纺丝时堵塞喷丝孔，使纺丝拉伸过程顺利进行并提高成型纤维的质量。因为这些粒子和杂质在黏胶纺丝时会堵塞喷丝孔使纤维断裂，或造成纤维纤度变异，拉伸性能遭到破坏，并产生黏胶块和粗纤维等疵点，降低纤维的品质。纺丝黏胶通常需经三道过滤，即第一道过滤、第二道过滤和纺前过滤，其中最后一道过滤（纺前过滤）是在纺丝机上进行的。

1. 板框式过滤机　板框式过滤机的过滤材料采用棉布或其他耐碱性织物。黏胶中含有氢氧化钠，棉织物在氢氧化钠作用下纤维会膨化，使织物更为紧密，有利于过滤。每道过滤所用的滤布种类和层数是不同的。从第一道到纺前过滤，滤布层数逐渐增多，织物由稀而密进行排列，以便于杂质逐步去除。采用的绒布绒毛要长而密，起毛均匀不易脱落。一般原则是头道过滤大粒子（除去30μm 以上的粒子），二道过滤小粒子（除去15μm 以上的粒子）、三道过滤起保险作用。表4－5 是生产黏胶纤维所用过滤材料，仅供参考。

表4-5 生产黏胶纤维用的过滤材料

黏胶短纤维		黏胶长丝	
第一道过滤材料	二层绒布、一层府绸、一层细布	第一道过滤材料	二层绒布、一层细布
第二道过滤材料	二层绒布、二层府绸、一层细布	第二道过滤材料	二层绒布、一层府绸、一层细布
纺前过滤材料	一层绒布、一层府绸、一层细布	纺前过滤材料	一层绒布、一层府绸、一层细布
第一道压强/kPa	638.3	第一道压强/kPa	736.5
第二道压强/kPa	785.6	第二道压强/kPa	441.9
纺前压强/kPa	687.4	纺前压强/kPa	736.5

滤布在装机前要用140g/L的碱液进行缩碱处理。府绸和细布缩碱处理时间为1h;绒布缩碱处理时间较长,为1.5h,然后洗净。充分缩碱后的滤布方可按滤机规格进行裁布。

板框式过滤机,如图4-19和图4-20所示。每一个过滤单位是由一个滤板、一个滤框组成。滤布就夹在板、框之间。一台过滤机通常由25~30副滤板和滤框组成。过滤时黏胶由齿轮泵在一定压力下,通过管道进入滤机,再经过滤布的细小孔隙,顺着板上的沟槽由滤板上部进入黏胶导管,最后集中流入黏胶贮罐,而黏胶中的杂质就留在滤布上,从而完成了黏胶的过滤。由于滤布阻力很大,所以黏胶需在一定压强下才能通过(一般为196.4~589.2kPa)。

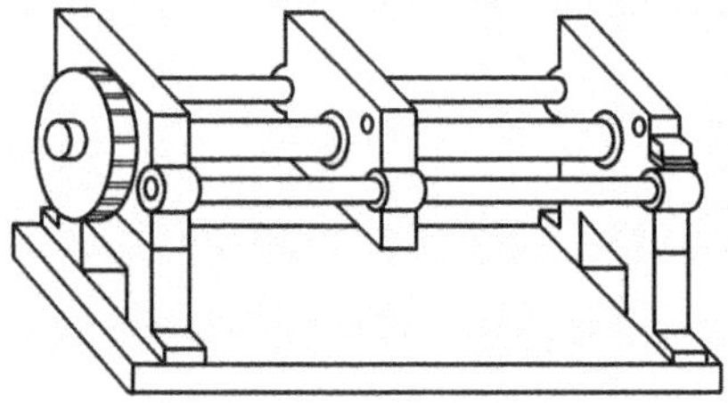

图4-19 板框式过滤机示意图

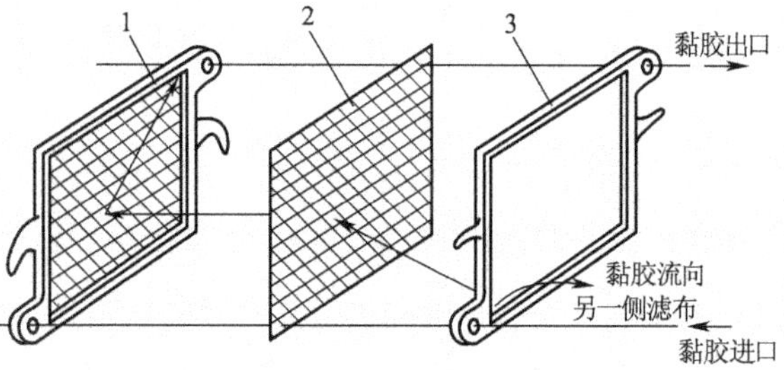

图4-20 板框式过滤机过滤黏胶示意图

1—滤板 2—滤布 3—滤框

滤板上布满沟槽是为了将滤布架起,以便容纳黏胶,并将其导走。为了增加过滤面积,一般在滤板上还覆盖一层金属网,或改用弹簧滤板,这样还可使滤布更好地架空起来,对过滤有利。

开滤机时必须先开黏胶出口,后开黏胶进口;反洗时要先开反洗水出口,否则黏胶过滤或滤机反洗时,压力急剧增高,会造成板框爆裂。此外,裁耳朵布时,应按标准硬纸板样进行剪裁,不要每次按上次用过的耳朵布进行剪裁,防止每次剪裁的误差积累,最后使耳朵布通胶孔过小,不能对准黏胶通道,造成压力急剧增高而使板框爆裂。

2. 自动筛网滤机 连续筛滤机是供黏胶纤维和黏胶薄膜工业过滤黏胶用的设备,也可用于许多高黏度液体的过滤。它由供胶系统、过滤系统、反洗系统及自动控制系统等组成,自动筛网滤机外形如图4-21所示。筛滤机的机体是能承受1.4MPa压力的密闭圆桶。桶内有两个相互叠合的笼式圆筒,筒壁还有许多小孔,可以通黏胶。在两层圆筒之间夹一层不锈钢筛网。在内笼的内侧为一带吸嘴(又叫反洗靴)的旋转反洗臂,吸嘴紧贴于圆筒的内壁,并通过空心的中心轴与废胶泵相连。中心轴由机盖上的机构传动,以可调节的速度旋转。

自动筛网滤机过滤原理:如图4-22所示,黏胶由供胶系统送入筛网滤机内侧,其压力为P_1,黏胶通过内笼、筛网外笼,送到筛网外侧再从出口管进入贮胶罐,筛网滤机出口压力为P_2,由于筛网滤机进口压力P_1大于出口压力为P_2,使黏胶通过筛网完成过滤。

筛网滤机的反洗原理:如图4-22所示,筛网滤机工作一段时间后,滤出的杂质残留在筛网内侧,靠反洗臂的旋转吸嘴吸出。其工作原理是,反洗臂吸嘴紧贴内笼,吸嘴狭缝与空心轴相通,空心轴连接废胶泵。在滤机运行时,废胶泵通过空心轴和吸嘴狭缝对筛网形成抽力。此时,吸嘴内压力为P_3。P_3小于出口压力P_2,这样一来,杂质和少量黏胶由废胶泵抽出,使筛网得以清洗。

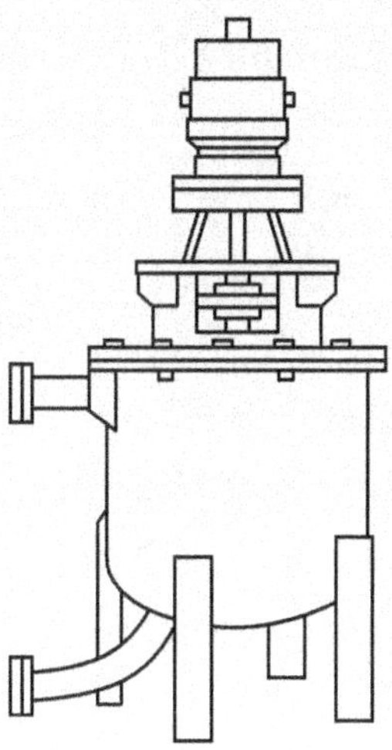

图4-21 自动筛网滤机外形图

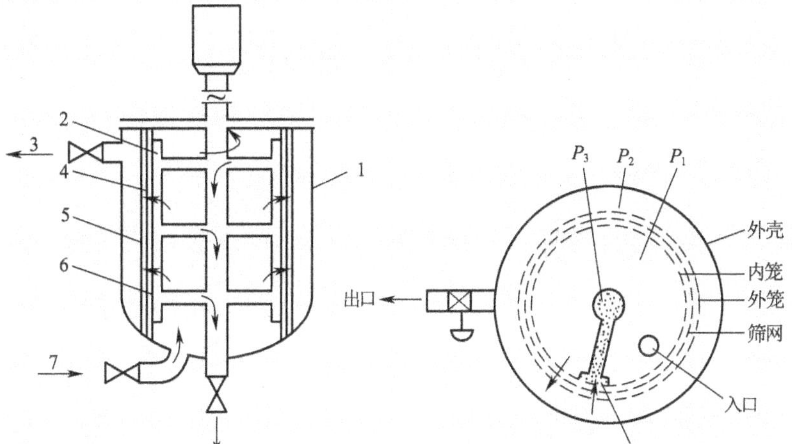

图4-22 筛网滤机工作原理图

1—外壳 2—吸嘴 3—出口 4—筛网 5—外笼 6—内笼 7—进口

P_1—进胶压力 P_2—出胶压力 P_3—废胶压力

连续筛滤机的生产效率高,生产连续,生产控制自动化;节约劳力,改善生产环境;设备占地面积小,操作和维修费用低。但筛滤机对黏胶中较细粒子的滤除能力较差,故目前主要用于头道过滤和二道过滤。

(三)黏胶的脱泡

1. 黏胶中的气泡 黏胶中含有空气泡和溶解的空气。在纺丝时,大气泡会使纺丝断头、毛丝;小气泡会造成个别喷丝孔断丝而使喷出的单丝数目不足,并产生黏胶块等纤维疵点;更微小的气泡则保留在纤维中形成“气泡丝”，降低成品纤维的强力，严重影响成品质量。为此，黏胶在纺丝前必须经过脱泡，脱泡程度以黏胶中溶解空气含量小于1.5mL/L黏胶，并且无小气泡为合格。

2.脱泡方法 目前生产中的脱泡方法有静置脱泡和连续脱泡。

（1）静置脱泡。在恒定的室温下将黏胶静置于脱泡桶中，并使桶内真空度维持87～93kPa（真空度650～700mmHg），气泡缓慢上升到黏胶液面，然后破裂而除去。静置脱泡时间较长，在熟成温度为18～20℃下，一般需12～30h。静置脱泡是与熟成同时进行的，脱泡时间受黏胶温度、桶内真空度、黏胶层的高度及黏度等因素影响。温度越高、真空度越高或黏胶的液层厚度越小和黏度越低，则脱泡时间越短。静置脱泡为间歇操作，生产效率低。需用许多黏胶桶，还要占用较大面积的恒温室。静置脱泡可除去空气泡，但不能除去溶解空气。静置脱泡桶如图4－23所示。

（2）连续脱泡。连续脱泡是强化快速的脱泡方法，其原理：一是使黏胶形成薄层，沿斜面慢慢流下，以缩短气泡逸出表面的路程和时间；二是采用高的真空度（真空度99.3kPa以上），使黏胶中水分沸腾，以带出黏胶中的空气泡。连续脱泡能除去空气泡和部分溶解空气。

图4－24为圆柱形连续脱泡罐，其罐顶部接装真空管、真空表、放气管、进胶管等。罐内有数层导板，黏胶经进胶管进入罐内，沿导板呈薄片状向下流，在两相邻层导板间呈瀑布状向下流，导板的作用既增加了脱泡时间，又增强了脱泡效果，黏胶脱泡后由罐底部出胶管导出。

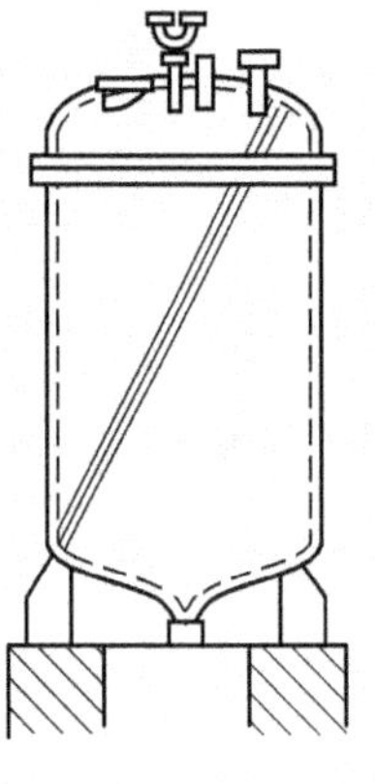

图4－23 静置脱泡桶示意图

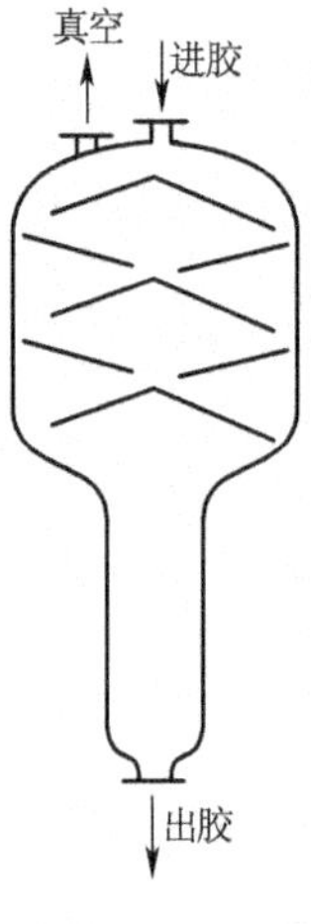

图4－24 圆柱形连续脱泡罐示意图

R236型连续脱泡装置如图4－25所示。机体上部呈圆柱形。黏胶由顶部的分配管进入桶内，并通过沿着整个桶壁的环形狭缝（宽0.5～1mm）被挤压出来，形成薄的黏胶层，黏胶中的空气在黏胶沿着圆锥体桶壁往下流的过程中（约10～20s内）被迅速除去，在脱泡桶的下部，贮存有一定量的黏胶，使黏胶在桶内停留的时间延长至20～30min。通常要求脱泡桶内的剩余压力为0.66～1.3kPa。脱泡桶的真空，通常由一组三级或五级的蒸汽喷射泵产生，亦可用水流泵或机械泵。

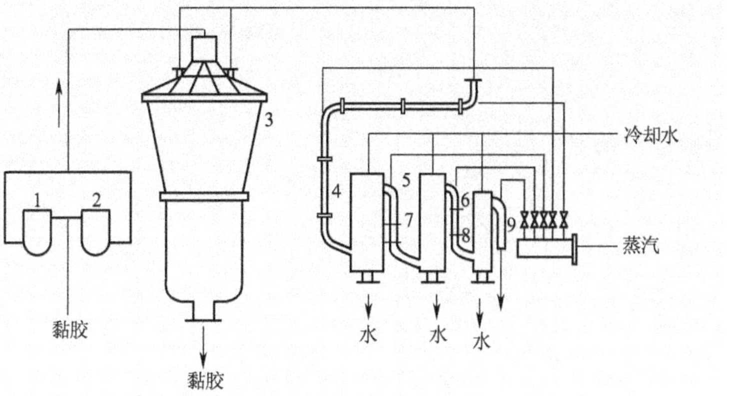

图 4－25　R236 型连续脱泡装置示意图

1,2—过滤器　3—脱泡塔　4,5,6—冷凝器　7,8,9—蒸汽喷射泵

3. 脱泡顺序　目前,国内各黏胶纤维厂常采用两种不同的脱泡过滤安排方式:一种是先脱泡,后经第三道过滤(这时的第三道过滤称为纺前过滤),并利用纺前滤机的尾压直接给纺丝机供胶;另一种是将脱泡安排在第三道过滤以后,脱泡后的黏胶由泵供给纺丝机。

纺前过滤要求压力高,才能保证有足够的尾压供给纺丝机的需胶量。纺前过滤在新机投入使用前必须进行充胶排气,因为存有少量气泡,使可纺性不好。且纺前滤机的充胶,新机投入使用和回胶等操作较为复杂,遇到生产故障,黏胶中进入大量气泡时,必须进行大量回胶方能继续生产。而在三道过滤后脱泡则克服了上述缺点,提高了纺丝机效率。此外,由于纺前过滤压力高,造成滤布损耗大,过滤质量较差。但三道过滤后脱泡,管路较长,脱泡桶胶皮脱落无法滤去,往往需要在黏胶总管前加装双联过滤器。另外增多的输胶泵也增加了动力消耗。

从以上情况综合分析,将静置脱泡放在第三道过滤以后为宜。而连续脱泡桶若放在纺前,则清洗、停汽、停水等操作都要在极短时间内完成,给生产管理带来很多麻烦,故连续脱泡常放在第三道过滤前,并在连续脱泡桶后放 4 ~6 个贮胶桶,以保证生产的连续性。

(四)黏胶的熟成

黏胶在一定温度下,放置一段时间,其凝聚力提高,形成达到工艺要求的黏胶,这个过程称为黏胶的熟成,它包括后溶解、混合、过滤、脱泡及纺前供胶等工段。

溶解后的黏胶,由于酯化度较高,对电解质比较稳定,所以不易在凝固浴中凝固成型,熟成的目的,就是使黄原酸酯发生部分水解、皂化,酯化度下降到一定数值,使黏胶容易凝固成型。

1. 熟成过程的化学反应

(1)主反应:主反应包括黄原酸酯水解、皂化反应以及纤维素补充黄化和再酯化反应。

①纤维素黄原酸酯的水解反应:

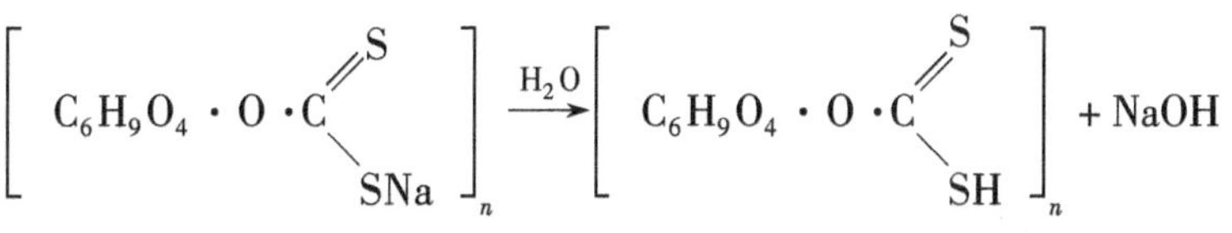

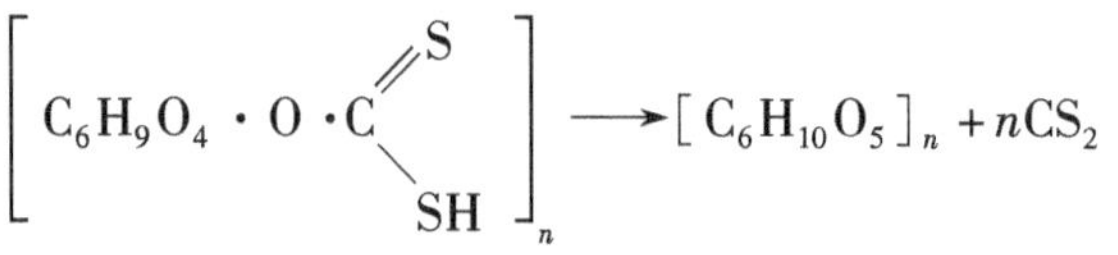

②纤维素黄原酸酯的皂化反应：

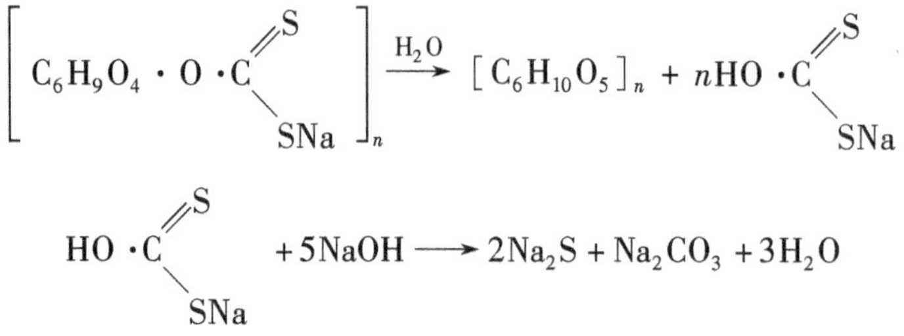

③纤维素的补充黄化和再酯化反应：

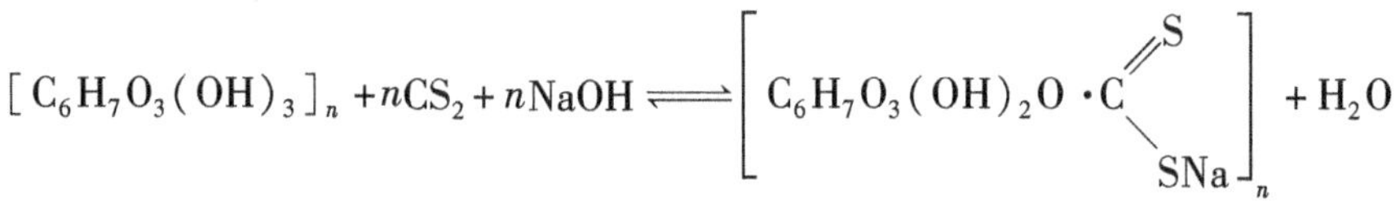

水解和皂化反应，使黄酸基团分解，纤维素的酯化度下降；而补充黄化和再黄化作用在一定程度上提高了酯化度。但是，在熟成的整个过程中，随着 CS_2 与 NaOH 不断被消耗，黄酸基团补充的数量远少于脱落的数量，因而黏胶的酯化度是不断降低的，而黄酸基团分布的均匀性却有所提高。

(2)副反应：

$$6NaOH + CS_2 \longrightarrow 2Na_2S + Na_2CO_3 + 3H_2O$$

$$Na_2S + CS_2 \longrightarrow Na_2CS_3$$

$$Na_2S_2 + CS_2 \longrightarrow Na_2CS_4$$

$$2Na_2CS_3 + 3O_2 \longrightarrow 2Na_2SO_3 + 2CS_2$$

$$Na_2CS_3 + S \longrightarrow Na_2CS_4$$

$$Na_2S + (x-1)S \longrightarrow Na_2S_x$$

主要副产物有 Na_2S、Na_2CS_3、Na_2S_x 等。

2. 熟成过程中的物理化学变化

(1)黏胶黏度的变化。在熟成过程中，黏胶的黏度开始时不断下降，达到最低点，然后徐徐上升。经过一定时间后，黏度急剧升高，最后使黏胶全部凝固[10]。

黏胶黏度的变化，归因于溶液结构化程度的变化。熟成开始时，由于补充黄化和再黄化作用，一方面在纤维素结晶部分逐渐引入黄酸基团，使黄酸基团分布均匀性提高，结晶也逐步拆散。另一方面，使纤维素基环 6 位碳原子上羟基逐步反应，引入黄酸基团，使黄酸基团在 2、3 和 6 位上的分布均匀性有所改善，这些都必然使黏胶结构化程度和黏流活化能下降，从而黏胶黏度下降。

当黏胶的黏度下降到最低点后又缓慢上升，这是因为随着熟成继续进行，发生脱 CS_2 反应，纤维素大分子再次集合，而显示了结构黏度的上升。同时，由于黄化副反应的继续进行，氢氧化钠溶剂不断被消耗，溶解能力降低，盐类增加，脱水作用加剧，新生的羟基因氢键的作用而不断凝集，故黏胶的黏度便急剧上升，直至凝胶化为止。

（2）黏胶熟成度的变化。黏胶的熟成度是表示黏胶熟成进行的程度。其实质是指黏胶对凝固作用的稳定程度。在生产上常用氯化铵值表示，即在 100mL 黏胶中，加入浓度为 10% 的 NH_4Cl 水溶液，直至黏胶开始胶凝时所用的 NH_4Cl 溶液的数量（mL）即为氯化铵值。显然氯化铵值越小，表示黏胶的熟成度越高。

熟成开始，黄原酸酯的酯化度便开始下降，但由于补充黄化反应等原因，黏胶的结构化程度还是有所降低，故氯化铵值略有升高或变化不明显。随着熟成的进行，黄原酸酯分解加剧和副产物增多，黏胶的结构化程度增大，溶液稳定性下降，因而氯化铵值迅速降低。

3. 熟成过程工艺控制

普通黏胶纤维纺丝黏胶的熟成度通常为 8～12（10% NH_4Cl），黏度为 40～60s（落球黏度）。

（1）熟成时间。熟成时间主要取决于熟成温度、熟成度的高低、过滤脱泡所需要的时间。提高脱泡速度，可缩短熟成时间；升高熟成温度和降低黏胶中的含碱量，也可以加快熟成速度，但黏胶稳定性差，不利于纺丝。

根据使用的设备不同，黏胶熟成有连续熟成和间歇熟成两种方式。

连续熟成的黏胶是在流动和搅拌状态下进行熟成的。通常还将黏胶加热，以加速熟成。连续法可大大加速黏胶的熟成过程，提高生产效率，节省设备及厂房面积，有利于生产的自动化。但对黏胶的温度控制要求严格，适宜于在大型生产中应用。

间歇熟成是将黏胶静置于圆形的黏胶桶中进行的。为了使黏胶在熟成的同时进行脱泡，黏胶桶还装置有真空管、压缩空气管、排气管和仪表等部件。间歇熟成通常在恒定的常温（18～20℃）下进行，熟成时间连同过滤和脱泡时间一般为 20～30h。

（2）熟成温度。升温可以缩短熟成时间，每升高 1℃，在达到相同熟成度下，时间可缩短 8～10h，但温度过高，会加速黄原酸酯分解，一般熟成温度控制在 15～20℃。

（3）黏胶组成。黏胶中氢氧化钠和纤维素黄原酸酯的组分浓度对熟成度影响很大。黏胶中 α－纤维素含量越高，熟成越快；氢氧化钠含量越高，熟成越慢；半纤维素含量越高，熟成越快；氯化钠等无机杂质含量越高，熟成越快。

（五）黏胶的组成及测定

1. 黏胶的组成　纤维素约 8%，NaOH 约 6%，其性质依时间而变化。纺丝时，黏度为 30～40s，熟成度（氯化铵值）为 8～10 左右，γ 值在 40 以下。

2. 黏胶的测定

（1）氯化铵值的测定。将 20g 黏胶用 30mL 水稀释，在不断搅拌的同时，用 10% 氯化铵溶液滴淀至黏胶开始凝结，所需要的氯化铵毫升数，即为氯化铵值。

（2）γ 值的测定。用纤维素黄原酸酯中每 100 个葡萄糖剩基所结合的黄酸基团数表示。将定量黏胶稀释后，使之通过强盐型的阳离子交换树脂，以除去其中的副产物，调节 pH 值，以碘溶液滴淀，求得 γ 值。

(3)黏度的测定。用直径为 3.17mm(1/8 英寸)的钢球，在 20℃的黏胶中自然落过 20cm 间的距离，所需要的时间(s)来表示。

(4)过滤值(K_w)的测定。用三层 19 号细布为滤材(过滤面积为 $3cm^2$)，在 196.4kPa 的恒压下进行过滤，如果开始 20min 的流量为 P_1，以后 20～60min 的流量为 P_2，则过滤值计算如下：

$$K_w = \left\{ \left(2 - \frac{P_1}{P_2} \right) / (P_1 + P_2) \right\} \times 10^5$$

八、碱站

(一)碱站的任务

在黏胶纤维生产中，浆粕的浸渍、纤维素黄原酸酯的溶解、纤维后处理的脱硫等，均需要用不同浓度和温度的碱液。这些碱液都是由碱站调配、供给和回收。碱站的任务包括下列几个方面。

1. 浓碱液的准备 烧碱有固体和液体两种。固碱中含盐量较少，适合于黏胶纤维生产使用。固碱在固体烧碱溶解器溶解后，配成 400～500g/L 浓度的浓碱液。因为在此浓度范围内，碱液中其他盐类溶解度较小。固碱在沉淀 5～9 天可以去除大部分杂质。

2. 液碱的调配 在连续压榨中，浸渍液是由回收的压榨液或透析净液及补充的浓液等配成，各种溶液的配比要根据浸渍液中要求的碱和半纤维素的浓度而定。

溶解纤维素黄原酸酯的碱液，通常由新的浓碱液配制，或加入少量回收碱。根据黄化溶解的方法不同，其浓度为 50～150g/L。

3. 压榨碱液的回收 浆粥压出的碱液称为压榨液。浆粕中半纤维素、树脂等浸在压榨碱液中，还有少量的碱纤维素及各种杂质悬浮在碱液中。如果压榨液中半纤维素含量低于 15g/L，则只需经过过滤，便可回用。可用真空吸滤机、压滤机等进行过滤；若半纤维素含量较高，则需通过透析等方法加以除去，否则碱液的黏度过高，影响浸渍、压榨效果，并使黏胶的过滤、可纺性能变坏和成品纤维的品质下降。

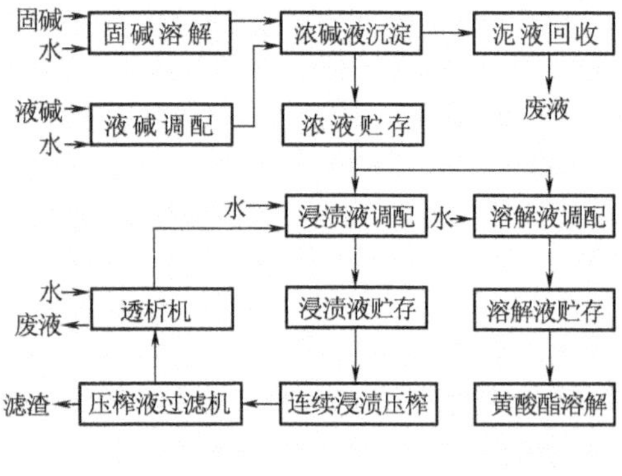

图 4-26 连续法制碱纤维素的碱站流程

透析法是利用半透膜只能透过压榨液中的 NaOH、盐类杂质及低分子糖类，而不能透过半纤维素的选择作用，以除去压榨液中的半纤维素。

(二)碱站流程

碱站兼有供碱和收碱两种功能，其流程按生产方法可分为间歇式浸渍压榨和连续式浸渍压榨两类，又可分为有透析回收装置和无透析回收装置两类。与连续法制碱纤维素相应的碱站流程如图 4-26 所示。

由于透析法回收碱液效率低，要占用较大的车间面积，消耗大量的透析膜，故在使用半纤维素含量低的浆粕生产黏胶短纤维时，一般都不进行透析回收。在制浆—纤维生产联合企业，可以将压榨碱液用于制浆的蒸煮过程。

九、黏胶原液制造前沿技术

（一）碱纤维素的二次浸渍

1. 工艺过程和特点　碱纤维素的二次浸渍，就是将常规制得的碱纤维素（较高浓度碱液浸渍），经过老成降聚后，再用较低浓度的 10% 碱液，在较低温度下进行第二次浸渍压榨处理。碱纤维素的二次浸渍工艺流程如图 4－27 所示，相应的工艺条件及与一次浸渍的比较见表 4－6。

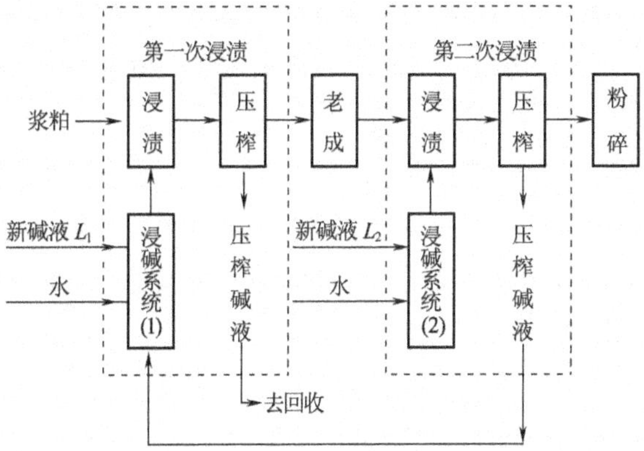

图 4－27　碱纤维素的二次浸渍工艺流程示意图

表 4－6　二次浸渍的工艺条件及与一次浸渍的比较

工艺条件			二次浸渍法	一次浸渍法
第一次浸渍	浸渍碱液浓度/%		17～22	17～22
	浸渍温度/℃		常温或高温	常温或高温
	压榨后碱纤维素组成	α－纤维素/%	24～33	29～32
		NaOH/%	14～17	15～17
粉碎、老成			常规法	常规法
第二次浸渍	浸渍碱液浓度/%		10～15	—
	浸渍温度/℃		常温或低温	—
	压榨后碱纤维素组成	α－纤维素/%	27～33	—
		NaOH/%	9.5～14	—
		NaOH/α－纤维素	<0.5	—

续表

工艺条件		二次浸渍法	一次浸渍法
黄化	CS_2 用量(占 α－纤维素)/%	14～25	28～35
	时间/min	15～60	80～120
	温度/℃	35～60	20～30
黏胶组成	α－纤维素/%	9～10	7～9
	NaOH/%	3.2～4.5	5～6
	NaOH/α－纤维素	0.35～0.45	0.55～0.7

二次浸渍的碱纤维素具有良好的性能，主要表现在下列几方面。

(1)碱纤维素的结构疏松，反应能力进一步提高。在第二次浸渍时，采用10%～15%浓度的碱液，在此浓度下，浆粕具有最大的膨润性和溶解能力，使纤维素大分子以及胶束间距离增大，松弛原来的结晶规整部分，使无定形部分增多，可及度增加，因而反应能力显著提高。

(2)碱纤维素中的游离碱含量低。第一次浸渍的碱纤维素，再用低浓度碱液进行第二次浸渍时，X射线图谱的干扰作用极不明显，说明二次浸渍时并没有明显地减少碱纤维素中的结合碱量，但经第二次浸渍压榨后，碱纤维素中的总碱量却减少到只为常规的2/3。游离碱量的减少，使碱与纤维素之质量比降至0.5以下。

(3)碱纤维素中的短纤部分、树脂及其他杂质大为减少。在第二次浸渍时，浆粕的膨润和溶解处于最大状态，半纤维素、树脂、杂质等溶出量增多。而且在经过老成后进行第二次浸渍和压榨，把老成过程产生的短纤除去一部分，从而获得均匀的碱纤维素。

2. 二次浸渍的优缺点

(1)在二次浸渍中，由于半纤维素、树脂、杂质溶出量大，对使用低α－纤维素浆粕生产黏胶短纤维有利。

(2)二次浸渍的碱纤维素的结构疏松，纤维素的活性表面积增加，黄化反应更加均匀；另一方面，二次浸渍减少了碱纤维素中的游离碱量和半纤维素含量，使黄化时的副反应大为减少，从而可将 CS_2 用量降至20%～25%(对α－纤维素)，因而可使生产成本降低。

(3)可采用较高的黄化温度，以缩短黄化时间。经二次浸渍的碱纤维素的反应能力大大提高，且游离碱及低分子物质含量减少，这就相应减少了黄化副产物，为采用高温黄化，缩短黄化时间，实现连续黄化创造了有利条件。

(4)降低了黏胶中含碱量，黏胶过滤性能好。二次浸渍的碱纤维素黄化反应均匀，制得的黄原酸酯在较低浓度的碱液中具有较好的溶解能力，改善了黏胶的过滤性能。

(5)二次浸渍存在问题是：

①二次浸渍生产中含半纤维素的废碱液增多，不宜进行碱回收处理；

②二次浸渍时浆粕高度膨润，增加了碱纤维素压榨的困难，特别是使用含短小纤维较多的浆粕原料时，压榨问题较为突出。

(二)湿浆直接碱化法

1. 工艺流程 湿浆直接碱化法,是把精制的木浆经部分脱水后直接用一定浓度的碱液处理,制取碱纤维素。湿浆直接碱化可省去浆粕的湿抄成型、烘干、切粕、打包、搬运等工序,大大简化了工艺过程,这种方法适用于大型的制浆—纤维联合企业。

湿浆直接碱化法的工艺流程,如图 4-28 所示。

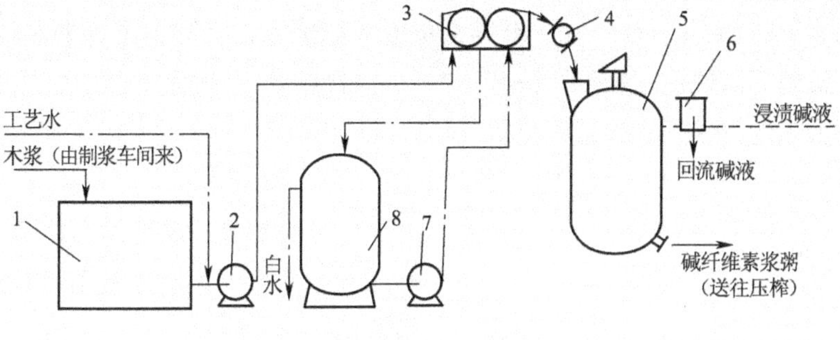

图 4-28 湿浆直接碱化法的工艺流程

1—贮浆池 2—纤维泵 3—压榨机 4—粗粉碎辊 5—浸渍桶 6—碱液计量桶 7—冲洗泵 8—白水桶

2. 工艺控制 湿浆直接碱化法工艺控制见表 4-7。

表 4-7 湿浆直接碱化法工艺控制

项目	湿浆法	常规法	项目		湿浆法	常规法
浆中纤维素浓度/%	3.5 ±0.5	—	补充浓碱液浓度/(g/L)		600 ±1	310 ±1
浸渍前浆中水分/%	55 ±2	6 ~10%	压榨后碱纤维素组成	α-纤维素/%	45.5 ±0.5	30.5 ±0.5
浸渍碱液浓度/(g/L)	240 ±2	230 ±2				
浸渍温度/℃	70 ±1	45 ±1		NaOH/%	16.5 ±0.5	16.5 ±0.5

从表 4-7 中可看出:

(1)必须严格控制浆浓度和压榨后湿浆的含水率。浆浓度过高则堵塞管道,浓度过低则设备生产能力下降。一般控制在 3.5% ±0.5%。

湿浆压榨不足(纤维素含量低于 30%),导致浸渍碱液浓度过低而影响浸渍效果;压榨过度(纤维含量大于 55%)使浆料层过于密实,影响碱液的均匀渗透,通常控制压榨后湿浆含纤维素 45% ±2%。

(2)浸渍碱液浓度高。由于湿浆含水比干浆高 6~8 倍,纤维内腔水多,故一定要采用高浓度碱液。

(3)浸渍温度高。以免纤维素膨胀过度而压榨困难。

(三)乳液黄化法

乳液黄化就是把浆粕与 CS_2 分散在非极性溶剂中,在乳态下完成黄化过程。这种方法,又称为一步法制胶。其过程是:将浆粕粉碎,投入非极性溶剂(苯、煤油)中,在充分搅拌下加入定量的碱液和CS_2。碱纤维素与乳态的CS_2进行黄化反应。黄化完成后，加入水和碱液，将纤维素黄原酸酯溶解成黏胶。黏胶与非极性溶剂分成两层，上层非极性溶剂送去回收处理，下层黏胶送去过滤。

（四）连续黄化

美国杜邦公司利用连续运输带黄化法已很成功。它是将碱纤维素送入一个大的罐中，落在罐中由特殊材料制成的上、下两段传送带上。在上段传送带上喷入冷却CS_2，当碱纤维素从上段传送带送到下段时，黄化反应结束。纤维素黄原酸酯落入设在罐体下部的碱槽中，立即成粗制黏胶。黄化机内需定时注入氮气，并定时测定机内含氧量，以确保安全。

美国杜邦公司的输送带式连续黄化机（图4－29）由进料装置、黄化反应罐及溶解搅拌装置三个部分组成。

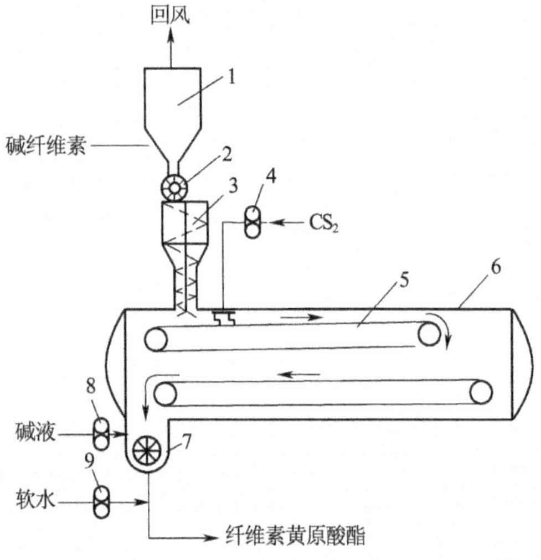

图4－29　输送带式连续黄化机示意图

1—旋风分离器　2—碱纤维素计量器　3—输送螺旋　4—CS_2计量器　5—输送带　6—密封机体　7—桨式搅拌器　8—碱液计量器　9—软水计量器

1. 进料装置　碱纤维素由旋风分离器经旋转式计量器进入螺旋给料器，再被送进黄化机。螺旋给料器分两段，上段的螺旋直径大而螺距宽，下段直径小而螺距密，以利于碱纤维素中空气的排除，并阻止CS_2从机内逸出。螺旋的下面是一个伞形挡板，使碱纤维素沿着伞面均匀落下，CS_2通过环形喷管呈雾状定量喷洒在碱纤维素上，碱纤维素在输送带上循序前进，由上输送带落到下输送带上，总停留时间约30min。

2. 黄化反应罐　外壳为软钢制成的卧式圆罐。罐内装有两根由锦纶和聚四氟乙烯纤维编织成的无端输送带，罐上方有八个安全防爆口，罐体外有盘管加热，管内通入热水，外部包以绝热保温材料。网带的速度，通过无级变速器控制；下层网带的速度比上层网带慢。两根网带在下料的地方用刮板把料从带上刮下。黄化时，为确保安全，机内充氮气，机内气体组成为40% CS_2，60% N_2，气压保持490～686Pa（50～70mmH_2O）。含氧量不大于2%。

3. 溶解搅拌装置　黄化结束后的纤维素黄原酸酯，落入桶底部装有搅拌器的溶解装置内，该装置内有两根桨式搅拌器。经冷却计量的溶解碱液，从喷射器喷入，黄原酸酯立即溶胀，很快溶解成黏胶。再加入定量的软水后，黏胶即可抽出机外。溶解装置内需保持一定液位，以防黏胶抽空，空气进入机内。

连续式黄化机的特点是生产能力大，物料连续进出，黄原酸酯质量均匀、稳定，溶解性能好，制成的黏胶质量好；结构简单，保全、保养操作方便，传送带使用寿命可达一年以上；很少维修，可连续运转一年以上；全部采用监控操作，可避免操作事故。碱纤维素、CS_2、溶解碱液没有损耗，CS_2用量比普通黄化法少；无CS_2的泄漏现象，生产环境好；比普通黄化法消耗动力少。

第五节　黏胶纤维的纺丝成型

一、黏胶纤维纺丝工艺流程

黏胶纤维通常只能用湿法纺丝。由于纤维素未熔融即分解,不可能采用熔纺;又因为要在纺丝过程中完成纤维素黄原酸酯分解的化学过程,故难以采用干法纺丝。

按照纺丝浴槽的数量及要求不同,黏胶纤维纺丝方法通常分为一浴法纺丝和二浴法纺丝,个别情况还采用三浴法纺丝。一浴法纺丝是黏胶的凝固和纤维素黄原酸酯的分解都在同一浴槽内完成(如普通黏胶长丝);二浴法纺丝则是黏胶的凝固主要在第一浴,纤维素黄原酸酯分解主要在第二浴(如强力黏胶长丝、黏胶短纤维),并且在第二浴中进行塑性拉伸,对短纤维生产还便于在第二浴中回收二硫化碳。

图 4 - 30 为黏胶短纤维纺丝工艺流程。黏胶由供胶管路送进纺丝机,由计量泵定量送入,通过烛形滤器再次滤去粒子杂质,并由曲管送入喷丝头组件。黏胶在压力下通过众多喷丝孔,形成众多黏胶细流。在凝固浴作用下,黏胶细流发生复杂的化学和物理化学变化,凝固和分解再生,成为初生丝条。初生丝条由纺丝盘送去集束拉伸,在塑化浴中,初生丝条经受拉伸的同时,最终完成分解再生过程,纤维的结构和性能基本定型下来。

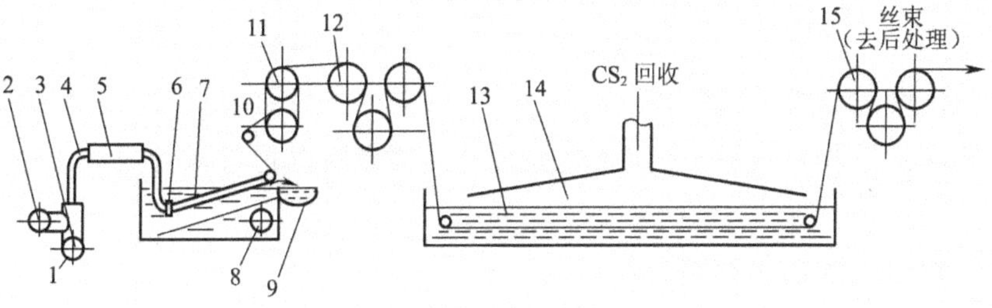

图 4 - 30　黏胶短纤维纺丝工艺流程

1—黏胶管　2—计量泵　3—桥架　4—曲管　5—烛形滤器　6—喷丝头组件
7—凝固浴　8—进酸管　9—回酸槽　10—导丝杆　11—纺丝盘
12—前拉伸辊　13—塑化浴　14—罩盖　15—后拉伸辊

图 4 - 31 为黏胶长丝纺丝及后加工工艺流程。

在一定压力下进入纺丝机黏胶管,经计量泵计量、过滤器过滤,由喷丝头喷入凝固浴进行抽丝。丝条经导丝钩、纺丝盘进行牵神。离心式纺丝机再通过漏斗在离心罐内进行叠丝,进一步凝固、分解、落丝。半连续式纺丝机牵伸后,在凝固辊上进一步凝固分解,再绕到去酸辊上去酸,然后由漏斗将丝条在离心罐内叠成丝饼,最后落丝。

离心纺丝机流程:黏胶→计量泵→过滤器→喷丝头→导丝钩→纺丝盘(上、下)→漏斗→离心罐

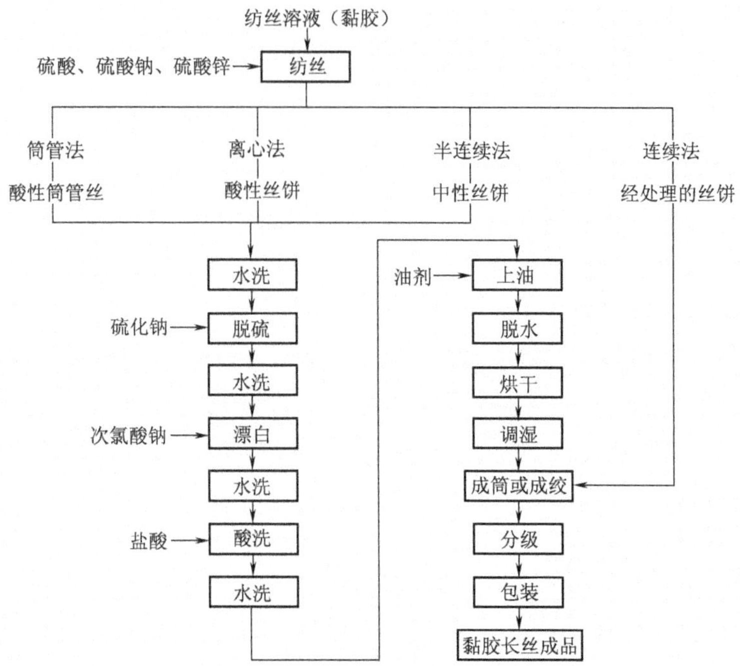

图 4－31　黏胶长丝生产工艺流程

半连续纺丝机流程：黏胶→计量泵→过滤器→喷丝头→凝固辊→去酸辊→漏斗→离心罐

二、黏胶纤维的成型原理

黏胶纤维的成型过程，实际上就是黏胶细流通过喷丝头孔道进入凝固浴，凝固成初生纤维的过程。

（一）纺丝成型过程中的化学反应

1. 主反应

（1）黄原酸酯的分解与纤维素的再生：

$$[C_4H_9O_4 \cdot OCS_2Na]_n + nH_2SO_4 \longrightarrow [C_6H_{10}O_5]_n + nNaHSO_4 + nCS_2\uparrow$$

（2）中和反应：黏胶中的 NaOH 被凝固浴中的 H_2SO_4 中和。

$$2NaOH + H_2SO_4 \longrightarrow Na_2SO_4 + 2H_2O$$

2. 副反应　黏胶中多种副反应产物被凝固浴的 H_2SO_4 分解，成为一系列不稳定产物。

$$Na_2CS_3 + H_2SO_4 \longrightarrow Na_2SO_4 + CS_2\uparrow + H_2S\uparrow$$

$$Na_2S + H_2SO_4 \longrightarrow Na_2SO_4 + H_2S\uparrow$$

$$Na_2S_x + H_2SO_4 \longrightarrow Na_2SO_4 + H_2S\uparrow + (x-1)S\downarrow$$

$$Na_2SO_3 + H_2SO_4 \longrightarrow Na_2SO_4 + H_2O + SO_2\uparrow$$

$$Na_2S_2O_3 + H_2SO_4 \longrightarrow Na_2SO_4 + H_2O + SO_2\uparrow + S\downarrow$$

$$Na_2CO_3 + H_2SO_4 \longrightarrow Na_2SO_4 + H_2O + CO_2\uparrow$$

纤维素黄原酸酯分解成纤维素的过程称为再生过程，再生纤维素与原料浆粕的纤维素具有相同的化学组成，但其分子结构和聚集结构（包括相对分子质量、结晶态、宏形态）发生了变化。

主反应和副反应都消耗大量的 H_2SO_4，生成大量 Na_2SO_4、水和硫黄，使凝固浴被稀释且混浊，故凝固浴必须不断循环，除去水、Na_2SO_4 等杂质，并不断补充 H_2SO_4，保证凝固浴组成稳定。

主、副反应生成 CS_2、H_2S、SO_2 和 CO_2 等有毒气体，要保证纺丝过程的通风排毒。

（二）凝固浴

纺丝凝固浴是由硫酸、硫酸钠、硫酸锌按一定比例配成的浴液，是使黏胶细流按控制的速度完成凝固和纤维素黄原酸酯的分解过程，以配合适当的拉伸，获得具有所要求的结构和性能的纤维。

如果单独用硫酸溶液进行黏胶纤维成型、纤维素黄酸钠分解，生成再生纤维素，虽然也能成型，但这种再生纤维不能承受拉伸，强度极低，无实用价值。因此，必须采用多组分的凝固浴来完成纤维素的再生。

1. 硫酸

（1）使纤维素黄原酸酯分解，纤维再生并析出（再生凝固）。

（2）中和黏胶中的 NaOH，使黏胶凝固（中和凝固）。

（3）使黏胶中的副反应产物分解。

2. 硫酸钠

（1）作为强电解质，能促使黏胶脱水凝固（盐析凝固）。

（2）作为强电解质硫酸盐与硫酸的同离子效应，能有效地降低凝固浴中 H^+ 的浓度，延缓纤维素黄原酸酯的分解，有利于硫酸向纤维内层渗透，使纤维内外层结构均匀、紧密，同时使初生丝束离开凝固浴时仍具有一定的剩余酯化度，具有一定的塑性，能经受一定程度的拉伸并使分子取向，有利于提高纤维的物理机械性能。

3. 硫酸锌

（1）与纤维素黄酸钠反应，生成纤维素黄酸锌，纤维素黄酸锌在凝固浴中的分解比纤维素黄酸钠慢得多，在初生丝经过拉伸后才完全分解，制得纤维的物理机械性能较好。

（2）可增加纤维皮层厚度，有利于拉伸，提高纤维的强度和伸度。

（3）纤维素黄酸锌作为众多而分散的结晶中心，避免纤维结构生成大块的晶体，使纤维具有均匀的微晶结构，不但能提高纤维的断裂强度，还能提高纤维的延伸度和钩接强度，改善纤维的柔韧性。

（三）纺丝成型过程的物理化学变化

1. 丝条凝固　胶状黏胶溶液从喷丝头喷出，遇到凝固浴，伴随着化学变化发生形态变化，由液态变成固态，同时水分被脱出。此时，纤维虽然处于溶胀状态，但其质量只是原来胶体状态时的 1/3。

2. 丝条表皮和内层的差异　黏胶从喷丝孔道喷出，与凝固浴接触的表面由于酸与黏胶间的化学反应速度及酸向丝条内部渗透速度的不同，使纤维外表皮和内层存在差异。化学反应速度快于渗透速度，丝条首先形成外表皮，再向纤维内层渗透，造成纤维横截面内外层不均匀。

3. 黏胶细流的流出状态　流经喷丝孔的黏胶溶液，其流动速度呈抛物线分布。当黏胶溶液刚流出喷丝孔时，由于流动定向黏弹性的回复而引起细流膨化，此膨化效应对纺丝成型非常不利。膨化最大直径与喷出体积速度成正比，与喷丝孔直径成反比，并与黏胶流体性质、喷丝孔几何形态及成型条件有关。降低黏度或聚合度，提高温度，增加喷丝板毛细孔长度，可减小膨化。

此外，出喷丝孔的黏胶，因为黏度低，凝固慢，纺丝盘的拉伸力不能把这段黏胶全部均匀地拉成条，黏胶出喷丝孔后向四周蔓延堆积，如果凝固浴组成控制不好或黏胶黏度过低，使堆积过大，就会出现胶块和断头，使成品出现疵点，影响纤维品质。

三、黏胶纤维纺丝工艺控制

（一）黏胶的组成及性质

1. 组成 黏胶的组成是指黏胶中主要组分（α－纤维素和 NaOH）的含量。黏胶中 α－纤维素含量高，有利于提高成品纤维的强度和降低生产成本，但会使黏胶的结构黏度上升和熟成加快，使工艺控制困难。

在生产中，具有重要意义的是黏胶中的碱比，即 NaOH/α－纤维素（含量之比值）。碱比大，黏胶稳定，黏度低，成型相应减慢。几种纤维纺丝黏胶的组成见表 4－8。

表 4－8 几种黏胶纤维纺丝黏胶的组成

纤维品种	α－纤维素/%	NaOH/%	NaOH/α－纤维素
普通黏胶短纤维	7.8～8.5	5.5～6.5	0.7～0.75
普通黏胶长丝	8.1～8.3	5.6～6.0	0.7～0.72
富强纤维	6～6.5	4～4.5	0.6～0.7
强力黏胶纤维	6.0～7.0	6.0～7.0	0.95～1.0

2. 黏度 黏胶的可纺性是黏胶黏度和表面张力的函数。在黏度较低的情况下，最大喷丝头拉伸随着黏度的增加而急剧上升，黏度（落球黏度）为 50s 时，最大喷丝头拉伸至最大值，纺丝稳定性最好，当黏度超过 50s 后，最大喷丝头拉伸则随黏度上升而下降。黏度过高使黏胶输送和过滤困难。黏度低于 20s 的黏胶在通常条件下无法正常纺丝。故纺制普通黏胶纤维的黏胶，通常控制其黏度在 50s 左右。表 4－9 列出几种纺丝黏胶的黏度及熟成度。

表 4－9 几种纺丝黏胶的黏度及熟成度

纤维品种	黏度/s	10% NH_4Cl 值/mL	NaCl/%
普通黏胶短纤维	40～60	9～11	—
普通黏胶长丝	40～60	9～11	—
富强纤维	40～60	14～20	—
强力黏胶纤维	150～200	—	10～20

3. 熟成度 熟成度反映黏胶的“老”、“嫩”程度。普通黏胶纤维纺丝时，黏胶的可纺性随熟成度提高而变好，在 NH_4Cl 值达到 8～12 时，可纺性最好。采用熟成度较高（NH_4Cl 值较低）的

黏胶纺丝时，黏胶成型过快，所得纤维结构不均匀，机械性能较差，断裂强度和延伸度较低，染色均匀性差，在水中的膨润度较大；反之，熟成度太低，纺丝的稳定性下降，甚至无法纺丝。

4. 黏胶中的粒子及气泡 黏胶中的粒子在黏胶纺丝时会造成堵塞喷丝孔使纤维断裂，或会造成纤维纤度变异，拉伸性能遭到破坏，并产生黏胶块和粗纤维等疵点，降低纤维的品质。

黏胶中的气泡，在纺丝时，大气泡会使纺丝断头，小气泡会造成个别喷丝孔断丝而使喷出的单丝数目不足，并产生黏胶块等纤维疵点。更微小的气泡，则保留在纤维中形成“气泡丝”，降低成品纤维的强力，严重影响成品质量。

（二）纺丝速度

黏胶纤维纺丝速度随所纺制的品种不同而异。普通黏胶长丝、短纤维为60～80m/min，强力黏胶纤维为40～60m/min，富强纤维为20～30m/min。采用不同的纺丝设备，其纺速亦不同，如纺制普通长丝的离心法和半连续法为60～100m/min，连续法为50～80m/min，筒管法为70～120m/min。

纺丝速度过高，一方面导致纤维素黄原酸酯来不及凝固和分解；另一方面使丝条与凝固浴的摩擦阻力过大，丝条上的张力过大，引起黏胶细流断裂，纺丝成型的稳定性下降。

采取下列措施能提高纺丝速度：

（1）提高凝固浴中 H_2SO_4 的浓度和凝固浴温度；

（2）增加丝条在凝固浴的浸没长度；

（3）在黏胶或凝固浴中加入助剂。

（三）凝固浴（酸浴）

1. 凝固浴各组分浓度 纺丝时，在保证黏胶细流凝固和纤维素黄原酸酯分解的前提下，凝固浴中的 H_2SO_4 应采用较低的浓度，以满足凝固浴能使纤维素黄原酸酯的酯化度在0.1～0.2s内由20～30降至5～10的水解过程完成。H_2SO_4 浓度过低，黏胶细流的凝固距离过长，造成成型不良，产生胶块和毛丝，甚至引起单丝断裂；H_2SO_4 浓度过高，黏胶细流凝固过剧，纤维脆硬，影响纤维的强度和伸度。凝固浴中 H_2SO_4 的浓度视黏胶的性质及纺丝的其他条件而定。黏胶含碱量越高、熟成度越低、黏度越低、纺丝速度越高、丝束的浸没长度越短、凝固浴温度越低、纤维越细、喷丝孔的直径越大，则要求凝固浴的 H_2SO_4 浓度越高。为了保证纺丝稳定性，H_2SO_4 落差不得大于5～7g/L（短纤维）和2～3g/L（长丝）。

凝固浴中 Na_2SO_4 及 $ZnSO_4$ 浓度应与 H_2SO_4 浓度相配合。提高 Na_2SO_4 及 $ZnSO_4$ 浓度，可降低浴中 H^+ 浓度，有利于增强对黏胶的盐析作用和交联作用，而延缓纤维素再生时间，可使成型纤维皮层厚度和纤维柔韧性增加，可使拉伸性能提高，成品的品质改善。如果 Na_2SO_4 或 $ZnSO_4$ 浓度过高，黏胶中黄原酸酯分解速度过慢，丝条易带胶块，造成可纺性恶化，纤维成型不良。

不同的黏胶纤维品种，凝固浴差异较大，见表4－10。

2. 凝固浴温度 凝固浴温度影响黏胶凝固浴体系的双扩散作用进行的速度，因而影响黏胶的凝固和纤维素再生的速度。

凝固浴温度高，黄原酸酯分解速度快。但温度过高，纤维成型过快，导致纤维品质下降，纺丝操作困难；温度过低，黏胶细流凝固过慢，同样不能正常纺丝。

表4-10 凝固浴组成及温度

纤维品种	凝固浴温度/℃	凝固浴组成/(g/L)			凝固浴循环量/(L/锭·h)
		H_2SO_4	Na_2SO_4	$ZnSO_4$	
长丝	44~48	115~120	220~240	12~15	30~50
棉型纤维	55~65	95~120	290~310	13~16	3000~4000
毛型纤维	50~65	93~103	290~310	11~14	4000~5000
富强纤维	20~25	20~25	45~55	0.3~0.7	1500~2000
强力纤维	40~50	80~90	160~180	80~90	250~350

此外,由于 Na_2SO_4 在凝固浴中的溶解度随着温度降低而减少,常规的凝固浴温度低于25~35℃,则容易析出 Na_2SO_4 结晶(芒硝),造成纺丝困难。

当黏胶的熟成度偏熟时,可以降低凝固浴温度来调节纺丝工艺。相反,当黏胶的熟成度偏生时,可以提高凝固浴温度来调节纺丝工艺。

凝固浴温度与 H_2SO_4 浓度对黏胶凝固作用的影响,在一定程度上可以互相补充。当 H_2SO_4 浓度偏低、凝固强度不足时,适当升高温度,可以提高凝固速度;同样,当温度偏低时,适当提高 H_2SO_4 浓度亦可得到升高温度的同样效果。

3. 浸浴长度、丝上浴长度、空气浴长度 丝条在酸浴中的行程称为浸浴长度。一般黏胶长丝的浸浴长度较短,离心式纺丝机为200~300mm,半连续式纺丝机为360mm,强力丝为500~700mm;黏胶短纤维生产由于丝束粗,所以常增加浸浴长度来达到良好的凝固,普通黏胶短纤维为500~600mm,富强纤维生产是用降低纺丝速度的方法来达到凝固良好的作用,因此浸浴长度仍只有250~500mm。由于丝束有粗有细,产生了成型速度的差异。丝束粗,酸向丝条内部渗透速度慢,成型速度慢,这就要求增加黏胶在凝固浴中的通过时间,一般是通过增加丝条在凝固浴中的浸长来达到目的,浸在凝固浴中的长度越长,丝条成型越均匀,纤维的强度和柔软性也越高。但浸浴长度受设备限制,不能无限增加。

从酸浴表面到第一刮酸装置(如刮酸棒或导丝钩等)的距离称为丝上浴长度。如长丝的丝上浴长度为450 mm。此时丝条携带大量酸浴运行,因此是浸浴长度的补充。丝条纤度变小时,丝上浴的浴柱也会变细。

丝条经刮酸后,带着余酸在空气中进行凝固分解的长度,称为空气浴长度,在离心式纺丝机中,是指从纺丝盘到进入离心罐的距离;在半连续式纺丝机上,是指丝条在凝固辊上的长度加上在去酸辊缩节前的凝固部分的长度。其作用是保证丝条的充分凝固分解。由于丝条在这一阶段易受各种外界条件的影响,如去酸水倒流造成丝条提前去酸而减少空气浴长度,形成各锭之间空气浴长度的不一致,影响染色均匀性。

4. 凝固浴的循环速度 凝固浴循环时,必须保证在整个纺丝机上凝固浴的浓度和温度均匀。对于黏胶长丝生产,凝固浴中硫酸浓度落差小于2~3g/L,通常循环量大于40L/h或900~950L/kg丝。对于黏胶短纤维生产,一般循环量为200~400L/kg纤维。

(四)纺丝间温湿度控制

纺丝间的温度和湿度是纺丝中重要的工艺参数,纺丝间温湿度变化对产品质量有直接影响，尤其对于黏胶长丝的生产。纺丝间温度波动对丝的染色均匀性有较大影响，特别是半连续式纺丝机，丝条在凝固辊和去酸辊上直接受到室温的影响，容易造成染色差异。温度、湿度下降，尤其是在冬季纺丝间温湿度低，使导丝件上硫酸钠结晶造成毛丝。半连续式纺丝机，纺丝间温度控制在 26℃ 以上；离心式纺丝机，纺丝间温度控制在 22℃ 以上；相对湿度控制在 70%~80%。

（五）拉伸

为了提高纤维的物理机械性能，必须对刚成型的纤维进行塑性拉伸，使处于混乱状态的大分子缔合体在拉力的作用下，沿纤维轴的方向（即拉力方向）比较整齐地排列。经拉伸取向的纤维制品，在经受外力作用时，每一纤维素大分子或微晶体，能比较充分地发挥作用，使纤维的机械强度有所提高。但必须指出的是，初生纤维在拉伸过程中，一方面大分子的各种运动单元（链段、大分子链、微晶、无定形区）沿着拉力的方向取向；另一方面由于热运动而使运动单元解取向。所以拉伸的最终结果是取向与解取向的综合反应。

黏胶纤维的拉伸一般由三个阶段组成：喷丝头拉伸、塑性拉伸和松弛回缩。

1. 喷丝头拉伸 喷丝头拉伸倍数是指第一纺丝盘线速度与黏胶从喷丝孔喷出速度之比。

$$\text{喷丝头拉伸率} = \frac{\text{第一纺丝盘线速度} - \text{黏胶喷出速度}}{\text{黏胶喷出速度}} \times 100\%$$

黏胶从喷丝头喷出时，黏胶细流尚处于黏流态，不宜施予过大的喷头拉伸，否则容易造成毛丝或断头。故常用喷丝头负拉伸。由于黏胶细流非常脆弱，在拉伸应力作用下容易断裂，因此，在常规纺丝中，由于喷丝孔出口处黏胶细流径向膨化总是存在，以及随后黏胶细流的脱水，因而轴向收缩亦必然存在。这种收缩，使实际的喷丝头拉伸值比理论值大。例如，理论上的喷丝头拉伸率为 −40%，而相应的实际拉伸值却为 0。在生产中，通常采用 −20%~20% 的喷丝头拉伸。

喷丝头拉伸属于黏流拉伸，这时黏胶尚处于流动状态，大分子链的活动能力较大，已取向的效果会被无规热运动引起的解取向所抵消。因此这种拉伸基本上是无效拉伸，并不提高（或很少提高）大分子的取向度。

2. 塑性拉伸 塑性拉伸是指黏胶细流已基本凝固，但还处于可塑状态，纤维素大分子链有较大的活动余地，在拉伸应力的作用下，大分子及其结构单元产生滑移，沿拉伸方向取向排列。黏胶细流凝固后在纺丝盘上的拉伸即属于塑性拉伸。塑性拉伸属于不可回复的拉伸形变。普通黏胶长丝的纺丝盘上的拉伸为 15%~30%。

普通黏胶短纤维生产，通常是在纺丝机后采用集束塑化拉伸来代替纺丝盘拉伸的。在含有硫酸及硫酸盐的塑化浴中，丝束受 98℃ 高温作用而塑化，此时经受强烈拉伸，纤维素大分子取向，并同时最终完成再生过程。黏胶短纤维的塑化浴拉伸率通常为 10%~20%。

随着纺丝盘拉伸或塑化拉伸的增加，纤维的断裂强度增加，而延伸度却有所降低，这说明要获得品质好的纤维，并不能单靠强化拉伸来达到。

3. 松弛回缩 纤维经过强烈拉伸后，纤维素大分子及其聚集单元大多沿着拉力方向取向，大分子之间作用力较强,部分纤维素大分子几乎处于僵直状态。纤维的断裂强度虽较高,但断裂延伸度却很低,脆性较大,其实用性能较差。为改善纤维的脆性,通常在拉伸后给予纤维适当的回缩(松弛),以消除纤维的内应力。

生产普通黏胶长丝时,如用紧张式(筒管式)后处理,回缩率较少(2%~12%);如用松弛式(丝饼)后处理,则回缩率较大(12%~20%);黏胶短纤维在切断后的完全松弛状态下进行后处理,回缩率可达15%~35%。

提高拉伸率的措施有:

(1)提高初生纤维的剩余酯化度,使初生纤维具有重大的可塑性。

(2)选择较小的喷丝头拉伸。研究结果表明,经过大的喷丝头拉伸的纤维,其后都不能承受较大的拉伸。在较小的喷丝头拉伸的情况下,适当增大纺丝盘拉伸和塑化浴拉伸,可增加纤维的强度而不影响其伸度。

(3)提高塑化浴的温度及 H_2SO_4 浓度,以增加纤维的塑性,亦可增加 CS_2 的回收率。

四、黏胶纤维的纺丝设备

(一)黏胶短纤维纺丝机

黏胶由供胶管路送进纺丝机,在纺丝机上进行计量,匀速供胶,再经过分锭过滤、喷丝成型、牵伸等步骤,纺成纤维。

纺丝机上工艺流程:黏胶→纺丝黏胶管→纺丝计量泵→烛形滤器→喷丝头→凝固浴→导丝装置→集束机

普通黏胶短纤维纺丝设备包括纺丝机、集束机(塑化拉伸机)和切断机。纺丝机的作用是将黏胶纺制成基本凝固和大部分纤维素再生的初生丝条,并对丝条进行适当的拉伸;而集束机是将一台纺丝机上各纺丝部位纺出的初生丝条集合成束,进行塑化拉伸,并使纤维素黄原酸酯完成分解。

1. 纺丝机 生产普通黏胶短纤维的纺丝机按丝条上浴情况,可分为深浴纺丝机和浅浴纺丝机。深浴纺丝机凝固浴槽深而窄,丝束走向垂直于凝固浴面,丝条的浸没长度短(20~30cm),成型纤维结构均匀性差,强度低而伸度高,故很少使用。浅浴纺丝机凝固浴槽浅而宽,丝束走向平行于凝固浴面,丝条的浸没长度长(50~80cm),成型均匀,现在生产上多采用浅浴纺丝。按照导丝装置的不同,纺丝机可分为:第一种是没有导丝盘的纺丝机,各锭位的丝条直接由集束机牵引;第二种是每一个或每两个锭位设一个纺丝盘,以引出丝条,送去集束拉伸;第三种是每一个或每两个锭位设一对纺丝盘,各锭位的丝条先经纺丝盘拉伸后再送去集束拉伸。第一、第二种纺丝机结构简单,但纺丝稳定性较差,生产操作较麻烦,目前多采用第三种。按照纺丝部位布置形式,纺丝机可分为双面纺丝机和单面纺丝机。

双面纺丝机:双面纺丝机如图4-32所示,它有两个同样的凝固浴槽,安装在机架的两侧,凝固浴槽是塑料制成的。槽内充满凝固液。

纺丝机两侧的黏胶管1上都装有纺丝计量泵桥架2,与纺丝计量泵3连接。黏胶由胶管进入纺丝计量泵,计量后,经连接管4再送到烛形滤器5进行过滤,过滤后的黏胶经鹅颈管6从喷丝头7喷出，进入酸浴，由导丝盘8牵伸成型，再经丝导9绕在前集束辊上拉伸。

双面纺丝机结构紧凑，占地面积小，但设备安装及维修困难。

单面纺丝机：单面纺丝机如图4－33所示，它只有一个凝固浴槽，是由塑料制成的，生产中凝固浴槽内装满凝固液，溢流凝固液经回流槽流回酸站。

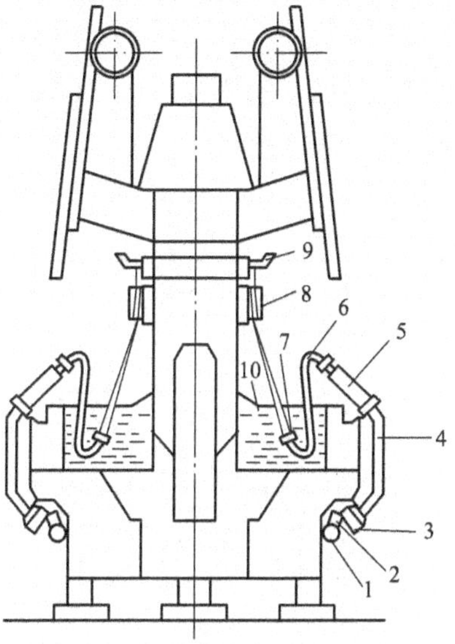

图4－32　双面纺丝机侧面示意图

1—黏胶管　2—纺丝计量泵桥架　3—纺丝计量泵　4—连接管　5—烛形滤器　6—鹅颈管　7—喷丝头　8—导丝盘　9—丝导　10—凝固浴

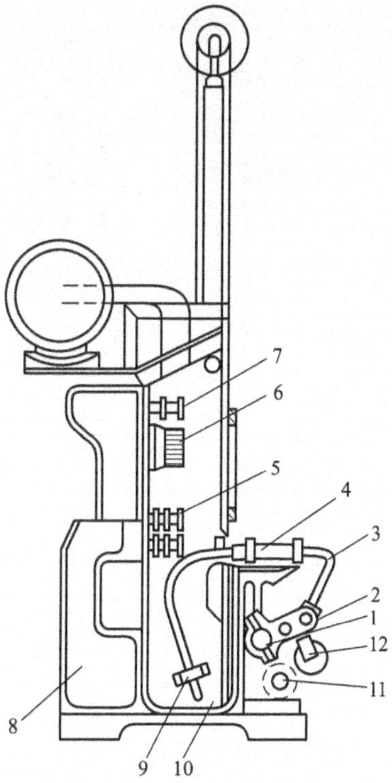

图4－33　单面纺丝机侧面示意图

1—黏胶管　2—连接管　3—鹅颈管　4—烛形滤器　5—导丝棒　6—导丝盘　7—导丝器　8—机架　9—喷丝头　10—凝固浴槽　11—泵轴　12—纺丝计量泵

供胶管把黏胶送到纺丝机黏胶管1，黏胶管上的纺丝计量泵12把黏胶经连接管2，均匀定量地送到烛形滤器4进行过滤，过滤后的黏胶经鹅颈管3从喷丝头9喷入盛满凝固液的凝固浴槽10，丝条离开凝固浴经导丝棒5送到导丝盘6上，丝条在导丝盘围绕后拉到导丝器7上，再汇集成丝束引向集束机。

单面纺丝机生产操作方便，管道及传动部分布置合理，安装及维修方便，但占地面积大。

现将纺丝机的部分主要机件分别介绍如下。

（1）黏胶导管。黏胶导管的作用，是把黏胶送至各纺丝锭位。纺丝车间输送黏胶的导管，通常连成环路以避免产生死角，要求配制管道成环路，而且要强行循环。但在实际上，溶液在管路封闭的一端易发生堵塞，故在管路中引入溶液的一端需装不锈钢阀门，定期地放出黏胶。

（2）桥架（或称支柱）。桥架是连接黏胶管、计量泵（纺丝泵）和烛形滤器的机件。其结构如图4－34所示。桥梁分成两半，分别装在黏胶导管的两口，用螺丝把它夹紧。桥架上前孔黏胶进口与黏胶管的小孔相通，黏胶通过计量泵夹口进入计量泵。计量泵出来的黏胶，经过夹口，返入桥架，压入烛形滤器。纺丝泵前装有一个旋塞，当装拆计量泵时，可把旋塞关闭。

（3）计量泵。计量泵又称为纺丝泵，它的作用是定量地输送黏胶至喷丝头，使成型纤维的纤度稳定而均匀。通常每个纺丝锭位相应安装一只计量泵。

计量泵有活塞泵和齿轮泵两种。活塞泵的优点是精密、耐用，每转送胶量可以调节；缺点是结构复杂，价格昂贵，修理困难，目前已极少应用。

齿轮泵的主要部件是两个精密啮合的齿轮（图4－35），在齿轮啮合处的两侧，分别有黏胶吸入孔道和排出孔道，齿轮和泵的内腔紧密贴合，齿轮旋转时，黏胶从吸入孔进胶，充满齿轮间的空隙，通过齿轮旋转，由排出孔道输出，通过烛形滤器、鹅颈管到达喷丝头。

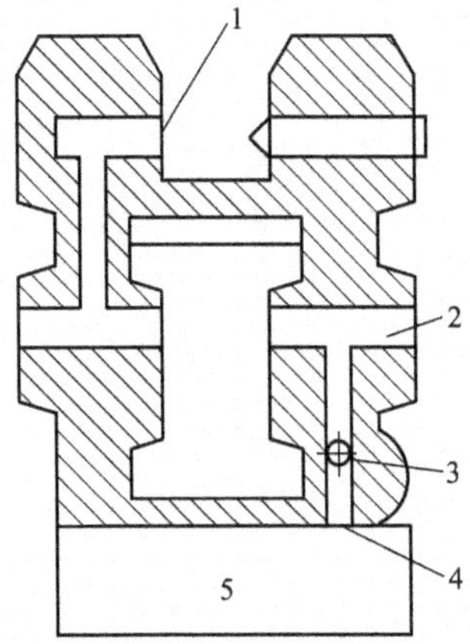

图4－34　桥架剖视图

1—烛形滤器进胶口　2—纺丝泵夹口　3—旋塞
4—黏胶进口　5—黏胶总管

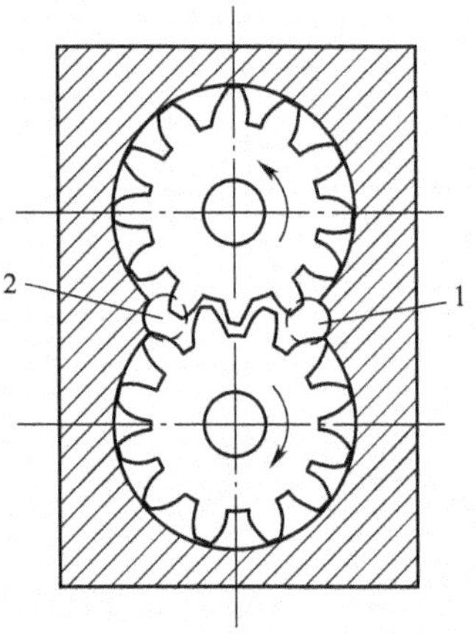

图4－35　齿轮计量泵工作原理图

1—黏胶吸入孔　2—黏胶压出孔

（4）烛形滤器和鹅颈管。烛形滤器和鹅颈管如图4－36所示。安装烛形滤器的目的是使黏胶在进入喷丝头前进行一次补充过滤。它由帽罩、外壳、烛形滤芯、螺母、滤口等组成。

滤芯过滤方式有外压式和内压式两种，外压式是从桥架出来的黏胶经下曲管进入外壳，透过芯子外面包扎滤布二层，然后汇集在过滤器管中心，再流入鹅颈管。外压式烛形滤器过滤效果好，但由于在高压之下滤布有紧贴于滤芯上的趋势，将会降低滤布的有效过滤面积，这是它的不足之处；内压式是从桥架出来的黏胶经下曲管进入过滤器的中心管，中心管上有孔眼，黏胶从中心管的孔眼中流向芯子表面，芯子外面包扎滤布二层，然后汇集在外壳内，再流入鹅颈管。使用内压式滤器对于滤布的包扎要求较高，要特别注意防止由于包扎工作不良，随着生产过程中压力的不断升高，而使黏胶从包扎薄弱的地方流出，降低过滤效率，致使纺丝状态恶化至喷丝头。

鹅颈管的作用是固装喷丝头，并将黏胶导向喷丝头，进入凝固浴，其材料通常用不锈钢管外包环氧树脂玻璃布。

(5)喷丝头。喷丝头是纺丝机上最重要、最精密的部件，它与喷丝头螺母、螺母座、滤板、橡皮圈等组成喷丝头组件，如图4－37所示。喷丝头的作用是将精确计量过的纺丝溶液(黏胶)的总流，分成许多股细流，然后形成单纤维。这种分配是借助于分布在喷丝头上的许多孔眼来完成的。

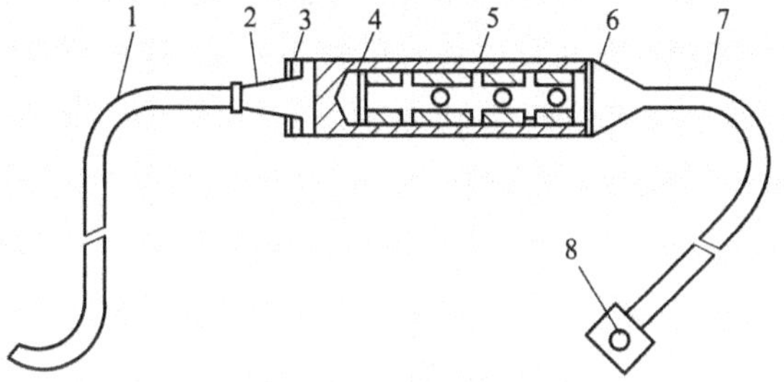

图4－36　烛形滤器和鹅颈管示意图

1—鹅颈管　2—滤口　3—螺母　4—滤芯
5—外壳　6—帽罩　7—下曲管　8—黏胶进口

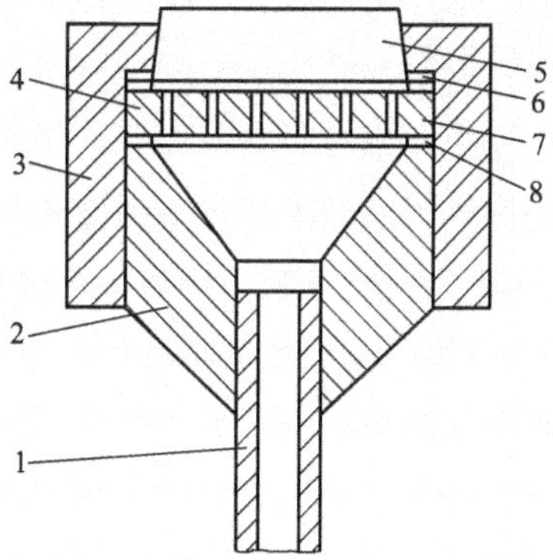

图4－37　喷丝头组装示意图

1—曲管(鹅颈管)　2—螺母座　3—喷丝头螺母
4—滤布　5—喷丝头　6,8—橡皮圈　7—过滤板

①喷丝头孔数。喷丝头的孔数取决于纤维的总旦数和单纤维的旦数。普通黏胶短纤维的纺速较低(60～100m/s)，故采用多孔数的喷丝头以提高生产率。目前采用4000孔、6000孔、7500孔、12000孔、40000孔的喷丝头，甚至采用10万孔以上的组合喷丝头。

②孔径和孔形。喷丝头孔径的大小，取决于纤维的纤度、黏胶的组成、供胶量、总拉伸率或纺丝速度等因素。成型的纤维越细或黏胶中纤维素含量提高，则必须减小喷丝头的孔径。普通黏胶短纤维的喷丝头孔径一般采用0.06～0.10mm(毛细管直径)。普通黏胶短纤维纤度与喷丝头孔经、孔数的关系见表4－11。

表4－11　普通黏胶短纤维纤度与喷丝头孔经、孔数的关系

项　目	指　标　大　小			
纤维线密度/dtex	1.5	2.5	3	5
喷丝头孔径/mm	0.06	0.07	0.08	0.10
喷丝头孔数/个	12000	12000	9500～12000	6300～7500

为了提高成型的稳定性，喷丝头的喷丝孔入口通常成锥形或曲线形，锥形或曲线形部分的高度为孔总高度的30%～40%，孔的其余部分则为毛细管部分，毛细管有一定的长度，毛细管部分的高度和孔径比最好等于或大于2，这样才能使纤维容易成型(图4－38)。

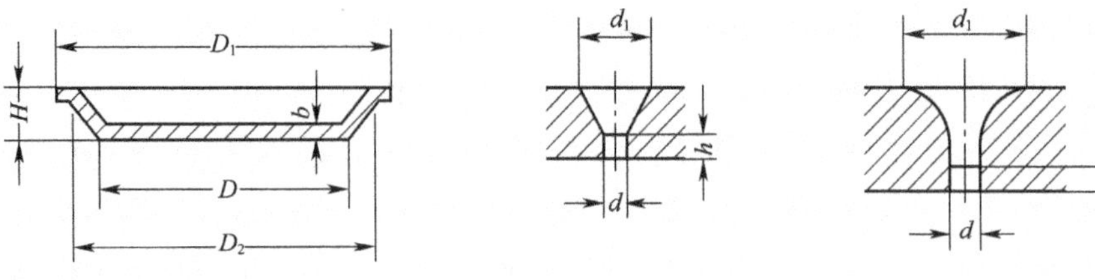

(a) 喷丝头外廓尺寸　　(b) 锥形喷丝头　　(c) 曲线形喷丝头

图 4－38　喷丝头及其孔径

③孔的排布。喷丝孔的排布必须考虑下列因素:第一,各孔喷出的黏胶不会粘连;第二,凝固浴能均匀地进入喷丝头表面各个部位;第三,易于钻孔加工。喷丝孔的排布,采用同心圆或六角形等形式,但孔数多而底面积大的喷丝头,通常都采用圆形、放射形、环形或扇形等分区排布(图 4－39),或由多个小喷丝头组合的形式。近年来亦有采用瓦楞形式矩形的喷丝板,喷丝孔在其上分区排布。

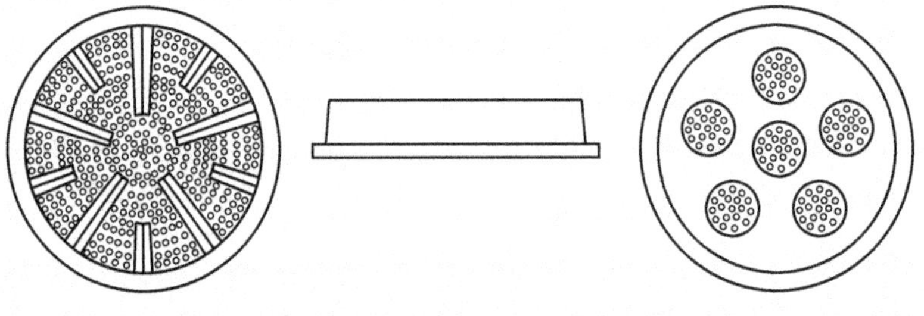

图 4－39　喷丝孔排布示意图

④喷丝孔的材质。喷丝孔既要耐碱(黏胶)又要耐酸(凝固浴),还要有足够的强度,能在 0.8MPa左右的压力下工作,因此,一般选用铂、金的合金或钽质材料,也有的采用特种玻璃、氧化陶瓷、石英、蓝宝石等非金属材料。

(6)凝固浴槽。凝固浴槽是一个贯穿整个纺丝机的长槽,用以装盛凝固浴并使纤维成型的场所,槽身通常用硬质聚氯乙烯板焊接而成。

为了使各纺丝部位的纺丝条件均一,凝固浴在槽内的分配及循环是十分重要的。目前最常用的浴液循环方式是隙缝式,如图 4－40 所示。来自酸站的凝固浴沿槽的两端进入浅槽内,然后通过槽上的小孔流入挡板 B 和凝固浴槽壁之间的缝隙,由于新鲜浴液的密度较大而下沉,并沿槽的全长而流向喷丝头周围。稀释了的凝固浴经过刻有小孔的滤板溢流到回流槽 C 内。

(7)导丝盘。用玻璃材料制成,盘上刻有槽纹,使丝条不易滑动,且便于凝固浴流出。一般采取两个纺丝部位,合用一个导丝盘。

2. 集束机　每一纺丝部位的丝束,自喷丝头出来,经过导丝钩和导丝盘,沿着总丝束移动的方向,汇集成更大的丝束,这个过程叫集束。集束后的丝束,经过拉丝辊进入塑化浴中,通过塑化拉伸,提高纤维强度。

集束机包括塑化浴槽和拉伸机两部分。

(1)塑化浴槽。塑化浴槽有下列几大作用,其一,纤维在热酸性浴中进行拉伸以提高纤维的强度;其二,使黄原酸酯进一步分解,纤维素完全再生;其三,将丝束中蒸出的 CS_2 进行回收;其四,洗除丝束上部分凝固浴。

塑化浴槽的构造,如图 4-41 所示。

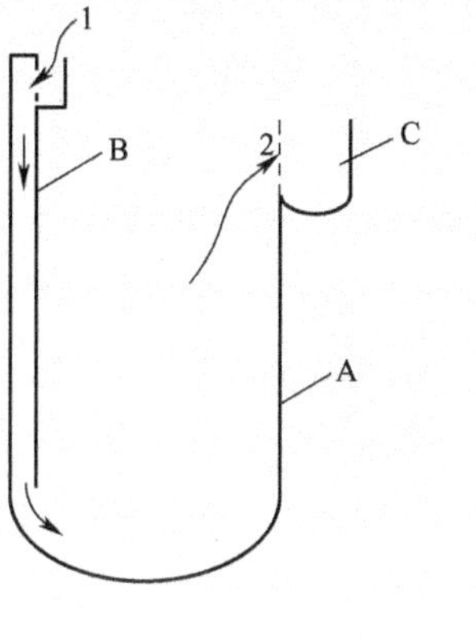

图 4-40　隙缝式凝固浴槽

1—进酸　2—出酸

A—凝固浴槽　B—挡板　C—回流槽

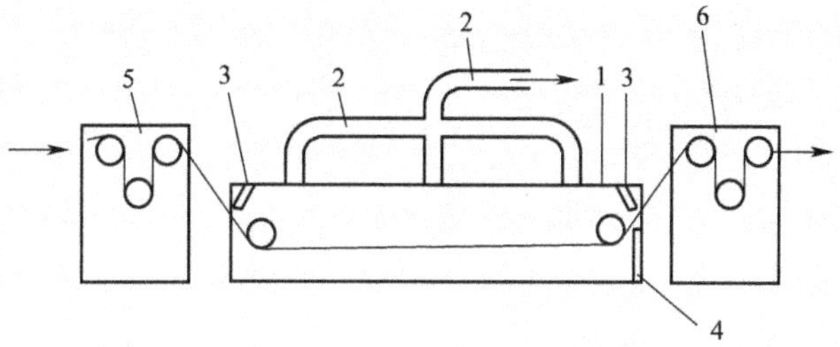

图 4-41　塑化浴槽示意图

1—塑化浴槽　2—集汽导管　3—密封板

4—溢流挡板　5—前集束　6—后集束

槽为长约 13m 的长槽,内盛塑化浴。槽内有进水管和溢流挡板,以控制塑化浴的液面。槽中装有两根蒸汽管,管上均匀分布着数十个直径为 3~4mm 的小孔,用直接蒸汽加热浴液,并使丝束受蒸汽作用而松散。塑化浴槽上有罩盖,通过罩盖上的两条管道,把 CS_2、H_2S 及水蒸气等气体抽出,进行冷凝回收。丝束在浴中浸长约 10m,停留约 8~10s。

塑化浴的温度一般为 95~98℃,硫酸的浓度在 10~25g/L 左右。为了保持塑化浴槽中的酸度,必须不断地补充新鲜热水,使塑化浴保持在溢流状态。塑化浴中的 H_2SO_4 是由丝束带入的,一般不需另外加入。

(2)拉伸机。是两组直径相同的圆辊(每组有 3~5 个辊),在塑化浴槽的前后各设一组。通过调节两组辊之间的转速,可使丝束受到不同程度的拉伸。两组辊都要在有充分通风排毒的情况下进行工作。

拉伸辊一般为三个一组,组成一倒品字形,故又称品字辊。为了减少丝束在辊上的打滑现象,也有采用四辊或五辊一组的。拉伸辊大都由钢制成,外包硬橡胶或其他耐酸材料。

3. 切断机　经过塑化拉伸后的丝束,被牵引辊引送到切断机,是为了把丝束切成符合纺织加工要求的长度。

纤维的切断主要是靠专用的切断机来进行,现在用于黏胶短纤维生产的切断机,主要有三种形式:分度盘式、压轮式和滚刀式。目前国内黏胶短纤维生产大多采用分度盘式。

分度盘式切断机主要由分度盘、刀座、喂入口、水喷嘴以及传动装置组成，如图4－42、图4－43所示。分度盘式切断机开动时，分度盘和装有切断刀的刀架同步转动，导入轮把丝束从喂入嘴喂入，在分度盘的夹持下，被转动的切断刀切成需要长度的丝段。由专用水泵送来的水，通过特制的喷嘴喷出，使切断后的片状纤维顺利地离开分度盘面落入出料斗内，然后再送往精练机。

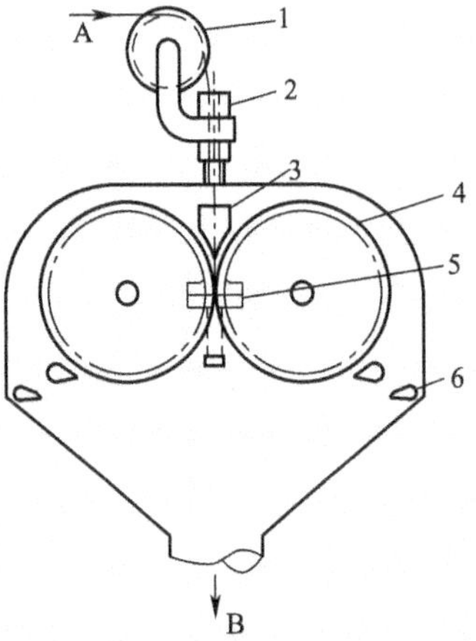

图4－42　分度盘式切断机

1—导入轮　2—丝束通道　3—喂入嘴　4—分度圆盘　5—刀架　6—喷水嘴　A—丝束　B—短纤维出口

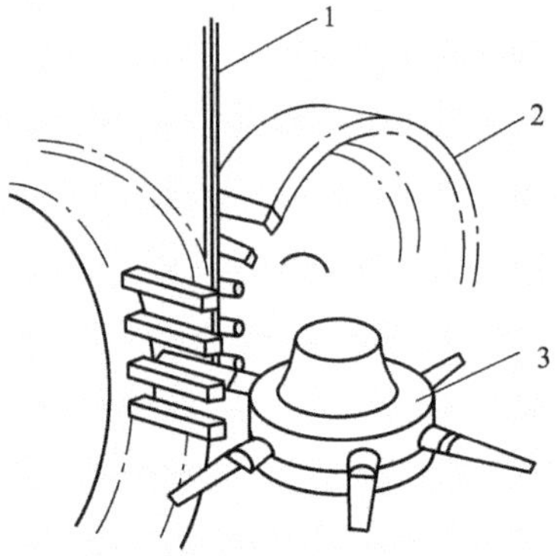

图4－43　分度盘式切断机工作图

1—丝束　2—分度圆盘　3—刀座

（二）黏胶长丝纺丝机

黏胶长丝纺丝机的类型较多，有筒管式纺丝机（已淘汰）、离心式纺丝机、半连续式纺丝机及连续式纺丝机等。

1. 筒管式纺丝机　由于筒管式纺丝机早已被黏胶长丝生产淘汰，这里不再叙述。

2. 离心式纺丝机　离心式纺丝机主要由机身、浴槽、纺丝盘、漏斗、离心罐和传动装置组成。

工艺合格的黏胶，在一定压力下进入纺丝机进胶管，进胶管把黏胶送到纺丝机的横管内，黏胶由横管进入各个纺丝计量泵，黏胶计量泵按固定吐胶量将黏胶打入滤器。过滤后的黏胶再经曲管送到喷丝头喷胶。喷丝头喷出的黏胶经酸浴槽凝固分解成丝条。纺丝盘将丝条牵伸并引入漏斗，送进受丝装置离心罐，靠离心力和漏斗升降将丝条叠绕成丝饼，最后落丝，如图4－44所示。代表机型是经纬纺机厂生产的R531型纺丝机。

工艺流程为：黏胶→计量泵→过滤器→喷丝头→凝固浴→纺丝盘1→纺丝盘2→漏斗→离心罐→酸性丝饼

纺丝成型后的丝条，要经过导丝、牵伸、引丝和受丝等机件，绕成丝饼完成纺丝。

（1）导丝件。导丝件包括刮酸棒、导丝钩、导丝棒、导丝盘（辊）等。导丝件的作用是刮掉丝条上带的酸，改变丝条运动方向，完成丝条拉伸等。

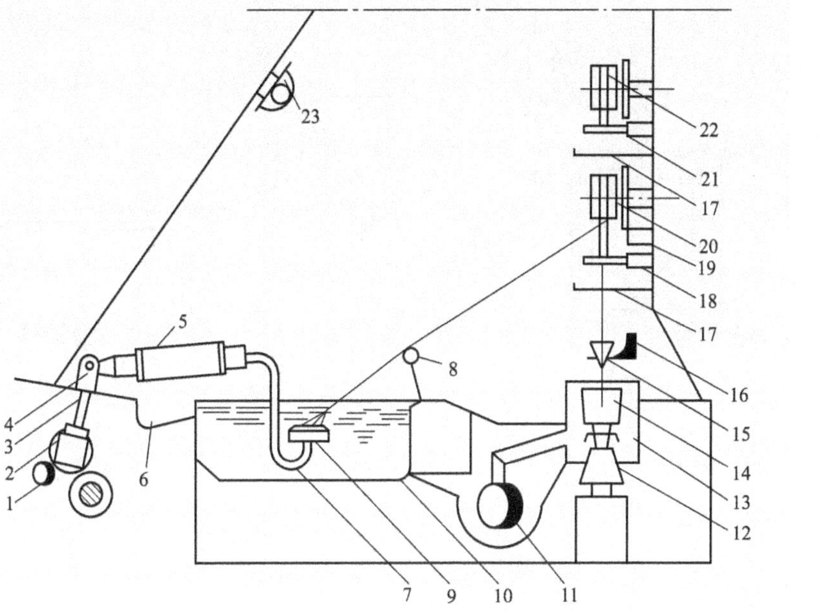

图 4-44　离心式纺丝机

1—黏胶管　2—纺丝泵　3—连接管　4—滤器座　5—烛形滤器　6—水槽　7—曲管　8—刮酸棒　9—喷丝头　10—酸浴槽　11—下排风道　12—电锭　13—离心罐外套　14—离心罐　15—纺丝漏斗　16—漏斗支架　17—接酸槽　18,21—导丝棒　19—导丝钩　20,22—纺丝盘　23—照明灯

导丝装置以离心纺丝机为例,如图 4-45 所示,丝条成型后首先经刮酸棒刮酸。然后引向导丝钩,再到导丝盘进行拉伸。

丝条的拉伸是靠导丝盘(辊)间的线速度差异来实现的。导丝盘(辊)间的线速度差异是以导丝盘转速差异实现的,也有的是以导丝盘的直径差异实现的。

(2)叠丝受丝装置。叠丝受丝装置由升降漏斗和离心罐组成,漏斗升降起叠丝作用;离心管高速旋转起受丝作用。叠丝受丝装置如图 4-46 所示。

叠丝装置主件漏斗一般用玻璃制成,漏斗管呈竹节状,漏斗和其他附件组成叠丝装置,由升降装置带动做上下往复动作,往复频率 30~50 次/min,给予受丝器绕丝时适当的导丝角和重叠分配,以提高后处理效果和退卷解舒性。

受丝装置主要是离心罐,附件包括压丝盖、圆桶等。每个纺丝离心罐由单独的电锭带动,它同时起受丝和加捻作用。离心罐转速很高,丝条通过漏斗进入罐后被甩到罐壁上,再随漏斗的升降卷绕成丝饼,并且由于纺速远低于离心罐的圆周速度,可以把漏斗外的丝条看做静止,离心罐则做加捻旋转,使丝条获得捻度。

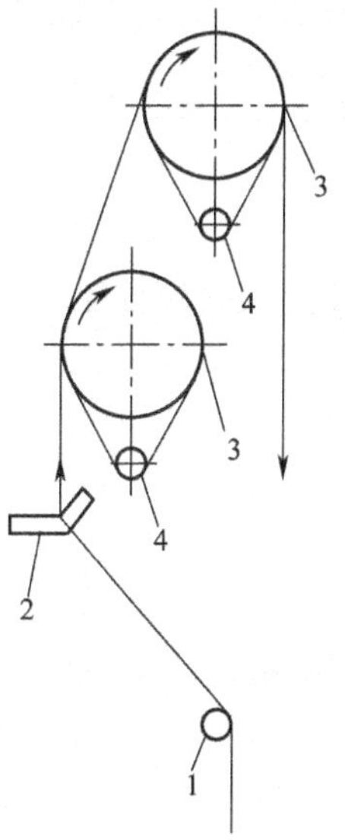

图 4-45　离心纺丝机导丝件

1—刮酸棒　2—导丝钩

3—导丝盘　4—导丝棒

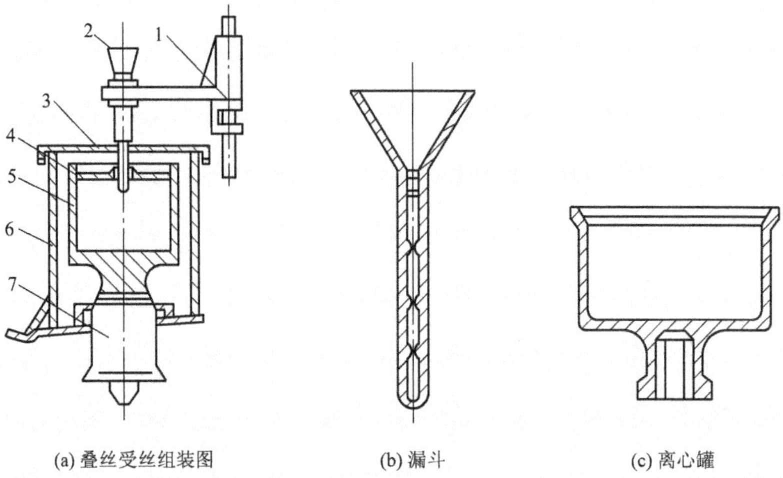

图 4-46　叠丝受丝装置

1—漏斗支架　2—玻璃漏斗　3—离心罐外套盖　4—离心罐内套
5—离心罐　6—离心罐外套　7—电锭

3. 半连续式纺丝机　将纺丝及丝条水洗过程在一台机器上连续进行，从而得到中性丝饼。半连续式离心纺丝机主要由机身、浴槽、凝固辊、去酸辊、漏斗、离心罐和传动装置组成。

黏胶由供胶管送进计量泵，计量泵按一定打胶量把黏胶打入滤器过滤，再经曲管送到喷丝头喷入酸浴中，凝固分解再生丝条，丝条自酸浴引出后，经过刮酸棒，向上绕至凝固辊后面的玻璃纺丝盘上，随后再绕至上、下凝固辊，丝条在凝固辊与纺丝盘间受到拉伸，其后丝条向上绕至一对去酸辊上，在此辊前半部丝条继续凝固、分解，到后段则受到温软水淋洗，洗除丝条上附着的凝固浴及硫黄等杂质。与此同时，丝条上的 CS_2、H_2S 等气体逸出，中性丝条进入漏斗送进离心罐叠绕成丝饼。半连续式纺丝机如图 4-47 所示。代表机型是 R535A 型纺丝机。

工艺流程为：黏胶→计量泵→过滤器→喷丝头→凝固浴→纺丝盘→凝固辊→去酸辊→漏斗→离心罐→中性丝饼

4. 连续式纺丝机　纺丝、后处理和干燥的所有过程合在一台机器上完成，实现单机连续生产。

工艺流程：黏胶→计量泵→过滤器→喷丝头→凝固浴→纺丝盘→处理辊→烘干辊→上油辊→卷绕→中性丝筒

（1）纳尔生连续式纺丝机。纳尔生连续式纺丝机为单层式，所纺丝条为无酸、无硫酸钠、干燥并具有一定捻度的丝筒（图 4-48）。

纺丝流程：新成型的丝条由凝固浴导出后，绕至辊筒上，在辊筒上的头 59 圈（75m 丝条行程）进行纤维素黄原酸酯的分解，在其后 25～30 圈（约 50m）进行水洗，以除去酸及杂质，在辊筒烘干区内的最后 30 圈，将洗涤后的丝条用电加热装置进行烘干。干燥的丝条再经导丝装置、

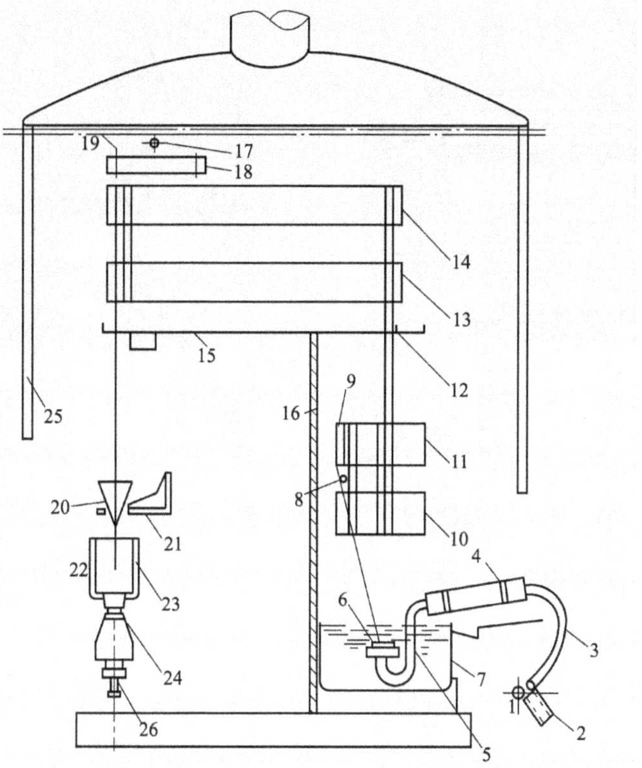

图 4 - 47　半连续式纺丝机

1—黏胶管路　2—纺丝泵　3—连接管　4—烛形滤器　5—曲管　6—喷丝头　7—酸浴槽　8—刮酸棒
9—玻璃牵伸盘　10—下凝固辊　11—上凝固辊　12—滴凹槽　13—下去酸辊　14—上去酸辊
15—托水盘　16—墙板　17—去酸水管　18—去酸水船　19—水船吊架　20—纺丝漏斗
21—漏斗支架　22—离心罐　23—离心罐内套　24—电锭　25—防护墙　26—机座

上油、加捻，绕置于机器另一面的锭子上。

这种机器最大优点是使纺丝、后处理和干燥的所有过程合在一台机器上完成，实现单机连续生产，但丝条含硫量较高，收缩较大。而且机器外形尺寸大，纺速较低，单机产量相对较低。

(2)肋形滚筒连续式纺丝机。纺丝机使丝条连续行进的构件是肋形滚筒。它是由一个肋骨滚筒和一个笼条滚筒拼合在一起的混合装置。

肋骨滚筒装在旋转的中心轴上，而中心轴本身又通过一个固定的偏心轴衬。笼条滚筒以偏心轴衬为中心，套在肋骨滚筒的外面，使肋骨滚筒和笼条滚筒之间有一个交角。当肋骨滚筒旋转时，外面的笼条滚筒被迫旋转，因后者对旋转轴心是偏心的，因此在旋转过程中能起伏地上升或下降，使丝条沿着轴向由滚筒的内端向外移动到接近边缘，落到装在下面的一个滚筒的内端，如此连续下去，直到最后一个滚筒。每一滚筒相当于成型以后的一个后处理过程(图 4 - 49)。

丝条从凝固浴出来以后，经过各层的滚筒逐次受到后处理、烘干、加捻，最后绕到套在锭子的绕丝管上。

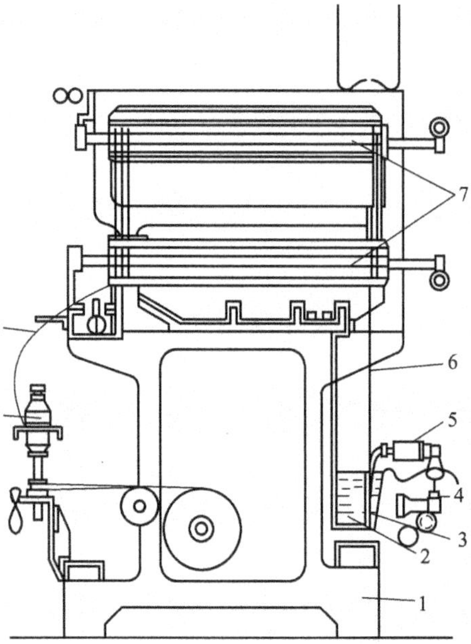

图 4-48　纳尔生连续式纺丝机

1—机座　2—凝固浴　3—喷丝头　4—纺丝泵
5—过滤器　6—丝条　7—滚筒
8—干燥纤维、上油、加捻　9—锭子

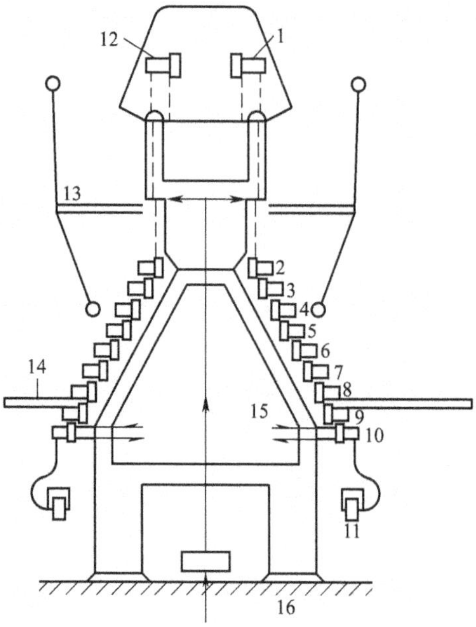

图 4-49　肋形滚筒连续式纺丝机

1—新成型的丝条　2,3—酸洗　4,5—脱硫　6—漂白
7—水洗　8—皂洗　9—水洗　10—烘干　11—加捻
12—绕丝筒　13—纺丝操作台　14—后处理操作台
15—热水循环管　16—黏胶过滤

这种连续设备的优点，是能进行全部的后处理过程，后处理周期短，处理均匀；占地面积小；劳动生产率高。但缺点是机器结构较宽大而复杂。

(3) ПНЩ-И 型连续式纺丝机。将纺丝、后处理过程合并，并连续卷装成中性丝条筒子的设备。采用二浴法纺丝。初生丝条由凝固浴出来以后进入再生浴，并同时进行塑性拉伸。其后在精练辊筒对上进行水洗、脱硫处理，再在上油辊上油，然后到达干燥辊筒对。经干燥的丝束连续绕成长丝筒子(图 4-50)。该机的劳动生产率高，而投资及产品成本比普通离心式纺丝机及纳尔生式、肋形滚筒连续式纺丝机低。

(4) 平板连续式纺丝机。该机中几百根纤维纺出后，并排同时进入后处理浴并烘干，然后各自卷绕到筒管上，这一工艺技术处于西欧纤维生产技术的领先地位(图 4-51)。

五、二硫化碳回收

CS_2 是制造黏胶纤维的重要原料，在制备黏胶时所用的二硫化碳，在纤维成型和各处理过程中有相当一部分又重新释放出来排入空气。一方面浪费原材料；另一方面污染空气。因此必须对 CS_2 加以回收。回收的方法有冷凝法和活性炭吸附法。通常采用冷凝法，回收率为 45% ~55%。

冷凝法回收纤维中二硫化碳的过程，可以分成两个阶段：一是自纤维中蒸出二硫化碳并将

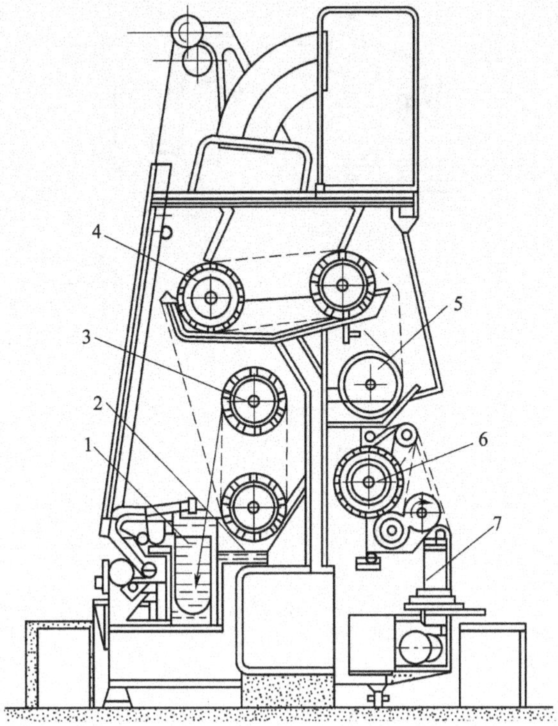

图 4－50　ПНЩ－И 型连续式纺丝机示意图

1—凝固浴　2—再生浴　3—拉伸辊筒　4—精练辊筒对

5—上油辊　6—干燥辊筒　7—受丝筒

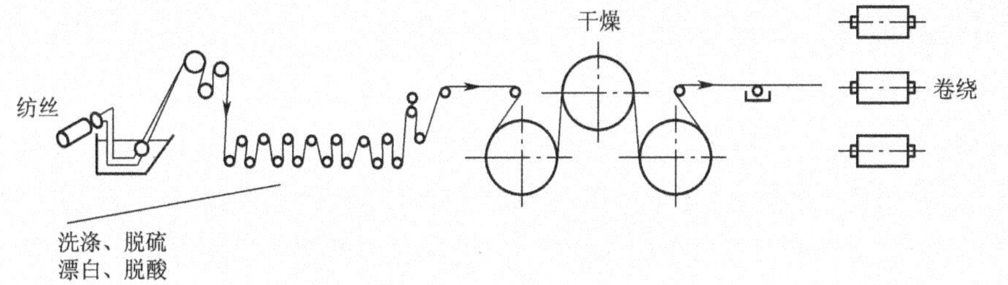

图 4－51　平板连续式纺丝机示意图

其转化为气相，二是使气态二硫化碳液化。

短纤维二硫化碳回收是在塑化浴中捕集的，长纤维可在后处理机上进行。

下面讨论冷凝法回收 CS_2 的情况，冷凝法回收 CS_2 的回收流程如图 4－52 所示。

（一）CS_2 的蒸出

黏胶短纤维生产中，CS_2 是紧接在纺丝机后面的塑化浴中蒸出的。黏胶纤维丝束经集束拉伸辊进入塑化浴槽，在塑化拉伸的过程中，丝束中的二硫化碳在 95～98℃ 的高温下被蒸出。丝

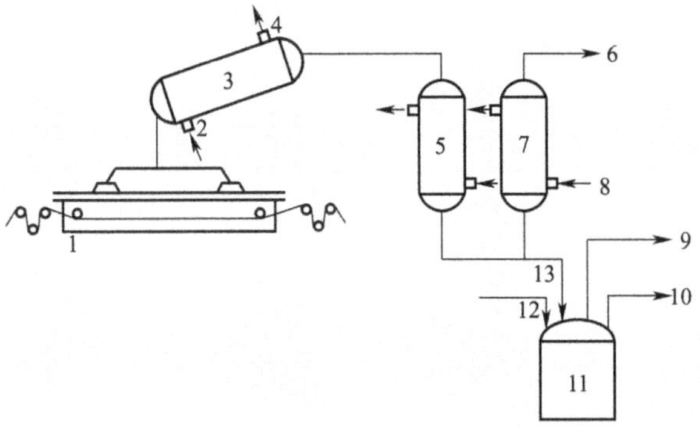

图4-52　冷凝法回收 CS_2 的回收流程示意图

1—塑化浴槽　2—进水　3—预冷凝器　4—出水　5—初冷凝器　6—尾气排空
7—终冷凝器　8—冷冻盐水　9—二硫化碳压出管　10—排污水管
11—二硫化碳贮桶　12—高压水管　13—二硫化碳进口管

束以一定的速度通过,在浴内的时间为10~15s,蒸出的 CS_2 和水蒸气的混合气体经导管送至冷凝器中进行冷却。

(二)CS_2 的冷凝

从塑化浴蒸出的 CS_2 和水的混合蒸汽由铅制集气管送到冷凝器中进行冷却。混合蒸汽先进入初冷凝器中,其内部装有数十根立式铝管,冷却水从下部进入,通过铝管外部从上部溢流口流出。而混合蒸汽在铝管内部自上而下流动。通过热量交换,混合蒸汽中的大部分水和 CS_2 液化。未液化的气体,继续流向终冷凝器。终冷凝器采用低温盐水冷却。经终冷凝器后未被液化的尾气从排气管放掉,CS_2 液体和水流入分离桶。CS_2 因密度大于水而沉在水下面,水从上部排掉,CS_2 从下部经管路流入 CS_2 贮罐。

六、酸站

由于纺丝时所产生的物理、化学作用,自纺丝机流回的已经作用过的凝固浴,其组成、温度等都发生了不同程度的变化。这些变化主要是:黏胶中的氢氧化钠被硫酸中和而产生的水,以及黏胶中带进的水使凝固浴稀释,体积增加;硫酸因中和作用和被成型的纤维所带走而浓度降低;硫酸锌同样被离开凝固浴的纤维所带走总量也减少;酸碱中和生成硫酸钠,故其在浴中的总量增加;由于黏胶的温度较低,以及循环过程中热量损失,浴温有所下降;纺丝成型过程中,纤维素黄原酸酯及副产物的分解,产生硫黄使凝固浴浑浊。酸站的任务是将组成和温度合格的凝固浴连续供给纺丝工序,同时回收从纺丝机上流回的被稀释的凝固浴。具体表现为:不断补充硫酸和硫酸锌,使其组成达到规定的标准;通过蒸发除去多余水分,使硫酸钠以芒硝的形式结晶析出并除去;过滤浴液,除去其中的硫和硫化物以及其他各种杂质,并控制调节凝固浴温度;将达到工艺条件的凝固浴均匀地供给纺丝机,并保持连续不断地循环。为此需专门设立酸站,以进行凝固浴的调配和循环、凝固浴的回收和处理。

在黏胶纤维生产过程中，酸站的流程有多种形式。最常见的几种流程如图4－53所示。

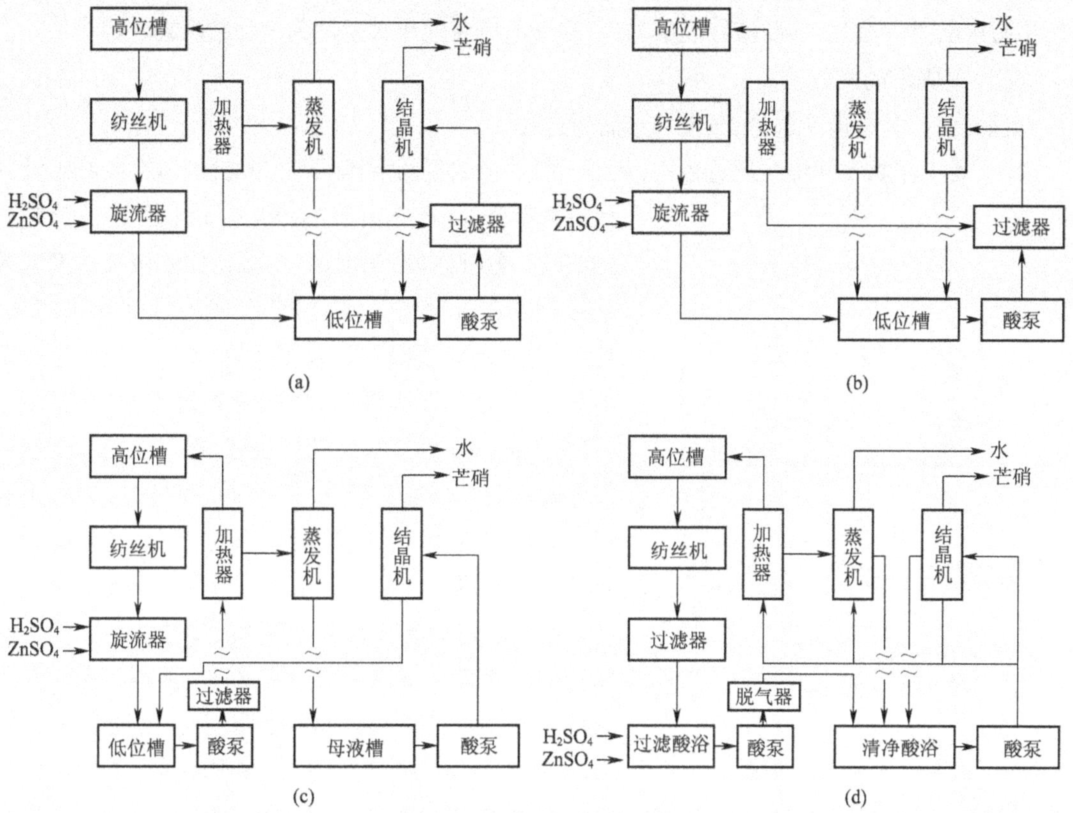

图4－53　酸站流程图

上列流程各有特点。图4－53(a)、图4－53(b)方式只用一次酸泵便能完成凝固浴的循环和回收，节省动力；图4－53(c)方式是将蒸发浓缩的母液送去结晶，硫酸钠的结晶效率高，但要增加设备和动力(电、冷冻)的消耗；图4－53(d)方式的优点较多，它将纺丝机回流的凝固浴全部过滤，并经过专门的脱气处理，凝固浴的洁净度高，纺丝的稳定性好，结晶、蒸发、加热等设备及其管道不易堵塞。但要增加设备及电力的消耗。

(一)凝固浴的调配和循环

黏胶纤维生产中的凝固浴，主要是硫酸、硫酸钠和硫酸锌三种成分按一定比例配成的水溶液。硫酸的作用：其一与黏胶中的碱发生中和反应。其二使黏胶凝固分解，再生成纤维素，浓度为90～145g/L；硫酸钠的作用使纤维素黄酸钠分解的速度减慢，增加皮层厚度，保证拉伸顺利进行，浓度为280～360g/L；硫酸锌的作用是更有效地控制黄酸钠分解速度，使纤维牵伸好，结构均匀，提高纤维的品质，浓度为10～15g/L。

为了保证凝固浴组成的均匀稳定，一般硫酸含量波动不超过±2g/L，硫酸锌含量波动不超过±0.5g/L，硫酸钠含量波动不超过±5g/L。

在纺丝过程中，凝固浴中的硫酸和硫酸锌浓度及温度不断下降，硫酸钠浓度不断升高。为了稳定纺丝条件，必须补加硫酸和硫酸锌，保证硫酸的落差小于5～7g/L，并通过加热调节温度，一般硫酸是连续加入，硫酸锌间歇加入，多余的硫酸钠和水通过蒸发和结晶来处理。

（二）凝固浴的回收

凝固浴的回收，包括过滤、蒸发和结晶等过程。

1. 过滤 在黏胶纤维纺丝过程中，从纺丝机回流的凝固浴，除了夹带有黏胶块、废纤维及其他机械杂质外，还有由于二硫化碳和黄酸钠的分解而生成的大量胶体硫，其中，有的硫化物以极细小的颗粒状态分散在凝固浴中，有的结合成胶体漂浮于浴面。此外，凝固浴中还有 CS_2 及 H_2S 等微小气泡。这些杂质和气泡，使凝固浴浑浊，影响纺丝过程和纺丝质量。因此，凝固浴在循环中要进行过滤，把夹杂物和生成的胶体硫除去。目前生产中多采用石英砂过滤器，也有使用烛形滤器、微孔管过滤和浮游过滤的，这里只介绍石英砂过滤器。

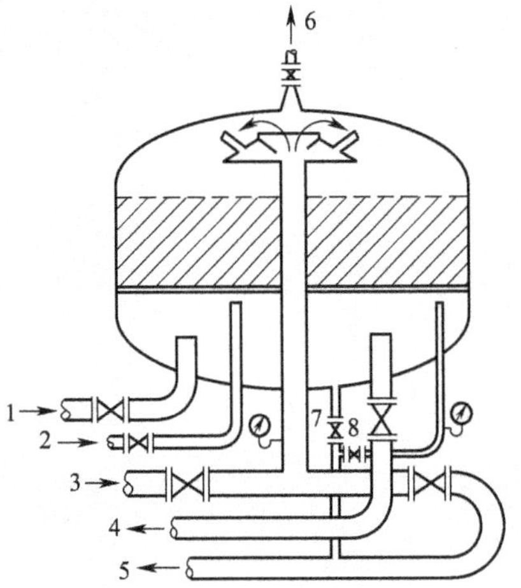

图4－54 石英砂过滤器

1—冲洗液 2—压缩空气 3—进酸 4—出酸 5—污酸 6—上排气 7—放空 8—下排气

石英砂过滤器如图4－54所示，滤器的主体为密闭的钢制圆筒，中部装一块多孔隔板，隔板孔上装有陶瓷或塑料制成的喷嘴。这些侧面多缝的喷嘴上方铺700～900mm高的石英砂滤层，在中心进酸管突出砂层上部有伞形溢流罩盘。凝固浴由中心管进入滤层上部，在0.2～0.3MPa压力下通过石英砂层，杂质被阻留在砂层上，清液则从底管流出。

滤器工作一段时间后，滤层上杂质增多，过滤速度下降，故要用清净的凝固浴或清水进行反冲洗，并吹入压缩空气，使砂层松动。

2. 蒸发 由于在纺丝成型过程中产生的大量水分，使凝固浴量不断增加，浓度不断降低，因此要经过蒸发器蒸发掉这部分水分，以维持原有的浓度，蒸发是借加热作用使溶液中溶剂气化，提高溶液中溶质浓度的过程。通常用连续真空蒸发机和闪蒸系统。

（1）连续真空蒸发机。黏胶纤维生产使用中的真空蒸发机，大多是单效蒸发机。连续真空蒸发机由加热器、分离器、混合冷凝器和水环式真空泵组成。加热器为列管式，在管间通入低压（50kPa）饱和蒸汽，如图4－55所示。凝固浴自吸入口槽靠真空作用吸入加热器的列管中，在此受热而沸腾沿加热管上升，经过连接管而喷入分离器中，分离器是中空的圆筒，其中保持93kPa（700mmHg）左右的真空度，凝固浴的沸点从常压时的105℃左右降至50℃左右，从而延长了设备的使用寿命并减少了蒸汽消耗。从浴液中蒸发出的水分进入混合冷凝器的下部又遇到从冷凝器上部喷淋下来的冷却水后被冷凝下来，并同冷却水一起从冷凝器的底部流入接受槽，而未被冷凝的气体借助水环真空泵的作用而排出。这种蒸发机在较高真空度下工作，分离器的落酸管、冷凝器的落水管等都要有10m以上的高度，才能使物料连续地移出而不影响系统的真空度；该蒸发器的生产能力高，每小时能蒸发2.5～3t水，但由于二次蒸汽没有回用，故蒸汽消耗量较高。

(2)闪蒸系统。将高压下的液体快速降温，放出湿热使部分液体气化。闪蒸系统主要包括闪蒸器、预闪器、加热器、预热器、混合冷凝器、第二冷凝器和减压器等，如图4－56所示。送去蒸发的凝固浴，进入闪蒸器V_{10}～V_{11}，被真空蒸发掉部分水分，同时被冷却到35℃左右，再用循环泵打到预热器A_8～A_1进行预热，预热后送到加热器H，在加热器H中加热到105℃，然后，进入预闪器V_1～V_4中冷却。凝固浴在真空下被喷成雾状，经过闪点降温，部分水分被快速蒸发掉，温度降低到50℃变成浓缩酸流到贮槽。在V_1～V_8产生的二次蒸汽，分别用去预热A_1～A_8经过的凝固浴，同时这些二次蒸汽被冷凝下排，从V_9～V_{11}出来的二次蒸汽进入混合冷凝器被冷凝下排。闪蒸最大特点是节约蒸汽，因为在整个闪蒸系统中，除刚开车外，只有在加热器H中使用的是直接蒸汽，其余全用二次蒸汽加热。

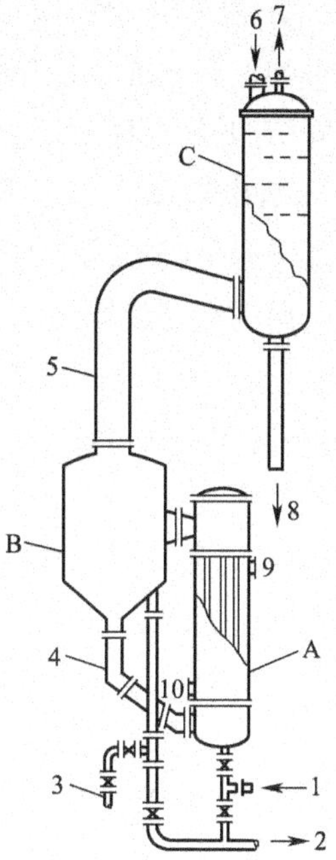

图4－55　真空蒸发机示意图

1—进酸管　2—出酸管　3—取样管　4—循环管　5—集气管　6—冷却水　7—真空管　8—落水管　9—加热蒸汽入口　10—回水管　A—加热器　B—分离器　C—冷凝器

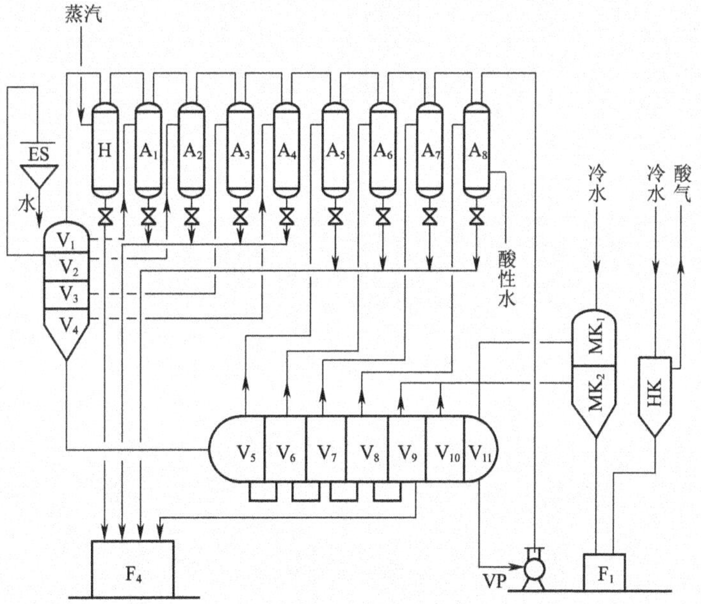

图4－56　闪蒸流程图

V_1～V_4—预闪器　V_5～V_{11}—闪蒸器　H—加热器　A_1～A_8—预热器 MK_1，MK_2—混合冷凝器　HK—第二冷凝器　ES—减压器　F_4—浓缩凝固浴槽　F_1—冷凝水槽　VP—酸泵

3. 结晶 纺丝时，化学反应生成的 Na_2SO_4 留于凝固浴中，为了使凝固浴在循环中保持平衡，增加的 Na_2SO_4 必须通过结晶除去。

降低凝固浴的温度，使 Na_2SO_4 的溶解度降低而析出结晶。在通常的情况下，凝固浴中的 Na_2SO_4 有 1/3 析出来，2/3 仍留于浴中。结晶的硫酸钠含 10 个结晶水（$Na_2SO_4 \cdot 10H_2O$），称为芒硝。芒硝是普通黏胶纤维厂的副产品。

工业上应用的结晶装置通常有间歇式结晶和连续真空结晶两种类型。

(1)间歇式结晶机。间歇式结晶通常使用表面冷却结晶机，即在结晶机的夹套中通以冷却盐水，而机内浴液在不断搅拌下达到冷却，凝固浴被冷却至 6～8℃时析出大量芒硝。由于间歇式结晶机的耗冷量大，生产效率低，劳动条件差，故在大生产中已较少应用。

(2)连续真空结晶机。连续真空结晶机是由预冷器、结晶器、冷凝器、补充冷凝器、蒸汽喷射泵和水环真空泵等组成，如图 4－57 所示。连续真空结晶机的工作过程是，凝固浴连续经过预冷器和结晶器，在高真空（0.986～1）$\times 10^5$Pa（740～750mmHg）下温度下降至 8～12℃，成为盐浆，再送去分离。

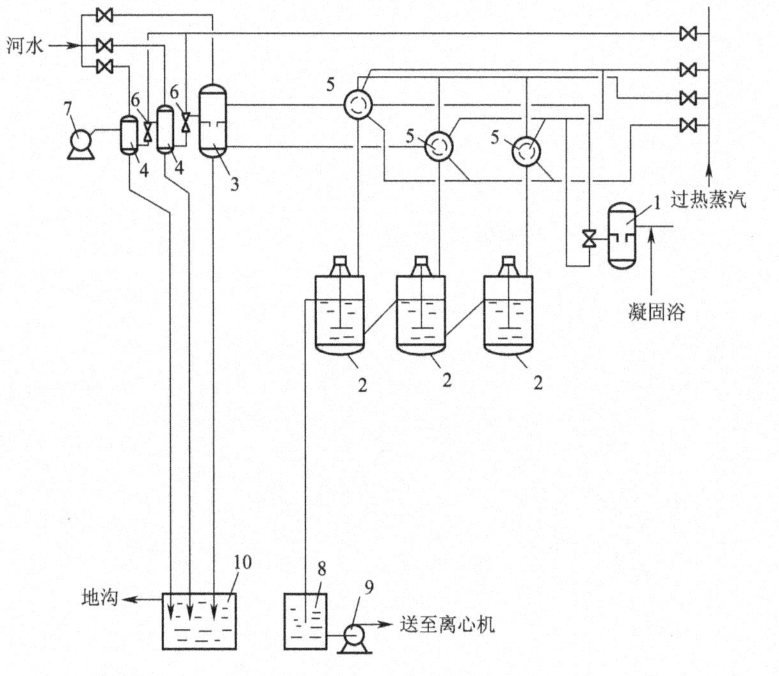

图 4－57 连续真空结晶机流程图

1—预冷器 2—结晶器 3—冷凝器 4—补充冷凝器 5,6—蒸汽喷射泵 7—水环真空泵 8—接受槽 9—耐酸泵 10—水槽

第六节 黏胶纤维后处理

一、黏胶短纤维的后处理

经纺丝、集束、拉伸、切断（或未切断）的黏胶纤维含有一系列杂质，包括丝条所带出的硫酸

（约占丝束重 1% ~1.2%）、硫酸盐（占 12% ~14%）、胶态硫黄（占 1% ~1.5%）以及附着在纤维上的钙、铁的金属盐，这些杂质一部分在纤维表面，一部分包埋在纤维内部，会影响纤维外观、手感，严重损害纤维性能，故必须通过后处理过程加以清除。同时，纤维在必要时所进行的漂白及上油也同样是纤维后处理工艺过程中的一部分。

黏胶纤维后处理项目有水洗、脱硫、漂白、酸洗、上油、烘干和打包。通常的工艺流程，根据丝束是否被切断，后处理可以分成四种方式，见表 4 - 12。

表 4 - 12 黏胶短纤维后处理方式

散状纤维后处理（酸切）	长丝束后处理（湿切）	长丝束后处理（干切）	丝束成型（不切断）
切断	后处理	后处理	卷曲
↓	↓	↓	↓
后处理	切断	上油	后处理
↓	↓	↓	↓
上油	上油	烘干	上油
↓	↓	↓	↓
烘干	烘干	切断	烘干
↓	↓	↓	↓
打包	打包	打包	卷取

目前很多生产厂采用切断后再进行后处理的方法，其工艺流程如下：

水洗→脱硫→水洗→漂白→水洗→酸洗→水洗→上油→烘干→打包

其中，漂白过程可根据需要取舍，例如纺制深色织物的普通黏胶短纤维就无需漂白。

（一）黏胶短纤维后处理工艺控制

1. 水洗 水洗可除去纤维上的硫酸、硫酸盐和丝条表面上部分硫黄，因此后处理的第一步就是水洗。而且每经脱硫、漂白、酸洗等化学处理后，仍需进行水洗，以除去药液和生成的杂质。在进行水洗时，要从工艺上控制下列因素。

（1）水质。洗涤水的质量对纤维的质量有很大的影响。如用硬水处理，则由于水的硬度高，水中含有大量的镁盐、钙盐，在以后上油等处理时所用的油剂往往会与钙盐、镁盐等作用，而生成不溶性的钙皂或镁皂，黏附在纤维表面。水中如含有较多的铁质会使纤维在脱硫时产生黑褐色的硫化亚铁。因此，后处理水洗所用的水，必须是具有较高纯度的软水。

（2）水温。一般控制为 60 ~70℃。温度高，杂质去除较干净，但热能消耗增多，车间散发的蒸汽雾增大。

（3）水循环量。洗水量大，则纤维漂洗得较干净，但必然消耗更多水和蒸汽。为了节约用水，除了第一道水洗和脱硫后洗过的水全部排放外，其余各道水洗的水一般都经回收后，部分循环使用。

2. 脱硫 从纺丝机出来的纤维上黏附着 1% ~1.2% 的硫黄，这些硫黄的存在会使纤维带有淡黄色，并使丝条有粗硬的感觉，此外纤维表面附着硫黄，在以后的纺织加工中产生灰尘，恶化车间环境，脱硫不净对机械设备也有腐蚀作用。

大多数纤维表面的硫能用70～80℃或更高温度的热水洗去。水洗以后纤维上的含硫量下降至0.25%～0.4%。纤维内部的胶质硫是以胶体质点状态存在的，不能用水洗去，必须借助于化学药剂，使与其生成可溶性的多硫化物和硫代硫酸盐而除去。脱硫使纤维上含硫量降低到0.05%～0.1%或更低。常用的脱硫剂有氢氧化钠、亚硫酸钠、硫化钠等。

（1）氢氧化钠脱硫。氢氧化钠与硫作用，其反应式如下：

$$6NaOH + 4S \longrightarrow 2Na_2S + Na_2S_2O_3 + 3H_2O$$

氢氧化钠脱硫作用最为强烈。因为它在水溶液中的离解度高，OH^-离子浓度很大，即碱性大，使纤维剧烈膨化，纤维内层的硫容易脱出，因此脱硫速度很快。但同时使纤维素大分子间的键大大变弱，纤维容易被空气中的氧所氧化，使纤维的断裂强度下降（特别是湿态强度），断裂延伸率也相应降低。普通黏胶短纤维厂采用这种方式脱硫，一般控制温度65～75℃，浓度3～7g/L。

（2）亚硫酸钠脱硫。亚硫酸钠与硫作用，其反应式如下：

$$Na_2SO_3 + S \longrightarrow Na_2S_2O_3$$

亚硫酸钠脱硫速度慢，作用温和，因它在水溶液内的OH^-离子浓度较低，使纤维膨化较小，又因为亚硫酸钠是一种还原剂，对纤维有保护作用，纤维不易被氧化，纤维损伤小，脱硫后纤维手感好，对设备腐蚀小。普通黏胶长丝厂采用这种方式脱硫，一般控制温度65～75℃，浓度10～25g/L。

（3）硫化钠脱硫。硫化钠与硫作用，其反应式如下：

$$Na_2S + H_2O \longrightarrow NaHS + NaOH$$

$$Na_2S + S \longrightarrow Na_2S_2$$

应用硫化钠脱硫，其作用与氢氧化钠基本相同。但是它的碱性较氢氧化钠为弱。由于硫化钠本身是一种还原剂，因此在脱硫时能防止纤维素的氧化，使纤维在脱硫后有关质量指标不致有很大的下降。硫化钠本身还能溶解硫，所以脱硫比氢氧化钠更充分，所得纤维白度较高。用硫化钠脱硫的缺点是，硫化钠内含有大量的硫化亚铁很难从脱硫液中去除，往往会使纤维上产生黑色条纹或斑点。普通黏胶短纤维厂可以采用这种方式脱硫，一般控制温度60～70℃，浓度2～5g/L。

3. 漂白 漂白是为了提高纤维白度，以改善织物外观。漂白剂通常采用次氯酸钠（NaClO）、过氧化氢（H_2O_2）和亚氯酸钠（$NaClO_2$）等。近年正在研究无氯漂白工艺。

NaClO能与纤维上不饱和的有色物质起加成反应，或使其氯化，从而达到漂白效果。通常控制漂白液的pH值为8～10，含活性氯1～1.2g/L，在常温下漂白。使用NaClO做漂白剂的优点是，它在常温下进行漂白，配制漂白液的方法比较简单。缺点是，NaClO溶液不稳定，在使用过程中pH值容易发生变化。当pH值小于8，纤维易受到损伤，NaClO会大量地分解，而且得到的纤维白度不高；当pH值大于10，纤维素虽不致受破坏，但有色物质不易被氧化。此外，NaClO在弱碱性溶液中会腐蚀塑料、软橡皮等制成的机器零件。纤维经漂白后需进行水洗。

H_2O_2在碱性介质中分解，释出原子态氧，将纤维上的有色杂质氧化，生成淡色或无色物质，通常控制漂白浴液含H_2O_2 1～2g/L，pH值为8～8.5，浴温60～70℃。H_2O_2漂白是在弱碱性介质（pH=8～8.5）中进行的，此时纤维素不发生分解。为了避免H_2O_2在碱性介质中分解过多，可在浴液内添加稳定剂，如水玻璃、磷酸盐、镁盐等。H_2O_2 的漂白作用较 NaClO 缓和，漂白后纤维的白度不高，但纤维的强度降低少。用 H_2O_2 漂白时，不能去除金属氧化物，如要去除氧化铁，必须进一步进行酸洗。采用 H_2O_2 漂白，可与上油过程同时进行，漂白后不需再进行水洗，纤维上残留的 H_2O_2 在干燥机中的高温下会分解。

4. 酸洗　酸洗的目的，是中和残存在黏胶纤维上的碱性漂白液或脱硫液，并把不溶性的金属盐类(或氧化物)转化为可溶性金属盐，以进一步提高纤维的白度。通常是用 HCl 或 H_2SO_4 溶液，浓度为 1 ~ 2g/L，常温酸洗。生产一般纤维也可不进行酸洗。

5. 上油与油剂配制　上油是为了调节纤维的表面摩擦力，使纤维具有柔软、平滑的手感，良好的开松性和抗静电性，适当的集束性和抱合力，改善纤维的纺织加工性能。黏胶纤维油剂通常配成稳定的水溶液或水乳液，要求无色、无臭、无味、无腐蚀，洗涤性好。普通黏胶纤维油浴浓度为 2 ~ 5g/L，纤维上油率为 0.15% ~ 0.3%，温度为常温。

油剂的组成部分包括润滑剂、乳化剂、抗静电剂，有时还加入消泡剂、防腐剂、防锈剂等。普通黏胶短纤维的油剂很多，例如，602 油剂：A 级工业白油 30%，脂肪醇聚氧乙烯醚(MOA_3)30%，聚氧乙烯蓖麻油(EL—10)10%，烷基磷酸钾盐(P—K)30%。

6. 烘干　切断纤维或丝束状纤维在烘干前都要先轧辊来预脱水，使其含水率由 300% ~ 400% 降至 120% ~ 150%。烘干后纤维含水率 6% ~ 8%。经过回潮吸湿，产品回潮率为 11% ~ 13%。

黏胶短纤维干燥可用多种形式，如循环热风干燥、热辊接触干燥、射频干燥等。一般多采用循环热风干燥烘干，烘干速度取决于热空气温度、湿度、循环速度及纤维层厚度和开松度，在生产上通常是调节热风温度。温度高则干燥快，但温度过高，会使部分纤维过热或烧焦，纤维强度、含油率、白度下降，故热空气通常不高于 120℃；由于湿纤维的实际温度大大低于热风湿度，故烘干机中带有湿纤维的区域应保持最高的温度(70 ~ 110℃)，而在干纤维的区域却保持较低温度(60 ~ 70℃)。

7. 打包　短纤维经烘干和干开棉后，借助气流或输送带送入打包机，打成一定规格的包，以便于运输和贮存。打包在打包机上进行。每包纤维的质量，根据纺织厂的要求、运输的情况及打包设备的情况而定，通常为 50 ~ 120kg/包，也有打成 200kg/包以上的，包上应注明生产厂家、纤维规格等级、质量、批号、包号等。

(二)黏胶短纤维后处理设备

黏胶短纤维的后处理方式，可分两种：一种是丝束后处理，另一种是散状短纤维后处理。丝束后处理一般较少采用，这里只介绍散状短纤维后处理设备。

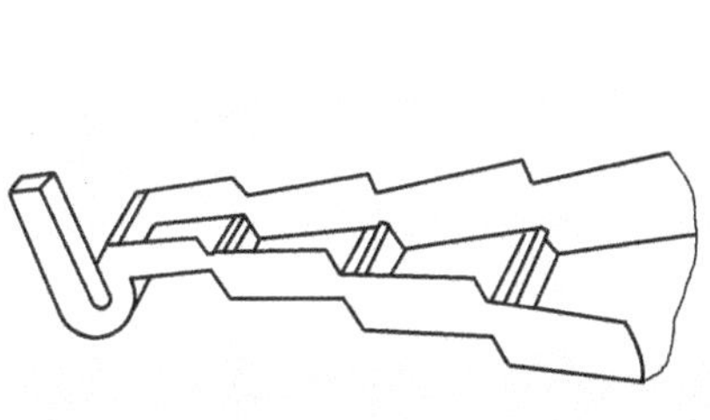

图 4 - 58　多级纤维输送槽

1. 输送槽　切断后的纤维用水送到输送槽，经过输送槽到淋洗机，输送槽的一般结构如图 4 - 58 所示。

输送槽是多级阶梯分配槽，该槽是数节呈阶梯状的堰式盛水浅槽。来自切断机的短状纤维随着水流由上而下逐级流经由窄到宽的输送槽内，得到松散、形成一定宽度的纤维层，其最终宽度与淋洗机纤维铺放宽度相同，其厚度约为 30 ~ 50mm。

2. 网带式后处理机　网带式后处理机是最常见的黏胶短纤维后处理设备，由一个或多个串联的无端不锈钢网带组成,网带由转动辊带动,网带的上方工作面上安装若干个不锈钢制的淋洗筛子,每个工作区有 2 ~ 4 个淋洗筛子。

切断的纤维经过纤维输送槽均匀地铺满在网带上,网带上的纤维层不断向前移动,经过各区淋洗筛子淋洗。淋洗浴液通过纤维层,被网带下方的接受浴槽导出机外逆流回用。为了防止纤维被处理浴液冲出机外,通常将网带翻边。为了避免浴液从前一区带入后一区,在各区、各段之间都装有橡胶的压辊对,其压力通过弹簧或压缩空气调节,如图 4 - 59 所示。

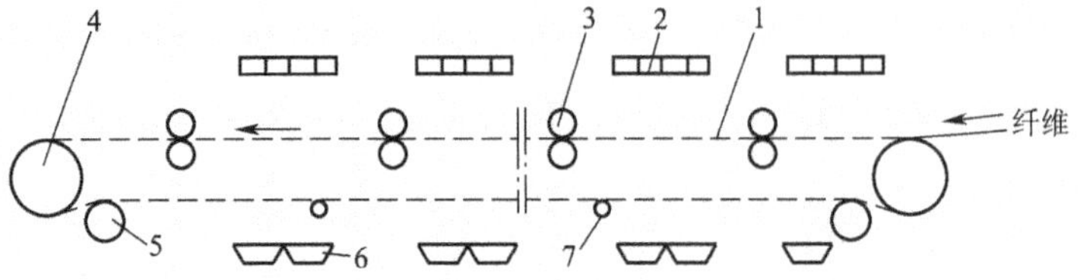

图 4 - 59　短纤维网带式后处理机示意图

1—不锈钢网带　2—喷淋筛　3—压榨辊　4—传动辊

5—张力辊　6—接受浴槽　7—托辊

3. 栅条式后处理机　栅条式后处理机(图 4 - 60)是一排具有假底的宽而浅的长槽,每一长槽就是一个处理区段。长槽的假底由许多凹形断面的不锈钢栅条沿处理槽纵向排列而成,栅条间的距离很小,通常在 0.5mm 以下,以免纤维被淋洗浴液带走。偶数栅条固定在机架上;奇数栅条则装在横向的托梁上,朝纤维前进方向倾斜 10° ~ 15°,横向托梁由偏心轴带动,由于它的转动,使每一区段的奇数栅条作封闭循环运动。循环的方式是:可动栅条首先向上提到高出固定栅条,在这一位置上向前运动,而后降到低于固定栅条,再沿相反的方向回复原位。

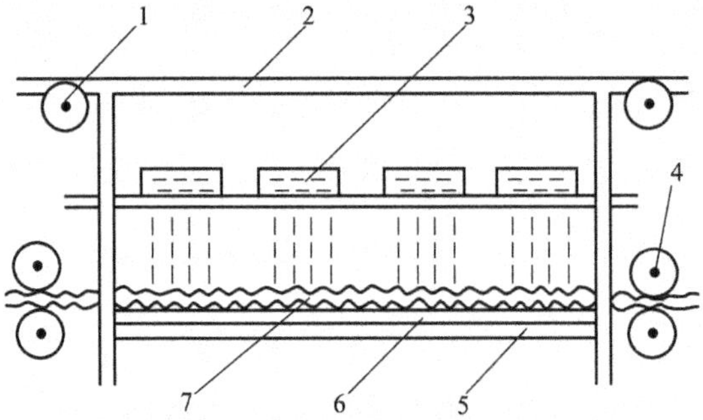

图 4 - 60　栅条式后处理机示意图

1—偏心轴　2—机架　3—淋洗筛子　4—轧液辊

5—固定栅条　6—可动栅条　7—纤维层

切断后的纤维,借助于专用的输送槽,沿着假底的宽度形成均匀的纤维层(厚度为 30 ~ 50mm),可动栅条每一次循环运动,就把纤维层抬起并往前移送一次,移送的距离就是栅条的动程。在纤维层不断向前移动的同时,受到上面筛子喷淋下来的各种浴液处理。处理浴液通过纤维层后，落入栅条下面的接受浴槽并导出机外。为了减少纤维将前一区段的浴液带入后一区段，纤维层在各区段间都受到辊筒对的压榨。

由于栅条式后处理机结构复杂，使用较少。

4. 干燥设备　黏胶短纤维干燥过程是由纤维开松机、纤维喂给机、烘干机、调温装置和纤维输送机所组成的机组完成的。

(1)开松机。用于烘干过程前的开松机又称湿开松机，用于烘干过程的中段和烘干后的开松机称为干开松机。无论是湿开松机还是干开松机，都起着把纤维开松的作用，所用的设备是开棉机。中、湿开棉机的主要构造如图4－61所示，它由一对喂入辊和一个角钉打手所组成，其开松的程度较弱。干开棉机的主要构造如图4－62所示，它配备有两个速度不同的角钉打手，转速快，开松强度大。

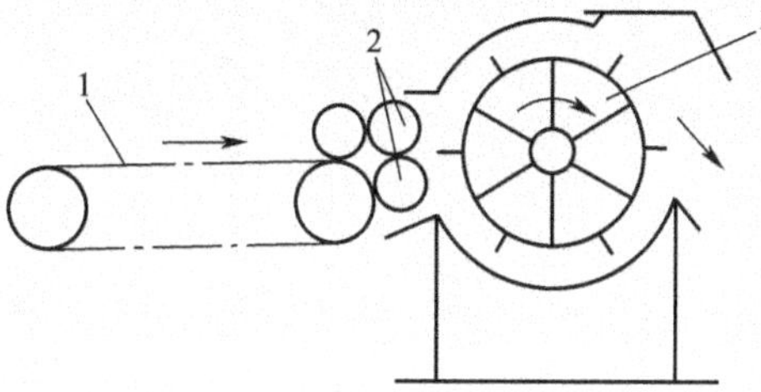

图4－61　中、湿开棉机示意图

1—喂入帘子　2—喂入辊　3—角钉打手

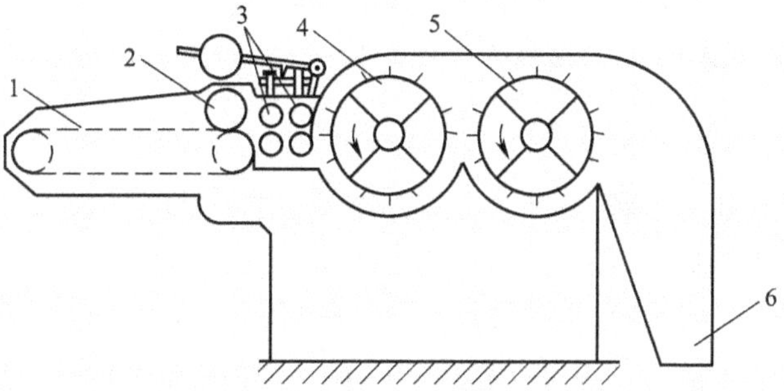

图4－62　干开棉机示意图

1—喂入帘子　2—集棉辊　3—喂入辊　4,5—角钉打手　6—纤维出口

(2)纤维喂给机。纤维喂给机的主要作用是将湿开松机开松的黏胶短纤维经梳理后较均匀地铺到烘干机的输送带上，如图4－63所示。

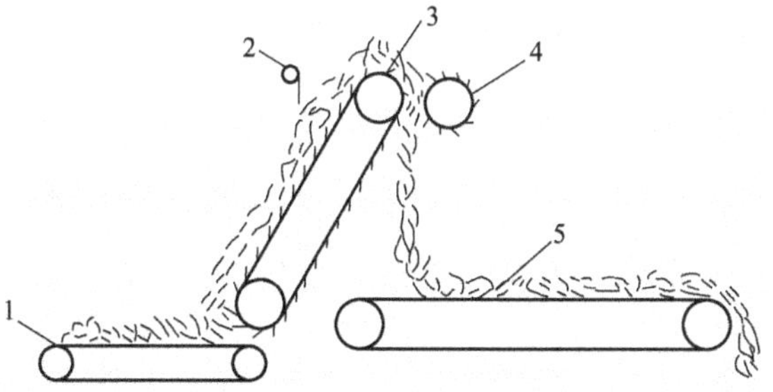

图4－63　纤维喂给机示意图

1—输送帘子　2—匀棉耙　3—角钉斜帘　4—剥棉辊　5—烘干输入帘子

喂给机工作过程如下：角钉斜帘将纤维抓起向上运动，经过匀棉耙的梳理，然后经剥棉辊将纤维均匀地剥下，落到铺棉带上，铺棉带往复摆动，将纤维均匀地铺到干燥输送带上。

(3)圆网式烘干机。此机由多个排列成单行的旋转圆网构成(图4－64)。

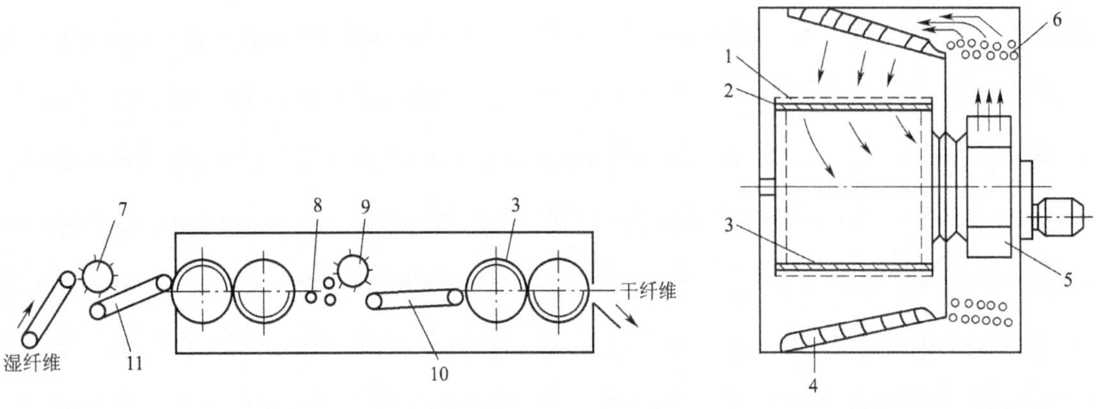

(a) 正面示意图　　(b) 横断面示意图

图4－64　圆网式烘干机

1—不锈钢网　2—多孔圆筒体　3—弧形挡板　4—导风板　5—离心式风机
6—加热器管　7,9—开棉辊　8—卸料压辊　10,11—输送帘子

圆网的主体是一多孔的圆筒，并与一离心式风机相连，筒的表面覆盖一层不锈钢网，筒内的一半装有固定不动的弧形挡板，挡板的周边通过耐高温橡皮或毛毯与筒内壁相密贴。

工作时，空气由风扇从筒内抽出后散开，通过加热器后又吹在网的表面，由于筒外喷吹空气的正压和筒内负压而产生吸力，使纤维吸附于圆筒的没有挡板的那一半表面上，热风通过纤维层进入圆筒内，使纤维得到烘干。

经后处理和开松的纤维(含水率约130%～150%)，由喂毛机均匀地落在送毛帘子上，并送往第一个圆网，由于此网内上半部有固定的挡板，纤维只能被吸附于圆网的下半部表面。当纤维由第一个圆网送至第二个圆网的交接处时，由于第二个圆网内的固定挡板装于下半部，且它的旋转方向与第一个圆网相反，故纤维转而吸附于第二个圆网上半部表面。这样，纤维经过多个圆网时，即进行正、反面的交替烘干，因此，烘干比较均匀。纤维圆网干燥如图4－65所示。

圆网式烘干机是黏胶短纤维生产中常采用的烘干机，它干燥均匀性好，纤维飞散少，清扫和修理方便，蒸发能力高而且能量消耗少，但容易产生落棉，给操作带来麻烦。

(4)带式烘干机。带式烘干机是由贯穿于整个机台的履带来输送纤维的。履带是由许多块固装在机身两侧的环形长链的布满小孔的铝板所组成，它在运动中把纤维从机头带向机尾，如图4－66所示。由于加热器和风扇的作用，热空气在机内通过纤维层而循环。为了提高烘干的均匀性，通常采用多区段，即在一个区段上热空气是自上而下通过纤维层，而在另一区段热空气则是自下而上穿过纤维层，如此交替进行。

带式烘干机的缺点是纤维易飞散和改变品种时清洁困难，故工厂中较少采用。

(5)纤维输送装置。烘干后的纤维送去打包，输送装置一般采用两种方式，由风机通过风管输送或由带式梳棉机输送。前者设备较简单，而且输送的距离较远，后者可避免纤维输送过程中带来的扭结。

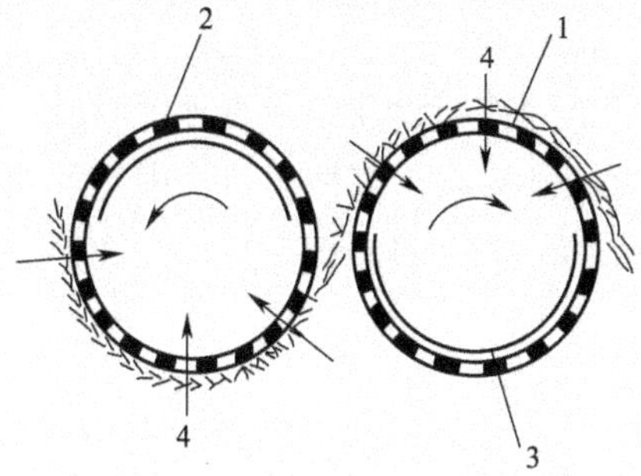

图 4-65　纤维圆网干燥示意图

1—纤维层　2—圆网　3—挡风板　4—进风方向

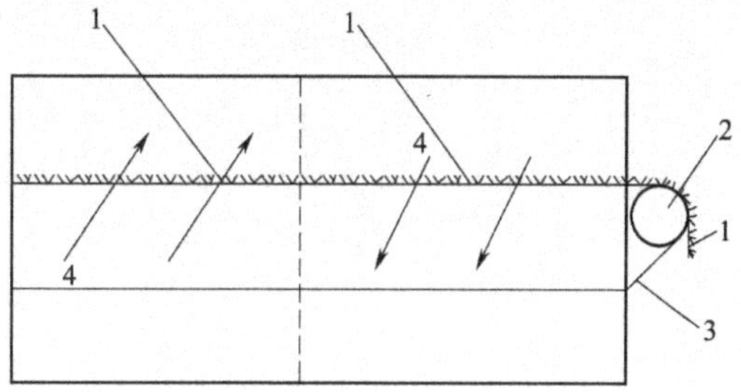

图 4-66　带式烘干机示意图

1—纤维层　2—传动辊　3—履带　4—热空气

二、黏胶长丝的后处理及纺织准备

(一)黏胶长丝的后处理

黏胶长丝后处理及纺织准备如图 4-31 所示。

连续法纺丝的丝条成型与后处理是在同一台设备上连续完成的，得到具有低捻度的丝筒，无需另行后处理和纺织准备便能用于织造。筒管纺丝法目前很少用，故下面仅讨论离心丝饼的后处理及加工。

普通离心纺丝法得到酸性丝饼，而半连续离心法纺丝得到中性丝饼，酸性丝饼与中性丝饼的性质不同，因而后处理工艺略有差别。

1. 丝饼后处理方法

(1)淋洗工艺。淋洗是采用后处理浴液自丝饼的表面渗入丝层的喷淋方法，来达到处理的目的。即将丝饼挂在淋洗筛下移动的淋洗棒上，靠机械转动，使淋洗棒在间隔一定时间内向前递送一定距离，并顺次受到自筛上喷淋下来的后处理浴液的淋洗，以除去丝饼上所带杂质。再经离心脱水和烘干后，即可进行络丝。

其工艺流程为：水洗→脱硫→水洗→酸洗→水洗→中和→水洗→上油→脱水→烘干

淋洗流程是按纺丝后丝饼的性质和对成品的不同要求而确定的。酸性丝饼要加强脱硫前的水洗，一般采用两道水洗；对成品白度有特殊要求或使用白度较低的浆粕为原料时，在酸洗前要加一道漂白和水洗。

经淋洗处理后的丝饼，含水量高达 300% 左右，为了减少干燥中水的蒸发量，缩短干燥时间和降低干燥蒸汽消耗，在干燥前要把丝饼上部分游离水去掉，所以必须进行脱水处理。经脱水后的丝饼含水量约为 150% ~200%，一般在离心式脱水机内进行。

(2)压洗工艺。压洗是将后处理浴液在压力下通过丝饼的丝层，来达到处理的目的，是黏胶长丝常用的后处理方法。丝件筐有两种形式，其一是在筐内组装多层隔板，即在每层间隔板上放置数十个丝饼；其二是将丝饼逐个套在丝件筐的带孔烛管上。集装好的丝件筐，用升降装置放入后处理机的浴槽中，使后处理浴液由叠置在间隔板上的丝饼内部通过丝饼的丝层，或使后处理浴液通过烛管的孔眼而进入丝饼内部，最后通过丝饼丝层，使丝条所吸附的杂质得到清洗。处理后的丝饼经离心脱水，烘干后进行络丝。

其工艺流程为：水洗→脱硫→水洗→漂白→水洗→酸洗→水洗→上油→脱水→烘干

压洗工艺流程与纺丝后的丝饼特性关系较大，上述压洗流程适于酸性丝饼。中性丝饼压洗，对白度要求不高时可以不加漂白过程。当对白度有一定要求需要加漂白过程时，在第一道水洗前要加硫酸洗，以消除成品的色泽差异。

淋洗与压洗相比，淋洗机械结构简单，但对大卷装丝饼的洗涤效果较差。压洗机结构复杂，但由于丝饼在后处理时完全被浸透在浴液中，能够受到后处理浴液的均匀处理，同时丝饼内外两面的温度可一致，所以效果较好。

2. 丝饼后处理工艺控制

(1)水洗。水洗时主要控制水温、水洗时间和水的循环量。通常压洗时水温为 30 ~ 45℃，时间为 30min，循环量为 2.0L/(min · 只丝饼)。每一次化学处理(上油除外)，其后都要进行水洗，以除去化学处理液和反应生成的杂质。

(2)脱硫。黏胶长丝的脱硫剂可用氢氧化钠、硫化钠或亚硫酸钠。经脱硫处理后成品丝的含硫量应降至 0.05% 以下。用 NaOH 脱硫，通常浴液中 NaOH 为 4 ~ 5g/L，温度为 50 ~ 60℃，脱硫时间压洗为 30 ~ 60min，淋洗为 75 ~ 100min；如用 Na_2SO_3 脱硫，则浴液的浓度为 20 ~ 55g/L，温度 70 ~ 75℃。

(3)漂白。黏胶丝的漂白剂，可用次氯酸钠、亚氯酸钠或过氧化氢等氧化剂，目前以用次氯酸钠居多。漂白时，漂液中含活性氯 1 ~ 1.2g/L，温度 20 ~ 30℃，pH 值为 8 ~ 10。

(4)酸洗。漂白后的丝饼经水洗后再行酸洗，以进一步除去残存漂液和漂白时生成的化合物。用于织造深色织物的黏胶丝，可以省去漂白过程，但脱硫后还应进行酸洗，以中和残存的脱硫碱液，并除去纤维上吸附的微量铁等金属杂质，提高丝条白度。酸洗可用盐酸或硫酸水溶液，目前以用盐酸居多，浓度为 1 ~ 3g/L，温度 30℃ ± 2℃，洗涤时间为 30 ~ 45min，压洗液循环量为 3 ~ 3.5L/(min · 只丝饼)。

在半连续纺丝机上成型的丝饼理应为中性，但如果丝条成型不完全，则有一定的残余酯化度(γ = 1.5 ~ 2)，丝饼放置一段时间后，变为略偏碱性(pH = 8 ~ 9)。这种丝饼在后处理时增加了处理药品尤其是漂白液的消耗量，又延长了漂白时间。为此，丝饼在脱硫前往往先用硫酸进行预酸洗，使其在稀硫酸(10g/L)中继续再生，残余酯化度降为 0.5 ~ 0.9，以加速漂白过程，减少漂液消耗。对于酸性丝饼，其残余酯化度较小，约为 0.2，故一般不进行预酸洗。

(5)中和。经酸洗后的丝饼虽经过水洗，但丝饼仍然显酸性，导致纤维强度下降，直接影响纤维质量。为了使丝饼达到中性，可以采用弱碱性的物质配成中和浴进行洗涤，达到中和酸的目的。一般使用碳酸钠或氨水配制中和浴，也可以用浓度较低的氢氧化钠配制中和浴，但浓度要低，控制在 0.1g/L 以下。

(6)上油。黏胶丝的上油剂主要包括润滑剂和乳化剂两部分,此外还加入少量抗静电剂、调黏剂、增白剂和 pH 值调节剂等。例如白油 71%,油酸 16%,三乙醇胺 8%,丙三醇(冬季用)5%,软水 200%。配制时分两次稀释,第一次调配工作液的母液,一般调成 120 ~ 150g/L,第二次是调配工作液,一般调成 0.8 ~ 2g/L,pH = 7 ~ 7.5(用碳酸钠调配),油浴温度 20 ~ 30℃,压洗时油浴循环量 3.3L/(min · 只丝饼)。

(7)脱水、烘干与调湿。黏胶丝饼经上述浴液处理后含水率为 320% ~ 350%,必须经过脱水、干燥和调湿,使丝饼的公定回潮率为 13%。

丝饼的脱水有两种方法。其一是用压缩空气脱水,即在压洗后的密闭的丝饼内通入压缩空气,压缩空气压力 30 ~ 50kPa,经 15 ~ 20min 吹脱,丝饼含水率可降至 180% ~ 190%;其二是离心脱水,将淋洗或压洗后的丝饼,用高速离心机脱水,含水率可降至 170% 以下。

丝饼烘干在隧道式烘干机内进行。丝饼置于小车上从机头到机尾依次通过有热风循环的各温度区,使水分蒸发,到第七区丝饼含水量为 6% ~ 8%,在第八区进行给湿,使丝饼含水量达到 10%(相当于公定回潮率 13% 左右)。

干燥工艺条件:第一区热风温度 75 ~ 85℃,第二区热风温度 75 ~ 85℃,第三区热风温度 70 ~ 80℃,第四区热风温度 65 ~ 75℃,第五区热风温度 65 ~ 75℃,第六区热风温度 55 ~ 65℃,第七区热风温度 50 ~ 60℃。干燥时间为 50 ~ 70h。

给湿工艺条件:第八区自然温度,相对湿度为 60% ~ 65%,给湿时间为 8 ~ 10h。

丝饼在干燥过程中,干燥速度对丝质质量有一定影响。在丝饼含水量及强、排风量不变的条件下,干燥速度取决于干燥温度,即温度越高,干燥速度越快。但干燥速度不宜过快,因为丝饼上水分蒸发是由丝的内层向外表面扩散的,通过丝外表面蒸发掉。干燥温度过高,使丝条表面过早烘干,妨碍了丝的内层水分扩散,易出湿块。

3. 后处理设备

(1)淋洗式后处理机。丝饼洗涤以淋洗方式进行,全机共 204 ~ 224 站,主要由传动装置、淋洗筛、浴液接受槽、挡水板、离心泵、加热器、过滤器及淋洗棒等组成,如图 4 - 67 所示。

淋洗式后处理机的工作程序是,在机器的一端将丝饼逐个套在丝饼棒上,每根丝饼棒套8 ~ 9 个丝饼,分别为三层或四层挂在淋洗机拉齿耙上,淋洗棒上方摆放淋洗筛,利用离心泵将各种浴液分别送到淋洗筛内,通过筛孔均匀地淋洒到丝饼上。借助浴液的淋洗压差渗到丝饼内层进行洗涤。按工艺次序,利用仪表自动控制每站停留时间为3 ~ 4min,再开始向前移动一次,直到完成各处理过程。

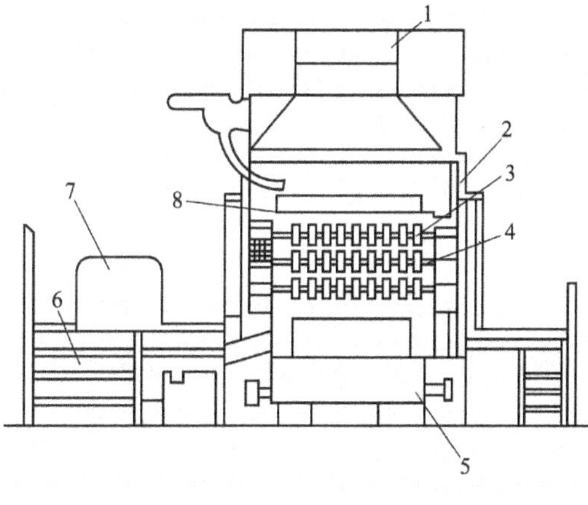

图 4 - 67　R661 型淋洗式后处理机

1—风管　2—机身　3—丝饼　4—淋洗棒　5—浴液接受槽　6—工作台　7—淋洗棒传递装置　8—淋洗筛

(2)压洗式后处理联合机。压洗式后处理联合机是由压洗车、快速接头装置、推进装置、游车、浴液输送系统组成。它是较新型的丝饼后处理机。

快速接头装置：交替将各浴液接头快速与压洗车对接，将浴液送到压洗车完成丝饼压洗。

推进装置：定时推动压洗线上的压洗车，自动完成定距运行。

游车：运载压洗车做转角运动的，把压洗车送到生产上的工具。

压洗车：由车架、侧架、托盘、横梁、顶盖、进液三通、排液水箱、侧罩、撑杆、车架车轮等组成，如图4－68所示。

丝饼分层立装在压洗车托盘上，然后由顶盖压紧。浴液经进液三通进入丝饼内侧，靠一定压力通过丝层完成压洗过程，如图4－69所示。

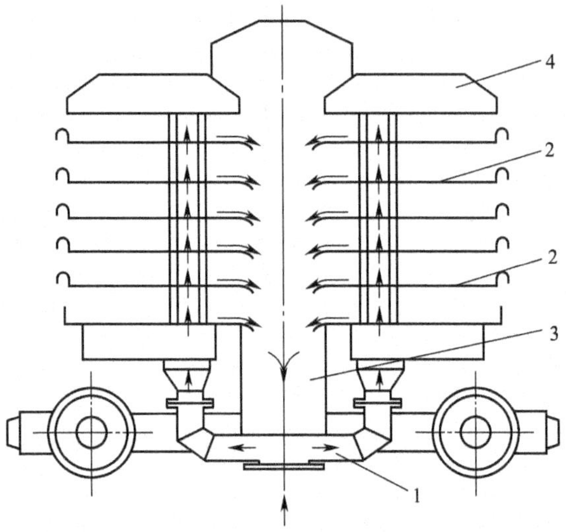

图4－68　压洗车

1—进液三通　2—托盘　3—排液箱　4—顶盖

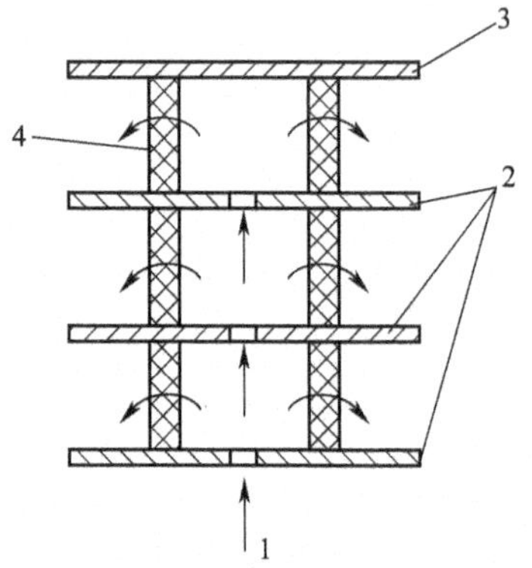

图4－69　压洗浴液流向示意图

1—进液　2—托盘　3—顶盖　4—丝饼

（3）脱水机。离心脱水机由地脚、外壳、机内转动壳、中轴和电动机组成。4～6个丝饼包成一包，摆放在转动壳内，转动壳高速旋转，丝饼内水分在离心力作用下被甩出机外，完成丝饼脱水。

自动脱水机属于回转式设备，适于压洗丝饼的脱水。脱水机由上转盘、下转盘、丝饼输送带组成，如图4－70所示。

自动脱水机的上转盘上装有16根带气囊的升降杆，下转盘上装有16个离心罐。下转盘转动时离心罐受区间控制，即旋转区间、制动区间、停止区间。丝饼在停止区间放入离心罐，转经旋转区进行脱水，再经制动区制动回到停止区。

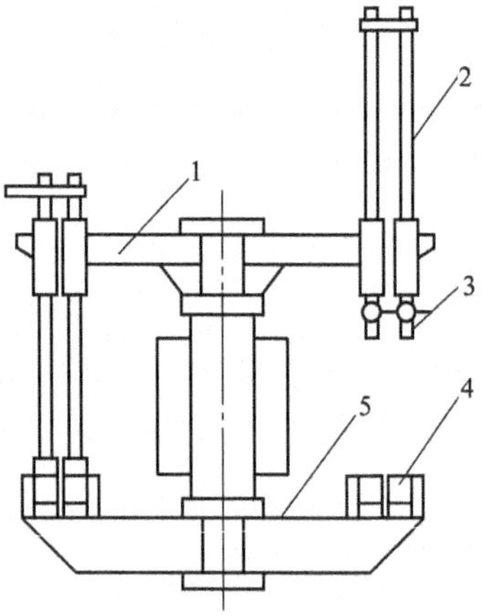

图4－70　自动脱水机

1—上转盘　2—升降杆　3—气囊

4—离心罐　5—下转盘

与下转盘协调动作的上转盘同时转动，升降杆做升降往复动作，在停止区插入离心罐丝饼内气囊充气。升降杆向上动作时，靠气囊充气的外鼓力把丝饼提出离心罐。然后，随着上转盘旋转至输送带上方时，气囊自动泄气，丝饼落到输送带上，完成一个自动脱水循环。

（4）烘干机。目前多采用逆流双隧道式干燥机，机内通常设有两条完全独立的隧道，在每一条隧道中铺设两条铁轨，可平行放置两列丝饼车，丝饼车借链式推进器的作用而沿隧道前进。链式推进器安装在烘干机机头的低洼处。

通过机头强排风机把机内湿空气外排，由机尾往机内补充较干的空气，使烘干机形成由机尾向机头，逆丝饼前进方向流动的热风。每个干燥区通过循环风机从区头吸进空气，通过加热器将空气加热，再经过区尾吹到丝饼上。丝饼接触热风，受热使吸附在丝条上的大量水分蒸发，从而达到丝饼烘干的目的。干燥机热风流向如图 4 －71 所示。

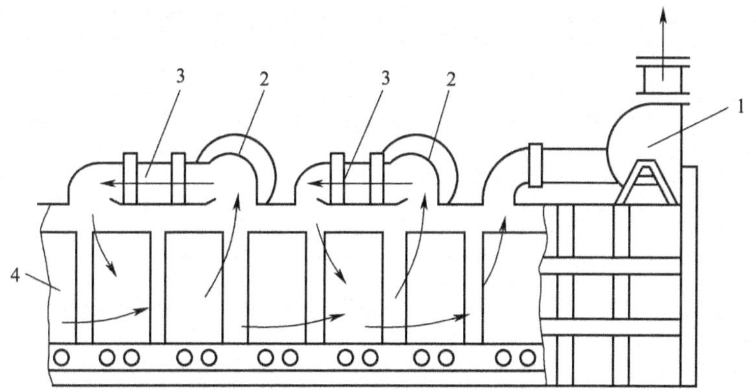

图 4 －71　干燥机热风流向示意图

1—强力排风机　2—循环风机　3—加热器　4—丝饼车

一台烘干机可由 2 ~ 8 个烘干区、一个强排区构成。为了提高烘干效果，每一烘干区内的热风循环路线不同。第一区的热风循环路线是自上而下，第二区是自下而上，第三区和第一区相同，第二区和第四区相同，其余依此类推。全机长 20 ~ 30m。

（二）黏胶长丝的纺织准备

黏胶长丝经后处理及烘干调湿后，一般还需经过加捻、络丝、分级和包装四个工序。对于采用筒管法纺制的丝条都必须经过这四个工序。若丝条在成型过程中已经过加捻（离心式纺丝机、半连续式纺丝机或连续式纺丝机），则加捻工序可以省去。

1. 加捻　纤维的捻度是成品丝的质量指标之一。所谓捻度就是每米长的丝条上具有的捻回数。通过加捻可提高纤维的断裂强度、弹性、抱合力等。一般黏胶长丝的捻度不超过 240 捻/m，用于针织或织造工业黏胶长丝的纬线捻度为 120 ~ 150 捻/m，经线捻度为 200 ~ 250 捻/m。

每种黏胶丝都具有极限捻度或临界捻度，超过极限捻度，纤维弹性和强度都将受到损失，这一数值和纤维的化学结构、纤维弹性、单纤维支数和总支数等有关。极限捻度随单纤维支数和总支数、纤维弹性的提高而提高，随纤维取向度的提高而降低。

黏胶长丝厂一般不生产高捻度纤维，要得到高捻度纤维，必须在专门的捻丝厂内进行补充加捻。

2. 络丝 对于经过后处理的成品丝件（丝绞、筒管丝或丝饼），都需要重新卷绕成一定形式——绕在圆柱形或锥形的筒管上，以供后加工厂使用。这种重新卷绕的工序就称为络丝。但有些生产单位络丝工序是省去的，将制成的丝绞和丝饼，直接送往后加工厂。

（1）络筒机。常用的络筒机为 R701 型筒子机，双面 96 锭。该机由六个部分组成。

①传动部分。单独锭箱传动式。

②成型卷取部分。由卷绕与往复导丝器的配合运动组成，使丝卷在筒管上形成绞花筒子。

③张力部分。丝条从丝饼表面上退卷下来，必须经过一套张力装置，包括丝饼帽、导丝钩、清丝板、张力盘、磁张力棒等，以保证络筒张力恒定不变。

④变速部分。变速的目的是为了使络筒线速度始终保持不变，即当筒子小时锭子转速高；而当筒子逐步加大时，则筒子转速逐渐减慢，使卷筒速度恒定，不会因筒子直径增大而断头或使筒子成型不良。

⑤断头自停部分。丝一断头，这时锭子立刻停止运转，使挡车工及时接头，避免断头不停车，使筒子表面上的丝层紊乱，影响筒子质量。

⑥满筒自停部分。筒子卷绕到所需的直径对，即自动停锭，使成品丝筒的直径大小及质量一致。

络筒时丝条经过的路程如图 4－72 所示。

丝饼帽→导丝钩→清丝板→张力盘→弹簧张力棒→磁张力棒→磁张力钩→导丝棒→自停针→磁嘴

其中张力各部件的作用如下：

①导丝钩。起引导丝的作用，确保丝条行程的位置；

②清丝板。清除丝表面留下的异物；

③张力盘。根据丝筒不同直径具有不同张力，通过张力盘予以调节，以保持整个丝饼在退卷时张力均匀一致；

④磁张力棒。丝卷绕在筒子上，随着筒子直径的改变，丝的张力也逐步改变，为了保持整个筒子的张力一致，通过张力棒与丝的包围角度大小的改变来调节。

（2）成绞机。成绞工艺流程（图 4－73）：丝饼帽→导丝圈→导丝钩→第一导丝玻璃棒→第二导丝玻璃棒→第三导丝玻璃棒→断头自停钩→横动导丝器→绞框

丝条从丝饼表面退绕下来，通过导丝圈形成一个气圈，而后通过锭子中心上方的导丝钩，一次绕过产生张力的三道导丝玻璃棒，与断头自停钩，保持有一定张力。丝条借助于左右不断移动的横动导丝器将丝条卷绕在旋转绞框上。横动导丝器每分钟以 89 ~ 129 次往复，往复动程 90mm，由于绞框转速与横动导丝器往复次数有一定比例，丝条在绞框上不重叠。

成绞机结构由传动部分、成型部分、断头自停、满绞装置、张力五部分组成。

3. 分级、包装 黏胶纤维在出厂前都要经过分级和检验。目前在厂里所进行的分级工作，包括对纤维物理—机械性能、染色性能及外观等三方面的考核。

黏胶长丝出厂，有丝绞和筒子两种，我国一般采用丝绞形式。经检验合格后，即进行包装出厂。

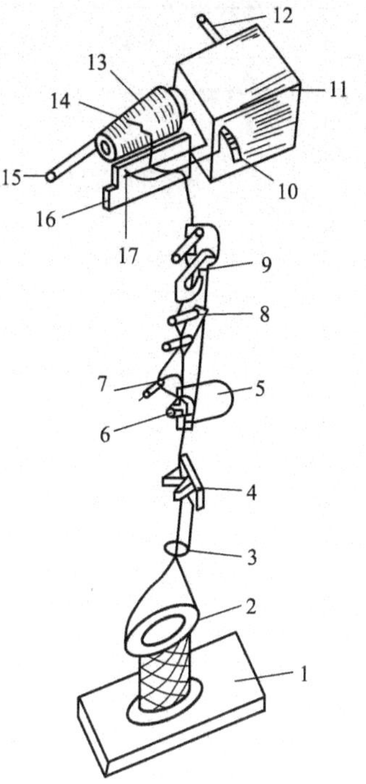

图4－72　络筒时丝条经过的路程示意图

1—丝饼托盘　2—丝饼帽　3—导丝钩　4—清丝板　5—张力圈　6—张力盘　7—弹簧张力棒　8—磁张力棒　9—磁张力钩　10—自停针　11—锭箱　12—开关手柄　13—丝筒　14—磁嘴　15—筒管装卸手柄　16—成型滑板　17—导丝棒

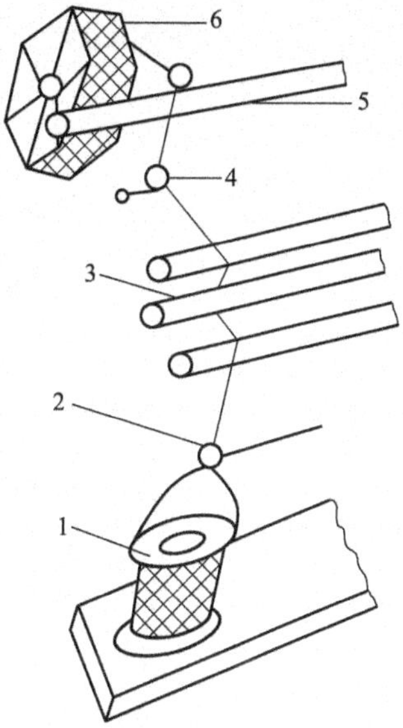

图4－73　丝条在成绞机的走向

1—丝饼帽　2—导丝钩　3—玻璃棒　4—断头自停钩　5—横动导丝器　6—绞框

第七节　黏胶纤维的质量控制

一、原液工段质量控制

原液工段常见故障产生的原因及解决方法见表4－13。

表4－13　原液工段常见故障产生的原因及解决方法

常见故障	产生原因	解决方法
喂粕机堵料	1. 分页刀摆动速度与喂粕速度不匹配，拨下叠太多 2. 浆粕堆码压得太紧实 3. 浆粕太软，立不起	1. 调快分页刀摆动次数 2. 调整浆粕堆码松紧程度，并稍有一点倾斜度即可 3. 调换浆粕

续表

常见故障	产生原因	解决方法
浸渍桶搅干浆	1. 喂粕投料速度太快，浆粕成叠投入，使浸渍不透 2. 浸渍桶液面太低，出浆快，进碱少 3. 浆粕吸碱值太低	1. 调整喂粕速度，使浆粕每次 1～2 张均匀投入 2. 调整出浆量和浸渍进碱量，保证出浆和进碱平衡 3. 调整浸渍温度和浓度，添加助剂，保证低吸碱值浆粕的浸渍效果
浸渍中投料困难	1. 浆泵效率下降，浆浓度逐渐增加 2. 浆粕吸碱速度偏低，不易润湿，浆料上浮	1. 改善浆泵转子和泵壳之间的配合状况：间隙小则扬程高，但流量小；间隙大，则扬程低而流量大 2. 提高浆粕的吸碱速度
预粉碎或细粉碎堵料	1. 碱纤维素过干或过湿引起预粉碎堵料 2. 落料斗中碱垢落下，引起细粉碎的堵料 3. 细粉碎转速降低	1. 调节压辊速度 2. 清理碱垢 3. 增加细粉碎转速
粉碎机粘壁	纤维素中半纤维素和树脂等含量过高，粉碎时会形成黏性颗粒，易于黏附在粉碎机壁上	控制半纤维素和树脂含量
老成进口堵料	1. 压榨开始后忘开老成鼓搅拌轴，使细粉碎堵料 2. 老成鼓跳闸未及时发现 3. 老成鼓出口料走不动未及时发现	1. 浸压粉停止压榨，检查细粉碎是否受损 2. 开启老成鼓或检查跳闸原因 3. 排除出料口故障继续走料
老成出口堵料	1. 输送带滑料 2. 老成出口碱纤塞得太紧	1. 皮带原因、料层太厚、料层太湿 2. 用细棍掏通
老成温度不准	1. 温度失灵 2. 温度计周围有碱纤结垢	1. 更换温度计 2. 疏通以除去碱垢
杂物落入黄化机内	1. 料斗上的铁件久后脱落 2. 机口周围的小杂物清扫时未及时发现一并倒入	1. 发现后清除黄化机内杂物 2. 加强对料斗和机口周围检查，有杂物主动清除
黄化"串料"	1. 黄化机进出料阀门关启差错 2. 黄化机阀门失灵及封闭不严	1. 黏胶抽入量不多：可降低黄化温度，延长黄化时间，添加浓碱液，增加二硫化碳用量 2. 黏胶抽入量较多，则不宜补救，应报废
黄化时抽不起真空	1. 机台有阀门未关到位 2. 机台密封系统漏气 3. 真空泵无水或水太少	1. 关闭有关阀门 2. 检修机台密封系统 3. 增加真空泵中的水
后溶解溢胶	1. 进料机台搞错，使后溶解机内黏胶满料 2. 阀门开错或该关的未关到位 3. 前面一批料未走完就进下一批料	1. 停止进料 2. 纠正操作错误 3. 纠正操作错误

二、纺丝工段质量控制

纺丝工段常见故障产生的原因及解决方法见表4-14。

表4-14 纺丝工段常见故障产生的原因及解决方法

常见故障	产生原因	解决方法
成品中有粗纤维或并丝	1. 个别纺丝部位烛形滤芯由于包扎不良而使黏胶短路 2. 个别喷丝孔被杂质堵塞	1. 重新包扎烛形滤芯 2. 清洗喷丝头组件
丝束上有粒状细微胶块	脱泡不良	提高真空度，保证脱泡时间
丝束上有大胶块	1. 凝固浴硫酸浓度过低造成成型差 2. 喷丝头组件泄漏，黏胶连续被丝条带出 3. 喷丝头损伤 4. 纺前进口压力大，出口压力过低，形成压力降过大	1. 酸站补加硫酸 2. 更换喷丝头组件 3. 更换喷丝头 4. 加强头、二道过滤，改善黏胶质量或增加纺前滤机换布次数
断头（闷头）	1. 纺前不能连续供胶（换滤布后没有充胶而存在气泡） 2. 喷丝头组件破裂 3. 计量泵齿轮啮合不良，发生间歇式转动或不转动	1. 严格纺前滤机开新车操作 2. 更换喷丝头组件 3. 修理计量泵传动部位
异状纤维	1. 脱泡不良 2. 黄化时 CS_2 量过多 3. 更换喷丝头及滤器时未排尽气泡	1. 有效脱泡 2. 减少 CS_2 用量 3. 更换组件前用 N_2 排空
出塑化浴的丝束出现毛丝	1. 凝固浴酸度过高导致反应剧烈而出现脆丝，经不起拉伸 2. 黏胶熟成度过大导致流动差，分子运动被束缚，不易拉伸 3. 塑化浴内拉伸倍数过高 4. 丝束在塑化机内机械磨损	1. 降低硫酸浓度 2. 减少熟成度 3. 降低塑化拉伸倍数 4. 检修塑化槽内部
复丝中单丝根数不足	1. 喷丝孔堵塞 2. 部分断头缠牵伸盘 3. 部分单丝合并到邻丝的丝条上	1. 减少黏胶和酸浴中树脂、蜡质等杂质 2. 在黏胶中加助剂，防止结垢 3. 提高酸浴清洁度，防止硫及硫化锌沉淀到喷丝头表面
纺丝机件漏胶	1. 机件质量差，互换性不好 2. 垫圈裂边、缺口和带胶皮 3. 曲管（鹅颈管）边缘破损，摇摆杆螺纹或滤套螺纹磨损 4. 纺丝泵装配不良或平整度差	1. 纺丝机件在进厂时应检查质量，保证机件的互换性 2. 选用弹性和抗疲劳性好的密封圈或平整的纸垫 3. 使用中对不合格的机件要剔除，如螺纹磨损的摆杆、滤套、边缘破损的曲管和垫圈等不得使用 4. 正确装配纺丝泵
卷曲丝饼	1. 漏斗偏离离心罐中心 2. 漏斗本身偏斜 3. 漏斗或离心罐振动	1. 纠正漏头位置 2. 纠正漏头位置 3. 制止漏斗或离心罐振动

续表

常见故障	产生原因	解决方法
大小头丝饼	漏斗口距离心罐底部过高或过低	调节漏斗口与离心罐底部的距离，应为5mm左右
条纹丝饼	1. 整台纺丝机出现条纹丝饼，是漏斗升降次数和离心罐转速配合不良造成的 2. 个别锭子产生条纹丝饼，是升降架跳动或个别离心罐转速下降造成的	1. 调节漏斗升降次数和离心罐转速，使之配合良好 2. 防止升降架跳动，提高离心罐转速
羽毛丝饼	离心罐或内套中有废丝	清除离心罐或内套中废丝
小丝饼	1. 纺丝时间不足 2. 断头时间过长 3. 漏胶	1. 增加纺丝时间 2. 检修设备 3. 更换喷丝头组件
大丝饼	超时落丝	缩短落丝时间
乳白丝	1. CS_2 超过黄化用量的20% 2. 酸浴中硫酸和硫酸钠含量偏高，浴温也过高 3. 纺丝黏胶熟成度过低（过嫩胶），氯化铵值 >12mL 4. 浆粕中树脂含量太低 5. 纤维烘干过于迅速	1. 保证二硫化碳加入量的准确性 2. 严格控制酸浴组成和温度 3. 延长熟成时间，适当提高熟成度（降低氯化铵值） 4. 采用较低温度和较长时间的缓和烘干条件 5. 采用助剂，降低黏胶和酸浴之间的界面张力，使气泡易于逸出，可显著减少乳白丝的形成
黄斑丝饼	1. 酸浴含酸量低 2. 后处理时丝束过紧，未能洗透，脱硫不净 3. 酸浴中含有一定量的镉	1. 提高酸浴中硫酸含量，保证丝条的充分凝固分解 2. 提高脱硫液温度和浓度 3. 更换硫酸锌原料，要测定含镉量，含镉量 <0.01%

三、后处理工段质量控制

（一）黏胶短纤维

黏胶短纤维后处理工段常见故障产生的原因及解决方法见表4-15。

表4-15 黏胶短纤维后处理工段常见故障产生的原因及解决方法

常见故障	产生原因	解决方法
纤维呈黄色或红色	1. 脱硫浴温度或浓度太低 2. 纤维层过厚 3. 洗涤水或工作液中含有铁锈或其他有色物质	1. 提高脱硫浴温度或浓度 2. 减少纤维层厚度 3. 带色纤维另行包装
油块纤维	1. 上油槽式开松机等死角的积丝落下，混入纤维中 2. 上油浴接收槽液面下降，使浮油被泵送到后处理机，污染纤维	1. 挑拣出油块纤维 2. 调整浴槽液位
成品丝手感太粗硬	1. 进入上油的纤维含水量大或油浴浓度太低 2. 油浴槽循环中断或循环量太少	1. 调整中间压辊压力和油浴浓度 2. 调用备泵，恢复正常循环

续表

常见故障	产生原因	解决方法
淋洗中断或循环量减少	1. 泵式电动机损坏 2. 脱硫浴泵体或管道中有结垢 3. 泵体内有纤维杂质堵塞	1. 调用备泵 2. 对泵或管道清除杂质 3. 未淋洗的纤维应分清，并重新处理
圆网烘干机纤维吸着困难（落棉）	1. 风机皮带松，吸风能力减弱，圆网内外压差低 2. 圆网密封差，降低圆网内外压差 3. 圆网表面小孔被油剂和纤维黏结而堵塞，降低了透气率，空气阻力增大，压差减少 4. 补风量不足，使烘干室内正压降低，圆网内外压差变小 5. 排气量不足，循环空气湿度增高 6. 喂入纤维开松度差，含水率高	1. 更换和调整皮带 2. 更换密封件和弹性件，防止异物轧损圆网 3. 定期清洗圆网，选择合适油剂 4. 开门补风并且增加排气量 5. 增大排气量 6. 增加开松度，降低纤维含水率

（二）黏胶长丝

黏胶长丝后处理工段常见故障产生的原因及解决方法见表4－16。

表4－16　黏胶长丝后处理工段常见故障产生的原因及解决方法

常见故障	产生原因	解决方法
白节丝	1. 经脱硫后的丝饼残存部分硫化锌、氢氧化锌及其他氢氧化物，水洗不充分 2. 酸洗效果不好，丝条上残存氢氧化铁及其他重金属盐等	1. 增加水洗效果（水洗时间和水洗量） 2. 增加酸洗时间和酸洗量
卷绕丝	由于普通丝在进入离心罐中时漏斗与离心罐不同心，甩出的丝条张力周期性大小变化形成卷绕丝，到丝饼内层时，直径变小，偏心度加大，丝饼内层很容易形成轻卷	调整漏斗与离心罐使之同心
乳白丝	1. 水质硬度偏高，水中的钙、镁离子易与乳化不稳定的油剂作用，生成不溶性的钙皂和镁皂，黏附在纤维表面上，造成色光不匀 2. 淋洗温度波动过大	1. 降低水质硬度 2. 控制淋洗温度
丝饼有黑褐色斑点	淋洗棒包胶老化，棒芯受腐蚀，或设备管道受腐蚀，过多的铁离子进入丝饼，在脱硫时生成硫化铁黑褐色斑点	更换淋洗棒或处理设备管道
丝饼有红棕色斑点	大量铁质形成的锈斑	更换淋洗棒或处理设备管道
丝饼有黄色条	淋洗棒上的齿或淋洗机齿板损坏，丝饼在处理过程中不转动，脱硫时硫化物聚集在丝饼下部	修理淋洗棒上的齿或淋洗机齿板
丝饼白污	丝饼脱水不充分，含水过多，在烘干过程中水分在纤维表面移动集聚，产生部分纤维丧失光泽的现象	加强丝饼脱水
脆断丝（霉丝）	丝饼酸洗后除酸不净，造成在烘干的加温过程中，部分纤维被水解，使丝条强伸度很低，吸色性能差，织造后染色呈现浅条纹	在酸洗后增加碱洗工艺，防止酸洗不净；在油浴中添加碳酸钠调节pH值至微碱性；增大丝饼卷绕角，对酸性纺丝丝饼要防止淋洗前风干

四、成品纤维质量控制

成品纤维常见故障产生的原因及解决方法见表4－17。

表4－17 成品纤维常见故障产生的原因及解决方法

常见故障	产生原因	解决方法
纤度不匀	1. 黏胶中甲纤含量过低和各批次胶甲纤含量不均匀 2. 计量泵供胶量不均匀 3. 纺丝组件漏胶 4. 单丝缠辊、分离	1. 控制黏胶甲纤含量、黏度及供胶压力的稳定 2. 控制计量泵流量偏差 3. 减少纺丝组件泄漏(密封好) 4. 提高可纺性,减少堵喷丝孔毛丝及缠纺丝盘
长丝低强力及强力不均匀	1. 局部室温低,造成丝条出酸浴后拉伸、分解不匀 2. 酸浴、二浴温度不均匀,组成不合格;酸浴循环量小,有死角,出胶孔堵塞,去酸水、冲洗水流入浴中 3. 导丝器、牵伸盘、漏斗等有毛刺、有结晶、结垢,使湿丝条受到划伤,往往并未形成单丝断裂 4. 计量泵转速不均匀	1. 增加室温 2. 调节酸浴、二浴温度均匀,增加酸浴循环量和酸浴清洁度,防止去酸水、冲洗水流入浴中 3. 保证与丝条接触机器的光洁度,提高黏胶质量,减少杂质量 4. 调节计量泵转速均匀
外观染色色差	1. 黏胶熟成度的差异(熟成度高,染色浅) 2. 酸浴组成及温度差异(低浴温或低酸浴组成,使丝条染色变深) 3. 酸浴中进胶量不均匀、堵塞、水漏入浴槽中会造成丝条色差 4. 室温及机内温度不均匀(室温低,使染色变深) 5. 丝条张力及牵伸不均匀(张力大牵伸大,染色深);丝条行走角度、张力及牵伸的差异也会使丝条染色不均匀 6. 酸浴中硫酸锌内镉含量＞0.1%,在酸浴中生成硫酸镉,带到丝条上没有完全洗掉	1. 控制原液供胶的组成和熟成度;减小机台和锭位之间的熟成度差异,管外实行保温来减小熟成度差异 2. 减小酸浴浓度和温度差异。主要由酸站控制酸浴波动。采用的循环方式是垂直浴中横向缝隙下进酸,上部溢流的形式 3. 控制酸浴进胶量均匀 4. 控制室温及机内温度 5. 保持张力和牵伸均匀,正常安装曲管、导丝装置的安装角度、绕行圈数和确定牵伸盘直径 6. 控制酸浴中硫酸锌含量
硬丝	1. 喷丝孔堵塞 2. 黏胶流不稳定(黏度、气泡、杂质) 3. 换喷丝头周期过长 4. 后处理洗涤效果不好,丝条上杂质过多 5. 由于浓度波动大,丝条上油率不均匀 6. 烘干各区温度控制不当,局部温度过高	1. 清洗喷丝孔 2. 提高黏胶质量 3. 换喷丝头周期不能过长 4. 提高洗涤效果 5. 增加油浴浓度均匀性,提高丝条上油均匀性 6. 严格控制烘干区温度
污染丝	1. 酸浴带色或含铁、镉、铅等使丝条显色 2. 新换了计量泵 3. 机油	1. 酸浴除杂 2. 刚换计量泵时产生的丝作废丝处理 3. 人为减少机油污染

续表

常见故障	产生原因	解决方法
毛丝	1. 牵伸率过高,张力过大 2. 导丝棒、导丝钩、漏斗的机械磨损 3. 丝条上本身的缺陷:黏胶中的胶块、机械杂质、气泡及酸浴中的杂质	1. 减小拉伸率 2. 机械光洁度好 3. 提高黏胶及酸浴质量(加强过滤、脱泡)
胶块丝	1. 黏胶凝固不良而黏结 2. 黏胶熟成度过高 3. 喷丝头缓伸过大	1. 调整酸浴温度与组成 2. 减小黏胶熟成度 3. 减小喷丝头缓伸率

第八节 黏胶纤维新品种及加工

一、黏胶玻璃纸

玻璃纸是一种以棉浆、木浆等天然纤维为原料,用胶黏法制成的一种再生纤维素薄膜。玻璃纸是再生纤维素,其分子链存在着一种奇妙的微透气性,可以让商品像鸡蛋透过蛋皮上的微孔一样进行呼吸,这对商品的保鲜和保存活性十分有利;不耐火却耐热,可在190℃的高温下不变形,可在食品包装中与食品一起进行高温消毒;对油性、碱性和有机溶剂有强劲的阻力;不产生静电,不自吸灰尘;因用天然纤维制成,在垃圾中能吸水而被分解,不至于造成环境污染,是一种当今世界流行的环保包装产品。因此,它无毒无味,高光泽,透明性,抗张强度和伸长率优良,挺括,无静电,无二次污染,印刷性能卓越,并能用普通油墨印刷,防潮、不透水 、不透气、可热封等性能,对商品起到良好保护作用,这在包装上的独特优点,是其他材料所无法取代的。所以,玻璃纸广泛用于食品、医药、烟酒、电池、渔竿、电缆等领域的纸盒外包装,也是印刷复合的理想环保包装材料。

生产玻璃纸的黏胶制备过程与生产黏胶纤维的基本相同。经过滤、熟成、脱泡后就进入薄膜成型机,并在凝固浴内成型。成型后的薄膜也需进行后处理,制成透明的黏胶薄膜,其生产工艺流程如图4-74所示。

(一)黏胶玻璃纸的成型工艺

1. 生产玻璃纸对黏胶的要求 黏胶玻璃纸的厚度约为17~50μm,比单丝直径大得多。因此,玻璃纸成型过程中单位时间出来的黏胶也多。为使黏胶能迅速的凝固,需有相当高的熟成度,一般为4.5~5.5mL(氯化铵值),黏度35~55s。由于黏胶玻璃纸的生产需要有熟成度高的黏胶,即稳定性差的黏胶,所以,实际生产中可采取下列措施来制得熟成度高的黏胶:

(1)采用低碱比,降低黏胶中氢氧化钠的含量,以加速熟成;

(2)减少黄化时二硫化碳用量,以降低酯化度,降低黏胶稳定性,来加快熟成速度;

(3)提高黏胶黄酸盐的含量,加速熟成。

纺玻璃纸黏胶要求含甲纤高,使结构紧密,成型时收缩小,以提高玻璃纸的机械性能。

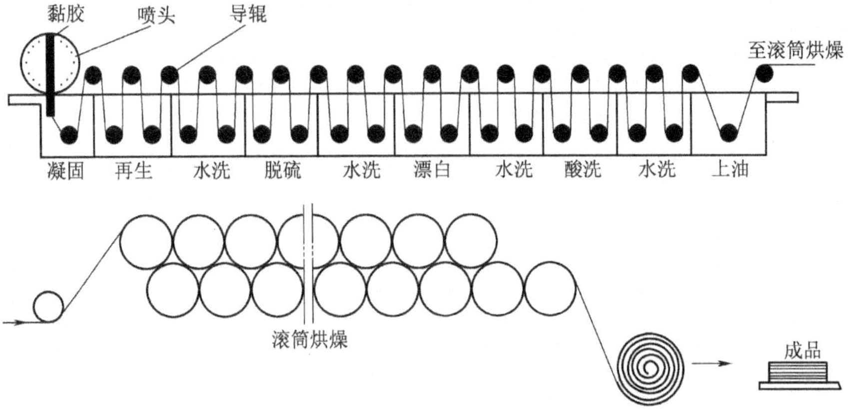

图 4-74　玻璃纸生产工艺流程示意图

玻璃纸要求透明度高，所以对黏胶的纯净度要求也不亚于黏胶纤维，黏胶必须经过良好的过滤和脱泡。

2. 生产玻璃纸对酸浴的要求　黏胶玻璃纸成型一般有一浴法和二浴法两种。二浴法成型是凝固和分解分开的。由于玻璃纸成型慢，故在生产中需有两个或三个槽才能完成成型过程；为了防止产品发硬发脆，采用低酸高盐的浓度组成凝固浴，这样有助于产品柔软；酸浴中加入有凝聚作用的表面活性剂，目的是使酸中胶体硫凝聚，易于沉淀。同时还可避免胶体硫黏附在喷唇上，减少纸面疵点；酸浴要保证足够的循环量，连续换液降低酸浴落差，带走成型过程中产生的胶质硫，保证纸面干净，提高透明度。

3. 制模机　制模机也称为喷唇，是一个长方形的喷胶装置，在喷口处装有经加工后的喷唇一对，并在其上装有调节厚薄程度的螺丝，用以调节薄膜厚度，使薄膜厚度均匀。黏胶从制模机上部进入喷嘴内腔，并由喷唇细缝喷入酸浴中成型，调节装置，调节纸的厚薄，使其均匀。

（二）黏胶玻璃纸的后处理

1. 玻璃纸的后处理流程

水洗→脱硫→水洗→漂白→水洗→酸洗→水洗→塑化→水洗→上油→干燥

2. 玻璃纸的后处理工艺控制

（1）水洗。凝固后采用高温水洗，水洗温度控制在 75 ~ 85℃，可以洗掉大量的胶质硫，去掉纸上的臭味，有利于脱硫。另外，由于水洗温度较高，处理中蒸发出大量 CS_2 和 H_2S，故在槽上装置严密水封的排毒罩，同时可回收 CS_2。

（2）脱硫。脱硫浴用氧化钠配制而成，脱硫浴氢氧化钠浓度控制在 3 ~ 6g/L，温度 75 ~ 80℃。脱硫浴温度较高，以使脱硫完善，避免产生污垢，并防止成纸发生臭味。

此过程中纤维素聚合度下降，并发生剧烈的膨胀，使玻璃纸的强度下降。因此，在此工序中玻璃纸较易发生断裂。脱硫后用常温水洗涤，如以温水洗涤则更为适宜，以防止玻璃纸收缩而引起表面起皱的现象。

(3)漂白。漂白浴使用漂白粉即次氯酸钠,浓度控制在2.5~4g/L,温度20~25℃。

(4)酸洗。酸洗用盐酸或硫酸均可,浓度控制在2~4g/L。

(5)染色。如生产有色玻璃纸,则可采用直接染料或专用染料,染色温度控制在80~90℃。染色中不加助染剂。但染色后通过芒硝浴槽将纸面染色固定。染色车速不宜过高。

(6)塑化。塑化是玻璃纸后处理的特有工序,以降低玻璃纸脆性,提高耐多次变形性。根据要求和使用地区的不同,采用混合增塑剂,一般采用的增塑剂有:乙二醇、一缩二乙二醇、聚乙二醇、甘油、脲醛树脂。生产中为了防止产品黏结,配合使用润滑剂——硅酸钠或胶。

(7)干燥。干燥采用滚筒干燥机,筒内通热水,外加送热风,以提高干燥能力。温度曲线采取抛物线形(要求干燥中温度不超过80℃)。干燥后成品水分在6%~6.5%,同时要求干燥部分保持一定的温湿度。

(8)调温。干燥后的成纸,由于低于要求的水分,必须在高湿的条件下来平衡水分,条件是:温度45℃,相对湿度73%,生产中横向收缩率为44.9%。

(三)玻璃纸的抗水处理

黏胶玻璃纸不能受潮,在湿态下强度要下降65%~70%,甚至更多。因此,必须提高它对水的稳定性,以减少水分向玻璃纸内部扩散,这就要使玻璃纸表面疏水化。一般在玻璃纸表面涂一层疏水性高分子化合物(上胶),如聚氯乙烯、聚醋酸乙烯酯或纤维素酯等。

表4-18列举了玻璃纸成型和后处理工艺条件,仅供参考。

表4-18　30g/m² 与60g/m² 玻璃纸成型和后处理工艺条件

工序	参数	30g/m² 玻璃纸	60g/m² 玻璃纸
凝固	H_2SO_4/(g/L)	115~120	150~160
	Na_2SO_4/(g/L)	215~225	240~250
	温度/℃	45	46
再生	H_2SO_4/(g/L)	65~70	90~95
	温度/℃	45~49	48~52
水洗	水流形式	逆流	逆流
	温度/℃	50~60℃	≥80℃
脱硫	NaOH/(g/L)	1.0~1.5	1号槽2.0~2.5;2号槽3.0~3.5
	温度/℃	80~85	90~95
水洗	水流形式	逆流	逆流
	温度/℃	50~60	50~60
漂白	NaClO/(g/L)	1~1.5	1.5~2.0
	温度/℃	常温	常温
水洗	水流形式	逆流	逆流
	温度/℃	常温	常温

续表

工　序	参　数	30g/m² 玻璃纸	60g/m² 玻璃纸
酸洗	HCl/(g/L)	1.0～1.5	1.5～2.0
	温度/℃	常温	常温
水洗	水流形式	逆流	逆流
	温度/℃	常温	常温
塑化	丙三醇/%	6～12	10～15
	丙三醇/(g/L)	30	45
	温度/℃	42±2	60±2

二、负离子功能黏胶纤维

负离子功能黏胶纤维是一种新型高科技纤维，此纤维利用高新技术把宝石级电气石经过特殊的表面处理，将其制备成具有产生负离子功效的化纤超细添加剂，再经特殊工艺使负离子微粉镶嵌到黏胶纤维中。负离子功能黏胶纤维可以使其周围的空气产生负离子，发射生物波，释放人体需要的微量元素[11]。

负离子的主要功能如下：

(1)永久的负离子发射功能，纤维内部的负离子粉体所产生的热电和压电效应，在人们穿用该纤维织物过程中与身体的水分子及周围空气中的水分子发生电离作用，产生负离子，调节周围环境的空气质量，并与空气中带正电荷有害混合物中和，形成微型森林空气，使人感觉自然舒适。

(2)较强的生物波发射功能，促进血液循环，激活人体免疫细胞，防止人体老化和早衰。

(3)持久的抗菌、杀菌性能，能杀灭对人体有害的细菌，又不伤害人体。

(4)优良的除臭性能，脱除异味，保持良好的生活空间。

(5)可释放人体需要的多种微量元素，有益于人体健康。

(6)界面活性作用，水电解时产生羟离子，羟离子是界面活性物质，洗涤力虽没有合成洗涤剂那么强，但羟离子是水解出来的自然物质，对环境和人体没有任何侵害，利用负离子水可以节约洗衣粉，而且有助于环境的净化[12]。

负离子产生机理为：电气石具有把水或空气中的水分子瞬时“负离子化”的特性，即电气石在电极上的电子一接触到水就瞬间放电，将水分子电解成为氢离子和氢氧根离子，氢离子被电气石释放的负电子中和形成氢原子。氢氧根离子与水分子结合，形成“水合羟基离子”即负离子[13]。

负离子功能黏胶纤维生产的工艺流程为：

电气石粉体→活化、分散→负离子乳浆┐
浆粕→浸、压、粉→碱纤维素老成→黄化┘→溶解→混合→过滤→脱泡→纺丝→成型→成品包装

黏胶负离子功能纤维的生产方法是将电气石微粉与活化剂和分散助剂均匀配制成乳浆料，

按一定比例通过特殊方法加入，经过静态和动态混合，使该粉体均匀分散在黏胶中，经过纺丝得到产生负离子功效的黏胶纤维。

因为负离子功能粉体属于干态，直接加入黏胶中难于分散均匀，必须在加入黏胶之前把它制作成水乳浆体，首先要在负离子功能粉体的配制容器内加入一定量的水以及非离子型与阴离子型分散剂，制得负离子粉体与水呈1∶5比例的负离子功能水乳浆体，由于表面活性剂分散作用，使负离子粉体表面水化浸润[14]。

三、黏胶长丝连续纺丝

黏胶长丝连续纺丝集纺丝、牵伸、再生、水洗、上浆、烘干和卷绕于一体，是近几年来的一个发展方向，开发的主要目的是：得到物理化学性质一致的人造丝。

(1)丝质均匀、染色好。离心纺和半连续纺在卷绕过程中，由于得到了意外的牵伸，造成了丝饼内外层差异，形成纤度偏差，使得染色不匀。而连续纺在卷绕前各种反应已结束，丝条的物化指标已经趋于稳定。

(2)大卷装。离心纺和半连续纺的丝筒质量在1.5 kg左右，一般3～4个丝饼成1个筒子，即使丝饼无断头，至少需要3个接头，而接头的增多会导致丝筒降等，甚至影响后续的整经工艺。而连续纺可实现2～3kg的大卷装。

(3)低能耗、低成本。黏胶长丝消耗的成本大部分是水的成本，离心纺和半连续纺是对丝饼进行洗涤，每生产1t丝，需要消耗约500t水。连续纺是对单根丝进行洗涤，每生产1t丝则只要消耗约120t水，提高了洗涤效果，同时减少了用水量。

(4)纺丝速度高，生产效率高。黏胶液从喷丝头的微孔中喷出形成黏胶细流，与酸浴接触，开始成型反应。成型反应是从表皮开始逐渐向芯部渗透，此时，黏胶丝一旦受到丝束与凝固浴之间的相对运动而产生的摩擦力的影响，容易造成一根或几根单丝断头，宏观称产生毛丝。深浴纺丝的纺速越高，摩擦力越高，产生毛丝的概率越大，这就限制深浴纺丝纺速的提高。但采用玻璃管中成型后，成型反应在玻璃管内进行，酸浴的流向与丝条运动方向一致，摩擦力小。纺速提高后，可以通过调节玻璃管中酸浴流速的方式来保持丝条和酸浴相对运动的恒定，从而保持了稳定的成型条件，保证了丝条在高纺速下纺丝的质量，离心纺和半连续纺由于卷绕升降装置的限制，纺速都在100m/min以下，而连续纺的纺速在120～160m/min左右。

(一)工艺流程

使纺丝、后处理和干燥的所有过程合在一台机器上完成，实现单机连续生产。

工艺流程为：黏胶→计量泵→过滤器→喷丝头→凝固浴→纺丝盘→处理辊→烘干辊→上油辊→卷绕→中性丝筒

(二)浴槽形式

目前，连续纺丝设备均采用管中成型纺丝(水平玻璃管纺丝浴)，管中成型采用与丝条同向的浴液流来降低丝条曳引的阻力，同时增加浸浴长度，但因为反应剧烈，要求黏胶的熟成度要高，即所说的黏胶要“生”一些；同时，要调整酸浴中$ZnSO_4$的浓度以达到减缓反应的目的。

（三）丝条行走的路径

一辊四丝技术：即在一个大的处理辊上同时运行 4 根丝束，每根丝设一送丝辊，任何一根丝生头时，不会影响其他丝的运行，生产效率高，但丝行走的路径各不相同，处理时间略有不同，使得丝条的一致性有些影响。这种设备目前在国内外都有使用。

一辊双丝技术：即在一对处理辊上同时运行两根丝束，通过丝距彼此分开[15]。

（四）处理辊的结构

目前，处理辊有两种方式，一种是处理与烘干分开，这种方式结构简单，烘干时间和处理时间可以分别调整，但排布体积大，不宜操作；另一种就是一体式处理辊，结构紧凑。

复习指导

1. 掌握纤维素的分子结构。
2. 重点掌握黏胶纤维纺丝原液的制备、纺丝成型、后加工的流程、工艺控制以及黏胶纤维的质量控制。
3. 掌握纤维素的化学性质。
4. 掌握黏胶纤维生产的设备。
5. 了解纤维素的物理性质。
6. 了解新型黏胶纤维的品种。

思考题

1. 纤维素的分子结构有何特征？
2. 氧化剂对纤维素有何影响？
3. 碱对纤维素有何影响？
4. 何谓浸渍？影响浸渍的因素有哪些？
5. 简述浸压粉联合机的生产工艺流程。
6. 老成的作用是什么？影响老成的因素有哪些？
7. 黄化过程中的化学反应是什么？
8. 影响黄化的因素有哪些？
9. 如何判断黄化终点？
10. 黏胶在熟成过程中的化学变化是什么？
11. 黏胶纤维成型中的主要化学反应是什么？
12. 黏胶纤维成型中的凝固浴由哪些物质组成？
13. 短纤维集束和塑化的目的是什么？
14. 简述黏胶纤维后处理的流程及各浴的作用？
15. 黏胶纤维纺丝工艺包括哪些内容？
16. 何谓黏胶纤维生产过程中的“二次浸渍”？

17. 简述黏胶长丝离心纺丝、半连续法离心纺丝、连续法纺丝的纺丝工艺流程。

参考文献

[1]张一心,朱进忠,袁传刚,等.纺织材料[M].北京:中国纺织出版社,2005.

[2]徐帮学.化学纤维与化纤制品生产加工工艺技术标准规范及检测检验实用手册[M].吉林:吉林音像出版社,2003.

[3]姚穆,周锦芳,黄淑珍,等.纺织材料学[M].北京:中国纺织出版社,2002.

[4]杨之礼,蒋听培,王庆瑞,等.纤维素与黏胶纤维[M].北京:纺织工业出版社,1985.

[5]高兵,罗宜美.谈黏胶纤维产业的发展[J].人造纤维,2005(3):16-18.

[6]杨萍.我国黏胶纤维市场现状与发展前景[J].江苏纺织,2004(2):16-18.

[7]徐义林等.黏胶纤维手册[M].北京:纺织工业出版社,1981.

[8]黏胶生产技术教材[M].上海化学纤维工业公司(自编).

[9]程基沛,黄家玉,许少石.黏胶纤维生产技术问答[M].北京:纺织工业出版社,1987.

[10]邬国铭.高分子材料加工工艺学[M].北京:纺织工业出版社,2000.

[11]李新娥,谢跃亭.负离子功能黏胶纤维的开发及应用前景[J].棉纺织技术,2003(12):55-66.

[12]李新娥,钱丽丹.负离子黏胶纤维的性能研究及其应用[J].中原工学院学报,2005(3):26-29.

[13]赵博.永久性负离子黏胶纤维性能及产品开发[J].四川丝绸,2006(1):35-36.

[14]谢跃亭,张瑞文,邵长金.负离子功能黏胶纤维的研制[J].天津工业大学学报,2004(4):44-47.

[15] 陈曦.黏胶长丝连续纺丝设备及工艺探讨[J].纺织机械,2006(3):21-22.

第五章　聚丙烯腈纤维生产及质量控制

第一节　概述

一、聚丙烯腈纤维工业发展史

腈纶是我国聚丙烯腈纤维(Polyacrylonitrile fiber 或 Acrylic fiber)的商品名称,常用 PAN 纤维表示。它是由丙烯腈(Acrylonitrile,缩写为 AN)和其他第二、第三单体的共聚物(Comonomer)纺制的一种合成纤维。常规聚丙烯腈纤维中 AN 含量在 85% 以上,而改性聚丙烯腈纤维(Modacrylic fiber)中 AN 含量为 35% ~85%,目前工业化生产的改性聚丙烯腈纤维主要有两类:AN 与氯乙烯的共聚物制成的纤维,我国简称腈氯纶;AN 与偏二氯乙烯的共聚物制成的纤维,我国简称偏氯腈纶(也有人将这两种改性聚丙烯腈纤维统称腈氯纶)。如无特别说明,丙烯腈系纤维(Acrylic fibers)包括聚丙烯腈纤维和改性聚丙烯腈纤维[1]。

腈纶工业化生产始于 1950 年,至 20 世纪 70 年代中期发展都十分迅速,但自 1988 年以来,生产能力一直在 300 万吨/年,产量约 240 万吨/年,这是因为发达国家的腈纶工业进入了成熟时期,新的生产能力不再投入,美国和西欧的一些腈纶生产厂商大幅度降低产量,而发展中国家的腈纶产量则继续增长,特别是远东地区,进入了高速发展时期,因此腈纶在合成纤维中的地位保持在第三位;进入 20 世纪 90 年代,世界腈纶产量年增长率稍有回升,但由于丙纶产量增长较快,腈纶在合成纤维中的地位自 1991 年起退居第四位。多数专家预言,未来几年中,世界腈纶产量多年徘徊的局面将结束,而呈缓慢增长的趋势,至 2050 年,产量将增加至 600 万吨/年[2]。

二、聚丙烯腈纤维生产工艺路线

(一)聚丙烯腈纤维生产工艺路线分类

腈纶是合成纤维中工艺路线最多的一个品种,就聚合而言,有溶液聚合(Solution polymerisation)(一步法)和水相沉淀聚合(Aqueous dispersion polymerisation)(二步法)两类;就纺丝而言,有干纺和湿纺两类;就溶剂而言,有 7 种不同的溶剂路线。此外,腈纶干—湿法纺丝、冻胶纺丝以及在增塑条件下熔融纺丝也已取得成功[3]。现将已实现工业化的腈纶生产工艺路线分为 12 种(表 5 -1)。

表 5 -1 列举的 12 种工艺路线中,产量主要集中于 DMA 湿纺二步法、DMF 干纺和 NaSCN 湿纺一步法三种工艺路线,其产量约占世界腈纶总产量的 58%;其次是 HNO_3 湿纺二步法、NaSCN 湿纺二步法、DMF 湿纺一步法和 DMF 湿纺二步法四种工艺路线,其产量约占总产量的 32%;其他五种工艺路线的产量仅占 10% 左右。

表5-1 腈纶生产工艺路线

聚合(原液制备)方法	纺丝方法	溶剂	主要生产厂商
水相沉淀聚合(二步法)	干纺	DMF	Du Pont(美),Bayer(德)
		丙酮	Tennesse Eastman(美)
	湿纺	NaSCN	Cytec(美),Exlan(日)
		HNO_3	旭化成(日)
		DMF	Hoechst(德),Phone Poulenc(法)
		DMA	Monsanto(美),三菱人造丝(日)
		丙酮	钟渊化学工业(日)
		EC	Savinesti(罗)
溶液聚合(一步法)	湿纺	NaSCN	Courtaulds(英)
		$ZnCl_2$	Dow Chemical(美),东邦贝丝纶(日)
		DMF	钟纺(日)
		DMSO	东丽(日)

注 二甲基甲酰胺(DMF),二甲基乙酰胺(DMA),二甲基亚砜(DMSO),碳酸乙烯酯(EC)。

(二)聚丙烯腈纤维生产工艺路线比较

1. 一步法与二步法 一步法是指PAN的合成采用溶液聚合,聚合物不经分离,直接配成纺丝原液纺丝,即聚合物制备及原液配制一步完成,故称一步法。该法制备纺丝液的流程较短,连续化程度高。但在某些情况下溶剂回收流程较长,而且某一个工序波动将波及产品质量,且纺丝与聚合工序故障相互影响,品种变换难;由于原液中存在未反应单体,使纺丝与溶剂回收时伴随有毒单体排放,污染大[4]。目前世界腈纶总产量的29%左右采用一步法工艺生产。

二步法又称为水相沉淀聚合路线。PAN的合成采用水相沉淀聚合,聚合物经分离后重新溶解,即聚合物的制备及原液配制两步完成,故称二步法。此法的优点是聚合转化率高,反应热易除去;聚合中不合格的产品可被分离出来,聚合体经洗涤后,不带反应中产生的杂质和未反应的单体,纺丝原液纯度高;各工序影响小;溶剂选择面广,对溶剂质量要求低,溶剂回收简单。但此法连续化程度低,对聚合物含水量要求严格。目前世界腈纶总产量的71%左右采用二步法工艺生产。

2. 干法纺丝与湿法纺丝 腈纶的成型借助于蒸发除去挤出细流中的溶剂,称为干法纺丝。纺丝速度较高,一般为100~300m/min,最高可达600m/min;喷丝头孔数较少,一般为200~300孔;成型过程缓和,纤维内部结构均匀,纤维物理—机械性能及染色性能较好;设备密闭性要求高,溶剂挥发少,劳动条件较好;流程紧凑,占地面积小;溶剂回收简单。但纺丝设备较复杂,单机产量较湿法纺丝低,后加工与纺丝不能连续化。

借助于挤出细流中的溶剂与凝固浴中溶剂的双向扩散,称为湿法纺丝。第一导辊线速度一般为5~10m/min,最高不超过50m/min;喷丝头孔数可达10万孔以上;纺丝设备较简单。但纤维成型剧烈,易造成孔洞或产生失透现象;溶剂挥发较多,劳动条件较差;溶剂回收较复杂;占地面积较大[5]。

目前,腈纶工业化生产以湿法纺丝为主,约占世界腈纶总产量的85%,干法纺丝约占15%。

3. 有机溶剂与无机溶剂 腈纶生产采用的溶剂有8种,有机溶剂约占63%,主要为DMF、DMA,其次为EC、丙酮和DMSO;无机溶剂约占37%,主要为NaSCN,其次为HNO_3和$ZnCl_2$。各自特点见表5-2。

表5-2 几种不同的溶剂路线

纺丝	溶剂		特点
干法纺丝	有机	二甲基甲酰胺	纺丝原液浓度高,成品质量好
		二甲基乙酰胺	溶剂对丙烯腈共聚物溶解性好
		碳酸乙烯酯	—
		二甲基亚砜	原液稳定性差,纤维白度高,单体转化率高
湿法纺丝	无机	硝酸	溶剂便宜,纺丝原液不稳定
		硫氰酸钠	单体转化率高,原液稳定性好
		氯化锌	—

三、聚丙烯腈纤维的用途

腈纶吸湿性低,常与吸湿性好的棉、毛或黏胶纤维混纺,主要用于针织品。这是因为腈纶不仅在手感、穿着性及舒适程度方面十分接近羊毛,而且比羊毛易清洗、易保管和耐用。腈纶在针织品市场的使用量占世界腈纶总使用量的70%,其中绝大部分为针织衫,其余为手编毛线,如帽子、围巾和手套等。腈纶在服装领域的其他用途为短袜、起绒织物和起绒时装等。

腈纶在装饰纺织品市场也占有重要地位,这是因为它易于染色,手感丰满,而且优于天然纤维。腈纶在装饰领域的主要用途为室内装饰织物,如床毯、地毯、窗帘、床罩和沙发罩等。

腈纶具有耐光、耐腐蚀、抗霉烂、不吸水、电绝缘等特点,可以做雨衣、防水布、水龙带、绝缘布等。其中特别是在室外纺织品方面的使用量,近年来增长较快。

第二节 聚丙烯腈纤维生产用原料

一、丙烯腈

(一)丙烯腈的物理性质

在室温常压下,丙烯腈是具有特殊杏仁气味,无色易流动液体。其物理性质如下:

沸点	77.5~77.9℃	气化潜热	32.5J/mol
聚合热	72.5kJ/mol	凝固点	-83.6℃
折光指数	1.3888	空气中爆炸极限(体积分数)	3.05%~17.5%
闪点	2.5℃	自燃点	481℃

丙烯腈在水中的溶解度,0℃时为7%,40℃时为8%。丙烯腈能与大部分有机溶剂以任何比例互相溶解,可以与水、苯等形成恒沸物系。

(二)丙烯腈的化学性质

1. 加成反应 丙烯腈分子中双键可以与 H_2、卤素、亚硫酸钠起加成反应。

$$CH_2=CH-CN + Na_2SO_3 + H_2O \longrightarrow CH_3-\underset{\displaystyle SO_3Na}{\underset{|}{CH}}-CN + NaOH$$

此反应用于测定丙烯腈含量。

2. 氧化反应 在双键上进行:

$$CH_2=CH-CN + H_2O \xrightarrow[NaOH]{KMnO_4} \underset{\displaystyle OH}{\underset{|}{CH_2}}-\underset{\displaystyle OH}{\underset{|}{CH}}-CN$$

3. 聚合反应 AN中双键在光照、引发剂或加热下发生聚合。

$$nCH_2=CH-CN \longrightarrow \left[CH_2-\underset{\displaystyle CN}{\underset{|}{CH}}\right]_n$$

此反应是放热反应,为防止AN在贮运时的自聚变质,需在纯AN中加入30~50mg/kg的阻聚剂,如氨、对苯二酚等。

(三)丙烯腈的合成

丙烯腈合成可用环氧乙烷与氢氰酸合成法、乙炔与氢氰酸合成法、丙烯氨氧化法等。目前主要生产方法为丙烯氨氧化法。

$$CH_2=CH-CH_3 + NH_3 + \frac{3}{2}O_2 \xrightarrow[460\sim480℃]{催化剂} CH_2=CH-CN + 3H_2O$$

此法建立在石油化工副产品丙烯基础上,原料来源丰富,产品收率高。

二、第二单体

用纯丙烯腈均聚体制得的纤维发脆,弹性和手感差,染色困难,纤维易断头。这是由于丙烯腈大分子中存在体积大、极性强的—CN,同一大分子内相邻—CN基相互排斥,相邻大分子—CN基相互吸引,纤维为准晶态高聚物,晶区规整度不高,而非晶区又较其他纤维无定形区规整。在腈纶中加入少量第二单体,能降低丙烯腈分子间引力和抵消—CN基的作用,降低PAN的结晶性,改善聚丙烯腈的可溶性、弹性、手感、热塑性,提高染料向纤维内部的扩散速度,在一定程度上改善纤维的染色性。常用的第二单体为非离子型单体,如丙烯酸甲酯、甲基丙烯酸甲酯、醋酸乙烯和丙烯酰胺等。目前广泛应用的是丙烯酸甲酯。它在纤维中的含量为4%~10%。

三、第三单体

加入第三单体的目的是引入一定数量的亲染料基团,以增加纤维对染料的亲和力,可制得色谱齐全、颜色鲜艳、染色牢度好的纤维,并使纤维不会因热处理等高温过程而发黄。第三单体为离子型单体,可分为两大类:一类是对阳离子染料有亲和力,含有羧基或磺酸基团的单体,如丙烯磺酸钠、甲基丙烯磺酸钠、亚甲基丁二酸(衣康酸)、对乙烯基苯磺酸钠和甲基丙烯苯磺酸钠等;另一类是对酸性染料有亲和力,含有氨基、酰胺基和吡啶基等的单体,如乙烯吡啶、2-甲基-5-乙烯吡啶、甲基丙烯酸二甲替氨基乙酯等。常用的第三单体有甲基丙烯磺酸钠、丙烯磺酸钠和亚甲基丁二酸,它在纤维中的含量为0.3%~2%。

四、溶剂

有机溶剂沸点低、易挥发、溶解聚丙烯腈的能力比无机溶剂大,对金属腐蚀性小。用有机溶剂制得的腈纶结构致密,截面为非圆形,光泽和谐,手感柔软。但有机溶剂有毒、易燃、易爆、遇水分解、链转移系数大、价格较无机溶剂高。

无机溶剂沸点高、不易挥发,常态下稳定,聚合反应中链转移作用小,毒性低,价格便宜。由无机溶剂纺制的腈纶蓬松性好,截面呈圆形,光泽较亮,强度较高。但溶剂回收工序复杂,设备材质需采用特殊不锈钢,基建投资和经常运转费用高,动力能耗大。

五、引发剂

常采用偶氮二异丁腈(AIBN)作引发剂,偶氮二异丁腈为白色结晶,其蒸气有毒性,但不易挥发,遇热分解,但无爆炸性。不溶于水,溶于甲酸、乙醇、丙酮等有机溶剂。

六、浅色剂

二氧化硫脲(TUD)在腈纶生产中做浅色剂,能增加产品白度。二氧化硫脲是白色或微黄色粉末,易分解,分解时放出二氧化硫,在空气中又被氧化为有臭味的三氧化硫。

七、相对分子质量调节剂

异丙醇(IPA)用在聚合过程中调节聚丙烯腈相对分子质量,故称为相对分子质量调节剂。异丙醇为无色透明液体,沸点82.2℃,溶于水、乙醇、乙醚等溶剂。

八、萃取剂

由于硫氰酸在异丙醚中溶解度极大,故用异丙醚(IPE)在回收溶剂中作萃取剂,以分离硫氰酸钠被酸化后生成的硫氰酸和其他杂质、单体和低聚物,达到回收净化 NaSCN 的目的。它为无色液体,沸点68.5~69℃,易燃易爆,特别是在与空气长期接触中被氧化为爆炸性过氧化物,为防止此现象,常加入少量抑制剂如亚硫酸盐。

九、碳酸钡

NaSCN 在循环过程中,二氧化硫脲分解时,产生 SO_4^{2-},这些 SO_4^{2-} 必须随时除去,否则

Na_2SO_4 达到饱和时有晶体析出，堵塞原液过滤系统和喷丝头。用 $BaCO_3$ 即可除去 SO_4^{2-}。$BaCO_3$ 为白色结晶固体，溶于酸，微溶于水。

十、草酸钾钛

草酸钾钛为白色有光泽结晶，有毒。草酸钾钛在回收溶剂中使用，在草酸的还原作用下，溶剂中的铁离子主要以 Fe^{2+} 存在，不易显色。另外，由于引入大量白色钛离子，因此在进入聚合物时，钛离子（Ti^{4+}）比铁离子（Fe^{2+}）有较大竞争力，所以溶剂中适当加入草酸钾钛能降低溶剂色度，防止铁质进入聚合体，从而提高原液、丝束的白度。

十一、油剂、抗静电剂

上油可以使纤维抱合力增加，蓬松柔软，手感丰满，降低纤维间的摩擦系数，使纤维有一定吸湿性和抗静电性，提高纤维可纺性。常用的油剂为斯盘 60、吐温 60，抗静电剂如甲基（三羟乙基）甲基硫酸季铵盐。

斯盘 60（即柔软剂 S），又名山梨糖酐脂肪酸酯，为自由流动粉末，或片状固体，在水中不溶，斯盘 60 是一种蜡，具有柔软平滑等作用，也有一定抗静电作用。

吐温 60（即柔软剂 T），又名聚乙烯山梨糖醇酐硬脂酸酯，相对分子质量 1310，在常温下为蜡状稠体，溶于水及多数有机溶剂。

抗静电剂（TM），又名甲基（三羟乙基）甲基硫酸季铵盐，是一种阳离子表面活性剂，水解后得到甲基三乙醇胺，带正电荷一端连接在腈纶分子的氰基上，另一端含羟基，这样就具有了吸湿抗静电性。为了防止抗静电剂腐烂分解，还需加入防腐剂苯甲酸钠等。

在腈纶生产中还要使用钛白粉、荧光增白剂、硫酸、醋酸、盐酸、离子交换树脂等原料。

第三节 聚丙烯腈的合成

丙烯腈的聚合属于自由基型链式反应。丙烯腈可以进行本体聚合、乳液聚合和溶液聚合。实际生产中丙烯腈大多采用溶液聚合。根据所用溶剂的不同，可分为均相溶液聚合和非均相溶液聚合，均相溶液聚合所得的聚合液可直接用于纺丝，故又称腈纶生产的一步法。非均相溶液聚合所得聚合物不断地呈絮状沉淀析出，经分离后需用合适的溶剂再溶解，方可制成纺丝原液，此法称为腈纶生产的两步法，因非均相聚合的介质通常采用水，所以又称为水相聚合法。

用单一丙烯腈聚合得到的均聚丙烯腈纤维，因高聚物中强极性氰基的作用，形成很大的分子引力，使大分子间相对流动性变差，可溶性差，热延伸性能差，在纺丝热拉伸时断头多，制得纤维的弹性差，手感生硬发脆，同时由于结构紧密，染料不易渗透，染色很困难。为了克服这些缺点，世界各国生产的聚丙烯腈纤维大多是以丙烯腈为主的三元共聚物制得，其中丙烯腈用量为 88% ~95%；第二单体用量为 4% ~10%；第三单体为 0.3% ~2.0%。

丙烯腈在聚合时必须使用引发剂,使它们活化,打开双键。丙烯腈聚合使用的引发剂有三类,即偶氮类(偶氮二异丁腈、偶氮二异庚腈)、有机过氧化物类(辛酰过氧化物、十二酰过氧化物、过氧化二碳酸二异丙酯)和氧化还原体系引发剂(氧化剂如过硫酸盐、氯酸盐、过氧化氢,还原剂如氧化铜、亚硫酸盐、亚硫酸氢钠)。丙烯腈聚合因不同溶剂路线和不同的聚合方法对引发剂的选择也有所不同。例如 NaSCN 溶剂路线常采用偶氮类引发剂,水相聚合法则常采用氧化—还原引发体系。

另外,为防止聚合体着色,在聚合时还需要加入少量还原剂或其他添加剂,如二氧化硫脲、氧化亚锡等,以提高纤维白度。

一、均相溶液聚合

(一)聚合工艺流程

均相溶液聚合所得的聚合液可直接用于纺丝,故又称腈纶生产的一步法。均相溶液聚合的优点是省去分离聚合物的沉淀、过滤和烘干等过程,但对原料的纯度要求较高,对原液的质量控制和检测难度较大。

以浓硫氰酸钠水溶液、浓氯化锌水溶液、二甲基亚砜、二甲基甲酰胺为溶剂的聚合,均可采用均相溶液聚合。其中以浓硫氰酸钠水溶液为溶剂的聚合最为常见,硫氰酸钠既是丙烯腈等单体的溶剂,又是聚丙烯腈的溶剂,此法工艺流程短,设备少,自动化连续性高。以下着重分析以浓硫氰酸钠水溶液为溶剂的均相溶液聚合。

图 5-1 为硫氰酸钠水溶液为溶剂的均相溶液聚合流程图。原料丙烯腈,第二单体丙烯酸

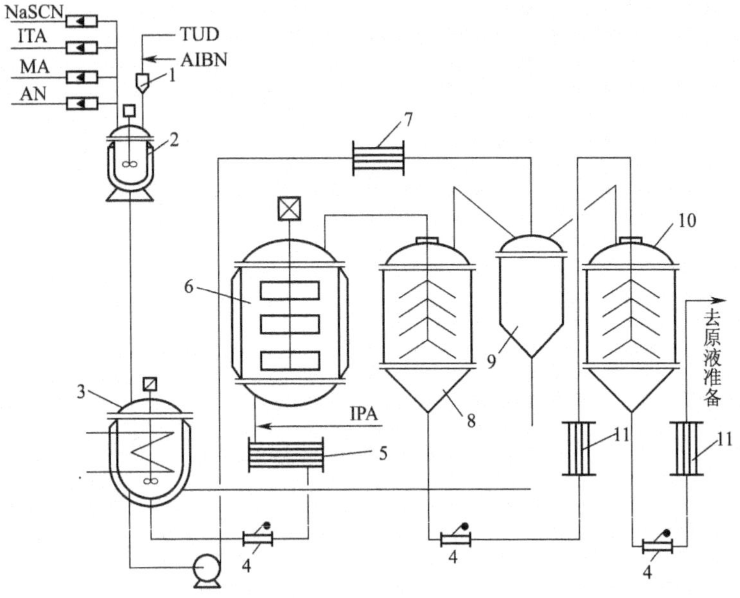

图 5-1　硫氰酸钠水溶液为溶剂的均相溶液聚合流程图

1—漩流液封加料斗　2—调配桶　3—混合桶　4—螺杆泵　5—热交换器　6—聚合釜　7—喷淋液冷却器　8—第一脱单体塔　9—喷淋冷凝器　10—第二脱单体塔　11—加热器

甲酯(MA),第三单体衣康酸(ITA)与 NaOH 配成的衣康酸钠盐溶液及硫氰酸钠溶剂分别经计量、调温后放入调配桶。引发剂偶氮二异丁腈和浅色剂二氧化硫脲经称量后由旋流液封加料斗加入调配桶,经调配桶调配后,以连续、稳定的流量注入试剂混合桶。相对分子质量调节剂异丙醇经准确计量后直接加入混合桶,所有注入混合桶内的聚合原料与从聚合浆液中脱除出来的未反应单体等物质(如 AN、MA、IPA 和水分)充分混合并调温后,用计量螺杆泵连续送入聚合釜进行聚合反应。聚合后的浆液在两个脱单体塔内进行脱单体,从混合桶中抽出一部分的混合液冷却,送入喷淋冷却器作为喷淋液使用,由两个脱单体塔出来的混合蒸气被喷淋液冷凝成液体,一起回到混合桶循环使用。在脱单体塔内蒸气冷凝过程中,体积减小,形成真空,单体蒸发。

该聚合工段主要设备有聚合釜。聚合釜(图 5－2)下面进料上面出料,釜的长径比为(2∶1)～(1∶1),装有夹套以调节温度。釜内装有三排搅拌器,第一排搅拌器的桨叶使物料向上翻动,第二排桨叶使物料向下翻动。这样,保证了釜内物料混合均匀,有利于出料。

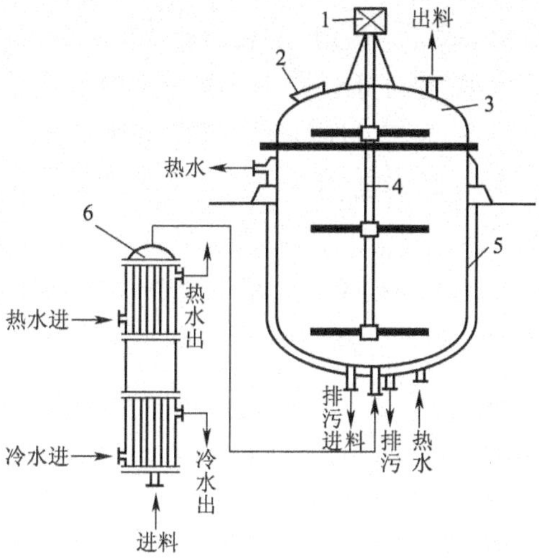

图 5－2　聚合釜结构示意图

1—电动机　2—视镜　3—聚合釜　4—搅拌器

5—夹套　6—进料温度控制器

(二)聚合工艺控制

1. 引发剂浓度　随着引发剂用量的增加,在单位时间内产生的引发剂自由基数目增多,形成的活化中心数目也增多,加速了聚合反应过程,提高了反应转化率,但是由于自由基增多后,活化中心相互碰撞机会也增多,增长着的大分子链重合、歧化、转移、终止的机会也增多,因而聚合物平均分子量下降。另外,引发剂用量过多,还会使高聚物大分子端基引入过多的引发剂残剩基,不利于分子结构的规律性。对于偶氮引发剂,还含有使聚合物色泽加深的基团,影响成品纤维白度,这是由于高浓度下偶氮类引发剂产生偶氮双键自由基,与丙烯腈作用时,形成带强极性助色基团(—C≡N)的共轭双键体系,使聚合物变色。在实际生产中,引发剂用量为总单体质量的 0.2% ～0.8%。

2. 总单体浓度　单体混合液(又称试剂混合液)中,总单体浓度增加有利于聚合反应速度和平均分子量提高,反应速度与单体浓度的 3/2 次幂成正比。平均聚合度与单体浓度的 1/2 次幂成正比。因为单体浓度提高,使单体分子间碰撞机会增多,单体分子与活化中心、增长着的大分子之间碰撞机会增多,所以,单体浓度越大,反应加速,产物相对分子质量增加。

腈纶生产中三元共聚物的平均分子量为 50000～80000,考虑 NaSCN 对聚合物的溶解能力,一般要求聚合后所得的聚合液中聚合物浓度控制在 13% 左右,此时纺丝原液的落球黏度为 280～380s,升泡黏度为 80～110s。如果聚合液中聚合物浓度过高,则纺丝原液黏度过大,使脱泡、过滤及纺丝成型困难，因此，为保持聚合物浓度为12.2%～13.5%，如果单体化率要求为55%～70%，则相应单体混合液中总单体浓度控制在17%～21%。

3. 聚合温度 聚合温度升高，体系能量得到增加，引发剂分解速度加快，反应活化中心增多；同时温度提高，加快了体系分子运动速度，增加了有效碰撞次数，反应速度相应提高。但随着温度的提高，体系中活化中心数目增多，活性链相遇而碰撞，使链终止反应速度加快，链转移机会增多，相对分子质量下降，相对分子质量分布变宽，产品质量较差。为了最大限度地提高单体利用率，在挥发性单体不气化条件下，取与单体沸点相近的温度作反应温度，可提高生产效率。常压下丙烯腈沸点77.3℃，丙烯酸甲酯沸点80.3℃，略带压力条件下，取反应温度在76～82℃为佳，但允许聚合物温度只有0.25℃的波动。

4. 聚合转化率 腈纶生产中，转化率控制在三种类型：低转化率（50%～55%）、中转化率（70%～75%）和高转化率（95%以上）。

低转化率可缩短聚合反应时间，提高聚合设备利用率，聚合物相对分子质量分布窄，平均聚合度较高，所纺出的纤维白度好。但由于转化率低，在聚合好的纺丝液中残留单体量大，增加脱单体负荷。

中转化率聚合时间和低转化率相差不多，这是由于增加了引发剂的缘故。对于中转化率来说，脱单体量有所减少，但残留在纺丝液中的单体量仍较多。另外，随着引发剂用量增加，为保证产品白度所需用的浅色剂也相应增加。

高转化率则必须延长反应时间，造成引发剂充分分解，反应过程中活化中心增多。但随着反应时间的延长，单体浓度将逐渐降低，体系黏度逐渐增高，使所生成的大分子链变短，相对分子质量分布变宽，平均聚合度下降，且后期聚合时，大分子易歧化，纤维机械性能和白度变差。

NaSCN一步法连续聚合一般采用低转化率，个别企业采用中转化率。以硝酸为溶剂的一步法、以二甲基亚砜为溶剂和以氯化锌浓水溶液为溶剂的一步法腈纶生产中采用高转化率。

5. 聚合反应时间 聚合时间太短，反应热来不及散失，达到的转化率则太低；延长聚合时间，可使引发剂充分分解，活化中心数目增多，单体转化率提高。但随着反应时间的继续延长，单体浓度逐渐降低，体系黏度增加，生成的大分子链变短，相对分子质量分布变宽，宏观上表现为平均聚合度下降，由于后期聚合时大分子容易歧化，使纤维机械性与白度下降。硫氰酸钠一步法中，聚合时间以1.6～2.5h为佳。而以硝酸和二甲基亚砜为溶剂时，聚合时间为12～14h。

6. 介质pH值 NaSCN溶液聚合时，以偶氮二异丁腈为引发剂，二氧化硫脲为浅色剂，在丙烯腈—丙烯酸甲酯共聚时，当pH值在4以下时，对聚合转化率和聚合物影响比较显著，这是因为pH值低，聚合时会水解产生少量H_2、SO_2、SO_3等。这些物质起阻聚作用。介质pH值超过8，转化率明显上升，黏度上升，但原液色泽发黄，所以聚合体系介质pH值一般控制在5±0.3，才能保证黏度变化小，聚合转化率变化也不大。

7. 单体中所含有的有机杂质 采用丙烯氨氧化法生产的丙烯腈单体中含有多种杂质，如氢氰酸、丙烯醛、乙醛、丙酮、乙腈和噁唑、丙腈等，这些杂质会降低反应速度，大部分杂质还使温升高峰曲线向后推移。

温升高峰推迟说明杂质对自由基共聚反应的诱导期有影响，因为这些杂质的分子结构中都带有负电性强的氰基或羰基，它能吸收自由基，放出质子，同时由于自身的共轭作用，生成较稳定的自由基，从而延长了聚合的诱导期，使温升高峰向后推移。

此外，这类杂质本身与丙烯腈发生加成或自身聚合，也影响聚合反应速度，导致反应温度下降。

8. 硫氰酸钠中含有的杂质 在以硫氰酸钠水溶液作为溶剂的一步法腈纶生产中，当硫氰酸钠中含有杂质——甲酸钠(SF)时，聚合浆液黏度急剧下降，甚至难于纺丝，这是因为反应体系的 pH 值在 5 ± 0.3 和大量钠离子存在下，甲酸钠转化为甲酸与甲酸根离子而起链转移作用所致。故工业中结晶硫氰酸钠中甲酸钠含量控制在 1% 以内。

另外，硫氰酸钠中含有杂质 $Na_2S_2O_3$ 1% 左右则会使纤维泛黄，这是因为 $Na_2S_2O_3$ 水解产生 NaOH，它中和了反应体系中一部分酸，使整个反应体系 pH 值上升，当 $pH > 7$ 时，会使聚合体上的氰基水解产生 NH_3(或 R—NH_2)，聚丙烯腈与 NH_3(或 R—NH_2)作用，生成脒基，并且在大分子链上形成共轭体系，在可见光下显现黄色。为此要求 NaSCN 原料控制碘耗小于 0.4mL/2gNaSCN。

9. 各种无机盐杂质

(1) Fe^{3+} 或 Fe^{2+} 的影响。在硫氰酸钠的一步法生产中，对铁质控制特别严格，无论是 Fe^{3+}，还是 Fe^{2+} 都对反应有阻聚作用，使反应速度减慢，聚合物平均分子量下降。实验证明，Fe^{3+} 比 Fe^{2+} 对聚合反应影响更大些。Fe^{3+} 阻聚作用在碱性条件下易进行，因而硫氰酸钠一步法聚合在偏酸性条件下进行。

另外，Fe^{3+} 在 NaSCN 溶液中还会与 SCN^- 反应生成红色 $Fe(SCN)_3$ 或深红色络合物，为此要求反应剂混合物中铁含量 ≤0.3mg/kg。

(2) Ti^{4+} 的影响。溶剂回收过程中要加入少量草酸钛钾，草酸钛钾在溶剂中离解为 Ti^{4+} 和草酸根离子。聚合时，Ti^{4+} 带有比 Fe^{3+} 更高的正电荷，使白色的 Ti^{4+} 首先被带负电荷的聚合体吸附，防止带色 Fe^{3+} 吸附在聚合体上，从而改善聚合体白度。阴离子草酸根具有还原作用，使 Fe^{3+} 还原成 Fe^{2+}，降低铁离子的阻聚作用，改善聚合物白度，但是过多地加入 Ti^{4+} 是不利的，因为 Ti^{4+} 也是链转移剂，大量存在会降低反应速度和平均聚合度。因此，工艺上控制 Ti^{4+} 含量为 4mg/kg。

(3) SO_4^{2-} 的影响。浅色剂二氧化硫脲的分解，硫氰酸钠的氧化都会使溶剂中硫酸根增加，聚合时 SO_4^{2-} 含量变化并不影响转化率，但由于在浓硫氰酸钠溶液中硫酸钠的溶解度很低，故过高的硫酸钠含量会导致硫酸钠在原液中结晶析出，造成过滤与纺丝困难，工艺要求聚合用的硫氰酸钠溶剂中硫酸钠含量不超过 0.08%。

(4) Cl^- 的影响。氯离子由各种化工用料及软水中带入，少量时对聚合反应无影响。氯离子存在主要是对聚合及原液系统铝质设备、管材腐蚀。腐蚀后的铝离子进入原液使原液凝聚，故必须控制化工原料及软水质量。

(5) NO_3^- 的影响。NO_3^- 由各种化工原料中带入，NO_3^- 会影响聚合物在 NaSCN 溶剂中的溶解度，使原液黏度升高，可纺性变差。

(6) CH_3COO^- 的影响。醋酸在调整溶剂 pH 值时投入系统，对于以甲基丙烯磺酸盐为第三单体的工艺，醋酸投入量比衣康酸为第三单体时多。醋酸在溶液中离解出醋酸 CH_3COO^- 大量存在时，会起链转移作用，降低聚合反应速度及相对分子质量。因此应设立萃取塔，把 CH_3COO^- 从系统中除去。

(7) Al^{3+} 的影响。Al^{3+} 使原液产生絮凝，影响可纺性，因此设备尽量少用铝材。

10. 浅色剂二氧化硫脲 加入浅色剂二氧化硫脲的目的是为了防止空气中氧或其他氧化剂对聚合反应的影响，保证反应稳定，改善纤维白度。

(1)浅色机理。经回收来的溶剂和各种原料中含有 Fe^{3+} 和 Fe^{2+}，Fe^{3+} 是红色的，它是造成纤维带色的主要原因。二氧化硫脲受热水解放出亚硫酸和次硫酸，次硫酸是一种强还原剂，它将 Fe^{3+} 还原成 Fe^{2+}，后者呈浅绿色，而起浅色作用；亚硫酸与丙烯腈、衣康酸等双键化合物加成，产物 β – 氰乙基磺酸钠和 2,3 – 二羧基正丙磺酸钠能与 Fe^{3+} 形成环状络合物，使红色 Fe^{3+} 不能吸附到纤维上去，从而达到浅色作用；次硫酸和亚硫酸能电离出 H^+，可在反应中防止体系 pH 值升高所引起的聚丙烯腈水解，避免了在碱性条件下，聚丙烯腈水解放出氨，后者与未水解氰基结合，生成黄色脒基；二氧化硫脲在体系中可分解出次硫酸和亚硫酸，二者都是强还原剂，能防止空气对有机物的氧化变色，避免偶氮二异丁腈氧化硫氰酸钠，生成黄色硫氰。

(2)稳定聚合反应体系。二氧化硫脲在体系中可分解出次硫酸和亚硫酸，它们具有比硫氰酸钠更强的还原能力，在聚合体系中起防止氧化的作用，稳定聚合反应过程。

溶液中二氧化硫脲分解产物电离放出氢离子，起缓冲作用，稳定体系 pH 值，抵消由于 NaSCN 中存在的杂质 $Na_2S_2O_3$ 所引起的 pH 值升高。

二氧化硫脲在聚合过程中有链转移作用，并且因二氧化硫脲分解及氧化，增加溶剂系统的杂质，尤其是 SO_4^{2-} 含量增加给溶剂回收带来困难，故二氧化硫脲加入量一般为聚合物量的 0.6% ~1.2%。

11. 相对分子质量调节剂异丙醇 相对分子质量调节剂异丙醇其分子中与伯碳原子相连的氢原子特别活泼，易与生长着的大分子自由基发生链转移，使大分子终止。一般，聚合浆液落球黏度和平均分子量随异丙醇用量增加而递减，而转化率基本不变(即反应速度不变)。

12. 溶剂 NaSCN 浓度 硫氰酸钠是强电解质，在水中能形成水合离子(溶剂化作用)。低浓度时 NaSCN 在水中形成独立的 Na^+ 和 SCN^-。随着浓度增加，硫氰酸钠离解度逐渐降低，而逐步变成溶剂化分子，形成水化层，当丙烯腈或聚丙烯腈加入浓 NaSCN 中时，由于氰基的强极性作用，使丙烯腈和聚丙烯腈参与硫氰酸钠的水化层，此时，丙烯腈分子或聚丙烯腈大分子被硫氰酸钠分子所包围，形成硫氰酸钠分子层，在硫氰酸钠分子层外面是水化层，从而达到均匀溶解的作用。若浓度过低，则溶解度减少，单体或增长着的大分子在溶液中碰撞机会减少，聚合速度变慢，黏度变高，原液质量差。为此要求原液中硫氰酸钠浓度高于 36%，低于此值原液出现凝胶；过高的浓度也会因无机盐本身引力增加，产生结晶，使溶剂黏度上升，从而降低对聚合物的溶解能力。实践证明，浓度为 51.8% 的硫氰酸钠溶液中的水分子，可全部与 NaSCN 分子溶剂化，使丙烯腈、聚丙烯腈中的氰基与硫氰酸钠构成的溶剂化层最稳定，溶液黏度最低。因此，工业上选用浓度为 50% ~52% 硫氰酸钠作溶剂，制得硫氰酸钠含量为 43.5% ~44.5% 的原液。

表 5 – 3 为各工艺因素对聚合反应的影响。

表 5－3　各工艺因素对聚合反应的影响

因素变化		转化率	平均聚合度	色泽
引发剂增加		提高	降低	加深
温度升高		提高	降低	加深
单体浓度增加		提高	提高	加深
二氧化硫脲增加		降低	降低	变浅
异丙醇增加		不变	降低	变浅
硫氰酸钠浓度(56%以下时)增加		提高	提高	不变
pH 值增加(13 以下时)		提高	提高	加深
有机质量增加		降低	降低	加深
无机盐增加	Fe^{3+} 和 Fe^{2+}	降低	降低	加深
	Ti^{4+}	降低	降低	加深
	SO_4^{2-}	不变	略提高	不变
	Cl^-	不变	不变	不变
反应时间增加		提高	降低	加深

二、水相沉淀聚合

(一)聚合工艺流程

丙烯腈等单体可溶于水,但聚丙烯腈则不溶于水而不断从水相中沉淀出来,故称水相沉淀聚合。水相沉淀聚合采用水溶性氧化—还原引发剂,该引发剂分解活化能低,聚合可在 30～55℃之间进行,所得产物色泽白度好;水相聚合反应热容易控制,从水相聚合得到的产品相对分子质量分布窄;聚合速度较快,粒子大小均匀,聚合转化率高,浆液易于处理。聚合所得的固体粒子,便于运输;选用氧化—还原引发剂,可使聚丙烯腈大分子带上磺酸基,因此第三单体用量减少,可节约成本。对于腈纶生产来说,它的缺点是需要增加聚合体的溶解工序,因而工艺上也称为"二步法"——即通过得到固体聚合物,再溶解成纺丝原液进行纺丝。

图 5－3 为水相沉淀聚合的工艺流程示意图。

1. 聚合　各种单体连同引发剂、活化剂、催化剂和无离子水,通过计量连续加入反应釜进行反应。反应釜有搅拌器和夹套,正常情况下反应器夹套中通冷冻水以带走反应热。但在开始聚合时,要提供热水以加热反应器。夹套冷却水的温度即聚合反应温度,一般在 30～50℃。反应物料在釜中约停留 1～2h,转化率约为 70%～80%[5]。特别指出,聚合釜引出的淤浆含有一定量未参加反应的单体,故需不断向淤浆槽加入足够量的终止剂(乙二胺四乙酸四钠盐)来停止聚合反应。

2. 水洗　水洗是为了洗除浆液中所含的杂质和残余单体,这是两步法所生产的产品质量比一步法的产品质量高的原因之一。从淤浆槽中出来的淤浆由泵送至旋转真空过滤机,用无离子水彻底水洗,在过滤机的转鼓内产生一定的真空度,当转鼓旋转时,真空把浆液吸附在转鼓上,靠内外压力差作为动力,浆液中的水进入转鼓内。溶解在水中的杂质、残余单体、不挥发的物质

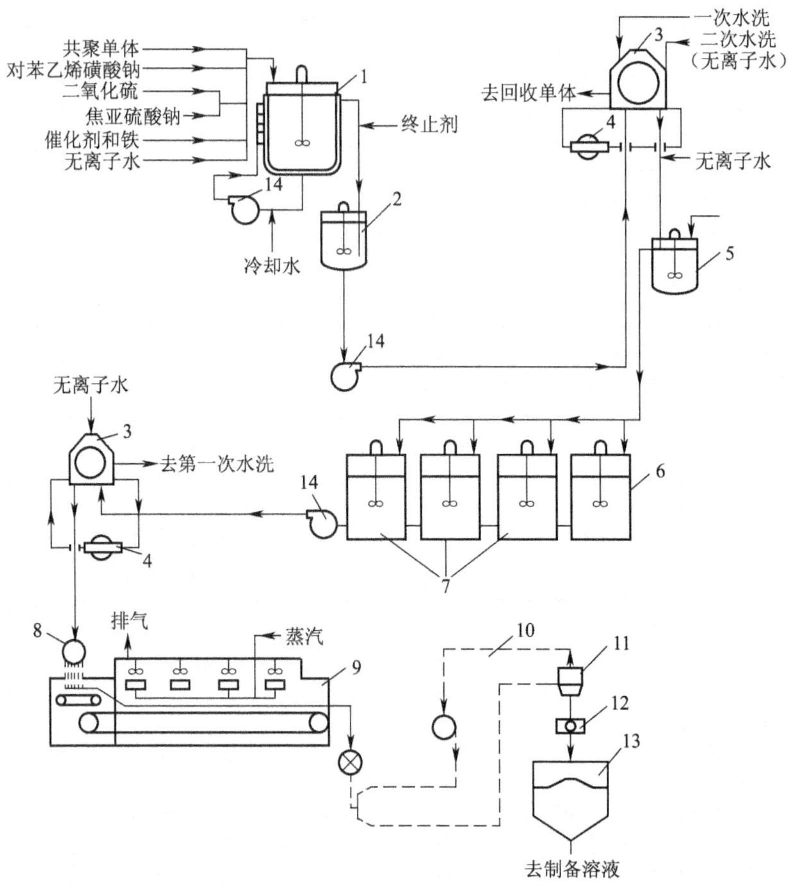

图5－3　水相沉淀聚合工艺流程示意图

1—聚合反应釜　2—淤浆槽　3—旋转真空过滤机　4—真空泵　5—第二淤浆槽　6—分离槽　7—淤浆混合槽
8—挤压机　9—干燥机　10—气体系统　11—循环分离器　12 —粉碎机　13—聚合物贮槽　14—泵

也一同进入转鼓内，起到了洗涤作用，分离了聚合物，以除去未反应的单体和盐。离开过滤机的聚合物大约含5%的水分，加入中和剂（NaOH）调节pH值，然后用无离子水再制成含量约为25%的浆液，稀释的浆液用螺旋推进器送到淤浆混合槽中。

3. 混合　混合系统由几个带有搅拌器的槽组成，使聚合物混合均匀，混合槽较大可保证上下工序的连续稳定性。为了防止加蓝剂结块，在混合罐中加入磷酸三丁酯（TBP）。

4. 脱水　混合后的淤浆在第二个旋转真空过滤机中脱水，进入旋转真空过滤机的浆液中，聚丙烯腈的含量为25%，脱水后滤饼中聚丙烯腈含量为45%。旋转真空过滤机转鼓在一定的真空度下操作，转鼓在装有浆液的槽中旋转，真空把浆液吸附在转鼓的表面，转鼓的表面有一层滤布，阻止聚丙烯腈进入，水依靠转鼓内外的压差作为动力穿过过滤布进入转鼓内，这样聚丙烯腈就与水分开达到脱水的目的，脱除水的滤饼用0.6 MPa压缩空气吹离转鼓。工业上要求脱水后的滤饼中水含量为55%左右。

5. 挤出、干燥、粉碎　从第二个旋转真空过滤机中脱水出来的聚合物直接喂入挤出机。经挤出送入连续的链板干燥机中，将湿度降低到小于1%。干燥后的聚合物被风送到循环分离器，进行液固分离，接着送至粉碎机进行粉碎，得到聚丙烯腈细小固体颗粒。

（二）聚合工艺控制

1. 引发剂浓度 丙烯腈水相沉淀聚合采用水溶性氧化—还原引发体系，如 $NaClO_3$—Na_2SO_3、$K_2S_2O_8$—$NaHSO_3$、$NaClO_3$—$NaHSO_3$ 等。以 $NaClO_3$—Na_2SO_3 为例，提高氧化剂用量（即改变 $NaClO_3$/单体的比例），聚合物相对分子质量下降，转化率略有上升；如果氧化剂用量不变，只是提高还原剂 Na_2SO_3 的用量，则聚合物相对分子质量和转化率均下降，但纤维白度好。工业生产中，引发剂用量占单体的0.2%～0.8%（以 $NaClO_3$ 氧化剂为标准），而氧化剂与还原剂比例取(1:3)～(1:20)。

2. 单体浓度 随着进料单体浓度增加，转化率增加，聚合物增比黏度下降，聚合物颗粒形态趋于均匀，沉降值下降。这是由于在引发剂与单体比值固定的条件下，单体量增加时相应也要增加引发剂的量，而单体是部分溶解于水，引发剂却全部溶于水，这样相对地提高了水相中引发剂的浓度，活性中心会相应增加，从而引起聚合物增比黏度下降，聚合物颗粒密实，粒径减小，分布均匀，导致沉降值下降。

3. 聚合温度 工艺控制聚合反应温度是40～50℃，若温度过低（25℃以下），反应十分缓慢，随着反应温度升高，转化率升高，但聚合物平均分子量下降。

聚合温度与聚丙烯腈悬浮粒子大小和聚合体淤浆过滤性能有关，从聚合体淤浆过滤速度来考虑，聚合温度以45℃左右为宜，这时小于3μ的粒子数量减少，过滤速度较快。

4. 聚合时间 聚合时间太短，反应热来不及散发出去，转化率低；聚合时间太长，设备生产能力下降，对 $NaClO_3$—Na_2SO_3 引发体系高浓度单体进料来讲，聚合时间过低，转化率下降，聚合时间对平均分子量影响很小。通常聚合时间取1～3h。

5. 介质pH值 在丙烯腈的水相沉淀聚合反应中，酸对于氧化还原引发体系起活化作用。如在碱性条件下，$NaClO_3$—Na_2SO_3 引发体系就不能引发聚合反应，只有当pH值低于4.5时，才能引发聚合反应，因为pH值影响着氧化还原体系的电位差值。在实际生产中，采用pH值在1.9～2.2较为适宜。水相沉淀聚合体系达到规定的转化率后，必须在碱终止釜中把pH值调节至5～6.5，使反应终止。

6. 无机盐 微量 Fe^{2+} 能加速AN聚合反应，而中性盐NaCl、Na_2SO_3 使聚合反应速度减慢。

7. 氧 微量溶解在料液中的氧和微量空气对聚合反应影响不大，但鼓入大量空气使反应速度减慢，相对分子质量却升高，这可能是氧首先使一部分初级游离基失去活性所致。另外，在大量氧参与聚合下，会有副产物HCN、HCHO和 CO_2 产生。

8. 搅拌 聚合釜式反应器属于全混型反应器，有利于反应器内物料的均匀混合，对于丙烯腈水相连续聚合来讲，不仅关系着反应体系的浓度、温度均一，还决定着聚合体颗粒的形态结构和抗疤效果。因此，选择合适的搅拌形式和搅拌速度，成为聚合设备连续运转的关键之一。实践证明，聚合釜内搅拌器转速增加时，转化率升高，相对分子质量减小，平均粒径减小，粒径分布变窄，沉降值下降。

9. 聚合物粒子大小和聚合物效应 反应体系的流动性，聚合物滤饼的含水率与聚合物凝聚体粒子的大小及聚合物凝聚状态有关。在显微镜下看出，连续聚合所得的聚合体是比较细密的圆形粒子，粒子大小分布窄，经离心脱水后，滤饼含水率为25%～45%，就聚丙烯腈大分子上带—SO_3H聚合体来说，还发现聚合物悬浮体的粒子尺寸与聚合物的平均分子量有关，随着聚合物悬浮体粒子减小，平均分子量也减小。显然是因为相对分子质量小的样品其亲水性—SO_3H基浓度高，这样导致了粒子水化程度提高，使得凝聚力降低，因而相对分子质量小的样品粒子半径也小。

10. 水洗

（1）水洗水温度。工业上水洗水温度为22℃，温度高杂质溶解快，洗涤效果好。水洗水均匀喷射在吸附着浆液的转鼓上，由于转鼓内压力低于大气压力，水洗水依靠此压力差作为动力，穿过浆液层进入转鼓内。水穿过浆液层时，溶解了浆液中的杂质和残余单体，一起进入转鼓内，达到洗涤的目的。

（2）水洗水分布。水洗水分布不均匀，聚合物会出现干裂纹，一旦水洗水大量通过裂纹，使水洗效果显著下降。

（3）真空度。真空度小，压差小，水洗水流动的动力小，水洗水不能穿过聚合物层；真空度太大，转鼓上吸附聚合物层厚，水洗效果也不好。

11. 脱水的影响

（1）真空度。真空度高，压差大，水流动的动力也大，脱水效果好。真空度过高滤饼中水含量减少，但能耗太大；真空度过低或压差小，水脱除量小，滤饼中水含量过高，带入溶解时的水量也增加，造成原液中组分变化。

（2）转鼓转速。转速低，滤饼的停留时间长，脱水效果好，但产量减少。

第四节　聚丙烯腈纺丝原液的制备及其性质

一、纺丝原液的制备

经一步法制得的纺丝原液含有未反应的单体、气泡和少量的机械杂质，必须加以去除。为保证纺丝原液的质量均一性，还必须进行混合，故纺丝原液的制备包括脱单体（高转化率聚合工艺可在脱泡时把少量未聚合的单体脱除，而不需单独的脱单体工序）、混合、脱泡、调温和过滤等环节，才能得到符合纺丝工艺要求的纺丝原液。

由二步法所得的聚丙烯腈是细小的固体颗粒，必须将其溶解在有机或无机溶剂中，并经混合、脱泡和过滤等工序，制得合格的纺丝原液。

（一）一步法纺丝原液的制备

图5－4为NaSCN一步法原液准备流程图。完成聚合、脱单（图5－1）后送来的原液的浆液经管道混合器而进入原液混合槽，使原液充分混合后用齿轮泵送往真空脱泡塔，脱除原液中混入的气泡，脱泡后的浆液送入多级混合器，在此加入消光剂和荧光增白剂，然后经热交换器进行调温，再经过滤除杂，以稳定的压力送往纺丝机。

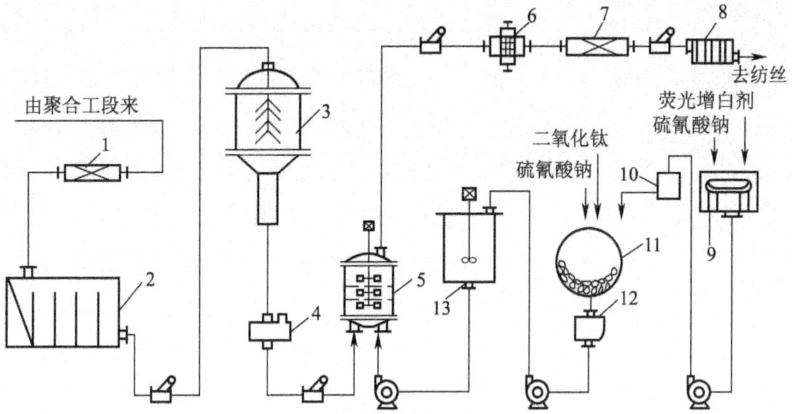

图5－4　原液准备流程示意图

1,7—管道混合器　2—原液混合槽　3—脱泡器　4—密封槽　5—多级混合器　6—冷却器　8—板框过滤机　9—振荡研磨机　10—荧光浆液计量罐　11—球磨机　12—球磨机接受槽　13—消光浆液贮槽

1. 脱单　高转化率（转化率大于95%）的聚合产物不需脱除单体，而中、低转化率的工艺路线，都必须将聚合浆液进行脱单体。这是因为在低转化率聚合反应中，有30%～50%的单体未转化成聚合物，这部分未转化的单体若随原液直接送往纺丝，不但浪费原料，而且在输送和贮存过程中还会继续聚合，使原液的聚合物浓度及黏度发生变化，造成原液组成不稳定，影响纤维强伸度；未反应单体在纺丝热拉伸时还会挥发污染环境，使劳动条件变差。因此，聚合后的原液须经脱单体。

图5－5为脱单体的流程示意图。自试剂混合桶抽出部分混合液，经列管式冷却器冷却至9℃左右送至单体喷淋冷凝器作为喷淋冷凝液，由脱单体塔蒸出的单体、部分异丙醇和水被冷凝

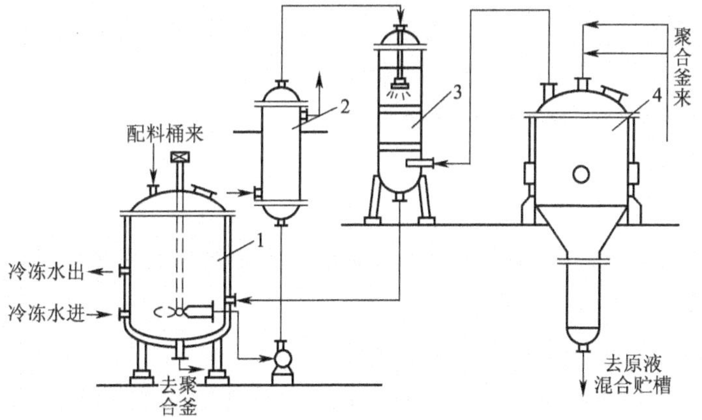

图5－5　脱单体流程示意图

1—试剂混合桶　2—列管式冷却器　3—单体喷冷器　4—脱单体器

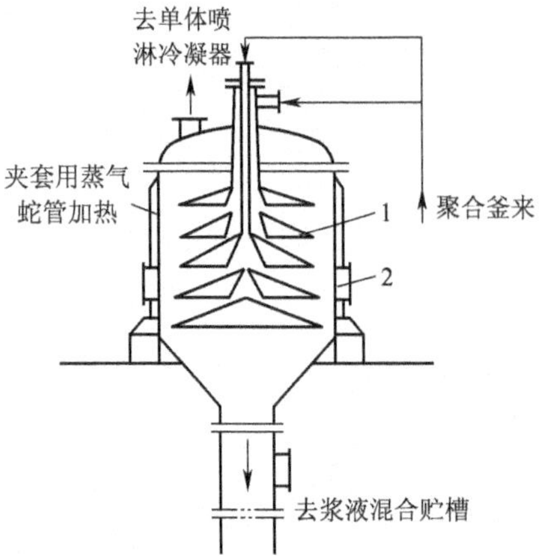

图5-6 脱单体塔结构示意图
1—伞 2—视镜

成液体，一起带回试剂混合桶供循环使用。脱单后的原液送往原液混合贮槽。

脱单体塔（图5-6）装有夹套（蒸汽加热）以调节温度，塔内有五层伞，第一层（最上层）起阻挡作用，以免进出的料液雾沫直冲喷淋冷凝器或真空管道。第二到第五层伞使浆液在伞上成薄膜以增加蒸发面积，浆液内的单体或气体逸出，浆液则顺流而下去原液混合贮槽。

在连续聚合中，脱单体是在连续脱单体器中进行的。影响连续聚合脱单体效果的因素有：

（1）原液温度。未聚合单体气化所需热量愈少，原液温度愈高，在相同真空度下，单体愈易气化脱出。

（2）喷淋液温度和循环量。脱单体器的真空度是由喷淋液循环量（喷淋速度）与喷淋液冷凝单体的能力形成。喷淋液温度越低，喷淋循环速度越大，就越有利于真空的建立，脱单体效果越好。但为防止与单体同时脱出的水分损失增多，造成物料不平衡，喷淋循环液温度一般控制为10℃，循环量约为进料量的1～5倍。

（3）原液黏度。黏度低，单体易气化逸出。

（4）脱单塔伞面的面积（即主要蒸发面积）大，原液层厚度薄，停留时间长，则易脱净。

（5）聚合转化率。中转化率的原液中未反应单体只有25%～30%，比低转化率的易脱净。

特别指出，由图5-1可知，低转化反应须经两次脱单体，这是因为：低转化率反应后，原液中还有约45%的单体未转化为聚合物，在1.7×10^4Pa（130mmHg）绝对压力下，经过一次脱单体，只能脱除未反应单体的90%～95%，剩余单体及占进量总量3%左右的水仍留在原液中。为达到工艺上要求残余单体小于0.3%、硫氰酸钠浓度为44%的指标，必须进行第二次脱单体。

从图5-1可看出，在进行第二次脱单体前原液要预热，这是因为在1.7×10^4Pa（130mmHg）绝对压力下，经第一脱单体原液温度下降到45～50℃。此时，水的沸点为57～59℃，故水已不能脱除，为了使液态水、单体进一步气化，必须供给气化热。因此，在第二次脱单体前，原液必须进行预热。

2. 混合 聚合反应连续进行，虽然原液质量较好，但不能保证相对分子质量及黏度的均匀，因此，必须将脱单体后送来的浆液与循环混合浆液在管道混合器内充分混合，然后再送入较大容量（容纳10～20批聚合料液）的混合槽。这样，一方面使原液混合均匀，质量均匀；另一方面，一旦聚合停车，在一定时间内，不会影响纺丝的连续开车。

3. 脱泡 聚合过程中，引发剂偶氮二异丁腈，在形成游离基的同时释放出氮气；溶剂中夹带的碳酸盐受热分解，放出二氧化碳；原液输送过程中，因泵的泄漏或在机械力作用下，空气会混入原液。这些气体都将以气泡状态存在于黏稠的原液中。由于喷丝孔的直径很小，当原液经喷丝头挤压时，气泡直径大于喷丝孔直径时，会造成单纤维断裂，形成毛丝，给纺丝带来困难；气泡直径小于喷丝孔直径时，气泡残留在纤维内造成气泡丝，纤维产生空洞，经不起拉伸，空洞纤维易断裂，造成废丝增加。因此，纺前原液须脱泡。

原液脱泡方法有两种方法。

（1）常压静置脱泡法。脱泡器内装有四个60°角的伞形导流板，进料管与伞面保持一定的间距，从而使原液均匀地分布在四个伞面上。因为聚丙烯腈原液黏度较高，液层很厚，介质又很黏稠，气泡较小，上升速率很慢，脱泡需很长时间，且不能连续。

（2）连续式真空脱泡法。该法在2666Pa（20mmHg）绝对压力下，原液连续通过真空容器，以3～5 mm厚的薄膜跌落，气泡在真空下膨胀破裂而被脱除，可连续、快速、高效脱泡，广泛用在化学纤维生产中。应该指出，在连续式真空脱泡法中，脱泡塔的大气腿比脱单体塔要长一些，这是因为，脱泡塔内呈真空状态，由于外界大气压的作用，使塔内脱泡后的原液出料受阻。为了克服阻力，使抽出泵在正压下工作，因而必须在脱泡塔底部设一条一定高度的管道，即大气腿，使原液在大气腿内因高度产生重力，从而克服系统真空及管道阻力而自由落下。

影响连续式真空脱泡效果的因素有以下几个。

（1）真空度。气泡上升速度与气泡半径的平方成正比。真空度愈高，气泡膨胀愈大，气泡半径愈大，气泡密度愈小，原液与气泡的密度差愈大，则上升速度愈快。因此，真空度愈高，脱泡效果愈好。但真空度太高会造成水分过量脱出。

（2）原液黏度。气泡上升速度与原液黏度成反比。因此，黏度愈小，脱泡时的阻力越小，脱泡效果愈好。

（3）液层厚度。液层厚度越薄，气泡的脱除过程中经过距离越短，脱泡时的阻力越小，脱泡效果越好。

（4）原液温度。原液温度愈高，黏度愈低，气泡愈易流动，脱除速度愈快，脱泡效果愈好。但在用偶氮二异丁腈作引发剂时，因其超过40℃会进一步分解，反而增加气泡，因此原液进入脱泡塔的温度一般控制在40℃以下。

4. 消光和增白　腈纶表面光滑，有一定透明度，它对光呈均匀反射，形成很强的光泽。由于大多数衣着用纤维只要求有限的光泽，为适应消费者需要，腈纶必须进行消光处理。采用表面粗糙化处理或向纤维中掺入折光率不同的物质（消光剂）的方法，干扰光线在纤维表面的均匀反射，达到消光的目的。在腈纶生产中，主要采用加消光剂的办法实现消光。常用的消光剂为锐钛型二氧化钛，它的折光率与纤维差异大，颗粒小，分散性好，对酸、碱以及有机溶剂稳定。消光剂在使用时必须先经研磨并以其浆料混入原液内，对于半消光纤维，其加入量为纤维质量的0.2%～0.3%；对于消光纤维，其加入量为纤维质量的0.6%。

为了增加纤维白度，在加入消光剂的同时，还要加入荧光增白剂，其特点是在原液中稳定、颗粒度小、分散性好，能使纤维在紫外线照射下发出蓝色或黄色的荧光，给人一种晶莹洁白的感觉，增白剂在使用时必须先经研磨并以其浆料混入原液内，增白剂用量为纤维的20mg/kg。

5. 调温和过滤　原液纺前的调温，是通过四个并联式的板翅冷却器来实现的，冷却介质采用1℃冷冻水，将原液温度调整为32～35℃，这时原液较稳定，纺丝浆液黏度较低，流变特性较好，有利于过滤纺丝。由于纺前原液组成已定，因此，调温是调整纺前原液流变性能的补充手段。经验数据是调温1℃,原液升泡黏度差4～5s。

过滤的目的是除去混合浆液中的机械杂质和少量聚合凝胶,以免在纺丝中堵塞喷丝孔,保证纺丝顺利进行。为了保证纺丝泵供原液量的准确和稳定,纺出的丝连续、纤度均匀、纺丝生产稳定,进纺丝泵前原液压力(纺前压力)必须稳定,通常控制在$(4.90\times10^5)\sim(5.90\times10^5)Pa(5\sim6kgf/cm^2)$。

表5-4列出了硫氰酸钠一步法制备纺丝原液质量指标。

表5-4 硫氰酸钠一步法制备纺丝原液质量指标

指 标	大 小	指 标	大 小	指 标	大 小
聚合度浓度/%	13±0.2	聚合物增比黏度	0.35～0.45	阻塞系数	<30
硫氰酸钠浓度/%	44±0.55	特性黏度	1.49±0.02	外观	浅黄色透明黏液
原液黏度(落球法)/s	280 ～380	黏均分子量/万	6～8	残余单体/%	<0.3

(二)二步法纺丝原液的制备

由水相沉淀聚合所得的聚丙烯腈是细小固体颗粒状,首先需要将它溶解于有机或无机溶剂中。并经过混合、脱泡、过滤、纺前调温等工序,以制成符合纺丝要求的原液。由于溶解之后的混合、脱泡、过滤、纺前调温等工序,与一步法纺丝原液制备相同,所以这里只介绍溶解。

高聚物的溶解同低分子溶解不同,低分子物质溶解时,将溶质放在溶剂中搅拌即可完全溶解。但高分子物质由于相对分子质量大,分子间作用力也大,溶剂分子不易渗透到大分子间而完全消除分子间的作用力,因此,高聚物溶解分为两步。

第一步,必须发生溶剂化,使高聚物浆化(即溶胀),所谓浆化就是溶剂分子挤进大分子链之间,但还不能把大分子链完全“拆开”,只能达到使分子链局部“拆开”,表现在宏观上就是高聚物吸收溶剂膨胀起来,既增加了质量也增加了体积。

第二步,使已溶剂化的大分子之间的作用力减弱,从而使之能从有限溶胀发展为无限溶胀——溶解。

下面分别以硫氰酸钠水溶液和二甲基甲酰胺为溶剂讨论聚丙烯腈的溶解过程。

1.以硫氰酸钠水溶液为溶剂

(1)浆化。硫氰酸钠是强电解质,在水中能形成水合离子(溶剂化)。当硫氰酸钠浓度很低时,溶剂化的阳离子和阴离子可独立存在。随着硫氰酸钠浓度的增高,其离解度逐渐降低,两类离子的溶剂化层交错在一起。当硫氰酸钠水溶液浓度达24.3%时,硫氰酸钠水溶液完全溶剂化,无游离水分子存在,此时,聚丙烯腈的氰基成为溶剂化层的组成成分,聚丙烯腈分子被溶胀(浆化)。应该指出,为了防止聚丙烯腈被氧化而泛黄,从而降低其强度,工业上在浆化罐中加入抗氧剂$NaHSO_3$,由于$NaHSO_3$是还原剂,当有氧化剂存在时,可以首先与氧及氧化剂作用,消除氧及氧化剂,使聚丙烯腈免受氧化。

(2)溶解。浆化后的聚丙烯腈,分子间作用力已显著减小,这时的聚丙烯腈只是体积增大,质量增加,但还没有溶解,还需要NaSCN分子继续渗透到聚丙烯腈中,完全拆开大分子间的作用力。当硫氰酸钠浓度为43% ~45%时,聚丙烯腈分子被溶剂系统包围,大分子间作用力大大减弱,使得固体的聚丙烯腈转化成高分子溶液;当硫氰酸钠溶液浓度为50%左右时,聚丙烯腈的氰基与溶剂系统构成的溶剂化层最适宜,原液的黏度最低。继续增加硫氰酸钠溶液浓度,溶剂化程度却降低,大分子间作用力增大,溶解度亦降低,原液黏度反而回升(图5-7)。因此,生产中采用的硫氰酸钠水溶液浓度常为49% ~53%,最佳浓度为51% ~52%,这时纺丝溶液中聚丙烯腈浓度为10% ~13%,以得到黏度最小的聚丙烯腈溶液。

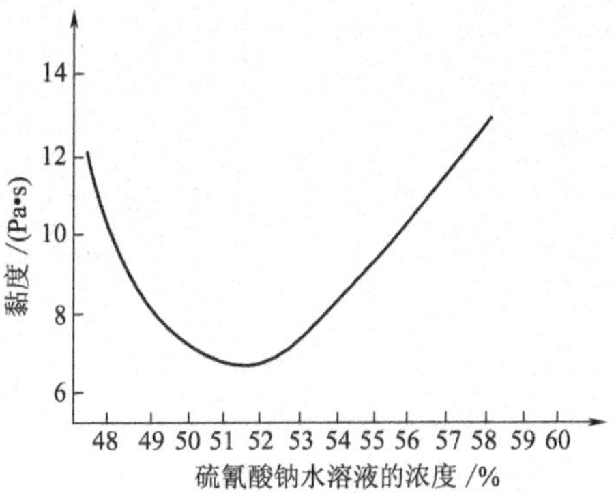

图5-7 原液黏度与硫氰酸钠浓度的关系

聚丙烯腈溶解时必须具备以下几个条件:

(1) NaSCN水溶液的浓度必须大于临界浓度。

(2)比较高的温度。

(3)一定时间。

2.以二甲基甲酰胺为溶剂 将粉末状的PAN和溶剂DMF分别由贮槽和溶剂计量槽经计量加入溶解釜中,在0~10℃下搅拌30min进行冷溶胀,使PAN和DMF充分混合成浆液,而后通过溶解釜的夹套加热,使溶解温度逐步升高至80~100℃,溶解4h左右。也可在两个设备中分别进行溶胀和溶解。

以二甲基甲酰胺为溶剂干法纺丝时纺丝原液的准备如图5-8所示。丙烯腈共聚物经螺杆输送机定量输送,与经加热的DMF、TiO_2、二亚乙基三胺亚乙酸(DTPA)在混合器进行混合,然后送至溶解罐溶解。纺丝溶液经粗滤器过滤后进入溶液贮罐,经增压泵送至加热器,使纺丝溶液加热至90~110℃,再经增压泵送去纺丝。原液浓度控制在25% ~30%,落球黏度600~800s。

为改善纤维的吸湿性和含水率,可在原液中加入适量的甘油,并使第三单体带有磺酸基团,纤维的吸湿率可达7%。为防止原液在较高温度下变色,常在原液中加入少量稳定剂(如亚硫酸氢盐、草酸或甲醛的衍生物等)。为防止溶解时聚合物被氧化而变黄,可在溶解釜中通入氮气进行保护。

二、纺丝原液的性质

(一)纺丝原液的黏度

纺丝原液的黏度直接影响其过滤压力、纺丝压力、原液的可纺性、原液细流的形成和初生纤维的拉伸性能以及成品纤维的质量。影响聚丙烯腈纺丝原液黏度的因素有:

(1)相对分子质量。在保证拉伸性和成品质量前提下,聚丙烯腈相对分子质量不宜太高,否则原液黏度太大,造成过滤和成型困难。因此,在聚合反应中加入相对分子质量调节剂来控制聚合物相对分子质量在50000~80000范围内。

(2)聚丙烯腈浓度。原液中PAN含量越大,原液的黏度就越高。

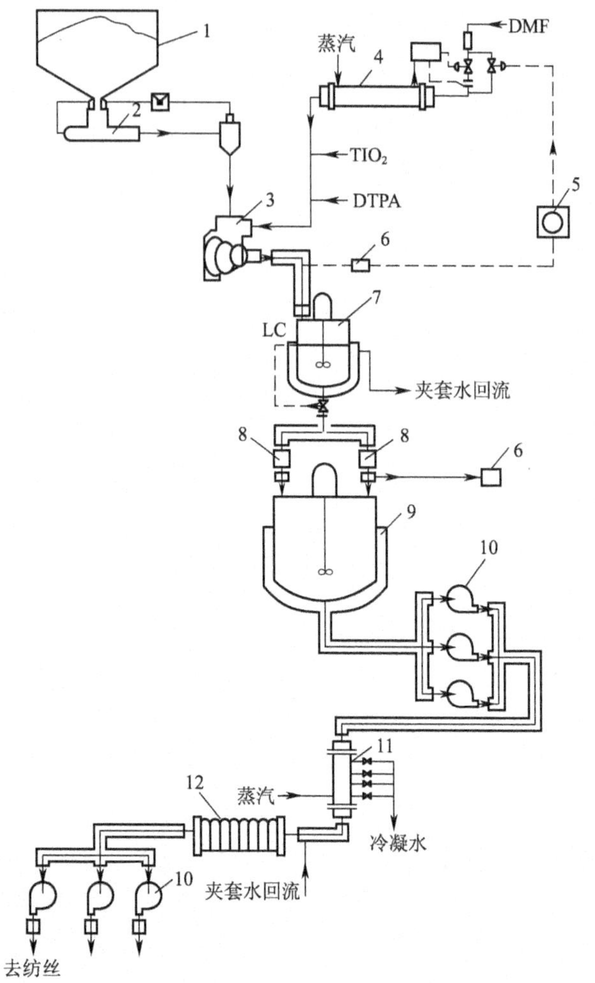

图 5-8　二甲基甲酰胺为溶剂的干法纺丝原液制备流程图

1—聚合物贮存罐　2—螺杆输送机　3—混合器　4—溶剂加热器　5—黏度控制器　6—黏度计
7—溶解罐　8—粗滤器　9—浆液贮罐　10—增压泵　11—浆液加热器　12—压滤机

(3)温度。温度升高,纺丝原液黏度急剧下降。

(4)共聚物组成。共聚物中大分子链上引入磺酸基(—SO_3H)后,纺丝原液黏度随—SO_3H含量的增加而下降。

(二)纺丝原液中共聚物浓度

一般而论,随着原液中 PAN 含量的提高,纤维的物理—机械性能有所改善,并且可相应提高设备的生产能力。但是随着浓度的增大,原液的黏度将明显增加,这将给原液的过滤、输送和纺丝带来困难。

(三)纺丝原液的稳定性

在众多溶剂路线中,以硫氰酸钠为溶剂的纺丝原液稳定性非常好,其原液可放置长时间而不变质。硫氰酸钠水溶液浓度与纺丝原液黏度的关系见表5－5。

表5－5　硫氰酸钠水溶液浓度与纺丝原液黏度的关系

NaSCN水溶液浓度/%	聚丙烯腈用量/%	原液放置不同时间后的落球黏度/s			
		24h	48h	72h	120h
44	14.9	冻胶化	—	—	—
46	14.5	567	1154	冻胶化	—
48	14.8	195	201	207	216.5
50	14.9	170.5	175	175	175
52	14.5	176	178.5	178	177
54	14.7	233	233.5	232	231
56	14.9	283.5	287.5	287.5	285.5
58	15.0	485	491	—	492

从表5－5看出，当配制原液用的NaSCN水溶液中NaSCN浓度低于48%时，原液的稳定性降低，如低于46%，易于冻胶化，因此腈纶生产上纺丝原液中NaSCN浓度为44%～45%，相当于采用51%～52.1%的NaSCN水溶液配制含有12.8%聚丙烯腈的纺丝原液。

以二甲基甲酰胺为溶剂的聚丙烯腈溶液的稳定性由于二甲基甲酰胺有吸水作用（水是聚丙烯腈的凝固剂）而降低，并且溶液中聚合物浓度越高，则水对原液稳定性的影响也越大。硝酸、氯化锌、二甲基亚砜等溶剂同样具有吸水性，容易发生水解并使原液形成冻胶，甚至无法进行纺丝。

（四）聚丙烯腈相对分子质量及其分布

各种溶剂路线聚合物的相对分子质量一般控制在40000～80000，相对分子质量过低（低于30000），则原液的可纺性和可拉伸性很差，成品纤维的质量明显下降；相对分子质量过高则会给纺丝工艺带来困难。

工业上采用适当降低聚合物相对分子质量的办法，来提高经济效益和改善纤维质量。因为相对分子质量降低，可缩短聚合时间，降低原液的黏度，改善原液的可纺性，提高成品纤维质量。此时如保持原液黏度不变，则可提高原液的浓度，降低原材料消耗和能耗。

相对分子质量分布窄有利于提高纤维的强度、韧性、耐磨性和软化温度，但其延伸度和屈服强度则有所降低。实践证明，发现一步法所得PAN的相对分子质量分布较宽（分散度指数α为2.0～2.5），二步法PAN的分散度指数较窄（1.7～2.0）。

（五）纺丝原液的白度

原液的白度受溶剂的色泽、聚合转化率、原液的pH值、引发剂和还原剂用量等因素的影响。转化率或体系pH值较高或溶剂色泽较深时，原液的白度较差；引发剂用量较多时，原液容易发黄；增加还原剂、二氧化硫脲、二亚乙基三胺亚乙酸的用量时，可有效地改善原液的白度。

第五节　聚丙烯腈纺丝成型

聚丙烯腈在加热下不熔融，在280～300℃下分解，故一般不能采用熔融纺丝，而采用溶液纺丝。溶液纺丝又可分为干法纺丝和湿法纺丝。目前，全世界绝大部分采用溶液纺丝来生产腈纶。据报道，也有采用熔融纺丝的研究，纺丝用聚合体应是另一种共聚物结构。

一、聚丙烯腈的湿法纺丝成型

湿法纺丝工艺占腈纶生产能力的85%，湿法工艺之所以具有吸引力，是因为它能适应多种溶剂，生产能力高，人体不易接触到溶剂，制造的纤维具有多孔凝胶结构，有利于纤维的染色。

湿法纺丝时，高聚物溶液从浸于凝固浴中的喷丝板小孔喷出，通过双扩散作用最终使纤维成型，如图5－9所示。凝固浴通常为制备原液所用溶剂的水溶液。

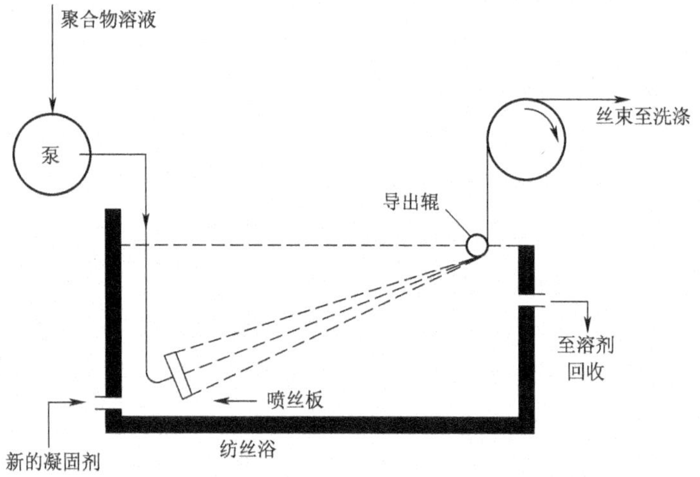

图5－9　湿法纺丝的凝固浴示意图

（一）工艺流程

1. DMF溶剂路线　浓度为20%～25%的纺丝原液，经计量泵计量，通过喷丝头压入凝固浴槽中，凝固浴为50%～60%的二甲基甲酰胺水溶液，浴温10～15℃，纺丝速度5～10m/min。丝束出凝固浴后进入拉伸机进行蒸汽拉伸或热水拉伸，拉伸倍数为5～8倍，热水拉伸浴为20%～25%二甲基甲酰胺水溶液，浴温80～90℃。拉伸后的丝束进入水洗机，用60～80℃的热水进行水洗。水洗后的纤维经油浴槽上油后，在干燥机中进行干燥致密化，再进入拉伸机拉伸1.5倍左右。拉伸后的纤维经卷曲，汽蒸热定型及冷却后进行切断和打包（图5－10）。

采用DMF为溶剂的主要优点是溶剂的溶解能力强，可制得浓度较高的纺丝原液，溶剂回收

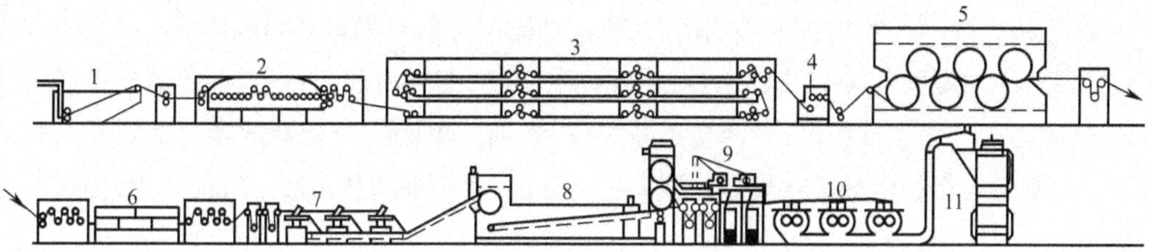

图5-10 DMF法腈纶的纺丝、后加工流程图

1—凝固浴槽 2—拉伸机 3—水洗机 4—上油浴 5—干燥致密化机 6—拉伸机 7—卷曲机 8—汽蒸热定型机 9—冷却机 10—切断机 11—打包机

也较简单。但在较高温度(>80℃)下溶解时,会使纺丝原液颜色发黄变深。

2. NaSCN溶剂路线 纺丝原液(PAN含量12%~14%,NaSCN含量44%)经计量泵计量后,再经喷丝头进入凝固浴,凝固浴为9%~14%的NaSCN水溶液,浴温10℃左右,纺丝速度5~10m/min。出凝固浴的丝束引入预热浴进行预热处理,预热浴为3%~4%的NaSCN水溶液,浴温为60~65℃,纤维在预热浴中被拉伸至1.5倍。经预热浴处理后的丝束引入水洗槽进行水洗,水洗槽中的热水温度为50~65℃。水洗后丝束在拉伸浴槽(水温95~98℃)中进行拉伸,两次拉伸总拉伸倍数为8~10倍。随后经上油浴上油,在干燥机中进行干燥致密化。接着丝束经卷曲机,再进入汽蒸锅进行热定型,蒸汽压力为1.5×10^2kPa(表压),定型时间10min左右。接着丝束进行上油,再经干燥机进行干燥致密化,最后经切断(或牵切加工),打包后出厂(图5-11)。

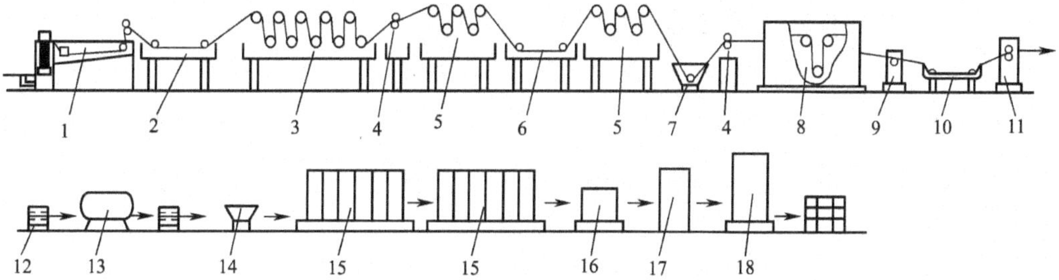

图5-11 湿法纺丝工艺流程示意图

1—凝固浴 2—预热浴 3—水洗槽 4—压辊 5—拉伸机 6—拉伸浴槽 7—第一上油浴 8—干燥机 9—张力架 10—卷曲加热器 11—卷曲机 12—装丝箱 13—汽蒸锅 14—第二上油浴 15—干燥机 16—切断机 17—吹风机 18—打包机

该法的主要优点是工艺过程简单,聚合速度较快,聚合时间较短,NaSCN不易挥发,溶剂的消耗定额较低。

除DMF和NaSCN外,DMAc、$ZnCl_2$、DMSO、硝酸及EC等也常用作腈纶湿法纺丝的溶剂。

(二)湿法成型的凝固原理

纺丝原液由喷丝头喷出进入凝固浴后,原液细流的表层首先与凝固浴接触而很快凝固成一薄层,凝固浴中的凝固剂(水)不断通过这一薄层扩散到细流内部,而细流中的溶剂也通过薄层扩散至凝固浴中。由于双扩散,使薄层不断增厚,当细流中间部分溶剂浓度降低到某一临界浓度以下时,原为均相的丙烯腈共聚合溶液发生相分离,聚丙烯腈从溶液中沉淀析出,构成初生纤维芯层,并产生体积收缩。

(三)湿法成型工艺控制

1. 原液中丙烯腈共聚物的浓度 表5-6为由几种常用溶剂制备的原液中丙烯腈聚合物的浓度。

表5-6 常用溶剂制备的原液浓度

溶 剂	原液中高聚物浓度/%	溶 剂	原液中高聚物浓度/%
DMF	20~32	DMSO	20~25
DMAc(45%~55%水溶液)	22~27	HNO_3(65%~75%水溶液)	8~12
NaSCN(51%水溶液)	10~15	EC	15~18
$ZnCl_2$(55%~65%水溶液)	8~12		

在纺丝其他条件不变时,增加原液的聚合物浓度,可以提高初生纤维的密度,纤维中孔洞数目减少,结构均一性提高,纤维强度增大,但当浓度增大到一定程度时,变化则不明显,原液浓度对纤维的断裂伸长、模数及耐磨性也有类似的影响。

原液浓度过低,则在沉淀剂的作用下高聚物只能脱溶剂而呈松散絮状凝聚体析出,无法形成具有一定强度的冻胶体,因而不能形成纤维。

2. 原液的黏度 原液黏度低,原液从喷丝孔挤出的速度快,使得出丝速度大于导丝速度,导致丝束下坠;原液黏度高,容易造成烛形滤器和喷头的承压增高,损坏过滤器和喷头,另外也会产生断丝,影响纺丝的连续性。在生产工艺中,黏度一般控制在(3.8±0.2)Pa·s。影响黏度的因素有以下几点。

(1)平均分子量。相对分子质量越大,黏度越高,这主要是由于相对分子质量大,大分子链越长,彼此之间形成的交联点多,从而使黏度增加,在保证拉伸性能和成品质量的前提下,相对分子质量应保持稳定,相对分子质量一般控制在45000±1000范围内。

(2)聚合物浓度。聚合物浓度越高,原液中大分子形成的交联点越多,黏度也就越高。相反,聚合物浓度低,原液的黏度亦低。

(3)温度。随着温度的升高,黏度急剧下降,这主要是由于温度升高,大分子运动加剧,形成的交联点容易扩开所致。

3. 原液中气泡的含量 原液中气泡的含量,直接影响纺丝的连续性,如原液中有气泡,出喷丝孔时,易产生断丝,即使气泡比较小,不在喷丝孔处断裂,但在丝上也留下弱点,在以后的拉伸中仍要断裂,而导致缠辊,影响连续性,所以在生产中,应尽量降低气泡的含量。

4. 原液的压力 原液的压力过低时，使计量泵抽空，导致气蚀，产生气泡，影响纺丝的连续性；原液的压力过高会使纺前的压力升高，导致喷头承受压力高。在纺丝工艺中，原液的总管压力要求不得低于0.4MPa。

5. 原液的温度 原液的温度一方面影响纺丝原液的黏度，另一方面影响成型的快慢。原液温度高，传质系数大，凝固速度快，导致和凝固浴浓度过低的结果一样；原液温度低，扩散系数小，扩散速度低，凝固速度慢，会导致和凝固浴浓度过高一样。

6. 凝固浴中溶剂含量（凝固浴浓度） 凝固浴一般为聚丙烯腈溶剂的水溶液，水是凝固剂。以有机溶剂的水溶液为凝固浴时，因凝固能力较强，故浴中溶剂含量应较高，借以抑制高聚物的凝固速度，获得结构致密的初生纤维。如 DMF 法凝固浴中溶剂浓度含量为50% ~ 60%；DMAc 法为45% ~55%；EC 法为15% ~20%。以无机物的水溶液为凝固浴时，因凝固能力较差，故浴中的溶剂含量较低。如 NaSCN 法为 8% ~12%；HNO_3 法为 2.5% ~3.5%；$ZnCl_2$ 法为18% ~22%。表5－7 以 NaSCN 法为例，讨论凝固浴浓度对纤维物理机械性能的影响。

表5－7 凝固浴浓度对纤维物理机械性能的影响（NaSCN 法）

凝固浴浓度/%	纺丝过程情况	外 观	密度/(g/cm²)	强力/(g/d)	延伸度/%
28 ~ 30	凝固难、纤维硬	并丝手感粗硬泛白	1.162	2.4	35.6
25	凝固难、纤维硬	并丝手感稍有改善	1.171	2.7	31.5
18 ~ 23	纤维较紧张	纤维柔软透明	1.181	3.1	24.6
10 ~ 20	正常	纤维柔软透明	1.184	3.3	28.2
6 ~ 7	凝固快、纤维紧张	纤维泛白	1.178	2.0	3.8

从表5－7 看出，凝固浴浓度过高、过低均影响纤维品质指标。若凝固浴浓度过低（低于8%），当纺丝原液进入凝固浴后，纺丝线内外浓度差太大，双扩散进行过快，这时纤维表面迅速形成较厚的皮层，使没有凝固的芯层中的 NaSCN 向外扩散阻力增加，脱出困难；另一方面，皮层厚、弹性差，当芯层随 NaSCN 的脱除，大分子间形成缔合点，大分子间作用力增加而产生体积收缩时，皮层不能相应收缩，这样使初生纤维皮层呈锯齿状的褶皱，这种初生纤维芯层结构疏松，致密性、均匀性差，透明度也差，它经不起高倍拉伸，纺丝时易产生毛丝而绕辊，成品丝强力低、延伸度差、泛白、手感发硬。同时纤维表面迅速形成坚实的皮层造成纤维横向强度（如勾结强度、耐磨性、耐多次变形性）降低；若凝固浴浓度过高（大于25%），双扩散速度过于缓慢，造成凝固困难，使初生纤维溶胀得厉害，丝条很嫩，生头时易拉断，还容易造成并丝、胶块和塌头子现象。因此，工艺上控制 NaSCN 在凝固浴中的浓度为8%~12%。

7. 凝固浴温度 凝固浴温度直接影响浴中凝固剂和溶剂的扩散速度，从而影响纺丝成型。表5－8 为几种主要溶剂路线纺丝时所采用的凝固浴温度范围。

随着浴温的降低，双扩散速度减慢，凝固速度下降，凝固过程比较均匀，初生纤维结构紧密，纤维中网络骨架较细，其网结点的密集度较大，经拉伸后微纤间联结点密度高，整个纤维的结构得到加强,成品的强度和勾结强度上升。随着凝固浴温度上升,纤维的强度和延伸度都有所下降,尤其是强度对温度依赖性更为明显。

表5-8 几种主要溶剂路线纺丝时的凝固浴温度范围

溶剂路线	凝固浴温度/℃	溶剂路线	凝固浴温度/℃
DMF	10~15	NaSCN	10~12
DMSO	20~30	HNO_3	0~5

温度过高,扩散系数过大,扩散速度增大,使得纤维成型的速度加快,导致和凝固浴浓度过低的结果一样;相反,温度过低,扩散速度过小,使得纤维成型的速度变慢,过慢的凝固速度使纤维芯层凝固不够充分,拉伸时造成毛丝。

凝固浴的温度和浓度在一定范围内可互相补偿。但凝固速度受凝固浴温度的影响较大,受凝固浴浓度的影响较小,所以当浴温过高时,要利用提高凝固浴的浓度来降低凝固速度是不可能的。此外应该注意的是,细流表面的凝固受浴液浓度的影响较大,而芯层的凝固主要是通过分子的扩散来实现的,受浴液温度的影响较大。因此在调节凝固浴的温度和浓度时,要特别注意原液细流皮芯层的凝固情况。

8.凝固浴循环量 纤维成型过程中,纺丝原液中的溶剂不断地进入凝固浴,使凝固浴中溶剂浓度逐渐增浓,同时由于原液温度和室温都比凝固浴温度高,所以浴温也会有所升高。而凝固浴的浓度和温度又直接影响纤维的品质,因此必须不断地使凝固浴循环,以保证凝固浴浓度及温度在工艺要求的范围内波动(一般浓度允许偏差为0.2%,又称落差,即凝固浴进出口处浓度差),以确保所得纤维的质量。

凝固浴循环量过大,对刚形成的纤维发生严重冲击,由于刚成型的纤维强度低经不起冲击而产生毛丝,影响纺丝连续性;循环量过小,纺丝箱前后的浓度差增加,相当于增加凝固浴的浓度,也会影响纤维的成型。

9.凝固浴中浸长 凝固浴中浸长指纺丝线从离开喷丝孔到出凝固浴这一段浸在浴液中的长度。浸长大、速度低,丝条在浴中停留时间就长,凝固就较充分,有利于改善纤维质量,但浸长过长,一方面增加纺线机占地面积,另一方面又增加了纺丝线在凝固浴中运行阻力,易造成毛丝;若凝固浸长太短,则丝条凝固不充分,易造成并丝。工业上控制浸长为0.8~1.0m。

10.凝固浴中的含杂量 实际生产中,对凝固浴浓度的控制是通过对其体积质量进行控制来间接实现的。一定的体积质量对应一定的浓度,但由于凝固浴中杂质含量不稳定,同样的体积质量对应的浓度则不相同,导致浓度控制不稳而影响纺丝。

11.初生纤维的卷绕速度 卷绕速度是指第一导丝盘把丝条从凝固浴中曳出的速度,它与纺丝机的生产能力关系很大,提高卷绕速度,就能提高纺丝机的生产能力。但是卷绕速度受丝束的凝固程度和凝固浴动力学阻力的限制。提高卷绕速度必然降低丝束在浴中的停留时间,为达到工艺规定的凝固程度,必须提高凝固浴的凝固能力,但过快的固化速度必定影响成品纤维的质量及其均匀性。卷绕速度提高后，凝固浴对丝束的阻力也提高，容易使刚成型的丝发生毛丝或断裂，上述因素都必须综合考虑。

卷绕速度过慢，导致纺丝箱中的初生纤维下垂，影响丝束的成型和连续性；过快则导致断丝，影响纺丝的连续性。工业上控制喷丝头的负拉伸率为 -65%，即卷绕速度相当出喷丝孔细流速度的 65%。

（四）腈纶湿法纺丝机

1. 纺丝机结构　我国腈纶生产所用纺丝机主要为斜底水平式纺丝机，如图 5-12 所示。

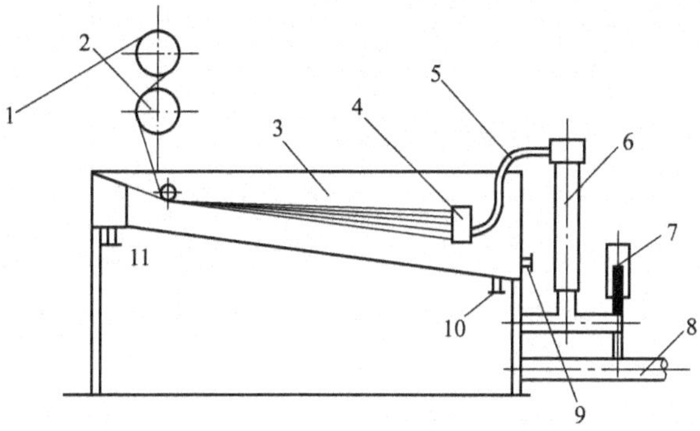

图 5-12　斜底水平式纺丝机

1—导丝辊　2—第一导辊　3—凝固浴槽　4—喷丝头　5—鹅颈管　6—烛形滤器
7—计量泵　8—进浆管　9—凝固浴进口　10—液体放空管　11—凝固浴出口

它是一种单面式纺丝机，每台纺丝机有三个纺丝部位，凝固浴从装有喷头的一端（前端）进入浴槽，与丝条并行流向浴槽另一端（后端），这时浴液浓度逐渐升高，较浓的浴液沉向槽底。如果是平底，就会在靠近后端下部造成死角，浴液浓度差增大。第一导辊可以放置在凝固浴上方，也可以把第一导辊的下辊部分浸没于凝固浴中，以省去在浴槽内设置导丝辊，借以减少对刚凝固丝条的摩擦，有利于改善丝条质量。

2. 纺丝计量泵　纺丝计量泵原理及结构如同纺黏胶纤维的纺丝计量泵。由于腈纶湿法纺丝大多用于生产短纤维，所以采用大容量齿轮泵，每转容量高达 100mL 或更高。

3. 喷丝头　纺腈纶用的喷丝头结构与纺黏胶用的喷丝头结构相似。喷丝头采用组合式喷丝头，大多为圆形。其优点是制造方便，组装简单，若其中一个小喷头的若干孔遭到损坏时，只需更调一个头子，不需更调整个喷丝头。其缺点是组件直径太小造成成型不均匀。

4. 烛形滤器　烛形滤器用作喷丝头前最后一道过滤，它是由滤头、滤栓、外壳以及连接头等组合而成。滤栓与外壳同心套在一起，滤栓系一空管，表面有螺纹及通液的小孔，在其外面紧密地裹扎滤布。烛形滤器按过滤液的流向可分为两种。一种是由栓内流至外壳，称为里进外出式（图 5-13）；另一种是由外壳流入栓内，称为外进里出式。

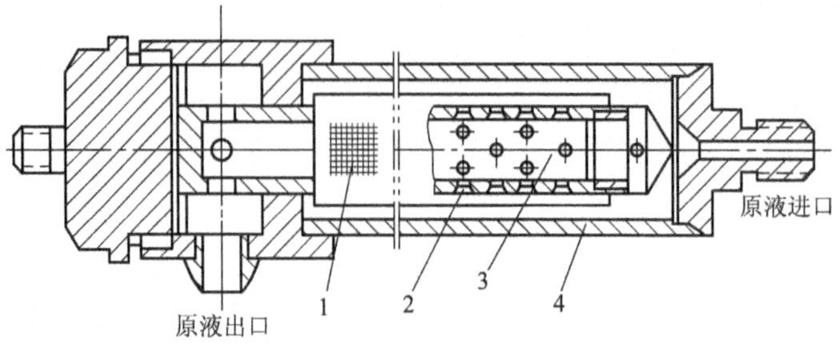

图 5－13　烛形滤器

1—滤布　2—通液小孔　3—滤芯　4—烛形滤器外壳

二、聚丙烯腈的干法纺丝成型

聚丙烯腈的干法纺丝是由美国杜邦公司于 1944 年开发成功，并于 1950 年完成工业化生产的。虽然聚丙烯腈及其共聚物可溶于多种溶剂，但直到目前为止腈纶的干法纺丝只使用二甲基甲酰胺为溶剂。近年来，由于各国对 DMF 致癌性的担心，使腈纶干法纺丝产量下降。到目前为止，其产量约占腈纶总产量的 15%。

在聚丙烯腈的干法纺丝过程中，原液与热空气介质既有传热过程，又有传质过程，纺丝速度主要取决于溶剂的挥发速度。这就要求原液的浓度应尽可能的高，溶剂的沸点和蒸发潜热低，这样既可降低热能的消耗，又可提高纺丝速度。所以，工业上聚丙烯腈干法纺丝常用二甲基甲酰胺为溶剂，而不用其他溶剂。与湿法纺丝比，干法纺丝速度比较高，一般为 100～300m/min，最高可达 600m/min。由于溶剂挥发的限制，干法纺丝喷丝头孔数较少，一般为 200～300 孔。这样用干法纺短纤维就不够经济，而比较适合于纺制长丝，由于成型过程缓和，因此结构比较均匀致密。其纺成长丝的手感和外观似蚕丝，物理机械性能、染色性能较好，劳动条件较好，流程紧凑，占地面积少，溶剂回收简单。但干法纺丝设备复杂，对设备密闭性要求高。

（一）工艺流程

聚丙烯腈和二甲基甲酰胺分别加入溶解釜中，先在搅拌下进行冷溶胀，再给溶解釜夹套加热，使溶解温度达到 80～100℃。为防止溶解过程中聚合物被氧化变黄，可在溶解釜中通入氮气保护。将浓度为 25%～30%、落球黏度为 600～800s 的聚合物溶液经过滤、脱泡，预热到 110～120℃，通过计量泵压送至喷丝头，形成原液细流，进入具有加热夹套的纺丝甬道中，甬道内的温度一般控制在 165～180℃，这一温度是靠把预热到 230～260℃的热空气以一定速度通过甬道进行控制的。在甬道中，原液细流固化所得丝条先在第二导丝盘间进行 2～4 倍的喷丝头拉伸，然后以 100～300m/min 的速度卷曲，初生纤维经洗涤后，再进行 2～6 倍的热拉伸，而后进行干燥热定型，即得腈纶长丝。生产短纤维是将成型后的纤维落入丝桶中，经热拉伸、干燥热定型后，切断打包，或以丝束的形式出厂。其工艺流程如图 5－14 所示。

（二）干法纺丝设备

常用的干纺设备有古典式纺丝机和密闭式纺丝机两种形式。

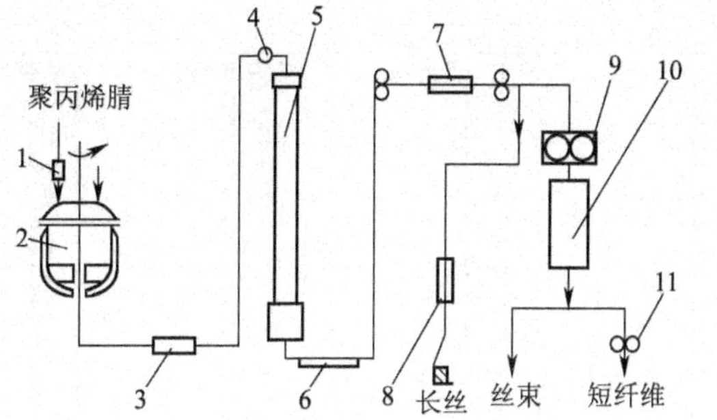

图 5 - 14　干纺工艺流程图

1—贮槽　2—溶解釜　3—过滤器　4—计量泵　5—纺丝甬道　6—洗涤槽　7—拉伸浴槽
8—干燥热定型(长丝)　9—卷曲机　10—干燥热定型(丝束)　11—切断机

1. 古典式纺丝机　如图 5 - 15 所示。纺丝原液从导管进入喷丝头(喷丝头的加热载体从进口至出口做循环流动),经喷丝头后形成丝束,纺丝甬道有加热夹套,加热载体由进口至出口进行循环流动。干燥的加热气体进入纺丝甬道后,与丝束平行而下。带有溶剂蒸气的热气被引出,干燥的丝束由甬道的圆锥形底部拉出。

热风的送风方式对纺丝操作、成品纤维质量以及丝斑的多少都有直接影响。通常有下列四种送风方式(图 5 - 16)。

(1)顺流式。干燥的加热气体自纺丝甬道上部进入,与丝条平行同向流动,自甬道的下部引出。丝束所受热风的阻力较小,溶剂蒸发较慢,所得纤维质量较均一。这是 PAN 干法纺丝用得比较多的一种方式。

(2)逆流式。干燥的加热气体自纺丝甬道下部进入,与丝束逆向而上,自甬道的上部引出。丝束所受阻力较大,溶剂蒸发速度较快,纤维成型不太均匀,工业用高强力腈纶纺丝以逆流式送风为宜。

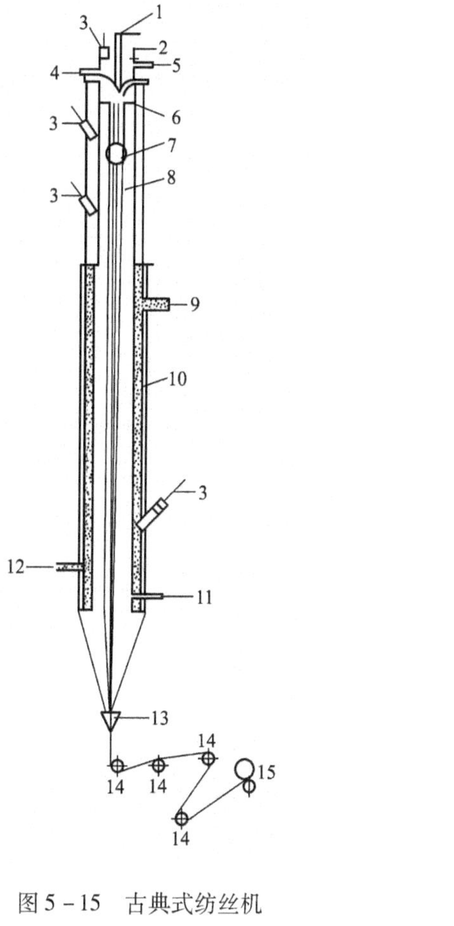

图 5 - 15　古典式纺丝机

1—原液导管　2—喷丝头　3—温度计　4—喷丝头载热体进口
5—喷丝头载热体出口　6—喷丝板　7—干燥热气进口　8—丝束
9—加热载体出口　10—纺丝甬道套管　11—溶剂蒸发与加热气体出口
12—加热载体进口　13—丝条出口　14—导盘　15—筒管

(3)分流式。干燥的加热气体自

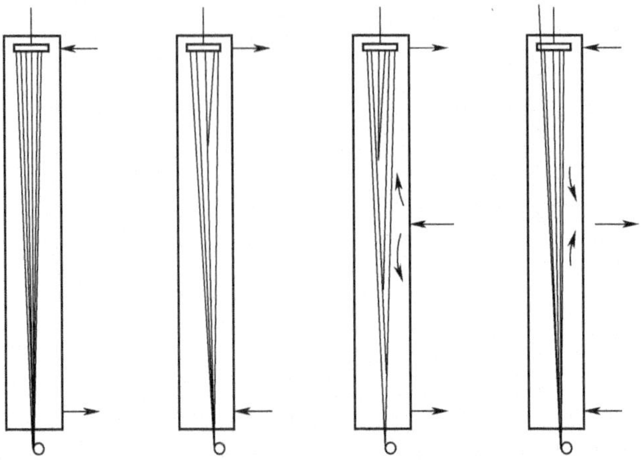

图 5－16　干法纺丝机的送风方式

甬道中部进入，然后分别自甬道的上部和下部引出。由于浓度差较大，故溶剂蒸发速度更快；而且一部分气体与丝束成逆向流动，另一部分则为顺流，故丝条所受阻力较小。

(4) 双进式。干燥的加热气体分成两部分，分别自甬道上部和下部进入，然后分别与丝条成逆向和同向方式流动，并自甬道的中部同时引出。

纺丝甬道为直形圆柱体，一般长为 6～10m，直径为 250～450mm。靠夹套保持甬道内的温度和温度梯度。夹套中通有联苯(26.5%)和联苯醚(73.5%)作为加热介质。

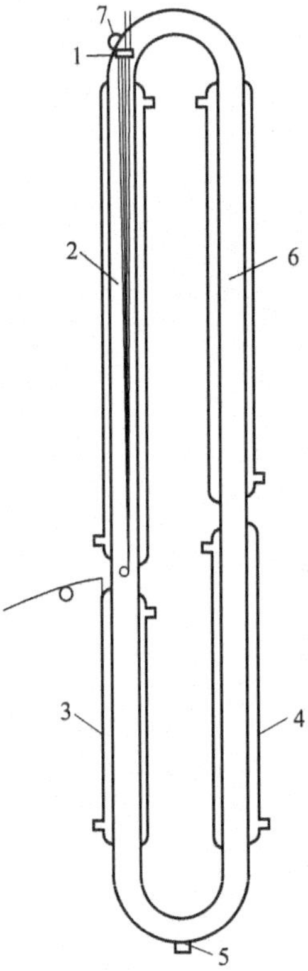

图 5－17　密闭循环式干法纺丝机

1—喷丝头　2—纺丝甬道　3,4—低温夹套
5—冷凝后溶剂出口　6—加热套管　7—观察孔

2. 密闭循环式干法纺丝机　如图 5－17 所示。喷丝头和纺丝甬道与古典式纺丝机相似，不同的是它没有加热气体的吸出装置，而它自身带有溶剂蒸气的加热装置，气流靠运动丝束摩擦而带动，并借助于热虹吸作用而进行循环，带有低温夹套(0～20℃)的冷却管与纺丝甬道的下部相连接，溶剂在冷却管中被冷凝。加热夹套用来预热重新返回纺丝管并带有部分溶剂蒸气的循环气流。干燥的丝束从纺丝管和冷却管之间引出。纺丝管和冷却管以及预热管的直径必须保证循环气体不致产生气阻，使气体能靠丝束的移动摩擦而在管中进行循环。

这种纺丝机除了具有古典式纺丝机的功能外，还具有溶剂回收系统，可使溶剂蒸气在密闭体系中被回收，这在使用易燃和有毒溶剂时更具优越性，且溶剂回收的投资费用也较节约，缺点是回收后的溶剂纯度不够高，须进一步提纯。

3. 喷丝头组件　干法纺丝的喷丝头组件比湿法的喷丝头组件复杂，它除了用来固定喷丝头外，还必须具有加热载体的循环系统，以对原液进行加热，使其达到工艺要求的温度。通常是采用联苯作加热载体。干法纺丝的喷丝头组件截面示意图如图5－18所示。

由于干法纺丝原液的黏度较大，故纺丝压力较湿法高，喷丝头必须要硬度较大的金属制造。喷丝头的厚度约为3～5mm，有的甚至达15mm，孔间距离也较湿纺大。纺长丝时孔数为30～50个，纺短纤维时为200～300个，因此，产量低于湿纺。为了提高每一纺丝位的生产率，可以在一个纺丝位中装上两个或4～6个喷丝头，或者把从同一喷丝头上纺出的丝分成两股或数股分别卷绕。

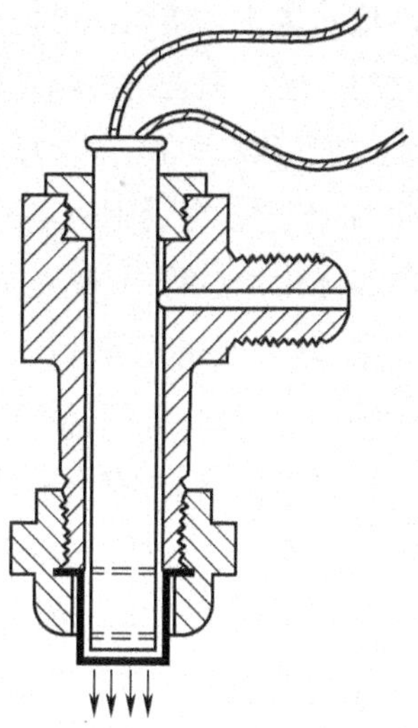

图5－18　干法纺丝的喷丝头组件截面示意图

（三）纺丝原液凝固

纺丝原液被压出喷丝孔进入纺丝甬道后，与甬道中热空气接触，使原液细流温度上升，当细流表面温度达到溶剂沸点时，细流内部溶剂不断扩散至表面而蒸发，由于溶剂蒸发，使原液细流中高聚物浓度增加，而溶剂含量不断降低，当达到凝固临界浓度时，原液细流固化为丝条。

（四）干法成型工艺控制

1. 聚合物相对分子质量　为加速原液凝固，减少纺丝中溶剂蒸发量，故干法成型的原液采用较高的浓度（25%～30%），适当降低聚合物相对分子质量（35000～40000），否则由于原液黏度太高，影响过滤和脱泡，降低原液可纺性。

2. 纺丝原液浓度　提高纺丝原液浓度，一方面可减少纺丝时溶剂蒸发量及溶剂单耗，降低甬道中热空气循环量，提高纺丝速度，另一方面所得纤维品质好，横截面圆整度好，但延伸度下降。原液落球黏度一般在600～800s。

3. 喷丝头孔数和孔径　在纺丝条件相同的情况下，随着喷丝头孔数或孔径的增大，未拉伸纤维的总线密度增加，丝束中DMF的残存量增大，有时甚至使单纤维间互相粘连，而断裂强度和延伸度明显下降。纤维的最大拉伸倍数降低，纤维的热水收缩率增加，所以喷丝头的孔数和孔径不能随意增加。

在保持吐液量和纺丝速度不变的情况下，减小孔径而增加孔数，丝束的总纤度不变而降低单丝的线密度，有利于DMF的蒸发，使纤维的截面结构均匀，形状更接近于圆形，纤维的机械性能也较好。但是，孔径过小时，喷丝孔容易堵塞或产生毛丝。

4. 纺丝甬道长度　在成型时间和成型温度不变的条件下，提高甬道长度，则纺速可以增加；在纺速不变的条件下，甬道越长，成型时间也越长，则可适当降低成型温度或增加甬道中溶剂蒸气浓度，纤维品质指标好。工业上纺丝甬道长度以4～8m为宜，内径150～300mm。

5. 纺丝温度 纺丝温度包括喷丝头出口处纺丝原液的温度，通入甬道热介质的温度以及甬道夹套的温度。随着纺丝温度的下降，纤维的断裂强度和热水收缩率有所上升；延伸度和喷丝头最大拉伸倍数开始时随温度的下降而有所增加，至最大值后则随温度的下降而下降；未拉伸纤维中 DMF 的残存量则明显地随纺丝温度的下降而上升。

在实际生产过程中，喷丝头内外两层温度不同，一般内层温度比外层高出 10℃，以保证内层丝条中 DMF 能充分蒸发；适当降低甬道内热介质（N_2、热空气或其他惰性气体）的温度有利于成型均匀，纤维品质好，横截面形状趋于圆形，纤维的机械性能提高。但若温度过低，而使丝条中溶剂含量较高时，将会造成丝条相互黏结。温度过高，会因溶剂蒸发过快而造成气泡丝，从而影响纤维的物理—机械性能和外观质量。在使用 N_2 为甬道循环介质时其进口温度为 400℃，出口温度为 130℃；如以热空气为循环介质，其温度一般为 230 ~ 260℃。

6. 纺丝甬道中溶剂蒸气浓度 甬道中溶剂浓度越低，丝条中溶剂蒸发速度越快，成型均匀性越差，纤维横截面圆整度越差，纤维品质差；另一方面要保持低溶剂蒸气浓度，可用送入大量的热空气来满足，这样蒸气量及能耗大。甬道内二甲基甲酰胺与空气混合到达一定比例时，有引起爆炸的危险。工业上控制甬道内混合气体中溶剂的浓度为 35 ~ 45g/m^3。

7. 纺丝速度 干法纺丝速度主要取决于原液细流在甬道中蒸发速度和原液细流中需要释出的溶剂量，提高甬道中空气温度及降低混合气体中溶剂浓度，减少释出的溶剂量，可使纺速提高，但纺速的提高必须满足纤维在较长时间内处于塑性状态，易于拉伸。工业上纺丝速度100 ~ 400m/min，喷丝孔少，产量低于湿法纺丝。

提高纺丝速度，可增大喷丝头的拉伸比，从而增加纤维取向度，使纤维的断裂延伸和最大拉伸比减小，纤维的线密度降低，断裂强度和热水收缩率增大。

纤维中 DMF 的残存量与纺丝速度之间的关系没有一定的规律性，这是因为 DMF 的蒸发速度与丝束在甬道中停留时间，以及单位体积丝条的表面积两个因素有关。提高纺丝速度，使丝条在甬道中的停留时间缩短，则纤维中 DMF 残留量提高；而提高纺丝速度又增加了喷丝头拉伸比，使丝条的表面积增加，因而纤维中的 DMF 残存量反而下降。

8. 喷丝头拉伸 干纺腈纶只有在塑性状态下经拉伸后，才成为纤维。在拉伸中，喷丝头拉伸倍数通常比湿纺时高，但比熔纺时小。

由于纤维中残存的溶剂对大分子有增塑作用，纤维中溶剂残存量越大，拉伸倍数就越低，离开纺丝甬道的纤维中溶剂含量为 2.5% ~5.0%。为了提高拉伸有效率，需洗涤部分溶剂后才进行拉伸，后拉伸可在热空气、蒸汽、热水或热板中进行。拉伸倍数为 10 ~ 15 倍。

9. 纤维截面形状 干法腈纶的截面近似圆形或哑铃形。如果溶剂在纤维细流表面的蒸发速度与在其细流中的扩散速度相当，则凝固后纤维结构均匀，横截面为圆形；如果溶剂在纤维细流表面的蒸发速度显著高于在其细流中的扩散速度，表面高聚物很快凝固而形成皮层，当丝条的皮层一旦形成并硬化后，若丝条芯层尚处于液体状态，随着时间的延长，芯层原液中溶剂逐步扩散到表面蒸发，容积减少，皮层发生凹陷，使原来呈圆形的横截面变为哑铃形。

表 5 -9 列出了腈纶湿法、干法纺丝的主要工艺参数，仅供参考。

表 5-9 腈纶湿法、干法纺丝的主要工艺参数

成型方法	DMF 湿法	DMSO 湿法	NaSCN 湿法	HNO_3 湿法	DMF 干法
聚合物相对分子质量($\times10^4$)	5~8	5~8	5~8	5~8	3~4
纺丝原液浓度/%	16~20	16~20	12~14	14~18	25~33
凝固浴组成/%	50~60	50~60	10~14	30	—
凝固浴温度/℃	10~15	20~30	10	0	—
纺丝甬道温度/℃	—	—	—	—	200~400
纺丝速度/(m/min)	5~10	5~10	5~10	5~10	>100 以上
拉伸倍数/倍	7~12	7~12	7~12	7~12	10~15
聚合物消耗定额/(g/g 纤维)	1~1.03	1~1.03	1~1.1	1~1.2	1~1.03
溶剂消耗定额/(g/g 纤维)	0.2~0.3	0.2~0.3	0.05~0.07	0.2~0.3	0.1~0.2
溶剂回收	简单	简单	复杂	简单	简单
溶剂腐蚀性	小	小	大	大	小
成品	短纤维	短纤维	短纤维	短纤维	短纤维或长丝

三、聚丙烯腈的干喷湿纺法纺丝成型

干喷湿纺法又称干湿法纺丝。由于干喷湿纺法可进行高倍的喷丝头拉伸,因而进入凝固浴的丝条已有一定的取向度,脱溶剂化程度较高,在凝固浴中能较快地固化,使成型速度大幅度提高。干喷湿纺法成型速度可达 200~400m/min,也有高达 1500m/min 的报道,所得纤维结构均匀,横截面近似圆形,强度和弹性均有所提高,染色性和光泽较好。这种方法可以纺高黏度的纺丝原液,从而减小溶剂的回收及单耗。

(一)工艺流程

由计量泵提供的纺丝原液经烛形滤器进入喷丝头,由喷丝孔喷出后穿过空气或其他惰性气体层后进入凝固浴槽。进入凝固浴的丝条通过导丝钩的作用,使丝条浸入凝固浴槽的底部,再经导丝盘的牵引把丝条引出凝固浴。从凝固浴出来的丝条取向度很低,需经洗涤后进入热浴进行第一次热拉伸。拉伸后的丝条通过干燥滚筒干燥后进入蒸汽拉伸槽进行第二次拉伸。最后丝条进入松弛干燥滚筒进行松弛热定型。干喷湿纺法工艺流程如图 5-19 所示。

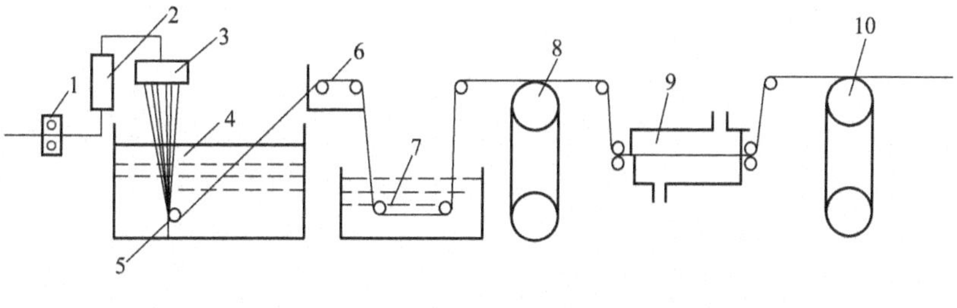

图 5-19 腈纶干喷湿纺法成型工艺流程图

1—计量泵 2—烛形滤器 3—喷丝头 4—凝固浴 5—导丝钩
6—导丝盘 7—拉伸浴 8—干燥滚筒 9—蒸汽拉伸槽 10—松弛干燥滚筒

（二）工艺控制

1. 纺丝原液黏度 干喷湿纺法成型的纺丝原液黏度比湿法成型高，在温度为20℃时，适宜于干喷湿纺的原液黏度为50～100Pa·s。原液黏度过高，流动困难，使纺丝不能顺利进行；原液黏度过低，喷出的原液流容易拉断，或发生相互粘连。

2. 干纺距离 喷丝头表面到凝固浴液面之间的距离即干纺距离，它随原液黏度的增加而增加。合理选择这一距离，可使纤维机械性能、光泽及染色色差得到改善。

3. 纤维的干燥和拉伸 离开凝固浴的丝条经洗涤除去溶剂后，在80～100℃热水或蒸汽中进行第一次拉伸，拉伸倍数大于1.5倍，只有这样才能保证丝条顺利通过干燥及后处理，并得到具有较好强度、模量和光泽的圆形截面纤维；然后使纤维干燥至含水率在15%以下，再进行第二次拉伸；干燥的目的是排出冻胶状初生纤维中的水分，使纤维结构致密化，从而提高第二次拉伸的效果；第二次的拉伸倍数为5～10倍，拉伸温度为120～150℃，最后通过松弛干燥辊筒进行干燥和松弛。

第六节　聚丙烯腈纤维后加工

无论湿法还是干法纺丝得到的丝条都必须经过一系列的后加工（或称后处理），才能成为具有实用价值的纤维。

一、湿法成型聚丙烯腈纤维的后加工

对湿法纺丝而言，刚出凝固浴的丝条是一种富含溶剂的冻胶。因此，其后加工工艺较为复杂。

（一）后加工工艺流程

最常见的湿纺腈纶后加工主要包括拉伸、水洗、干燥致密化、卷曲、热定型、上油、干燥、打包等工序（图5-10、图5-11）。根据拉伸和水洗的工序顺序不同，又可分为先水洗后拉伸，或先拉伸后水洗两种类型。

刚凝固成型的纤维经导丝装置进入预热浴（温度50～60℃，浴中溶剂含量为2.5%～3%）进行低倍拉伸（预拉伸），拉伸倍数为1.5～2.5倍，使大分子得到初步取向，并进一步脱除丝条中的溶剂；接着纤维进入第二拉伸箱，在95～100℃的热水或蒸汽中进行第二次拉伸，拉伸倍数为4～6倍；经二次拉伸后的丝条进入水洗工序，水洗中丝条与水逆向而行以提高洗脱溶剂效果，水洗后丝束仍处于凝胶态，结构疏松，存在大量微孔、微隙，因此，必须进行干燥致密化处理；干燥机中装有多个带孔转鼓，丝束在100～160℃不同温区被热空气烘干，在湿、热作用下，纤维结构中的大量微孔、微隙缩小或闭合。与此同时，纤维轴向与径向发生收缩，形成有实用价值的纺织纤维。

（二）后加工工艺控制

1. 拉伸 拉伸由预热浴拉伸、沸水或蒸汽浴拉伸两部分组成。

（1）预热浴拉伸。初生纤维是一种高度溶胀的凝胶体，其中溶剂含量很高，大分子间作用力很小，经不起直接进行高倍拉伸，且拉伸后物理机械指标也难以提高，为了使冻胶体进一步凝固，提高初生纤维中聚合物含量和取向度，为高倍拉伸做准备，初生纤维必须进行预热浴拉伸。

通过预热浴拉伸，使初生纤维结构发生如下变化：处于初级溶胀状态下的聚丙烯腈，其氰基因热运动而发生重排，并以氰基间的互相缔合代替与低分子液体间的结合，从而使初生纤维大量脱液，分子间作用力提高。这时，纤维略有取向，冻胶体网络结构趋于紧密。

工业上预热浴拉伸倍数为 1.5 ~2.5 倍，温度 50 ~60℃，浴内溶剂含量 2.5% ~4%。

（2）沸水或蒸汽浴拉伸。拉伸必须在 T_g 以上进行，拉伸使纤维强度上升，取向度提高，延伸度下降，工业上拉伸温度在 100℃左右，沸水或蒸汽浴拉伸倍数为 4 ~6 倍。

（3）拉伸后纤维形态变化。初生纤维的微孔被拉长变细，初生纤维中由初级沉积体构成的网络骨架在拉伸张力作用下发展为微纤，微纤由大分子链束组成，微纤与微纤之间有结点连接，微纤间结点密集程度与原来网络骨架间结点密集度有关，网络骨架结点密集度较大，则微纤间结点密集度也较大。

2. 水洗　水洗能除去丝束中的溶剂，使纤维手感好，白度好，在加工中纤维不发黏，在干燥和热定型时纤维不泛黄，使纤维染色性良好。

随着水洗温度提高，纤维溶胀加剧，有利于丝束中溶剂向水中扩散以及水分子向丝束渗透以达到水洗的目的，但随着温度进一步提高，热量耗费太大。工业上采用无离子水作为洗涤水，水温 50℃左右，水洗后残留的溶剂量应控制在 0.1% 以下。

提高水洗效率的方法是：提高洗涤水温度，控制洗涤水流量，增加水洗压辊压力，放松丝束，调节丝束宽度，提高水洗槽中洗涤水液位，采用喷淋强化水洗法。

3. 上油　腈纶上油有两大作用：其一，腈纶表面无油或蜡脂，纤维表面间力的存在主要是纤维表面上的—CN 极性，由于—CN 极性强，故静摩擦因数和动摩擦因数大，纤维缺乏平滑和柔软的手感。上油就是使油剂基团与纤维结合，降低其摩擦因数，使纤维平滑和柔软。其二，腈纶是疏水性纤维，其结构无亲水性基团，不易吸湿，静电现象严重，致使纤维蓬松，无法进行纺织后加工，另外也会造成毛丝而绕辊，因此通过上油使纤维表面增加了吸湿性、柔软性和平滑性，从而减少纤维表面电阻值，防止静电积累。

柔软浴采用浸渍法，而抗静电浴采用喷淋法或辊子定量法上油。棉型腈纶因长度短，抱合力差，上油率为 0.4% ~0.5%，毛型腈纶上油率为 0.2% ~0.3%。

上油位置一般选择在水洗和干燥致密化之间，这主要是为了避免在干燥致密化过程中因纤维与设备的摩擦引起静电而使纤维过度蓬松和紊乱造成绕鼓。

4. 干燥致密化　进行干燥致密化及热定型，主要是消除内应力和纤维内存在的缺陷，固定卷曲度，提高尺寸稳定性。另一方面可降低纤维含湿量。

（1）干燥致密化后纤维结构的变化。微孔和裂缝融合，比表面积下降，表面密度（汞密度）上升，结晶粒子增大；结晶取向度略降，脱溶胀。

（2）干燥致密化后纤维性能变化。纤维尺寸稳定性增加，物理机械性能提高，匀染性改善，含水率降低，透光率增加。

(3)干燥致密化机理。拉伸水洗后的纤维,其微孔已被拉长拉细,微孔内充满着水,在适当的温度下进行干燥,由于水分逐渐蒸发并从微孔移出,在微孔中产生一定的负压,即有毛细管压力。在适当温度下,大分子链段能自由运动而引起热收缩,使微孔半径也收缩,导致分子间作用力急剧上升,然后达到微孔融合。

由此可见,要使初级溶胀纤维致密化需以下条件。

①要有适当的温度使大分子链段能比较自由地运动。

②要有在适当温度下脱除水分时所产生的毛细管压力,才能使微孔压缩并融合。

(4)干燥致密化工艺控制。

①温度和时间。腈纶干燥有驱除水分和结构致密化两个目的。因此,必须在高于初生纤维 T_g 条件下进行。一般采用热空气做干燥介质,为了提高干燥速度,缩短干燥时间,可适当提高热空气的温度。但温度太高时间过长,会使纤维发黄、发脆。工业上为 100 ~ 150℃,时间为 2 ~ 3min。

②介质湿度。热空气中含湿量高,有利于致密化中大分子链段运动,但不利于水分驱除。介质湿度过低会造成与温度过高同样的弊病。目前采用高温高湿相结合的方法。为此,充分利用回风,回风利用率达 85% ~ 90%,可节约能源。

③张力。干燥致密化过程中纤维要产生轴向和径向收缩。如果干燥设备不能使纤维得到完全自由的收缩,则纤维在干燥过程中将受到张力。

干燥致密化时纤维所受张力大体可分三种状态,一是紧张态,即长度固定,完全不能进行轴向收缩;二是稍有张力,可有一定程度的收缩;三是松弛态自由收缩。干燥过程中丝束所处的状态对成品纤维的性质影响很大。与松弛态相比,紧张状态所得纤维的干强较高,但延伸度和钩强低,沸水收缩率较高。

④纤维收缩率。在保证温度、风量下,丝束在烘干机内保持松弛状态使之收缩 19% ~ 25%。这样有利于纤维致密化。

(5)干燥设备。目前腈纶干燥致密化多采用松弛式帘板干燥机或半松弛式圆网干燥机。

5. 热定型 热定型主要是提高纤维尺寸稳定性,进一步改善纤维机械性能(主要是勾强、勾伸)以及纤维染色性。

(1)腈纶在热定型中结构的变化。其一,序态的变化。丙烯腈共聚物大分子间作用力是—CN 之间的偶极子力,在 T_g 上松弛处理可以缓解结构内因高弹拉伸的取向应力引起的一些不稳定偶极子力,重建和强化较稳定的偶极子力,使纤维中网络结点的准晶区变大和牢固,结晶尺寸变大,堆砌密度均匀;其二,取向变化。链段热运动导致热定型后取向度有所下降,造成大分子卷缩,使纤维长度收缩[6]。

(2)腈纶在热定型中性能的变化。沸水收缩率下降,尺寸稳定性提高;纤度增大,干强和初始模量下降,勾强、干伸和染色均匀性增加。

(3)热定型工艺控制。

①介质种类。传热介质主要有热板、空气浴、水浴、饱和蒸汽浴和过热蒸汽浴五种。

热板定型属于干热定型,操作方便,但纤维与热板直接接触使部分纤维过热、发黄。若采用纤维不与热板接触方式，则直接受辐射热的部分纤维也过热、发黄；空气浴定型属于干热定型，传热较热板慢，但高温时空气中的氧易使纤维氧化发黄；水浴热定型传热均匀，水作为溶胀剂能使纤维 T_g 下降约 30℃，有利于定型，但温度受水沸点的限制；饱和蒸汽热定型既起溶胀作用，又能达到较高温度，但操作周期长，汽蒸后丝束含湿较高，还需进行干燥；过热蒸汽定型温度高，使纤维水分迅速蒸发，但少量水起增塑作用是不够的。

以上的热定型方式中，加压饱和蒸汽热定型效果较好，其主要原因是加压饱和蒸汽一方面为纤维中大分子的运动提供了充足的热能；另一方面饱和蒸汽中的水分起到增塑作用，使纤维溶胀，T_g 下降，有利于定型效果的提高。

②介质温度。热定型温度越高，超分子结构的舒展、重建和加强程度越深入，因而总取向度降低，沸水收缩率下降，但同时伴随初始模量和干强下降，纤度增大。温度过高，使纤维发黄和并丝。故工业上要求热定型温度比热拉伸温度高 20～30℃。

③热定型时间。定型时间对纤维超分子结构影响不大，但时间过长使纤维发黄。工业上热定型时间为 20min。

④纤维张力。若干燥致密化和热定型都在紧张状态下进行，则所得纤维干强和初始模量高，但勾强、干伸差。若干燥致密化和热定型处于松弛状态，则勾强和干伸提高，但干强、初始模量下降。

6. 卷曲　卷曲的目的是为了增加腈纶自身及其与棉、毛混纺时的抱合力，改善纺织加工性能，提高纤维的柔软性、弹性和保暖性。

腈纶卷曲方法有化学卷曲和机械卷曲两种。工业上采用机械卷曲，其卷曲原理是丙烯腈共聚物为线型大分子，在高温下有塑性，当温度大于 T_g 时，纤维变得柔软，在外力下变形而卷曲。机械卷曲又分为干卷曲与湿卷曲。干卷曲是将干燥或定型后的纤维在高温和蒸汽下给湿，用机械挤压卷曲。在干卷曲时，纤维预热温度在 150℃ 以下，低压蒸汽给湿后，能充分渗透纤维束，使纤维具有较高塑性，在外力挤压时，纤维卷曲，其卷曲牢度好。但由于热板温度高，油剂不匀，会生成并丝或黄板丝；湿卷曲是将纤维在 95℃ 的热水浴浸湿调温后，经挤压而卷曲，纤维受热均匀，卷曲数高，但温度较低，卷曲牢度较差，另外湿卷曲后，还必须在无张力下，低温二次烘干，工序长，能耗大。

供棉纺用的纤维卷曲数 4～5 个/cm，供毛纺的纤维卷曲数 3.5～5 个/cm。

7. 纤维切断　为了使产品能很好地与棉或羊毛混纺，需将纤维切成相应的长度。棉型纤维长度在 40mm 以下，并要求有良好的均匀度，故应严格控制超长纤维，否则将影响纺织加工。毛型产品则要求纤维较长，一般用于粗梳毛纺的纤维长度在 64～76mm 之间，用于精梳毛纺的纤维长度在 89～114mm 之间比较合适。

二、干法成型聚丙烯腈纤维的后加工

干法成型的腈纶，因成型条件较缓和，纤维结构致密，故后加工工艺较湿法成型的简单。干法成型腈纶短纤维的后加工流程如下：

集束→拉伸→水洗→上油→干燥→拉伸→卷曲→热定型→切断→输送、开松→打包各干纺厂的后加工流程基本相似，只是拉伸次数、拉伸和水洗的顺序因品种不同而有差异。图5－20为干纺腈纶水洗—拉伸—上油—卷曲的流程示意图，图5－21为干纺腈纶切断—干燥—上油—打包的流程示意图。

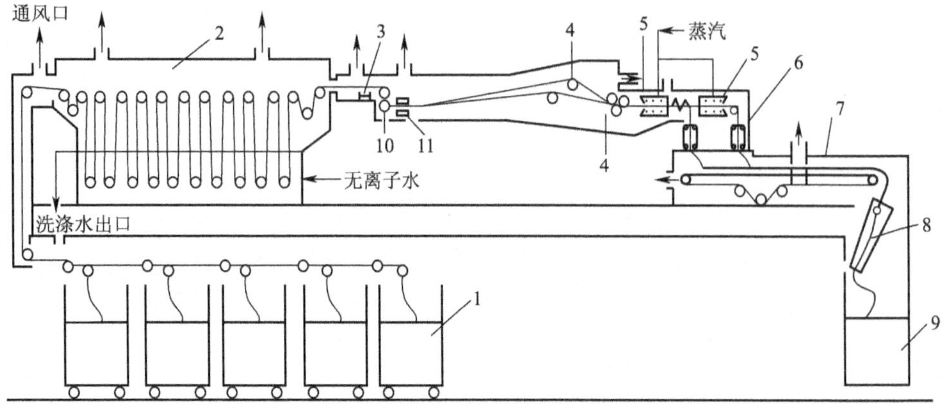

图5－20　干纺腈纶的水洗—拉伸—上油—卷曲流程示意图

1—丝束桶　2—拉伸机　3—给油机　4—集束导辊　5—蒸汽箱　6—卷曲机
7—冷却输送带水洗　8—输送带　9—卷曲丝束桶　10—导辊　11—丝束检测器

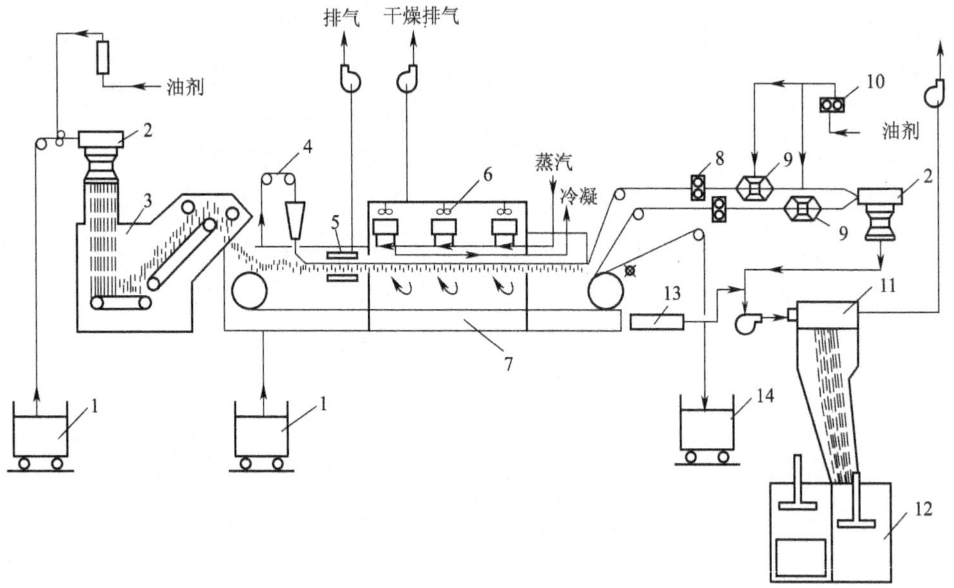

图5－21　干纺腈纶切断—干燥—上油—打包的流程示意图

1—丝束桶　2—切断机　3—短纤输送箱　4—丝束平铺辊　5—汽蒸室　6—风扇　7—加热区
8—张力辊　9—喷油泵　10—计量泵　11—集捕器　12—短纤打包机　13—输送带　14—成品丝束桶

从纺丝工序送来的盛丝桶，被放置在集束架下，然后送入水洗—拉伸机。水洗拉伸机是一个很大的钢制箱体，箱体的底部分成10个槽子，每个槽子内接近底部处设有导轮，箱体上方有15个牵引辊，由安装在机后的齿轮减速装置驱动。牵引辊的转速依次增大，使丝束受到拉伸。热的无离子水自第10个槽通入，与丝束逆向流动。连续流过每一个槽，含有10%～30%溶剂的洗涤水自第一槽溢流而出，导入回收车间回收溶剂。丝束经洗涤后溶剂残存<1.5%。丝束在第1～6个槽内被拉到紧张状态，在第7～10个槽完成规定的拉伸倍数。水洗—拉伸温度一般控制在90～98℃，根据纤维品种的不同，拉伸倍数为2.2～6倍，一般采用4.5倍。拉伸温度的选择与丝条中的溶剂含量有关。一般来说，未拉伸纤维中溶剂含量越少，则拉伸温度应越高。如未拉伸纤维中溶剂含量为3%时，最适宜拉伸温度在140℃以上；溶剂含量为5%时，拉伸温度为120～140℃；溶剂含量为8%时，拉伸温度为120℃；而当溶剂含量为20%时则可在室温下进行拉伸。拉伸温度还与拉伸介质有关，拉伸介质的传热效果较佳者，其拉伸温度可较低。

经水洗拉伸后的纤维必须上油，以减少丝束在卷曲输送过程中的摩擦损伤，并增加纤维在卷曲整理时的抱合力。改变上油辊的转速及油剂的温度，可调节丝束的上油率。

进入卷曲机前的丝束温度必须控制在卷曲温度附近(65℃)，而离开拉伸机的丝束温度约为95℃。因此，丝束经检测器后，引入丝束罩，使丝束冷却至65℃。

离开丝束罩的丝束经蒸汽箱而进入卷曲机。丝束在蒸汽箱内与蒸汽接触而提高塑性。丝束经牵引辊进到卷曲箱的卷曲头，从一对罗拉中间通过而进入卷曲箱，然后由两个辅助罗拉送出。丝束在卷曲箱被挤压、折叠和横向弯曲，丝束的折叠波纹由罗拉的间隙和几何形状所确定。

因干纺腈纶致密性好，所以干燥工艺简单。纤维的干燥可分为短纤状和丝束状干燥两种。短纤状干燥是丝束经上油、切断后再进入干燥机，干燥温度为130℃，出干燥机丝束含水率<1%，干燥后由输送带直接进入打包机打包。丝束状干燥则使丝束直接进入干燥机，干燥后的丝束可送往牵切纺加工，也可经上油、切断后进行打包。

三、聚丙烯腈纤维的特殊加工

(一)直接制条

腈纶生产中，切断以前的纤维是连续不断的长丝束，切断以后才变成紊乱无序，而纺织加工又需将杂乱无章的纤维进行开松梳理，使纤维回复到比较整齐排列的状态，为了缩短纺纱工艺，提高劳动生产率，可将腈纶条丝束经过适当的机械加工方法使长丝束既切断而又不乱，从而可直接成条。这种机械加工方法，称为直接制条，或称牵切纺。

要使长丝束变成短纤维而保持平行排列，目前生产上最常用的有下列两种方法。

1.切断法　把片状丝束经特殊切丝辊切成一定长度的纤维片，如图5－22所示。其切断点排成对角线，然后通过拉伸使断裂点由平面排列变成相互交错的状态(如拉断状态)，然后制成条子。

图5－22　切断以后短纤维在条子中的分布

图5－23是一种切断法直接成条的工艺流程示

意图，丝束经四个罗拉的引张作用，展出宽260mm的丝片。切断装置是一个安装有螺旋形刀片的切丝辊，紧压在一个表面光滑的铜辊上。当展成均匀片状的长纤维束被喂入切丝装置时，就被切成一定长度。由于切丝辊上的刀片成螺旋形，所以切断点在丝片上排成对角线，如图5－23所示，接着分离罗拉和一个输送皮圈把切断后的丝片输送给针梳机，纤维在后罗拉与针板之间受到1.05～1.75倍的轻微拉伸，而在前罗拉与针板之间的拉伸则达5.5～6倍，漏斗形导槽将从针梳机前罗拉出来的丝片聚集成条子，并在卷曲装置中压实，然后经另一导槽而落入条筒中。

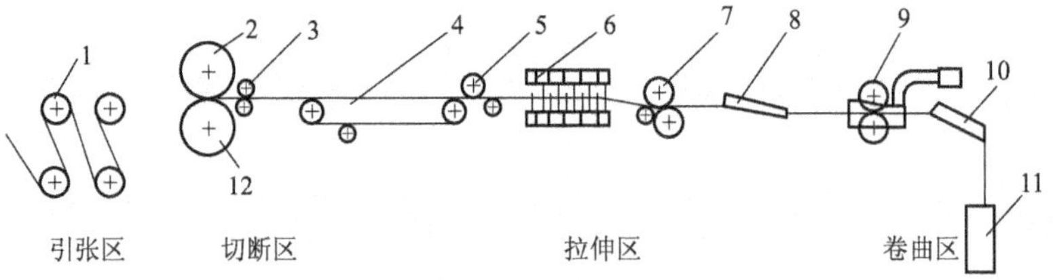

图5－23　切断法直接制条工艺流程示意图

1—引导罗拉　2—螺旋刀切丝辊　3—分离罗拉　4—输送皮带　5—后罗拉　6—双针梳箱
7—前罗拉　8—导槽　9—卷曲装置　10—导槽　11—条筒　12—铜辊

2. 拉断法　腈纶有热塑性，可在高温下进行高倍拉伸，然后经特殊刀轮被拉断。由于是拉断，所以纤维的断裂点不会发生在同一平面上。因此短纤维将参差地排列成条子（图5－24）。

图5－24　拉断后的纤维分布情况

图5－25是拉断法直接制条工艺流程示意图，丝束经张力杆，以幅宽230mm的均匀片状喂入罗拉，经第一组引导罗拉而到达两块加热板之间，然后由第二组引导罗拉至中罗拉，丝束在加热板受热而处于塑性状态，便于在两组罗拉间进行高倍拉伸（拉伸倍数为1.58～2.58倍，拉伸温度132～135℃），丝束离开加热板后，为了防止纤维回缩，必须迅速冷却，因此第二组引导罗拉下方装有冷却风扇。在中罗拉与出条罗拉之间装有一对刀轮，两个刀轮上的刀相互交叉，纤维在拉紧状态下通过刀轮时受到很大引力，因此被拉断，最后条子经过卷曲箱成条进入条筒，纤维在断裂区又被拉伸3.11倍。

（二）膨体纱的制备

采用拉断法制备纤维时，纤维在加热区拉伸以后，经过吹风冷却，能暂时维持拉伸状态，但再经湿热处理，还会重新回到拉伸以前的状态，这就是腈纶的热弹性。膨体纱就是利用纤维的这一性质而制成的。方法是将6份经湿热处理而回缩过的条子与4份未经湿热处理（即未回缩）的条子合并在一起，按一般纺纱工艺纺成细纱，然后对这种细纱加一次湿热处理，这时未回缩过的纤维就会发生回缩，成为细纱的中心；而已回缩过的纤维不再回缩，被推向细纱外部，并形成小圆圈状卷曲，浮在细纱表面，这样就成为膨体纱。

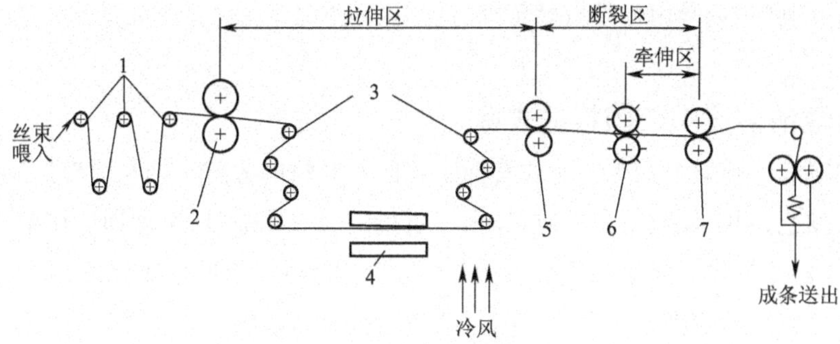

图5-25 拉断法直接制条工艺流程图

1—张力杆 2—喂入罗拉 3—引导罗拉 4—加热板 5—中罗拉 6—刀轮 7—出条罗拉

第七节 溶剂回收和净化

以硫氰酸钠为溶剂的腈纶生产中,溶剂的用量很大。硫氰酸钠价格昂贵,在酸性条件下转化为硫氰酸,硫氰酸在还原性介质中遇热会进一步分解为氢氰酸,氢氰酸有剧毒,且易挥发。如果将硫氰酸钠水溶液不加以回收而直接排入江河,不但浪费巨大,而且污染环境,所以提高硫氰酸钠的回收率具有非常重要的意义。

经过纺丝之后,原液中硫氰酸钠不仅会被稀释,而且会产生硫酸盐(Na_2SO_4、$Na_2S_2O_3$)、铁及有机杂质,这些杂质主要来源于化工原料、有机物的分解产物及低聚物、容器被腐蚀而产生的铁等。它们的存在,会造成纺丝原液颜色发黄,喷丝头堵塞及丝条质量下降等现象。为了保证成品纤维的质量,在纺丝原液的制备工段必须保证硫氰酸钠溶液的纯度。为此需要将稀的硫氰酸钠溶液进行净化蒸发等处理,以便回用。

溶剂回收和净化的主要任务是将所有车间内有回收价值的硫氰酸钠溶液收集起来,进行浓缩,并除去在生产过程中带入的各种杂质,调整其浓度、温度、酸碱度(即pH值)等,供聚合工段作为溶剂使用。

硫氰酸钠溶剂的回收和净化包括蒸发浓缩、硫酸根的去除、铁离子的去除、硫氰酸钠溶液的净化等工序。

一、硫氰酸钠溶液的蒸发浓缩

从车间各部分收集来的硫氰酸钠溶液,混合后的浓度为12%~14%,但是,作为聚合溶剂时,硫氰酸钠的含量应为52%左右,所以必须将较稀的硫氰酸钠溶液浓缩,以满足聚合工段的要求。

硫氰酸钠溶液具有两个特点,一是溶质硫氰酸钠在受热时不会挥发,而溶剂水则能够挥发;二是溶质硫氰酸钠在受热时,其性质不会发生变化。因此采用加热的方法可将较稀的硫氰酸钠溶液浓缩。

工业上采用蒸发的方式来浓缩硫氰酸钠溶液。为了经济地进行硫氰酸钠溶液的浓缩,一般可采用多效蒸发流程,较常用的是双效蒸发,最多的达五效。

二、硫氰酸钠溶液中硫酸根的去除

硫氰酸钠溶液中硫酸根的来源主要有四个:其一,原料的分解。如在原液的制备过程中,为了改变纤维的颜色,同时稳定聚合反应,加入一定量的二氧化硫脲,这种物质在聚合反应过程中分解生成亚硫酸,经氧化后便生成硫酸,硫酸与溶液中的钠离子可生成硫酸钠[7];其二,原料带入。如新鲜的硫氰酸钠溶液中便含0.05%左右的硫酸根离子;其三,聚合及蒸发过程中产生。硫氰酸根离子被氧化生成硫酸根离子;其四,萃取后料液带入。萃取也可因偶然事故带入硫酸根离子。

溶剂中如有较多的硫酸钠存在,终将导致其在纺丝原液中沉淀出来,堵塞喷丝孔,导致断头,产生毛丝;或在蒸发器中结晶出来,产生锅垢影响传热。生产实践还表明,如 Na_2SO_4 含量过高(高达0.46%)则会出现纺丝原液过滤的严重困难。因此有必要将硫酸钠除去。

在腈纶生产的溶剂回收工艺过程中,用溶解度较大的碳酸钡,将硫酸根转变为难溶的硫酸钡沉淀,然后经真空转鼓过滤器加以去除,而生成的碳酸在加热时可分解为二氧化碳和水,从溶剂中分离出去。

为了提高从溶剂硫氰酸钠中去除硫酸根的能力,要求温度50℃,反应时间1.5h,溶剂pH值为5,加入的碳酸钡过量60%。这样,正常生产时,硫酸钠的含量小于800mg/kg。

由于生成了硫酸钡沉淀,分离硫氰酸钠溶液中所含固体微粒(硫酸钡)的方法有两种,一种是沉降法,另一种是过滤法。沉降法适用于粗粒子悬浮液的分离,过滤法常用于较细粒子悬浮液的分离。沉降法费工费时,不适应工业生产的要求,所以在工业生产中大量采用过滤的方法。

过滤时,液体中的悬浮物较细小且易被压缩,造成过滤介质的细孔堵塞或粘住不易清除,所以常常在过滤介质上预涂一层助滤剂(硅藻土)。助滤剂形成一层极为细密的过滤面,可截留悬浮固体物,并可隔离固体物和介质,从而使操作周期延长许多倍。

三、硫氰酸钠溶液中铁离子的去除

腈纶生产过程中,要使用多种化工原料,这些化工原料中含有铁质;另外,硫氰酸钠溶液在循环使用过程中,由于它对碳钢的腐蚀性比较强,也使溶液中混入大量的铁质。这些铁质在溶液中一般是以铁离子状态存在。

铁离子在硫氰酸钠溶液中的含量超过一定量,对聚合反应便会产生阻聚作用;另外,铁离子对聚合液的色泽也有显著的影响,所以硫氰酸钠溶液中铁离子的含量要小于0.3mg/kg。

目前硫氰酸钠溶液中铁离子的去除,普遍采用离子交换法,强碱性阴离子交换树脂被广泛用来除去硫氰酸钠溶液中的铁离子,此时除铁加料槽的温度控制在35~40℃。

以氢氧化钠溶液为沉淀剂,也可以除去硫氰酸钠溶液中的铁离子。这种除去铁离子的方法必须在碱性介质中进行,pH值为10~12,温度为80℃。但在硫氰酸钠一步法生产腈纶的过程中，因连续聚合时要求在 pH 值等于 5 时进行，所以此法一般不采用。

四、硫氰酸钠溶液的净化

将硫氰酸钠溶液中的杂质除去，采用液体萃取法，以异丙醚作为萃取剂。异丙醚能够溶解硫氰酸，而对水、硫酸、硫酸钠及其他杂质均不溶解，故首先用硫酸将硫氰酸钠转化为硫氰酸，再用异丙醚作为萃取剂将硫氰酸转入醚层而被萃取。醚层提取后，再用高纯碱还原，重新置换成硫氰酸钠，在混合液中除去异丙醚，达到净化硫氰酸钠溶液的目的。在硫氰酸钠溶液的净化中，要控制以下工艺。

(1)硫氰酸钠加料浓度。硫氰酸钠加料浓度增加，有利于硫氰酸的生成，可增加醚—水间浓度差，从而提高分配系数，加快萃取速度；浓度增加，还可减少残液排放量(水相)，有利于减少物料损失。但随加料浓度的增加，硫酸的加入量与硫酸钠的生成量也增加。残液中硫酸钠含量过高，低温易结晶堵塞管路，影响正常开车。工业中，一般控制硫氰酸钠浓度在 13% 左右，残液中硫酸钠的浓度约 8% ~10%。

(2)硫酸加料浓度。提高硫酸加料浓度，有利于硫氰酸的生成，加快萃取速度，减少残液排放量，减少物料损失。但硫酸加料浓度过大，残液中硫酸含量也增加，不仅增加硫酸消耗，而且增加酸性污水处理量。工业上选择浓度为 50% 的硫酸流量过量 1 倍，有较好的效果。

(3)异丙醚的循环量。增加异丙醚循环量，可增大萃取两相间浓度差，有利于萃取。但流量过大，挥发量增加，流速快，在吸收塔中停留时间短，中和反应不能完全进行，因而物料损失较大。一般取异丙醚流量为硫氰酸钠加料流量的两倍。

(4)吸收塔的温度。硫氰酸的异丙醚溶液进入吸收塔用氢氧化钠中和。中和是放热反应，若不预先冷却，温度太高，异丙醚挥发太多，增大其消耗；较高的温度还会使硫氰酸分解，生成白色的硫黄沉淀并放出氢氰酸，增加异丙醚中杂质含量，使之浑浊。氢氰酸是剧毒气体，污染环境，对人体有极大危害；但温度过低，中和反应进行缓慢，不等反应完全，硫氰酸就随异丙醚溢出，氢氧化钠随硫氰酸钠流出，使异丙醚混浊，净化后的溶液 pH 值增高，使转化率增高，相对分子质量增大，颜色发黄，影响最终产品的白度。工业上控制吸收塔的进料温度为(12 ±3)℃。

(5)氢氧化钠的浓度。萃取后的硫氰酸钠浓度，随氢氧化钠浓度的增加而增加，但较高浓度氢氧化钠的体积却变小，这就很难与硫氰酸充分而均匀地接触，影响中和反应的进行，故一般取氢氧化钠浓度为 22%。

(6)萃取塔和吸收塔的相界面。二塔相界面以上是异丙醚相，以下是混合液相。

在萃取塔中，硫酸和硫氰酸钠进料应在界面之下，如在界面以上，易被异丙醚带走。如果萃取塔的界面控制过低，则有部分硫氰酸钠和硫酸，一进塔就会被含硫氰酸的异丙醚带走，反应不完全，使残液中硫氰酸钠或硫酸的含量偏高，经济上不合理；如果界面控制过高，易使残液中的硫酸钠或杂质被醚层带走，进入倾析器，并影响萃取液的质量。

在吸收塔中，氢氧化钠进料应在界面以下，如在界面以上，亦可被异丙醚带走。如果吸收塔的界面控制太高，则有部分反应后的硫氰酸钠冲入异丙醚循环槽中；如果界面控制太低，又会使部分碱和水一进塔就被醚带走，反应不完全，不仅硫氰酸钠的浓度达不到要求，而且浪费原料。

正常生产中,界面应控制在视镜高度的2/3位置。

第八节 聚丙烯腈纤维的质量控制

一、聚合工段质量控制

聚合工段常见故障产生原因及解决方法见表5-10。

表5-10 聚合工段常见故障产生原因及解决方法

常见故障	产生原因	解决方法
聚合釜内温上不去	1. 引发剂量偏低或浅色剂量太高 2. 进料量偏高 3. 进料中单体含量太低 4. 夹套处于吸热状态或进料温度低于设定值 5. 反应混合物内铁或有机杂质含量高 6. 异丙醇加入量多	1. 增加引发剂量或降低浅色剂量 2. 减少进料量 3. 提高单体含量 4. 提高夹套低压蒸汽压力或排除供汽故障 5. 控制杂质含量 6. 减少异丙醇加入量
聚合釜温度过高	1. 引发剂加入量过大 2. 反应釜进料突然停止 3. 开车时,夹套升温速度太快 4. 反应釜搅拌器突然停止运转	1. 减少引发剂量 2. 加大进料量 3. 降低夹套升温速度 5. 检修反应釜搅拌器
原液中残余单体量偏高	1. 转化率低 2. 脱单体时,喷淋循环液量不够 3. 脱单体时,喷淋循环液温度偏高 4. 进入第二脱单体器原液温度太低	1. 提高转化率 2. 增加喷淋循环量 3. 降低喷淋循环液温度 4. 提高进入第二脱单体器原液温度
聚合物平均分子量偏低	1. 引发剂加入量过高 2. 浅色剂加入量过高 3. 聚合反应温度过高 4. 异丙醇加入量过高 5. 杂质含量过高	1. 降低引发剂加入量 2. 降低浅色剂加入量 3. 降低聚合反应温度 4. 降低异丙醇加入量 5. 除去杂质
脱单体器高液位	1. 聚合物黏度太高 2. 脱单体抽出泵开台数太少或发生故障 3. 液位调节阀失灵,全开打回流,使原液输出量减少 4. 原液加热器或冷却器堵塞,原液通过量减少	1. 提高原液输送温度 2. 增开抽出泵台数 3. 修复调节阀或将调节阀的隔离阀关闭,减少回流量 4. 检修原液加热器或冷却器
脱单体器中有凝胶块	1. 聚合釜开车前喷淋循环液过早循环 2. 聚合停止出料后,喷淋循环长时间继续循环	1. 开车时,不要过早建立真空 2. 停止出料后,应及时消除脱单体系统的真空
离心泵不出水	1. 泵未注满液体 2. 吸入管漏气或有空气 3. 被输送液体温度过高 4. 吸入阀堵塞 5. 转向错误 6. 吸液高度过大	1. 停泵注入液体 2. 消漏及排气 3. 降低液体温度 4. 排除堵塞 5. 改变转向 6. 降低吸液高度

续表

常见故障	产生原因	解决方法
离心泵流量不足	1. 吸入阀或叶轮被堵塞 2. 吸入管弯头过多,阻力过大 3. 泵体或吸入管漏气 4. 轴封处漏气 5. 口环磨损过大 6. 叶轮腐蚀、磨损	1. 清除杂质 2. 改管 3. 紧固消漏 4. 更换轴封 5. 更换口环 6. 更换或修理叶轮
离心泵输出压力不足	1. 介质中有气体 2. 叶轮腐蚀或严重损坏 3. 口环磨损,与壳体间隙过大	1. 排气 2. 更换叶轮 3. 更换口环

二、纺丝工段质量控制

纺丝工段常见故障产生原因及解决方法见表5-11。

表5-11　纺丝工段常见故障产生原因及解决方法

常见故障	产生原因	解决方法
连续式真空脱泡塔中真空度下降	1. 中压蒸汽压力降低或过热 2. 27℃循环水流量小或温度过高 3. 不凝缩气体积聚 4. 设备密封性差 5. 蒸汽喷射泵喷嘴局部堵塞 6. 冷凝器冷却效果不佳	1. 提高中压蒸汽压力,降低蒸汽温度 2. 加大循环水流量,增开循环水冷却塔风机降低水温 3. 排放积聚的不凝缩气体 4. 消除泄漏 5. 用压缩空气清堵 6. 对冷凝器进行酸洗
原液阻塞系数升高	1. 系统杂质含量增高 2. 除铁工序操作不慎,树脂本身破碎或泡罩损坏,树脂随溶剂进入原液,使机械杂质增多 3. 脱盐水质量太差,无机盐离子含量超标 4. 二氧化钛消光浆料分散得不好 5. 产生凝胶块	1. 降低系统杂质含量 2. 提高除铁工序操作的正确性,更换树脂,更换泡罩 3. 提高脱盐水质量 4. 研磨二氧化钛消光浆料 5. 避免产生凝胶块
凝固浴中毛丝	1. 原液黏度不合适 2. 原液洁净度差 3. 凝固浴浓度过高 4. 凝固浴温度太低 5. 凝固浴流量不合适 6. 凝固浴与原液间温差过大 7. 凝固浴分配不匀 8. 凝固浴太脏 9. 喷丝头不干净 10. 卷取罗拉速度太快,喷丝头负位伸值低于-50%,初生纤维在膨化区被拉断	1. 提供合格原液 2. 提供合格原液 3. 降低凝固浴浓度 4. 增加凝固浴温度 5. 调节凝固浴流量 6. 减少凝固浴与原液间温差 7. 改善导流板、分配板的设置 8. 除去凝固浴中杂质 9. 清洗喷丝头 10. 降低卷取罗拉速度

三、后加工工段质量控制

后加工工段常见故障产生原因及解决方法见表5-12。

表5-12 后加工工段常见故障产生原因及解决方法

常见故障	产生原因	解决方法
预拉伸浴中毛丝	1. 初生纤维性能差 2. 预拉伸温度低于55℃ 3. 预拉伸浴浓度低于3% 4. 预拉伸倍数过大 5. 预拉伸罗拉有刀痕 6. 纤维在罗拉上分布不均匀	1. 提供均匀的初生纤维 2. 提高预拉伸温度 3. 提高预拉伸浴浓度 4. 减少预拉伸倍数 5. 更换预拉伸罗拉 6. 使纤维在罗拉上分布均匀
蒸汽拉伸罗拉上有毛丝	1. 原液质量不符合要求 2. 拉伸张力太大 3. 拉伸温度低于90℃ 4. 拉伸蒸汽中含水量不合适 5. 纤维在拉伸罗拉上的分布不均匀 6. 拉伸速度过快 7. 蒸汽拉伸板及拉伸罗拉表面不光滑	1. 提供优质的原液 2. 减少拉伸张力 3. 提高拉伸温度 4. 调节拉伸蒸汽中含水量 5. 控制各拉伸罗拉水平与平行度 6. 降低拉伸速度 7. 更换蒸汽拉伸板及拉伸罗拉
圆网干燥机喂入罗拉缠丝	1. 丝束太松弛 2. 纺丝生头尾端留得太长 3. 毛丝太多	在上油罗拉出口处割断缠辊的丝束，由专人拉丝，抬起上罗拉，处理缠丝，再把割断的丝束插入其他丝条，带过干燥机，若缠辊太严重，要停车处理
圆网干燥机圆网缠丝	1. 圆网速度调节不当，丝束太松弛 2. 纺丝带的头未插好，在干操机内松开脱落 3. 干燥温度下降，丝束烘不干影响正常收缩	1. 处理圆网缠丝 2. 调节圆网速度 3. 提高干燥温度
圆网干燥机圆网间堵丝	因丝束缠结，圆网速度调节不当，或因收缩不好，丝束太松，使其挂在导流板上，个别圆网自停未及时发现造成堵丝，堵丝往往与缠圆网同时发生	轻度堵丝时，可调整圆网速度，让其逐渐拉过去；个别堵丝时可拉出并割撕堆积的丝，再将丝头插入另一条丝束带过去；如因丝烘不干堵丝，应提高干燥温度
圆网干燥机突然自停	丝束缠结，丝束张力过大，圆网速度调节不合适，生头丝束端头太长，缠在安全杆上，操作中触碰安全杆或接线盒断路	在油浴出口处拉丝，迅速调节工艺，使张力合适；若因缠安全杆、丝束缠结等，造成一个或几个圆网跳闸，可根据指示灯找出圆网位置，除去缠丝后再开启

四、成品纤维质量控制

成品纤维常见故障产生原因及解决方法见表5-13。

表 5－13 成品纤维常见故障产生原因及解决方法

常见故障	产生原因	解决方法
纤维强度过低	1. 原液质量 ①聚合物相对分子质量分布宽，平均分子量小 ②大分子支化度高 ③杂质含量多 ④聚合物浓度过低 ⑤聚合体中丙烯腈含量过低 ⑥原液中气泡多 ⑦二氧化钛等添加剂量多 2. 纺丝、后加工工艺条件 ①凝固浴温度过高 ②凝固浴流量过小 ③凝固浴浸长过短 ④总拉伸倍数过小 ⑤烘干时张力过小 ⑥热定型温度过高、张力过小 ⑦过度卷曲，使纤维受损 3. 检测误差 ①取样不具有代表性 ②强力机未及时校验 ③测试操作不规范 ④测试环境温湿度不合格	1. 原液质量 ①提供合格聚合物 ②提供合格聚合物 ③提供合格聚合物 ④增加聚合物浓度 ⑤提供合格聚合物 ⑥原液脱泡 ⑦减少二氧化钛等添加剂量 2. 纺丝、后加工工艺条件 ①降低凝固浴温度 ②增加凝固浴流量 ③增加凝固浴浸长 ④增加总拉伸倍数 ⑤增加烘干时张力 ⑥降低热定型温度 ⑦正常卷曲 3. 检测误差 ①取样有代表性 ②强力机定期校验 ③测试操作标准化 ④测试环境温湿度合格
硬板丝	1. 纤维上油剂含量太高 2. 纤维未烘干，含湿量太高 3. 卷曲时给湿太高 4. 进卷曲机丝束总纤度太高	1. 严格控制油浴浓度与轧液率 2. 烘干后，丝束含湿量小于 4% 3. 卷曲时，采用饱和低压蒸汽 4. 丝束总纤度不超过卷曲机生产能力
粗纤维	1. 喷丝头个别孔太大 2. 喷丝头表面擦伤，使孔变形或孔内有赃物堵孔，使相邻的两个或几个孔喷出的原液细流改变射向，凝固成型前，并成一根丝，形成粗纤维 3. 蒸汽拉伸温度太低，拉伸中丝束张力不匀、拉伸打滑等原因造成部分纤维漏拉伸或仅部分拉伸	1. 按品种选择喷丝头，若有大孔、盲孔、孔中有毛刺等的喷丝头未经修理，不能纺丝 2. 清洗后，喷丝头经检查合格后才能使用 3. 防止纤维漏拉伸或部分拉伸
黏结丝	1. 原液中聚合物浓度偏高，平均分子量太大，使原液表观黏度太大，喷出膨化比大，产生黏结丝 2. 原液与纺丝浴温差大于 20℃，溶剂从原液向凝固浴扩散速度太快，而在凝固浴中扩散又较慢，在丝条周围形成局部高浓度区，产生黏结丝 3. 凝固浴浓度高，温度低，流量小，成型速度慢 4. 选用喷丝头有误，用小孔喷丝头纺高纤度的纤维，因孔距太小，形成黏结丝 5. 喷丝头负拉伸太大，膨化直径大 6. 喷丝头表面划伤，有凹痕 7. 喷丝头脏，局部堵孔、漏胶 8. 卷曲罗拉和导丝架表面黏有未完全凝固的原液，被初生态的丝条通过刮带，形成黏结丝	1. 提供合格原液，升泡黏度不超过 130s 2. 减少原液与凝固浴温差 3. 提供合格凝固浴 4. 选择合适的喷丝头，喷丝头孔间距大于孔径 3 倍 5. 提高成型速度 6. 更换喷丝头 7. 清洗喷丝头 8. 清理卷曲罗拉和导丝架

续表

常见故障	产生原因	解决方法
并丝	1. 油剂浓度太浓或油剂中增加集束性油剂成分太高 2. 丝束含水量太高 3. 卷曲时压力太大 4. 丝束中溶剂残留量高	1. 减少油剂浓度，一般小于1.5% 2. 烘干机各区温度正常 3. 卷曲压力适中 4. 丝束充分洗涤，溶剂残留量低
油污丝	被油或其他脏物污染	设备勤擦，保证润滑油系统不漏油，纤维不沾污
毛粒、毛片	1. 组成原液的聚合体中第二单体含量低，低分子物含量高，纤维拉伸性能差，成型后丝束中毛丝多，毛丝加工中经不起梳理，断裂成游离短纤维，在并条与梳理中不易伸直，逐渐聚集粘连成毛丝团（毛粒）或小毛层（毛片） 2. 成型条件不良，产生的毛丝、绕辊勾下的未拉伸丝、生头时头尾丝未去除，随丝束带到毛条工序，在梳理时不易伸直，逐渐聚集粘连成毛粒或毛片 3. 蒸汽拉伸不良 4. 毛条加工中橡胶罗拉材质差，性能发黏或牵伸时加压过度，梳箱区、罗拉皮板不清洁，针板状态不佳，局部纤维牵伸不开，碾成毛片	1. 提供合格聚合物 2. 控制纺丝成型条件，防止漏拉伸 3. 提供合格的蒸汽拉伸 4. 合理选择毛条加工中橡胶挤压件，加压适中，丝束或毛条并合数与张力控制均匀，按时做好梳箱、罗拉皮板及条架、喇叭口等处的清洁工作，保证毛条通道清洁畅通，及时修换针板

第九节 聚丙烯腈纤维的结构和性能

一、聚丙烯腈纤维的结构

通过光谱分析，聚丙烯腈大分子链中丙烯腈单元的连接方式主要是首尾相接，与—CN 基相连接的碳原子间隔着一个—CH_2—基。

研究证明，聚丙烯腈大分子的 C—C 键主链并不像聚乙烯分子 C—C 键主链呈平面锯齿形，而是呈螺旋状分布在空间的立体构象，这是因为聚丙烯腈大分子具有较大的体积和强极性侧基（—CN），同一大分子相邻氰基间具有很大的斥力，如果聚丙烯腈大分子主链为平面锯齿形，则相邻氰基间距离最近，斥力最大，将处于能量不稳定状态。而螺旋构象正可以使氰基在空间造成最小斥力，处于能量较低状态。但是聚丙烯腈大分子螺旋构象并不是很规则的，因为氰基中碳原子带有正电荷，氮原子带有负电荷，同一大分子相邻氰基之间因极性方向相同而相互排斥，相邻大分子的氰基则因极性方向相反而互相吸引，由于这种很大斥力和引力的相互作用，使大分子链不能自由柔曲成为有规则的螺旋状构象，而发生局部歪扭和曲折。当外界温度升高到 T_g 以上时，这种螺旋大分子是可以发生柔曲运动的。丙烯腈共聚物由于第二、第三单体的加入，使大分子侧基有了较大变化，增加了大分子的结构和构象的不规则性。

由于不规则螺旋状分子组成的有序区域在C轴方向不存在有规则的重复单元，这种不规则螺旋状大分子在整个纤维中堆砌就有序区来讲，它的序态有缺陷，不及结晶区的规整程度。这是因为螺旋体的歪扭和曲折，并且没有一定螺距，所以不能整齐堆砌成完整的晶体。就无序区来讲，它的序态又高于一般高聚物无定形区的规整程度。所以聚丙烯腈具有高侧序，低纵向表现为二维有序，是准晶形聚合体。

聚丙烯腈具有三种不同聚集状态，即非晶相的低序态、非晶相中序态和准晶相高序态。玻璃化温度 T_g（Glass transition temperature）表征大分子链热运动转变点。聚丙烯腈有三种不同聚集态，必然有三个与之相对应的链段运动的转变温度。这种转变温度对非晶相是玻璃化温度，对晶相则是熔点。因此聚丙烯腈有两个玻璃化温度，据测定，聚丙烯腈低序区 T_{g1} 为 80～100℃，非晶相中序区的 T_{g2} 为 140～150℃。由于共聚组分的加入，使 T_{g1} 和 T_{g2} 相互靠近，以至完全消失。三元共聚的聚丙烯腈的 T_g 为 76～100℃。由于水的增塑作用，次级溶胀聚丙烯腈 T_g 为 65～80℃，而初级溶胀聚丙烯腈 T_g 为 40～60℃。

二、聚丙烯腈纤维的性能

腈纶很像羊毛，有“人造羊毛”之美称。其主要特点是质轻保暖，染色鲜艳而牢固，防虫，防蛀，耐日晒。腈纶的主要物理化学性能见表 5－14。

表 5－14　腈纶性能指标

性能＼纤维		腈纶		改性腈纶	羊毛
		短纤维	长丝	短纤维	
断裂强度/（cN/dtex）	干态	2.2～4.8	2.3～5.3	1.7～3.5	0.8～1.5
	湿态	1.7～3.9	2.6～5.3	1.7～3.5	0.7～1.4
断裂伸长/%	干态	25～50	12～20	25～45	25～35
	湿态	25～60	12～20	25～45	25～50
打结强度/（cN/dtex）		1.4～3.1	2.6～7.1	1.3～2.5	0.7～1.2
勾结强度/（cN/dtex）		1.6～3.4	1.7～3.5	1.4～2.5	0.7～1.3
弹性模数/（cN/dtex）		22～54	35～75	18～48	9.7～22
回弹度/%（3%伸长时）		90～95	70～95	85～95	98
相对密度		1.14～1.17		1.28	1.32
回潮率/%		1.2～2.0		0.6～2	15
软化点/℃		190～240		150	100℃硬化
熔点/℃		不明显		不明显	300℃炭化
分解温度/℃		327		—	130
玻璃化温度/℃		80～140		—	—
日晒牢度（暴晒12个月残留强度/%）		60		60	20
可燃性（LOI）/%		18.2		26.7	24～25

续表

性能＼纤维	腈纶		改性腈纶	羊毛
	短纤维	长丝	短纤维	
耐酸性	35% 盐酸、65% 硫酸对其强度无影响		35% 盐酸、70% 硫酸对其强度无影响	除热硫酸外耐其他热酸
耐碱性	在 50% 苛性钠和 23% 氨水中强度不下降		在 50% 氢氧化钠和 23% 氨水中强度不下降	不耐碱，稀碱中发生缩绒
耐漂白性	耐亚氯酸钠和过氧化氢		耐亚氯酸钠和过氧化氢	耐过氧化氢、二氧化硫
耐磨性	尚好		尚好	尚好
耐虫蛀、耐霉菌性	耐蛀、耐霉		耐蛀、耐霉	耐霉、不易蛀
染色性	分散、阳离子及酸性染料		分散、阳离子染料	酸性、媒染、还原染料

腈纶的热弹性和极好的日晒牢度是腈纶最突出的优点。热弹性是腈纶所具有的特性，其本质是高弹形变。经拉伸、水洗和热定型后的纤维，在 T_g 以上再进行拉伸至 1.1 ~ 1.8 倍，称为二次拉伸，其纤维以高弹形变为主，非晶区原来卷曲的大分子进一步舒展，此时将纤维骤冷，使高弹形变暂时固定。这种被冻结的高弹形变在无外力作用下，再度加热到 T_g 以上时，因链段运动而恢复原状的性能称为热弹性。热弹性是非晶体态高聚物具有的特性。涤纶、锦纶等结晶性纤维不具有热弹性，这是因为纤维结构中微晶像网结一样，阻碍链段大幅度热运动。腈纶是具有较高侧序的准晶态高聚物，准晶区并非真正结晶，准晶区的存在不能阻止链段的大幅度热运动，因而腈纶具有非晶态高聚物的特性。腈纶的热弹性被用来生产高收缩腈纶（收缩率达 20% ~ 50%），将高收缩腈纶与常规腈纶混合纺纱，可制得膨体纱。

各种纤维在光照下，都会发生化学裂解，使相对分子质量下降，机械性变差。实践证明，在所有纺织纤维中，腈纶耐光性最好。暴晒一年，大多数纤维强度损失达 90% ~95%，而腈纶强度仅下降 20%。腈纶优良的耐光性归因于大分子上的氰基，腈纶分子中含有 4% ~5% 的氰基，氰基中碳、氮原子以三键相连，其中一个 α 键，两个 π 键。由于氮原子的电负性大于碳原子，使氰基中碳和氮之间电子云密度向氮原子偏移，则其呈负电性，碳原子呈正电性。同时，由于诱导效应，还可与氰基相连的主链上碳原子与氰基碳原子之间的电子云密度偏向氰基碳原子，形成极性很强的偶极。这种结构能吸收能量较高的紫外线中的光子，通过上述传递，保护主链，避免大分子降解。

第十节　聚丙烯腈纤维的新品种

一、复合聚丙烯腈纤维

复合纤维也称双组分纤维，其种类有并列型、皮芯型和海岛型等。开发较早和产量较大的复合腈纶都属于并列型，根据生产方法不同，又分为两种类型。其一，标准型复合腈纶。在任意一根单纤维的任意长度上都同时存在着两种聚合物组分；其二，随机型复合腈纶。从纤维的横截面形态看，同一喷丝头挤出的一束纤维中，每一根单纤维上 A、B 两组分是不相等的，从 100% A 组分通过中间状态过渡到 100% B 组分。

二、阻燃聚丙烯腈纤维

阻燃纤维是指在火焰中燃烧，离开火焰自行熄灭的纤维，其极限氧指数 LOI > 26%。常规腈纶的 LOI 值仅为 17% ~18.5%，在合成纤维中最低，属于易燃纤维。制备阻燃腈纶的方法，主要有以下几种。

1. 共聚　将氯乙烯、偏二氯乙烯等阻燃单体与 AN 共聚合后进行纺丝。由于共聚物中 AN 的含量通常小于 85%，因此这类阻燃腈纶称为改性腈纶，我国的商品称为腈氯纶。

2. 共混　将聚氯乙烯、聚偏二氯乙烯、Sb_2O_3 等阻燃性聚合物或阻燃添加剂与 PAN 共混纺丝。如三菱人造丝公司以这种方法制得 LOI 值为 33% 的阻燃腈纶。

3. 阻燃整理　在纤维后处理或织物整理过程中引入阻燃剂。但此法所得纤维的阻燃性不持久，经多次洗涤后即失去阻燃性。

目前世界上已有多家公司生产阻燃腈纶，大多使用氯乙烯基类单体与丙烯腈共聚而成，其 LOI 值一般为 26.5% ~29%。

三、抗静电和导电聚丙烯腈纤维

常规腈纶在标准状态下的电阻率较高，为 $1 \times 10^{13} \Omega \cdot cm$。因此，纤维在纺织加工和服用过程中易起静电，限制了腈纶在很多领域的应用。为降低腈纶的静电积聚效应，制取抗静电腈纶，常采用如下措施。

(1) 把亲水性化合物通过共聚引入聚合体中，制成高吸湿纤维。

(2) 把聚丙烯腈大分子中的氰基部分水解成羧基。

(3) 在纺丝原液中混入少量炭黑或金属氧化物等导电性物质，或在纤维后整理时使纤维表面涂覆金属物质，可使纤维的电阻率降至 $1 \times 10^{2} \Omega \cdot cm$ 以下。

(4) 在纤维后加工中，纤维经抗静电剂溶液处理后，能在纤维表面涂覆上一层抗静电剂，使纤维具有暂时性的抗静电性能。

(5) 通过含铜盐、还原剂、硫化剂溶液处理，在腈纶纤维表面和内部生成半导体 Cu_9S_5，使纤维电阻率降至 $10^{-2} \sim 10^{-3} \Omega \cdot cm$，成为具有永久导电性腈纶。

四、高吸湿、吸水聚丙烯腈纤维

腈纶和其他合成纤维一样，其共同缺点是吸湿和保水性差，穿着有闷热等不舒服感。

改善腈纶的吸湿、吸水性的方法主要有：

(1) 使共聚体大分子含亲水基团。

(2)与亲水化合物接枝或共聚。

(3)与亲水聚合体进行共混纺丝。

(4)与亲水性聚合体进行复合纺丝。

(5)使纤维表面含有亲水物质层。

(6)使纤维截面粗糙和异形化。

(7)使芯层呈泡沫微孔状,并有微导管通向皮层。

(8)使纤维超细化。

据报道,日本钟纺公司生产的一种高吸湿腈纶阿奎纶(Aqualon),其表面有条纹或沟槽,纤维中含有众多直径为1~2μm,长度为直径10倍的毛细孔,孔隙率为20%~30%。因此其吸湿性高,吸水速度快,而且密度小,保暖性优良。

五、高收缩聚丙烯腈纤维

高收缩腈纶的收缩率为普通腈纶的5~10倍,是生产腈纶膨体纱的主要原料之一。制造高收缩腈纶常采用如下工艺路线。

(1)在高于腈纶玻璃化温度下多次热拉伸,使纤维中的大分子链舒展,并沿纤维轴方向取向。这时大分子链内和链间的张力较大。然后骤冷,使大分子的形态和张力被暂时固定下来。当成纱后,在松弛状态下湿热处理时,大分子链因热运动而处于比较蜷缩的状态,张力大多被消除,这种微观的变化引起宏观纤维在长度方向的收缩。

(2)增加第二单体的含量。增加第二单体丙烯酸甲酯的含量能大幅度提高腈纶的收缩率。如第二单体含量增至10%~12%时,纤维收缩率为30%;含量增至12%~14%时,纤维收缩率高达40%~45%。

(3)采用热塑性的第二单体(如氯乙烯)与丙烯腈共聚也可明显地提高纤维的收缩性。

与普通腈纶相比,高收缩腈纶的强度和卷曲度稍低,遇湿热会发生收缩,因此在制成成品前要避免湿热加工。

高收缩腈纶与普通腈纶混纺制成的人造毛皮更加逼真。纯纺可作滚球毛毯和室内装饰织物,具有手感柔软、织物厚实、丰满、保暖性好等特点,还可产生奇异的光泽效果。

复习指导

1. 重点掌握聚丙烯腈的合成、纺丝原液的制备、纺丝成型、后加工的流程、工艺控制。重点掌握聚丙烯腈纤维的质量控制。

2. 掌握聚丙烯腈纤维的结构和性能。

3. 了解溶剂回收和净化的方法。

思考题

1. 比较一步法和二步法生产腈纶的优缺点。

2. 聚丙烯腈纤维中,第二单体和第三单体的作用分别是什么?
3. 简述聚丙烯腈的硫氰酸钠一步法聚合的工艺控制。
4. 简述聚丙烯腈的水相沉淀聚合的工艺控制。
5. 纺前原液脱泡的目的和方法是什么?
6. 简述湿法成型的凝固原理。
7. 简述聚丙烯腈纤维湿法成型的工艺控制。
8. 简述聚丙烯腈纤维干法成型的工艺控制。
9. 简述聚丙烯腈纤维湿法纺丝后加工中拉伸、上油、干燥致密化、热定型、卷曲的作用。
10. 干燥致密化的条件是什么?
11. 为什么聚丙烯腈纤维要进行消光? 用什么方法实现消光?

参考文献

[1] 杨东洁. 化学纤维工艺学[M]. 成都纺织高等专科学校(自编),1993.
[2] 李青山,沈新元. 腈纶生产工学[M]. 北京:中国纺织出版社,2000.
[3] 邬国铭. 高分子材料加工工艺学[M]. 北京:中国纺织出版社,2000.
[4] 徐帮学. 化学纤维与化纤制品生产加工工艺技术标准规范及检测检验实用手册[M]. 吉林:吉林音像出版社,2003.
[5] 董纪震,赵耀明,陈雪英,等. 合成纤维生产工艺学(下册)[M]. 北京:中国纺织出版社,1994.
[6] 任林子. 腈纶生产技术问答[M]. 北京:纺织工业出版社,1988.
[7] 马志发. 硫氰酸钠溶剂的回收和净化[M]. 北京:纺织工业出版社,1983.

第六章 聚乙烯醇缩醛纤维生产及质量控制

第一节 概述

一、聚乙烯醇缩醛纤维的发展

聚乙烯醇纤维(Polyvinyl alcohol fibres)是合成纤维的重要品种之一，采用醋酸乙烯醇解(或水解)方法制得。由于乙烯醇大分子的每个链节上存在—OH，从而使纤维易发生水解，因此常将纤维中的部分羟基进行缩甲醛，以降低其亲水和水解能力，缩醛度控制在30% ~35%。常规产品是聚乙烯醇缩甲醛纤维，我国简称维纶(代号PVA)，日本称维尼龙，产品以短纤维为主，其性状与棉花相似，有“合成棉花”之称。

1924年，德国的Hermann和Haehnel首次合成出聚乙烯醇，并用其水溶液经干法纺丝制成纤维，这种纤维在热水中溶解，故只能用于某些特殊用途，如手术缝合线。1939年以后，日本的樱田一郎、朝鲜的李升基等人，采用热处理和缩醛化的方法成功地制造出耐热水性优良、收缩率低、具有实用价值的聚乙烯醇缩甲醛纤维，于1950年投入工业化生产。

我国第一个维纶厂建成于1964年，目前我国维纶的年生产能力和产量均居世界首位。由于维纶染色性差、弹性低等缺点不易克服，近年来在服用领域不断萎缩。但在工农业、渔业等方面的应用却有所增加。另外装饰用、产业用纤维和功能性纤维的比例也在逐步增大。

二、聚乙烯醇缩醛纤维的性能

(1)强度高，耐磨性好。维纶短纤维外观形状接近棉，而长丝又像蚕丝。维纶的强度和耐磨性优于棉，用50/50的棉/维织物，其强度比纯棉织物高60%，耐磨性可以提高50% ~100%。

(2)密度小，保暖性强。维纶密度约比棉花轻20%，用同样质量的纤维可纺织成较多相同厚度的织物，又维纶的热传导率低，故保暖性好。

(3)吸湿性好。维纶分子中含有部分—OH，在标准条件下的吸湿率为4.5% ~5.0%，在几大合成纤维品种中名列前茅。

(4)耐腐蚀性强，耐光好，耐气候性好。维纶耐酸、耐碱性强，抗霉菌，长期放置于海水中或土中，均不影响强度，另外，维纶还具有很好的耐日光性和耐气候性。

(5)耐热水性差。维纶的耐热水性很差，其聚乙烯醇在湿态下温度超过80 ~90℃的沸水收缩率达10%，因此在加工过程中常常进行缩甲醛处理，以提高其耐热性。否则，在热水中剧烈收缩，甚至会溶解。缩醛度在30%时，纤维耐热水温度可提高到115℃，但羟基减少30%，使纤维的吸湿染色性能下降[1]。

(6)染色性能差。维纶的染色性差,色谱不全。湿法纺丝所得纤维色彩不够鲜艳,干法纺丝所得纤维色彩较鲜艳。

(7)弹性差。维纶的弹性不如聚酯等其他合成纤维,其织物不够挺括,在服用过程中易发生褶皱。

聚乙烯醇缩甲醛纤维的主要性能指标见表6-1。

表6-1 聚乙烯醇缩甲醛纤维的性能

性能指标		短纤维		长丝	
		普通	强力	普通	强力
断裂强度/(cN/dtex)	干态	4.0~4.4	6.0~8.8	2.6~3.5	5.3~8.4
	湿态	2.8~4.6	4.7~7.5	1.8~2.8	4.4~7.5
勾接强度/(cN/dtex)		2.6~4.6	4.4~5.1	4.0~5.3	—
打结强度/(cN/dtex)		2.1~3.5	4.0~4.6	1.9~2.6	—
延伸度/%	干态	12~26	9~17	17~22	8~22
	湿态	13~27	10~18	17~25	8~26
伸长3%的弹性回复率/%		70~85	72~85	70~90	70~90
弹性模量/(cN/dtex)		22~62	62~114	53~79	62~220
回潮率/%		4.5~5.0	4.5~5.0	3.5~4.5	3.0~5.0
相对密度		1.28~1.3	1.28~1.3	1.28~1.3	1.28~1.3
热性能		干热软化点为215~220℃,熔点不明显,能燃烧,燃烧后变成褐色或黑色不规则硬块			
耐日光性		良好			
耐酸性		10%盐酸或30%硫酸作用无影响,在浓的盐酸、硝酸和硫酸中发生溶胀和分解			
耐碱性		在50%苛性钠溶液中和浓氨水中强度几乎没有降低			
耐其他化学药品性		良好			
耐溶剂性		不溶解于一般的有机溶剂,能在热的吡啶、酚、甲酚和甲酸中溶胀或溶解			
耐磨性		良好			
耐虫蛀霉菌性		良好			
染色性		可用直接、硫化、偶氮、还原、酸性等染料进行染色,但染着量较一般天然纤维和再生纤维低,色泽也欠鲜艳			

三、聚乙烯醇缩醛纤维的用途

维纶主要为短纤维,有两大用途,即民用和工业用。

(一)民用

维纶主要为短纤维,由于其形状很像棉,所以大量用于与棉混纺,织成各种棉纺织物。另外,也可与其他纤维混纺或纯纺,织造各类机织或针织物;维纶长丝的性能和外观与天然蚕丝非常相似,可以织造绸缎衣料。但是,因维纶的弹性差、不易染色,故不能做高级衣料。

（二）工业用

由于维纶的高强度、低延伸、耐气候性优良、耐腐蚀性和耐日光性能优良，在工业用途方面潜力很大，目前工业方面较普遍的用途如下。

（1）纤维增强材料。利用维纶强度高，抗冲击性好，成型加工中分散性好等特点，可以作为塑料以及水泥、陶瓷等的增强材料。特别是作为致癌物质——石棉的代用品，制成的石棉板受到建筑业的极大重视。

（2）渔网。维纶的断裂强度和耐冲击强度均高，并耐海水腐蚀，在水中收缩性好，结节强度高，可用其制造各种类型的渔网、渔具、渔线。

（3）绳缆。维纶绳缆质轻、耐磨、捻度稳定，使用中不易扭结，具有良好的抗冲击强度、耐气候性并耐海水腐蚀，在水产车辆、船舶运输等方面有较多应用。

（4）帆布。维纶帆布强度高、质量轻，耐磨、耐气候性好，防水和加工容易，它在运输、仓储、船舶、建筑、农林等方面有较多应用。

（5）包装材料。维纶对各种化学用品的稳定性好、强度高，耐磨、耐光、耐气候性好。

第二节　聚乙烯醇的制备及其性能

一、聚乙烯醇的制备

众所周知，游离态的乙烯醇是不能单独存在的，它会自行发生分子间的重排，而转化为乙醛，因此，不能直接用乙烯醇制备聚乙烯醇。工业上以醋酸乙烯为单体进行聚合，然后将生成的聚醋酸乙烯进行醇解（或水解）得到聚乙烯醇。

（一）醋酸乙烯的合成

醋酸乙烯的合成主要有乙炔法和乙烯法两种。

1. 乙炔法　以乙炔和醋酸为原料，在200℃左右、常压下，以气相通到以活性炭为载体的催化剂醋酸锌上进行反应而制得：

$$HC\equiv CH + CH_3COOH \longrightarrow \underset{\displaystyle\;\;\;\;\;\;\;\;\;\;\;|\atop \displaystyle\;\;\;\;\;\;\;\;\;\;\;OCOCH_3}{H_2C=CH}$$

除上述主反应外，还存在一些副反应，生成乙醛、丁烯醛（巴豆醛）、二乙烯基乙炔等，故反应获得的粗制品需要进行精制。

根据乙炔来源的不同，乙炔法又可进一步分为电石乙炔法和天然气乙炔法。

2. 乙烯法　以乙烯和醋酸为原料，以钯—金或钯—铂为催化剂，醋酸钾或醋酸钠为助催化剂，活性氧化铝或硅胶为载体，在100℃以上，加压下反应制得醋酸乙烯。

$$2H_2C=CH_2 + 2CH_3COOH + O_2 \longrightarrow 2\underset{\displaystyle\;\;\;\;\;\;\;\;\;\;\;|\atop \displaystyle\;\;\;\;\;\;\;\;\;\;\;OCOCH_3}{H_2C=CH} + 2H_2O$$

乙烯法合成醋酸乙烯又有液相法和气相法两种，因液相法反应物对设备的腐蚀严重，而且该法副产物较多，分离困难，因此逐步被气相法代替。

（二）醋酸乙烯的聚合

在紫外线、γ射线、X射线等作用下，醋酸乙烯容易发生自由基型聚合反应。在热的作用下，含有少量杂质的醋酸乙烯也容易发生聚合。但十分纯净的醋酸乙烯，在无氧情况下，仅靠加热不会发生聚合。在引发剂作用下，醋酸乙烯能在较缓和的条件下发生聚合。根据聚醋酸乙烯用途的不同，工业上醋酸乙烯聚合的实施方法有很多种。供制造聚乙烯醇纤维使用的聚醋酸乙烯，通常是以甲醇为溶剂采用溶液聚合法制得。其主反应式为：

$$n\,H_2C{=}\underset{\displaystyle OCOCH_3}{\underset{|}{CH}} \longrightarrow \left[CH_2{-}\underset{\displaystyle OCOCH_3}{\underset{|}{CH}} \right]_n + 89.2\,kJ/mol$$

在以甲醇为溶剂的醋酸乙烯聚合过程中，还发生下列主要的副反应：

$$H_2C{=}\underset{\displaystyle OCOCH_3}{\underset{|}{CH}} + CH_3OH \longrightarrow CH_3COOCH_3 + CH_3CHO$$

$$H_2C{=}\underset{\displaystyle OCOCH_3}{\underset{|}{CH}} + H_2O \longrightarrow CH_3COOH + CH_3CHO$$

1. 醋酸乙烯聚合工艺流程　图6－1为醋酸乙烯溶液聚合工艺流程示意图。精制的醋酸乙烯（VAc）和甲醇，按工艺规定的配比，经计量泵和换热器进入第一聚合釜。与此同时，经由另一根支管加入一定量的、预先调配好的引发剂偶氮二异丁腈—甲醇溶液。单体在第一聚合釜中转化率约为40%，然后在第二聚合釜中达50%～60%。聚合后的物料用泵从第二聚合釜中送出，用甲醇稀释后进入脱单体塔。由塔釜流出聚醋酸乙烯的甲醇溶液，可用于醇解以制取聚乙烯醇，塔顶引出的醋酸乙烯和甲醇混合物，进行分离回收。

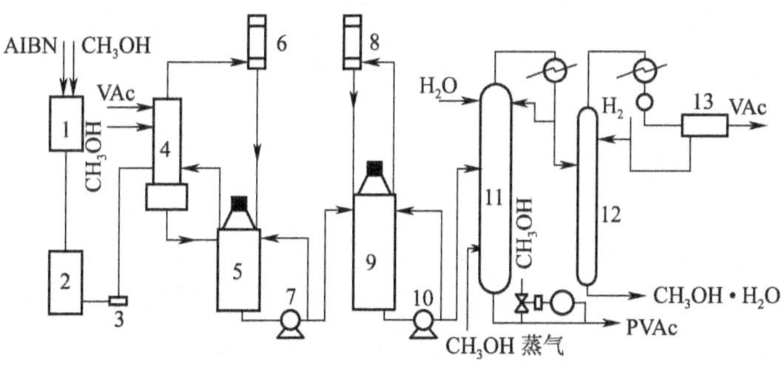

图6－1　醋酸乙烯溶液聚合工艺流程示意图

1—引发剂配制槽　2—引发剂贮槽　3—计量泵　4—换热器　5—第一聚合釜　6，8—冷凝器　7，10—泵　9—第二聚合釜　11—脱单体塔　12—醋酸乙烯—甲醇分离塔　13—沉析槽

2. 醋酸乙烯聚合工艺控制

（1）引发剂。醋酸乙烯聚合可用的引发剂很多，当前，工业上常用的引发剂是偶氮二异丁

腈。偶氮二异丁腈在 50 ~ 70℃下能以适当速度一次分解为游离基，以甲醇为醋酸乙烯聚合的溶剂时，一般将引发剂配成一定浓度的甲醇溶液，保存在低于 20℃的环境下待用，否则会很快分解而失效。

在聚合反应中随着引发剂的增加，诱导期缩短，聚合反应的活性中心增多，聚合反应的总速率提高，但相应聚合产物的平均分子量降低，支化度增加[2]。因此，在生产中要严格控制引发剂用量，引发剂用量的计算公式为：

$$z = \left(\frac{n}{KT}\right)^2$$

式中：z——引发剂浓度，%；

n——聚合转化率，%；

T——聚合时间，min；

K——与单体活性有关的系数，由图 6 - 2 查取。

另外，醋酸乙烯聚合也可采用其他引发剂，如过氧化二碳酸异丙酯（IPP）、过氧化戊酸叔丁酯（BPP）、偶氮二异庚腈（ABVN），这些引发剂能提高聚合速度，提高设备的生产效率。

（2）溶剂。可用于醋酸乙烯溶液聚合的溶剂有甲醇、无水乙醇、苯、甲苯、醋酸乙酯、丙酮等，但工业生产中几乎都以甲醇为溶剂。这是因为，其一，甲醇既是醋酸乙烯和聚醋酸乙烯的良溶剂，又是聚乙烯醇的凝固剂，聚合所得产物可不必与溶剂分离而直接用于醇解以制取聚乙烯醇；其二，甲醇在醋酸乙烯溶液聚合中的链转移常数适当，因此可不另加相对分子质量调节剂，可直接利用加入的溶剂量来调节产品的聚合度；其三，甲醇的毒性小，价廉易得，使用比较安全，便于回收。

在醋酸乙烯的溶液聚合中，甲醇含量的调节是控制产物平均聚合度的重要手段。这是因为溶液聚合过程中存在活性链向溶剂进行链转移的反应。因此聚合体系中溶剂含量及其链转移常数的变化，必将引起产品平均聚合度的变化。产物的平均聚合度将随溶剂量和溶剂的链转移常数的增加而减小（图 6 - 3）。

生产中习惯于用甲醇比来表示聚合体系中甲醇的含量。

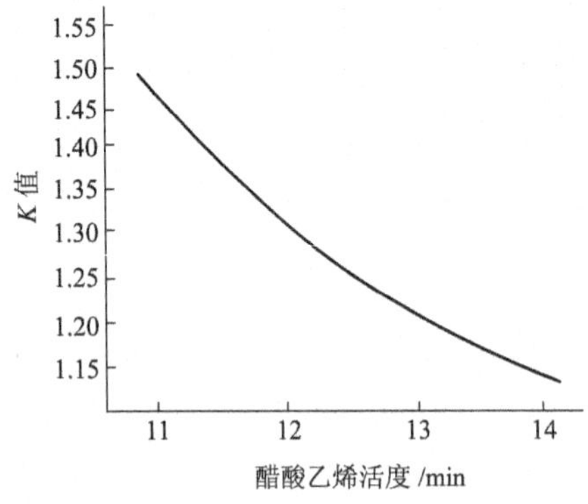

图 6 - 2　VAc 活性度与 K 值的关系

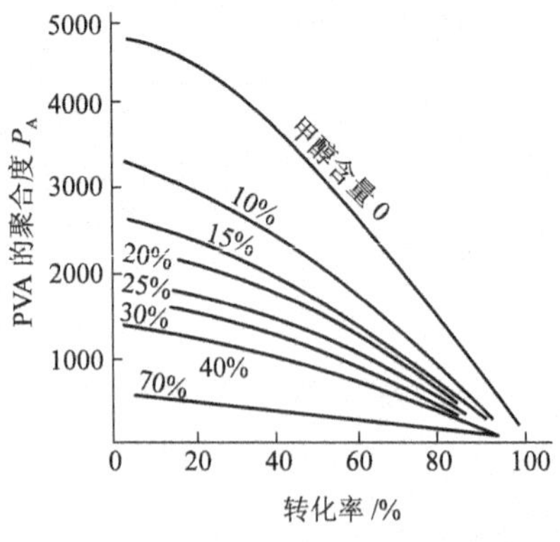

图 6 - 3　甲醇含量、转化率与平均聚合度间的关系

$$\text{甲醇比} = \frac{\text{聚合体系中甲醇含量}}{\text{聚合体系中醋酸乙烯和甲醇含量}} \times 100\%$$

(3)转化率。转化率是反应生成的聚合物量占投入反应的单体量的百分数。转化率越高，表明聚合反应进行的程度越完全，需要回收的未参加反应的单体量越少，从经济角度来看是有利的。然而，转化率过高将导致聚合产物的支化度增加和相对分子质量分布变宽，影响最终纤维的品质。目前以甲醇为溶剂的聚合工艺中，转化率一般在50%～60%范围内。

(4)聚合时间。聚合时间短，有利于提高生产设备的利用率，但产品的相对分子质量分布随之变宽，从而对聚合物的加工性能以及加工所得产品的结构和性能都带来不良的影响。为确保产品质量，聚合时间不宜过短。以 AIBN 为引发剂的溶液聚合体系，聚合时间为4.5～5.0 h。

(5)聚合温度。醋酸乙烯聚合反应中，各种链转移及副反应的活化能都大于正常链增长反应的活化能，所以升高温度对加速各种链转移反应和副反应更为明显，并将导致聚合物的结构与性能恶化，高聚物支化度增加，平均聚合度降低。实际生产中，一般选用醋酸乙烯和甲醇混合物的恒沸温度(64～65℃)为醋酸乙烯的聚合温度，并应尽量减少其波动。

(6)杂质。过多的杂质含量不仅使聚合诱导期增长，还会直接影响产品质量(主要为平均聚合度和羰基含量)。生产上习惯于用单体的活度和溶剂的比活度来表征所用原料综合含杂质量的多少。单体的活度越大，表明该单体的综合含杂量越高。溶剂的比活度越大，表明该溶剂的综合含杂量也越高。现行工艺规定，醋酸乙烯聚合用单体活度不易大于12.5min，溶剂甲醇的比活度不易大于10.5min。

由单体或溶剂带入聚合体系的杂质主要是乙醛、巴豆醛、乙烯基乙炔和二乙烯基乙炔等。其中影响最大的是乙醛和巴豆醛(乙烯醛)。

乙醛和巴豆醛对醋酸乙烯聚合的影响主要是促进活性链发生链转移：

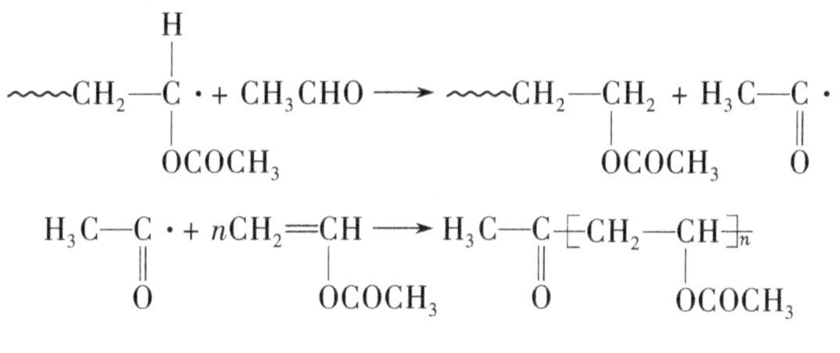

结果，导致产物的平均分子量下降和在大分子链中引入羰基，使产物的热稳定性变低。一般供制聚乙烯醇纤维用的醋酸乙烯中乙醛含量应在0.02%以下，巴豆醛含量应在0.05%以下。

(三)聚醋酸乙烯的醇解

对于生产成纤用聚乙烯醇，目前都将聚醋酸乙烯在甲醇和氢氧化钠的作用下进行醇解反应以获得聚乙烯醇。

$$PV\text{—}OAc + nCH_3OH \xrightarrow{NaOH} PV\text{—}OH + nCH_3OAc$$

另外，由于醇解体系中有碱存在，不可避免地会伴随下列副反应：

$$PV—OAc + nNaOH \longrightarrow PV—OH + nNaOAc$$

$$CH_3OAc + NaOH \longrightarrow CH_3OH + NaOAc$$

但是这一副反应的发生量与体系中是否有水的存在关联极大。当反应体系中的含水量比较高时,副反应明显加速,使反应所耗用的碱催化剂量也随之增加。反之则受到抑制。

值得注意的是,聚醋酸乙烯在醇解过程中随着醇解转化率的提高,能自动加速。其原因在于:反应中部分酯基被羟基取代之后,减小了大分子的自由活动的空间位阻,相应它的活动范围扩大;另外,由于所取代的羟基对催化剂氢氧化钠有较大的亲和力,从而它能使某些残存醋酸根周围的局部碱浓度提高。

但必须指出,在实际生产过程中,这种所谓的反应自动加速现象并不贯穿于全部过程的始终。常常是随着醇解反应的进行,在反应初期,表现为明显的加速,但达到某一最大值后,再增加醇解的转化率,醇解的速度反而逐渐减慢。对这一现象的解释是:由于反应过程中碱催化剂的加入量固定,在反应前期,反应体系中所含醋酸甲酯量不多,所以醋酸甲酯和碱作用的副反应很少,碱消耗量不多。随着醇解反应的深入,体系中存在的醋酸甲酯量相应增多,促使它与碱作用生成醋酸钠的副反应量不断增加,随之一部分碱催化剂被副反应消耗。一旦体系中氢氧化钠量的减少影响到反应速度的提高并起主导作用时,醇解反应的速度则下降。所用醇解液中聚醋酸乙烯含量越高,这种自动减速效应发生也将越早。当所用树脂溶液的浓度很稀时,这种自动减速效应将不复存在。

1. 醇解方法 工业生产中,根据醇解反应体系中所含水分的多少或反应所用碱催化剂量的高低,分为高碱醇解法和低碱醇解法两种不同的生产工艺。

(1)高碱醇解法。反应体系中的允许含水量约为6%,每摩尔聚醋酸乙烯链节需加碱0.1~0.2mol左右。氢氧化钠以水溶液的形式加入,所以此法也称湿法醇解。该法的特点是醇解反应速度快,设备生产能力大,但副反应较多,碱催化剂耗量也较多,醇解残液的回收复杂。

图6-4是高碱醇解法的工艺流程图。用于醇解的聚醋酸乙烯甲醇溶液经预热至规定温度

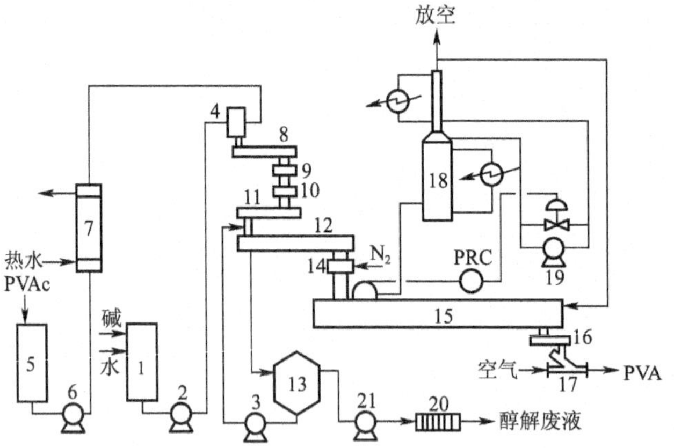

图6-4 高碱醇解法工艺流程示意图

1—碱液贮槽 2,3,6,21—泵 4—混合机 5—树脂中间槽 7—树脂调温槽 8—醇解机 9,10,14—粉碎机 11—输送机 12—挤压机 13—沉析槽 15—干燥机 16,17—出料输送机 18—甲醇冷凝器 19—真空泵 20—过滤机

(45 ~48℃)后,和350g/L 的氢氧化钠水溶液按工艺规定用量分别由泵送入混合机,经充分混合后,送入醇解机中。醇解后,生成块状的聚乙烯醇,再经粉碎和挤压,使聚乙烯醇与醇解残液分离。所得固体物料经进一步粉碎、干燥得到聚乙烯醇。压榨所得残液和从干燥机导出的蒸汽合并后送去回收工段回收甲醇和醋酸。

(2)低碱醇解法。该法中每摩尔聚醋酸乙烯链节仅加碱 0.01 ~0.02mol。醇解过程中,碱以甲醇溶液的形式加入。反应体系中水含量控制在 0.1% ~0.3%,所以此法也称干法醇解。该方法的最大特点是耗碱量比高碱醇解法少,副反应少,醋酸钠生成量较少,回收过程中可不考虑醋酸钠的回收问题,故醇解残液的回收简单;但反应速度较慢,所以物料在醇解机中的停留时间较长,设备生产能力低。

图 6 -5 是低碱醇解法的工艺流程图。用于醇解的聚醋酸乙烯甲醇溶液经预热至规定温度(45 ~48℃)后,和氢氧化钠甲醇溶液按工艺规定用量分别由泵送入混合机,经充分混合后,混合后的物料被送至皮带醇解机的传送带上,于静置状态下,经过一定时间使醇解反应完成,随后块状聚乙烯醇从皮带机的尾部下落,经粉碎后投入洗涤釜用脱除醋酸钠的甲醇液洗涤,借以减少产物中夹带的醋酸钠,然后投入中间槽,接着送入分离机进行固—液相连续分离。所得固体经干燥后即为聚乙烯醇,残液送去回收。

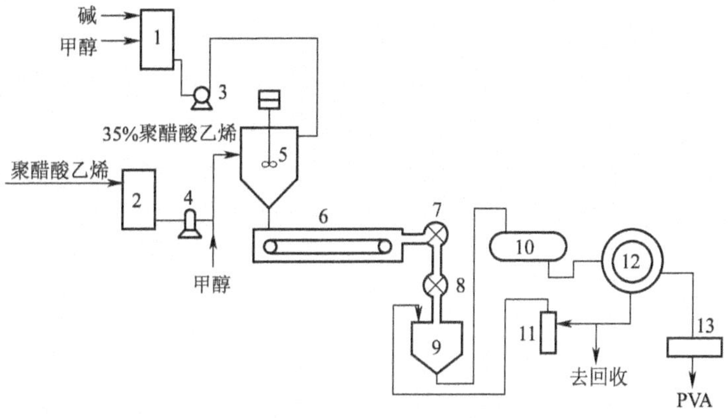

图 6 -5　低碱醇解法工艺流程示意图

1—碱液调配槽　2—树脂中间槽　3,4—泵　5—混合机　6—皮带醇解机　7,8—粉碎机
9—洗涤釜　10—中间槽　11—蒸发机　12—连续式固—液分离机　13—干燥机

2. 醇解工艺控制

(1)碱摩尔比。碱摩尔比是指进入醇解反应的氢氧化钠量对聚醋酸乙烯量的摩尔比。醇解过程的基本反应都与碱发生关系。碱不仅是酯交换反应的催化剂,还直接参与皂化和副反应。碱在醇解过程中,对于主反应(酯交换反应)具有加速的作用,醇解反应的速度与所用碱量成正比,因此,当反应时间一定时,增加碱摩尔比可提高所得聚乙烯醇的醇解度。但是随着碱摩尔比的提高,副反应也随之加速,使所得聚乙烯醇产物中夹带的醋酸钠量增大,对纤维生产非常不利。所以生产中采用的碱摩尔比,以在规定时间能达到要求的醇解度为宜。一般在高碱醇解

法中,碱摩尔比为0.11~0.12;在低碱醇解法中碱摩尔比则为0.012~0.016。

(2)聚醋酸乙烯浓度。当反应物中所含聚醋酸乙烯量较多时,可适当提高醇解反应的初始速度,但醇解后期反应速度减缓效应出现得较早,使所得聚乙烯醇的醇解度减小,这一现象在含水的高碱醇解过程中尤为明显。在低碱醇解过程中,上述现象有所缓和,可以采用较高的聚醋酸乙烯浓度。如高碱醇解法反应体系中的含水量约为6%,醇解液中聚醋酸乙烯含量应控制为22%~23%;低碱醇解法反应体系中的含水量在0.1%~0.3%,醇解液中聚醋酸乙烯含量应控制为33%~35%[3]。

(3)醇解介质的含水率。如前述及,醇解介质中含水量对醇解过程副反应的影响很大。同时,含水量对主反应——酯交换反应的速度也有一定影响。例如,当醇解介质中含水10%时,醇解初期的反应速度常数约增加46.5%;反应至醇解度达85%时的反应速度常数约增加24.5%。总之,湿法醇解的反应速度较快,但所耗用的碱量和生成的副产物醋酸钠的含量也多;干法醇解的反应速度较低,而耗用的碱量和生成的醋酸钠的含量明显减少。目前,实际生产中多趋向于采用几乎无水的低碱醇解法。

(4)醇解温度。醇解反应中,主副反应的活化能分别约为52kJ/mol和78.5kJ/mol。若反应温度由40℃增至50℃时,相应的主、副反应速度常数增大89%和162%左右。由于副反应速度常数随温度提高的增长较快,所以较高的醇解温度将使碱耗量增大,醋酸钠含量增加。因此在大规模生产过程中,醇解温度不宜过高,一般不超过50℃。

(5)醇解时间。醇解时间指在一定条件下达到要求的醇解度时物料在醇解机中的停留时间。醇解时间的长短主要取决于醇解反应的速度。例如,高碱醇解时,醇解反应速度较快,醇解时间只需1min左右,延长时间会使析出的聚乙烯醇变得很硬,不易破碎;而在低碱醇解中,反应速度慢,醇解时间需10~20min,常采用皮带式醇解机来延长物料在醇解机中的停留时间。

二、聚乙烯醇的性能

(一)物理性质

聚乙烯醇色泽洁白,其性状有颗粒状、小片状或粉状,在水中发生溶胀,经干燥和热处理后可提高其耐热性,其抗压、抗张强度大,耐冲击及耐磨性强,电绝缘性能优良。

聚乙烯醇的玻璃化温度约为80℃,其熔点很难直接测定,因为它在空气中加热时未熔化就开始分解。用间接方法测定其熔点为220~260℃。

聚乙烯醇易溶于水、甘油、乙醛、苯酚、乙二醇、醋酸,不溶于乙醇、苯、硫酸、盐酸。

(二)化学性质

聚乙烯醇具有大量仲羟基,其化学性质与纤维素极为相似。它能进行酯化、醚化,能和氢氧化钠与醛反应,也能进行黄酸化而生成聚乙烯醇黄原酸酯。

(三)热性质

聚乙烯醇加热到130~140℃时性质几乎不变,只是色泽变成微黄;加热至180℃以上时,其大分子发生脱水,质量减轻,在长链上形成共轭双键,并使其色泽逐渐变深,弹性模量增大;加热至300℃时,大分子主链断裂,使平均分子量下降,分解生成各种带醛基的低分子物,如乙醛、巴豆醛、苯甲醛等，而且还伴随着聚乙烯醇的氧化。因此，纤维制造过程中的热处理温度不能无限制提高。

用于制造纤维用的聚乙烯醇必须满足表6－2所列的要求。

表6－2　纤维级聚乙烯醇的主要规格

项　目	规　格	备　注	项　目	规　格	备　注
平均聚合度	1750±50	1750±75可使用	透明度/%	>90	—
残存醋酸根/%	<0.2	—	纯度/%	>85	—
醋酸钠/%	<7	经水洗降为<0.2	挥发分/%	<8	—
膨润度/%	150~200	—	氢氧化钠/%	<0.3	—
着色度/%	>86	—	铁质/%	<0.04	—

第三节　纺丝原液的制备及其性能

由于聚乙烯醇熔融温度高于分解温度，所以工业上采用溶液纺丝来生产纤维。

一、纺丝原液的制备

聚乙烯醇易溶于水而得到纺丝原液，所以生产中以水为溶剂配制聚乙烯醇纺丝原液，其工艺流程如下：

PVA→水洗→脱水→精PVA→溶解→混合→过滤→脱泡→纺丝原液

（一）水洗

1. 目的　降低聚乙烯醇物料中醋酸钠含量，使之不超过0.2%，否则将使纤维在热处理时呈现碱性而发黄，影响纤维的色相；通过水洗，还可以除去物料中一部分相对分子质量过低的聚乙烯醇，使其相对分子质量分布较窄；另外，水洗过程中，聚乙烯醇发生适度膨润，有利于溶解。

2. 工艺控制

（1）洗涤时料层厚度。在其他工艺一定时，加大料层厚度可提高水洗机的生产能力。但当料层过厚时，洗涤水不容易顺利通过聚乙烯醇层，洗涤效果差；料层过薄，洗涤机生产能力降低。一般料层控制10~33cm（粒状10cm，片状30cm）。

（2）洗涤时间。由于醋酸钠极易溶于水，水只要能渗透到聚乙烯醇内部，醋酸钠就能充分洗涤。所以，醋酸钠的洗涤效果取决于水渗透到聚乙烯醇内部的时间。洗涤时间长，洗涤效果好，醋酸钠含量降低，但设备生产能力差。一般粒状PVA洗涤9min，片状PVA洗涤69min。

（3）洗涤水温。提高洗涤水的温度有利于聚乙烯醇的膨润，增加洗涤效果。但洗涤水温过高，PVA过度膨润，PVA溶解损失增大，也不利于脱水；洗涤水温太低，则会延长水洗时间或减小料层厚度，降低水洗机的生产能力。一般洗涤水温为30~40℃。

(4)洗涤水喷淋量。洗涤水喷淋量与洗涤水温、网速、料层厚度、网孔大小等因素有关。喷淋量过大,不仅影响聚乙烯醇料层厚度的均匀性,而且喷淋水不易从金属网下流走,对聚乙烯醇的后续脱水不利,并增大了聚乙烯醇的水洗损失和耗水量,从而降低了水洗和脱水效果;喷淋量过小,会使醋酸钠含量增加,工艺操作不稳定。

3. 设备 聚乙烯醇的水洗设备有长网式水洗机和槽网结合式水洗机组两种。前者多数用于由高碱醇解法所获得的膨润度较大的聚乙烯醇的水洗,采用压辊挤压脱水;后者用于由低碱醇解法制得的膨润度稍低的聚乙烯醇的水洗,利用连续离心脱水。

(1)长网式水洗机。图6-6为长网式水洗机。投料口设在车头的一侧,通过链板送入料斗中,均匀铺展在长网上。中间段为喷淋式水洗,铺在不锈钢长网上的聚乙烯醇随长网移动,洗涤水从上部淋下,透过聚乙烯醇铺层后流入下部受槽。洗涤水借助于泵的循环与物料逆向作多次循环使用。长网式水洗机的尾部为压榨脱水装置和物料送出部分,脱水装置采用三对压辊,借助于调节压辊压力以控制精聚乙烯醇的含水量。

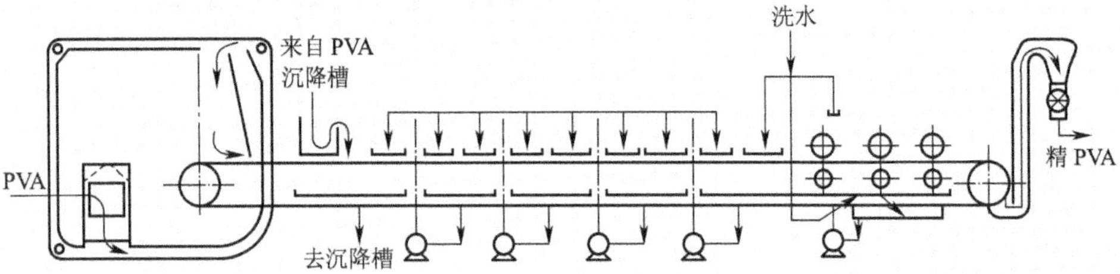

图6-6 长网式水洗机结构示意图

(2)槽网结合式水洗机组。这是由一系列单元设备组成的联合机组,其中包括浸渍槽、膨润槽、洗涤机、离心脱水机、回收洗涤水中的甲醇所用的沉析槽等。整个机组的组合情况如图6-7所示。

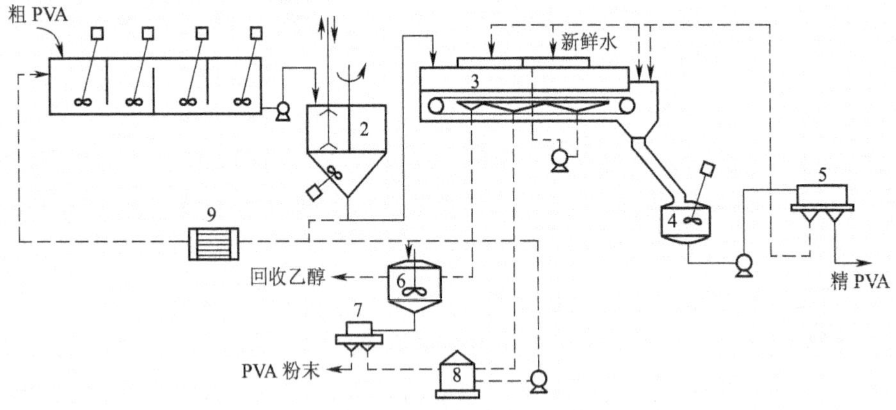

图6-7 槽网结合式水洗机组合示意图

1—浸渍槽 2—膨润槽 3—洗涤机 4—中间槽 5,7—离心脱水机 6—沉析槽 8—洗涤水循环槽 9—换热器

①浸渍槽。分成12个区间，每个区间有一个成15°角斜置的搅拌器。聚乙烯醇经称量后投入第一个区间，同时加入洗涤水，使浆液浓度维持在7%左右。借助于泵的抽取，使浆液忽上忽下折流通过全部区间。全部浸渍时间约维持20min，浸渍槽中水温为30～40℃。

②膨润槽。从浸渍槽来的聚乙烯醇浆液转入膨润槽。膨润槽是上部为圆柱形、下部为圆锥形的贮槽。在上部筒体内，有一慢速旋转着的转笼，整个笼体区分为12个间隔，气动活塞控制的突落装置定时地发生动作，使处于转笼中的聚乙烯醇浆液定时不断地落入下部锥体部分而送出。在圆柱部分筒体的上部，开有一引出废水的溢流口用以导出废水。废水在沉析槽中沉淀分离后，清液被送去回收甲醇。聚乙烯醇的膨润时间为40min左右。

③洗涤机。为一循环网带式水洗机，与长网式水洗机有些类似，只是其长度较短，同时没有供脱水用的挤压装置。从膨润槽中排出的聚乙烯醇浆液，经管道送至洗涤机的不锈钢网带上，循环的网带带动聚乙烯醇前移，并经受喷淋式水洗，至尾部随循环网带转折而下落的聚乙烯醇被水冲入中间槽，随后再用泵输送聚乙烯醇浆液入连续离心脱水机中进行脱水，以使供溶解用的精聚乙烯醇维持一定的含水量。

（二）脱水

聚乙烯醇水洗后需经脱水，以保证水洗后精聚乙烯醇不仅含有合格的醋酸钠量，还具有稳定的含水率。前者为了避免纤维热定型时的碱性着色，后者则为了避免溶解时的浓度控制发生困难。现行生产工艺规定：精聚乙烯醇的含水率应控制在55%～65%之间。

（三）溶解

1. 溶解过程　经过水洗、脱水后的聚乙烯醇经中间贮存和称量分配后被送入溶解机，用力搅拌，以直接蒸汽及夹套蒸汽同时加热进行溶解，当溶解机内温度达到96.5℃时关闭直接蒸汽，而夹套蒸汽继续加热到98℃。通入直接蒸汽一方面是为了使物料快速升温，另一方面由于直接蒸汽本身也起着一定的搅拌作用，加快了聚乙烯醇的溶解速度。物料加热至98℃后，开动循环泵使原液混合均匀，然后取样分析原液黏度以得知原液浓度，并加以调整，调黏合格后溶解即告完成。

湿法纺丝用的聚乙烯醇水溶液浓度为14%～18%；干法纺丝用的原液浓度则为30%～40%。在溶解机内可添加适量的添加剂（消光剂、有色料、硼酸），以满足生产消光、有色和特殊纤维的需要。

2. 工艺控制

（1）添加水温度。添加水温若与溶解温度一致，可使溶解所需的升温时间缩短，表面上是缩短了整个溶解时间，但在实际生产中一般把添加水温度控制在稍低于80℃范围内（77.5℃±2.5℃），这是因为：若添加水温较高，先后投到溶解机内的聚乙烯醇之间溶解速度相差过大，使后投入的聚乙烯醇颗粒来不及充分溶解就被先投入的已充分溶解的聚乙烯醇原液包围起来形成“结团”现象，水就不易渗透到团块内部而使整个溶解时间延长；另外溶解机一般采用真空吸入式进料，由于加水操作在聚乙烯醇加入之前，水温太高会导致吸入聚乙烯醇时急剧沸腾，影响投料操作的正常进行。

若添加水温较低，则聚乙烯醇溶解慢，投料时易在水面上出现“堆料”现象，并使溶解时升温时间延长，因而延长整个溶解时间。

（2）添加水量。添加水量按下面公式计算：

$$添加水量=\frac{每批投入的绝干 PVA 量(kg)}{原液浓度(\%)}-(A+B+C+D)$$

式中：A——每批投入溶解机的湿 PVA 量，kg；

B——开始升温时所用直接蒸汽量，kg；

C——考虑各种波动因素后列入的系数，kg；

D——加入添加剂带入的水量，kg。

（3）溶解温度。实践证明，溶解温度在 70～95℃之间时，聚乙烯醇溶解度随温度的上升而迅速上升；当溶解温度大于 95℃时，聚乙烯醇的溶解度接近 100%；故提高溶解温度可使溶解速度加快，所以常压下一般都在 95～98℃下进行溶解。对于生产中的废丝，由于其结晶度比较高（60%），在上述温度下尚不足以使它充分溶解，因此作为废丝的溶解机常为压力容器，使溶解可在更高的温度下进行。

（4）溶解时间。指完成整个溶解过程所需各步骤时间的总和。包括加水、投料、升温、调整黏度以及输送各步骤时间总和。其中升温与调整黏度所需时间之和称为“有效溶解时间”。聚乙烯醇颗粒越小、溶胀得越充分，溶解得就越快；溶液浓度越高，溶解时间就越长；溶解设备的搅拌效果越好，并附有溶液研磨器，则溶解时间就越短。一般溶解时间可在 2～8h 内波动。

（5）原液黏度。原液黏度对于维纶生产中的过滤、脱泡及纺丝成型影响很大。黏度过高，原液过滤缓慢，脱泡困难，喷丝困难。工业上，对于平均聚合度为 1750 ±50 的聚乙烯醇，配成浓度为 15% 的水溶液后，测得其自流黏度为 135s；浓度为 16% 的水溶液其自流黏度为 180s。

（6）原液浓度。纤维强度随原液浓度的提高而提高。这是由于原液浓度高，大分子之间作用力大，而且处于一定的伸直状态，凝固成型时大分子易于靠拢，脱水速度加快。另外，由于原液浓度高，凝固成型时所需脱除的水量减少，成型纤维的皮芯结构差异小，凝固均匀，宏观表现在纤维的物理机械性能好，如强度高，延伸度小等。另外，原液浓度较高，可提高设备生产能力。

原液浓度控制较低时，大分子之间距离加大，不易靠拢，并且因为溶剂（水分）多，凝固成型时纤维内外层脱水时间间隔较长，当内部脱水尚未完毕时，外部已形成坚固的皮层，使内部继续脱水凝固时外层不能发生相应的收缩而使纤维断面生成空隙，形成较多结构疏松的芯层。另外，在浓度较低时，由于聚乙烯醇分子在稀溶液中呈蜷曲状和团状，大分子之间不易产生氢键而使分子间作用力下降，其宏观表现为纤维的物理机械性能变差，并且也相应降低了设备生产能力。

应该指出的是，原液浓度也不能太高，因为随浓度的提高黏度也随之提高，增加了溶解操作的难度，原液过滤性能降低，脱泡不易进行，原液在输送过程中能量损失与动力消耗增加。故工业中一般控制原液浓度为 15.5% ±0.5%。

（四）混合、过滤、脱泡

溶解后的聚乙烯醇纺丝原液还不能马上用于纺丝成型，必须在恒定温度（96～98℃）下进行纺前准备，即混合、过滤和脱泡。

1. 混合 在一个大容量的设备中进行。

2. 过滤 溶解以后的原液中，还有不溶解的颗粒和机械杂质，如泥沙、凝胶颗粒等，纺丝时，这些杂质会堵塞喷丝头的喷丝孔，致使换头率增大，还会产生很多柱状丝、块状丝等，降低纤维质量。故原液送去纺丝前，必须经过滤去除这些杂质。

过滤时，原液的温度应为 90～95℃，浓度范围为 15%～16%，滤机压力入口为 24.55～45.17Pa（2.5～4.6kgf/cm^2）[第一道滤机入口压力≤24.55Pa（2.5kgf/cm^2），第二道滤机入口压力≤45.17Pa（4.6kgf/cm^2）]。如果滤机的入口压力过低，则滤布孔隙被堵，过滤速度降低，滤液质量变差。随着压力的增大，使滤液的质量变优，过滤速度也变快。但是，滤机的入口压力过高，一方面原液中的杂质会硬挤过滤布而使过滤效果下降；另一方面过高的压力有可能使板框变形而降低过滤效果。所以，滤机的入口压力有一上限，当压力达到这个上限压力时，为保证原液过滤效果，必须及时切换滤机。

目前过滤设备有板框式压滤机、回转圆盘式过滤机等。

3. 脱泡 原液在溶解时因搅拌、循环及输送时会产生大小不同的气泡，这些分散在原液中的气泡如不加以脱除，则较大的气泡通过喷丝头时造成断丝，较小的气泡残留在原液中形成气泡丝或硬并丝，直接影响纤维的质量和生产，故在纺丝前必须经过脱泡工序除去原液中的气泡，以保证纤维的质量和生产正常进行。

脱泡时必须保持 90～95℃的温度。只有这样，黏度才能降低，气泡上升速度才能加快。脱泡时，在聚乙烯醇溶液—空气系的相界面上，由于水分的蒸发，在溶液的表面上会产生薄膜，如果它渗进纺丝原液中，则会降低原液的质量。所以，为防止水分的蒸发，应采取密封措施或在上面的空间里，吹入适量水蒸气。

原液脱泡方式一般有常压静止脱泡和真空脱泡两种。常压静止脱泡为间歇式，是将原液在常压下静止一定时间，由于空气的密度小于原液的密度，而且浓度为 15.5%，温度为 98℃的原液其黏度不是很大，故原液中的气泡会自然上升而脱除；真空脱泡是在脱泡桶内控制一定的真空度，使原液中的气泡因受负压作用而被吸出，由于原液密度大于空气，故气泡能不断地从原液中溢出，从而达到脱泡的目的。但是，对于聚乙烯醇原液，若采用真空脱泡，原液表面会出现结皮，而且由于原液温度较高，采用真空脱泡会使原液沸腾，水分蒸发，这样原液浓度发生变化及原液冲击真空管道，故一般不采用真空脱泡。

脱泡时间由脱泡方式、原液浓度和温度、脱泡桶大小决定，一般要大于 5 h。

（五）纺丝增压槽

为保证原液以稳定的压力进入纺丝机，使纺丝计量泵流量稳定，从而使纤维的纤度均匀，需设置纺丝增压槽（其外形同脱泡桶）。同时为保证纤维质量，增压槽内压力波动越小越好。一般控制纺丝增压槽压力为（24.55～29.46）Pa±2.95Pa[（2.5～3.0）kgf/cm^2±0.3kgf/cm^2]。

（六）纺丝及热处理废丝的回收

纺丝机开车或生产发生故障时常出现废丝。这些经纺丝成型、湿热拉伸、干热拉伸后的废丝，其聚乙烯醇大分子仅仅是规整度与结晶度得到了提高，纤维的耐热性在 90℃左右，而大分子本身结构没有变化，所以仍能在高温下溶解成原液回收使用，工业上可以把这样的废丝原液少量添加到短纤维生产系统的原液溶解机中回收利用。

1. 废丝的洗涤 从纺丝热处理工序回收的丝束带有20%左右的芒硝，若不洗去芒硝，则废丝溶解液黏度高，可纺性差，原液过滤性能差，所以废丝在溶解之前应进行洗涤，除去纤维上附着的芒硝等杂质。

一般采用旋转鼓式洗涤机，废丝在35℃的水中洗涤100min后，再放入脱水机脱水5min，然后准备溶解。废丝的洗涤、脱水后的质量标准为：废丝残存芒硝含量<0.2%；废丝含水率干态经热处理后为35%±5%，湿态未经热处理为65%±5%。

2. 废丝的加压溶解和过滤 废丝由于经过热处理，纤维大分子的结晶度和规整度提高，耐热性能较好。故此时溶解比较困难。为了加快溶解速度，提高溶解质量，对废丝的溶解应采用直接蒸汽加压溶解方式。当压力达49.1Pa时，溶解温度可达125℃左右。

对于加压溶解来说，投料前的加压和出料前的减压操作必须严格，否则会由于漏气而使加压时压力升不上去，使溶解质量变差，严重漏气处原液随同蒸汽一起冲出机外造成重大事故；降压时排气不安全会造成因机内压力大于外界压力而在开盖时原液崩出，造成重大事故。

废丝溶解液由齿轮泵送到板框过滤机过滤，入口压力控制在34.37Pa以下。废丝溶解液的质量指标为：原液浓度10%±1%，原液温度≥98℃，原液中芒硝含量<0.2%。

二、纺丝原液的性能

（一）纺丝原液的零切黏度

聚乙烯醇纺丝原液的黏度，随着浓度、聚合度及温度的变化而变化。为了改善纺丝原液的可纺性，确保纺前准备过程和纺丝成型的顺利进行，纺丝原液的黏度必须选择适当。一般聚乙烯醇湿法纺丝用原液的零切黏度在纺丝温度为96～98℃时，大约为1Pa·s，干法纺丝用原液的零切黏度为15～18Pa·s（140℃）。

（二）纺丝原液的稳定性

所谓纺丝原液的稳定性好，就是指它在存放过程中黏度应基本不变。

原料聚乙烯醇中残存醋酸根越多，由于残存醋酸根的空间障碍，有可能阻碍聚乙烯醇的结晶性，从而溶解时很容易使分子分散，所得到的纺丝原液稳定性提高。

纺丝原液稳定性随溶液温度的上升而提高。纺丝原液在较高温度下（>80℃），即使放置一周，其黏度可基本保持不变；如在较低温度（<40℃）下放置，其黏度将不断增大，并逐步转变为冻胶体。如果将已经形成冻胶体的聚乙烯醇水溶液适当加温（例如至90℃），并保持一定时间，则溶液的流动性又增大，黏度随之降低。聚乙烯醇在存放过程中发生上述变化的原因是由于聚乙烯醇大分子上含有许多羟基。在较低温度下，羟基之间有相当强的氢键作用，使溶液中聚乙烯醇大分子间的缔合度剧增，致使黏度上升，甚至完全失去流动性；在较高温度下，聚乙烯醇的分子间氢键容易被断开，接近于分子分散状态，致使溶液的稳定性随之提高，甚至还能使已形成冻胶的溶液恢复流动性。

溶解过程越充分，相应纺丝原液稳定性越好。因为聚乙烯醇溶解在水中时，聚乙烯醇强的氢键逐渐被断开，最终成为分子分散状态而使原液稳定；但未被完全溶解时，氢键并不消失，仍然留在其中，使溶液中聚乙烯醇大分子间的缔合度剧增，致使黏度上升，甚至完全失去流动性。

另外，纺丝原液的浓度越高、聚合度越大，其稳定性越差。

第四节 聚乙烯醇缩醛纤维的纺丝成型

维纶既可采用湿法纺丝成型，也可采用干法纺丝成型。一般湿法成型用于生产短纤维和部分长丝，干法成型用于制造某些专用的长丝。

一、湿法纺丝成型

聚乙烯醇纺丝原液被送至纺丝机，由供液管道分配给各纺丝位，经计量泵、烛形滤器送至喷丝头，自喷丝孔挤出后成为纺丝细流，在凝固浴中凝固成为初生纤维，经进一步后处理而得成品纤维。湿法纺丝工艺流程如图6－8所示。湿法纺丝在液体介质中进行，阻力较大，故纺丝速度低(50～100m/min)，但因原液细流直接进入凝固浴故脱水能力强，因此喷丝头孔数可大大增加，从而提高了设备的纺丝能力，故湿法纺丝的生产能力大于干法纺丝的生产能力。

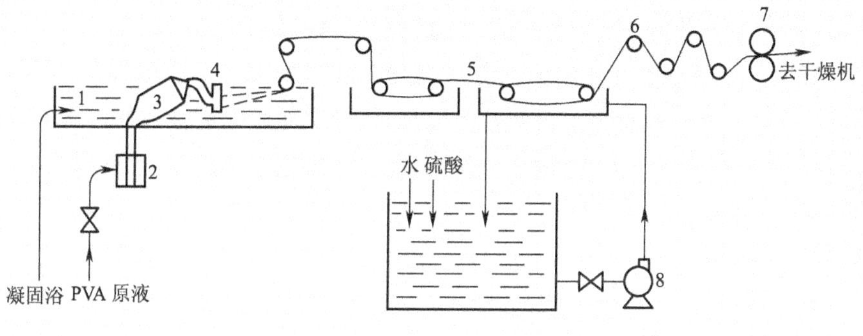

图6－8 湿法纺丝工艺流程图

1—纺丝凝固浴槽 2—齿轮泵 3—过滤器 4—喷丝头 5—湿热拉伸和湿热处理槽 6—脱液导杆 7—脱液压辊 8—湿热处理液循环泵

（一）纺丝原液的凝固成型机理

聚乙烯醇湿法纺丝用的凝固浴液有无机盐水溶液、氢氧化钠水溶液以及某些有机溶液等，其中以无机盐水溶液为凝固浴在生产中应用最广。本书仅讨论以无机盐水溶液为凝固浴的情况。

无机盐在水中生成的离子对水分子有一定的水合能力，在它周围吸附了大量水分子，形成水化层，从而使存在于原液细流中的大量水被凝固浴中的无机盐离子夺去，使原液细流中大分子脱溶剂并互相靠拢，最后固化为纤维。

以硫酸钠水溶液作凝固浴所得到的聚乙烯醇纤维截面呈弯曲的扁平状(腰子型)。带有极

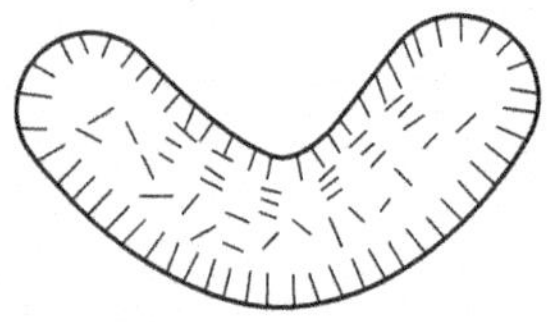

图6-9 以硫酸钠为凝固浴所得PVA纤维的截面

薄致密的表皮层及厚的皮层和疏松多孔的芯层(图6-9)。这是由于硫酸钠具有较强的凝固能力,从喷丝孔吐出的聚乙烯醇原液细流进入硫酸钠凝固浴时,首先与浴液直接接触的细流最外层迅速脱水凝固,形成极薄的表皮层。通过这一表皮层,细流中水分不断透过表皮层向外扩散,凝固层逐渐增厚,形成较密的皮层。在细流中水分向凝固浴扩散的同时,凝固浴中的硫酸钠透过皮层进入细流内部,即发生双扩散现象。当原液细流中的硫酸钠含量达到使细流中剩余聚乙烯醇水溶液完全凝固所需的临界浓度时,这部分尚未凝固的原液会迅速全部固化,形成空隙较多、结构疏松的芯层。因为皮层的形成总是先于芯层,相当厚度的皮层限制了形成芯层时所产生的体积收缩,所以芯层固化时不可避免地要使截面发生变形,在不改变周长的情况下,使截面积缩小,成为腰子型。

(二)湿法纺丝工艺控制

以无机盐硫酸钠水溶液作凝固浴的湿法纺丝是目前维纶生产中应用最广泛的一种成型方法,以下讨论此方法的工艺控制。

1. 原液

(1)原液浓度。一般为15%~16%,在一定范围内,纤维强度随着原液浓度的增加而有所提高。但当浓度超过一定范围时,浓度的提高对强度增加的贡献不大,而黏度却急剧上升,造成过滤和纺丝困难;原液浓度过低,凝固不良,纤维物理机械性能差。

(2)原液温度。原液温度变化影响其黏度变化和纺丝能力。一般随原液温度的提高黏度随之减小,喷丝良好。但原液温度过高导致原液沸腾,使纺丝难以进行;温度过低,黏度上升,使过滤、输送困难,且原液易形成凝胶,造成纺丝困难,喷丝头更换率高,纤维并丝增加。工业上控制原液温度为90~95℃。

(3)原液吐出量。指单位时间内由纺丝计量泵送出的原液量。单孔流量过大,凝固差,强度下降。工业上控制单孔流量为0.07~0.09mL/min。

2. 凝固浴

(1)凝固浴浓度。硫酸钠是凝固浴的主要部分,故凝固浴浓度一般以硫酸钠浓度来表示。凝固浴中硫酸钠的浓度越高,凝固快,纤维强度好,但大量硫酸钠会在与丝条接触的纺丝机上结晶析出,损伤丝条以及使凝固浴循环困难;凝固浴中硫酸钠的浓度低,电解质离子Na^+、SO_4^{2-}的水合作用已经充分,没有多大能力再除去原液中的水,造成纤维成型不良,稳定性差,皮层所占比例减少,密度减小,纤维强度下降,伸度增加。实际生产中,常采用接近饱和浓度的硫酸钠水溶液为凝固浴,其浓度为390~420g/L,相应的饱和浓度为430g/L。

在实际生产中,经常用测定凝固浴的密度来代替测定浴中硫酸钠含量,这是因为直接测定浓度比较麻烦并费时间,而密度测定简便又迅速,凝固浴中硫酸钠浓度与密度的关系如图6-10所示。

(2)凝固浴酸度。纺丝成型需在酸性条件下进行,才能保证纤维白度好。酸度过低,则原液中醋酸钠未被充分中和,热处理时纤维呈碱性而造成碱性着色;酸度过高,热处理时纤维呈酸性而造成酸性着色。

碱性着色：淡黄→深黄→褐→黑

酸性着色：微红→灰→紫→黑褐→黑

凝固浴中存在两种酸：一是添加的硫酸，二是由残存醋酸或醋酸钠转化来的醋酸。凝固浴酸度通过添加硫酸来调节，用全酸度表示，其中醋酸本身不会使纤维着色，但在全酸度一定的情况下，醋酸的变动会影响硫酸的变动，故凝固浴中硫酸和醋酸的比例控制也会影响纤维的色相，正常生产一般不特别控制这个比例，但在开车时要加入适量的醋酸以保持硫酸和醋酸的比例。

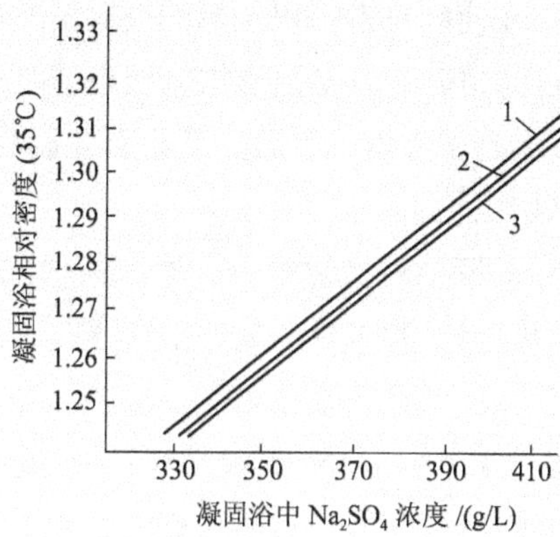

图 6－10　硫酸钠凝固浴浓度与相对密度的关系

浴中硫酸锌含量：1—3.0g/L　2—1.8g/L　3—1.3g/L

工业上控制凝固浴中硫酸和醋酸含量之比为(2∶1)～(3∶1)(质量比)。

(3)凝固浴中硫酸锌含量。硫酸锌是一种凝固能力较弱的凝固剂，凝固浴中含有一定量的硫酸锌，由于同离子效应使得凝固浴的凝固作用有所缓和，提高了成型纤维的结构均匀性，同时硫酸锌能够中和原液中的醋酸钠，改善纤维色相，并使纤维色相悦目；另外，在纤维拉伸过程中硫酸锌具有增塑剂作用，便于纤维拉伸。但含量过高时也会降低凝固能力，使纤维成型稳定性变差。凝固浴中硫酸锌含量一般控制在 10g/L 以下。

(4)凝固浴温度。浴温升高，纤维成型过程中的双扩散加剧，浴液的凝固能力增强。但随着浴温的升高，聚乙烯醇在浴液中的溶胀性(膨润度)也相应增大，强度下降，同时由于纤维膨润度大而使凝固能力减慢，这一转折点在 48℃ 左右，所以实际生产中，凝固浴温度常控制在 40～45℃。

(5)凝固浴浸长。原液从喷丝头喷出后到纺丝成型需要一定时间，因此丝条在凝固浴中应有适当的长度，此长度即为凝固浴浸长，它是保证初生纤维能在凝固浴中充分凝固的重要条件。浸长过短导致丝条间发生黏并，以致成型不稳定和后加工困难；浸长过长，实践证明所得纤维的品质没有进一步改善的趋势。以硫酸钠水溶液为凝固浴的纺丝过程，当丝条的离浴速度为 6～10m/min时，丝条在浴中的停留时间应不少于 10s，相应的浴中浸长不宜短于 1.2m。当喷丝头孔数很多时(如 300 孔以上)，浸长还应再长些。

(6)凝固浴循环量。在凝固过程中，由于纺丝原液细流中的大量水分进入凝固浴，使凝固浴量增加，浓度降低，为保证凝固浴浓度不变，需补充新鲜浴液，同时排出被稀释的浴液，这就要求凝固浴保持一定的流量(循环量)，并要求纺丝机凝固浴进出口浓度差在一定范围内，通常把这个浓度差称为落差，落差的大小由凝固浴流量控制。落差越小，凝固浴的循环量越大，虽然对成型的均匀性有利，但因凝固浴流动使不稳定性也增大，对成型过程有害。以硫酸钠水溶液为凝固浴的聚乙烯醇湿法纺丝，凝固浴浓度的落差小于 10g/L，相应的浴液流速为 5m/min 以下。

(7)凝固浴透明度。透明度表示澄清的程度。透明度高，表示凝固浴中杂质少，便于观察喷丝情况；透明度低，表示凝固浴中杂质多，对原液纺丝成型有影响。如浴中杂质(铁和硫酸钙)的存在使纤维发黄以及影响凝固浴酸度的测定。工业中提高凝固浴透明度的方法有两种:其一,过滤;其二,对凝固浴加碱处理,即在芒硝溶解槽中加入过量氢氧化钠,使之与结晶芒硝中的杂质生成化合物后沉淀。工业上控制凝固浴的透明度在90%～95%范围内(以蒸馏水透明度为100%计)。

(8)凝固浴中微量组分。凝固浴中除有硫酸钠、硫酸、硫酸锌等组分,还含有铁离子、铜离子等微量组分,其来源是从芒硝、硫酸中混入或设备腐蚀而夹杂在凝固浴中的。铁离子影响凝固浴透明度,导致纤维色相变差;适量铜离子能使纤维色相稳定,色泽悦目。因此应控制凝固浴中铁离子含量小于15mg/kg,铜离子含量20～28mg/kg。如果为了保证凝固浴的透明度而对凝固浴加碱处理,使浴中自然含有的铜离子大大减少,则要不定期另行加入适量的铜块,以维持浴中的铜离子含量。

(9)凝固浴的回收。在纺丝成型过程中,从纺丝原液脱出的大量水分进入凝固浴;丝条从凝固浴中引出时,又要从浴中带走一定量的浴液。工业上为保证浴液浓度稳定,凝固浴中增多的水分应予以除去,消耗掉的硫酸钠、硫酸等应予补充。同时对凝固浴的温度给予必要的调整。图6-11是维纶生产中常用的凝固浴回收流程图。

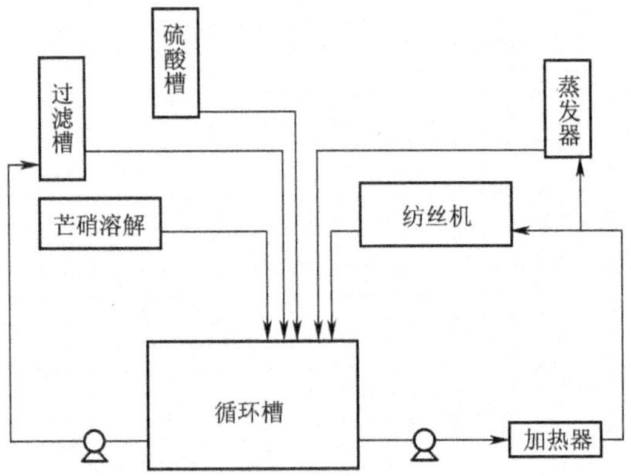

图6-11 凝固浴回收流程图

3. 喷丝头拉伸 湿法纺丝中,由于纺丝原液的黏度较低,成型速率较慢,喷丝头拉伸多取负值。喷丝头负拉伸有利于成型过程的稳定,初生纤维的结构也比较均匀。在以硫酸钠水溶液为凝固浴的湿法纺丝中,喷丝头拉伸为-10%～-30%。一般随着凝固剂凝固能力的降低,所取喷丝头负拉伸值应有所减小。

(三)纺丝设备

维纶常用的湿法纺丝机有立式和卧式两种形式。

图6-12是立式纺丝机示意图。这种纺丝机可双面操作,每侧有30～36个纺丝位。每个纺丝位有一个单独的、透明有机玻璃制成盛凝固浴的直立放置的纺丝筒,凝固浴流量可单独调节互不干扰。纺丝机分上、中、下三层。下层设有原液和凝固浴液的分配管、计量泵、桥架和烛形滤器等;中层为纤维成型的主要区域,设有6000孔喷丝头和每个纺丝位独立的纺

丝筒；上层为玻璃导盘，以便导出初生纤维并进行初步拉伸，回流的凝固浴也从上部收集送回循环槽。

图6－13是卧式纺丝机示意图。全机有六个纺丝位，分布在纺丝机两侧。卧式纺丝机一般采用24000孔的大喷丝头，每个纺丝位相当于立式纺丝机的四个纺丝位。卧式纺丝机的主要部件有计量泵、烛形滤器、喷丝头组件、凝固浴槽和两组牵引辊。该纺丝机有两组传动装置，一组通过变速器来调节两组牵引辊（即第一、第二导丝盘）的速度，另一组通过无级变速器来调节计量泵转速。

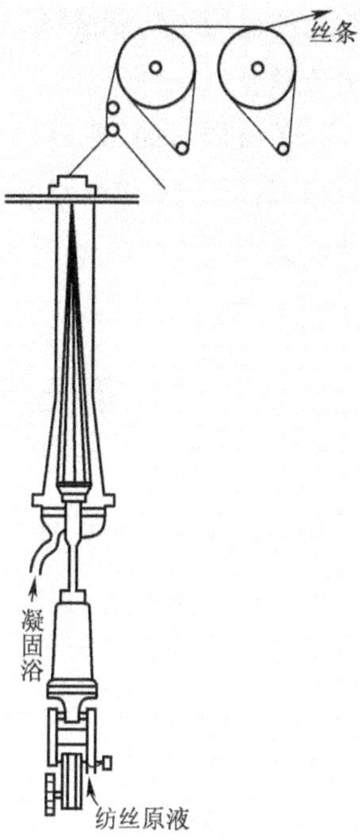

图6－12　立式纺丝机示意图

二、干法纺丝成型

维纶干法纺丝主要用于生产长丝。干法长丝线密度低、截面结构均匀、强度高、伸度低、弹性模量高、染色性能好，外观和手感近似蚕丝。另外生产用辅助化工料少，“三废”少。

干法纺丝的缺点是：原液的浓度和黏度较高，故原液的制备以及纺前准备复杂；由于水的蒸发潜热大，故纺丝所需热量大，相应纺丝速度低；喷丝头孔数较少，设备生产能力远比湿法纺丝低。

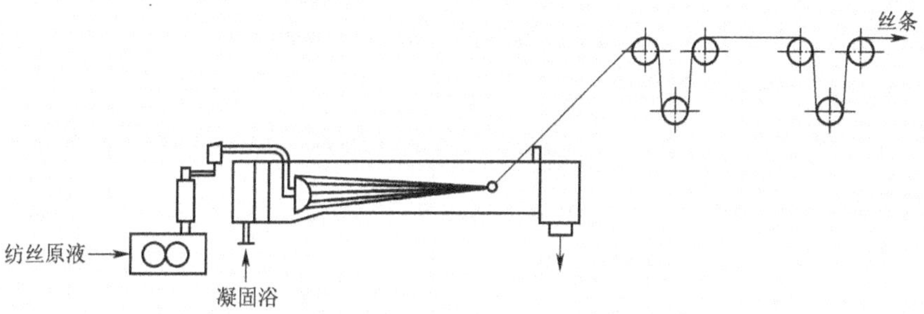

图6－13　卧式纺丝机示意图

（一）干法纺丝用纺丝原液特点

1. 原液浓度　浓度为30%～40%，由于浓度高，则纺丝时蒸发水量小，所得纤维断面充实度提高；但浓度大，使黏度上升，增加过滤和纺丝的难度。

2. 原液温度　温度为120～130℃，提高温度主要使黏度下降，但原液温度要保证原液细流出喷丝孔时不产生气泡。

（二）干法纺丝成型

原液细流中溶剂蒸发而使细流固化，是典型的浓缩凝固过程。维纶干法成型分为两类：低倍喷丝头拉伸纺丝和高倍喷丝头拉伸纺丝。这两种方法的区别在于喷丝头拉伸比的范围不同。喷丝头拉伸比是丝条的卷绕速度与原液从喷丝孔挤出速度之比。低倍喷丝头拉伸纺丝采用的喷丝头拉伸比为1或小于1，而高倍喷丝头拉伸纺丝则一般大于1，有时达到几十。低倍喷丝头拉伸纺丝适用于纺制高强力、粗纤度的维纶长丝,而高倍喷丝头拉伸纺丝适用于纺制细纤度的维纶长丝[4]。

为了增加溶剂的挥发性,借以提高纺丝速度,有人建议在水中添加适量甲醇、乙醇或丙酮等有机溶剂,借以提高水的相对挥发度,以提高纺丝速度。但随着添加量的增加,原液稳定性和可纺性变差[5]。

第五节　聚乙烯醇缩醛纤维的后加工

维纶后加工一般包括拉伸、热定型、缩醛化、水洗、上油、干燥等工序。如果生产短纤维还包括丝束的切断或牵切,如果生产长丝则还需要加捻和络筒等。与其他化学纤维生产过程相比,通常维纶生产中还需要进行缩醛化处理,以进一步提高其耐热水性。但对某些专用纤维则可省去缩醛化工序,如帘子线、水溶性纤维等。

一、工艺流程

(一)湿法短纤维后加工工艺流程

以湿法生产维纶短纤维的后加工工艺流程有两种:切断短纤维后加工和长束状纤维后加工。两种流程的主要差别就在于前者丝束先经切断,而后再进行缩醛化和其他的后加工工序;后者丝束先经缩醛化和其他后加工工序,最后进行牵切纺而制成纱。

1. 切断短纤维后加工工艺流程

[PVA 初生纤维]→导杆拉伸→导盘拉伸→集束→湿热拉伸→干燥→预热→干热拉伸→冷却→卷绕→切断→热定型→缩醛化→水洗→上油→开松→干燥→打包→[切断状 PVA 短纤维]

此法常用于生产普通民用维纶短纤维。

2. 长束状纤维后加工工艺流程

[PVA 初生纤维]→导杆拉伸→导盘拉伸→集束→湿热拉伸→干燥→预热→干热拉伸→热定型→冷却→卷绕→缩醛化→水洗→上油→开松→干燥→牵切纺→[PVA 短纤维条子]

此法专用于生产某种工业或技术用的维纶牵切纱。

(二)干法长丝后加工工艺流程

[PVA 初生纤维]→上油→干燥→卷筒→加捻→干热拉伸→热定型→(缩醛化)→(水洗)→(上油)→络筒→[PVA 长丝]

干法长丝主要用于帘子线,由于该制品不与水接触,缩醛化工序可省去(衣用长丝除外)。

无论是 PVA 短纤维,还是 PVA 长丝其后加工工序与其他品种差不多,这里仅讨论拉伸、热松弛、缩醛化。

二、纤维的拉伸

在拉伸过程中,纤维大分子在外力作用下沿纤维轴向排列,其取向度和结晶度均随拉伸倍数而提高,并使纤维强度变大。随着拉伸倍数的增加,纤维的取向度急速提高,随后便趋于平缓。相应纤维结晶度的提高则是连续变化的过程。实践证明,维纶所能经受的最大拉伸倍数为10~12倍,并在不同的介质中分多段进行。

(一)拉伸方式

1. 凝固浴拉伸　在凝固浴中进行,其数值取决于喷丝头喷出速度和离开凝固浴时的丝条速度,一般为负拉伸(-10%~-30%)。随着离浴速度的加快,丝条强度减小,这是因为离浴速度增加,纤维在浴中停留时间短,纤维凝固不充分,造成大分子滑动。

2. 导杆拉伸　在导丝杆和第一导丝盘之间完成,其数值受导丝杆安装位置的影响,丝条绕过导丝杆包角越大,导杆拉伸就越大。工业上控制导杆拉伸为15%(即拉伸至1.15倍),不是主要拉伸。

3. 导盘拉伸　在第一导丝盘和第二导丝盘间进行,为正拉伸。由于导盘拉伸时的纤维刚离开凝固浴,处于明显的膨润状态,较易被拉伸,故拉伸介质为室温空气。这段拉伸是湿热拉伸的准备,因为导盘拉伸能使纤维的耐热水性提高,防止纤维进入较高温度的湿热拉伸时因过度溶胀而使操作困难。工业上控制导盘拉伸为130%~160%左右(即拉伸至2.3~2.6倍)。

4. 湿热拉伸　在二浴中进行,为正拉伸。为进一步增大纤维的可拉伸性,拉伸温度较高(>90℃)。为抑制纤维在高温水浴中的溶胀以至溶解,拉伸介质为接近该温度下饱和浓度的硫酸钠水溶液(365~370g/L)。拉伸率控制在80%(1.8倍)以下,否则进一步的干热拉伸将难于进行,对成品纤维的品质带来不利影响。

5. 干热拉伸　在预热机和延伸机间进行的拉伸,为正拉伸。工业上对湿法纺丝所得的纤维,干热拉伸在210~230℃下进行;干法纺丝纤维则在180~230℃下进行。干热拉伸倍数随纺丝方法和前段拉伸情况而异。例如,对已经进行多段预拉伸的湿法纺丝得到的纤维,干热拉伸一般为50%~80%(1.5~1.8倍);对未经预拉伸的干法纺丝纤维,干热拉伸倍数视纤维用途而异,一般衣用纤维干热拉伸为6~8倍,工业用纤维干热拉伸为8~12倍。

必须指出,进行干热拉伸时纤维是不含水分的,否则纤维达不到这样的高温。工艺上小于210℃进行干热拉伸,只能使原来卷曲的大分子伸长,不可能产生大分子间滑移(即流动变形);大于210℃进行干热拉伸,原有结晶区开始融化,这时施加张力,就能使大分子间滑移,表现出拉伸倍数明显增加。

以上拉伸方式中的前三种(凝固浴拉伸、导杆拉伸、导盘拉伸)属于“纺丝”部分,后两种(湿热拉伸、干热拉伸)属于“热处理”部分。且导盘拉伸、湿热拉伸、干热拉伸为主要拉伸。在计算纤维总拉伸时,由于凝固浴拉伸和导杆拉伸值不易测得,故总拉伸倍数只包括导盘拉伸、湿热拉伸、干热拉伸。

(二)各种拉伸方式的配合

对于服用和普通产业用纤维(如渔网等),除了要求有较好的强度以外,还需要有适当的延伸度与之相配合,所以总拉伸倍数不宜过高,一般仅取可能达到的最大拉伸倍数的60% ~70% 。在典型的湿法纺丝工艺中,各段拉伸分配见表6-3。

表6-3　湿法纺丝工艺中的各段拉伸倍数分配

主要拉伸方式	服用纤维		一般技术用纤维	
	拉伸倍数	拉伸配比/%	拉伸倍数	拉伸配比/%
导盘拉伸	155%(2.55倍)	40.7	132%(2.32倍)	31.8
湿热拉伸	66%(1.66倍)	26.8	75%(1.75倍)	23.8
干热拉伸	48%(1.48倍)	32.5	80%(1.80倍)	44.4
总拉伸倍数	527%(6.27倍)	100.0	630%(7.30倍)	100.0

注　$拉伸配比 = \frac{累计拉伸倍数 - 预拉伸倍数}{总拉伸倍数} \times 100\%$

(三)拉伸设备

1. 湿热拉伸槽　湿热拉伸槽又称为二浴机,是进行湿热拉伸的场所。它是一个不带有传动部件的浴槽,由喂入辊、浴槽和榨液装置三部分组成(图6-14)。浴槽内盛高温的芒硝拉伸浴(又称二浴),浴槽长约1.9m,喂入辊为被动辊,借助于丝束的牵引而转动。榨液装置设在浴槽的出口处,由八根上下交替放置的导杆组成,下排四根导杆为不可动的,上排四根导杆可上下移动,借以调节导出丝束的压榨率。

2. 干燥、预热和干热拉伸设备　湿法纺丝中干燥、预热和干热拉伸用的设备在外形和结构上大致相同,它们只是在设备尺寸、配备的加热容量、牵引速度以及传动方式等方面有所不同而已。

这些设备从外形上看都是在一侧可作上下开启的电热箱(图6-15),在箱体的中部设有电加热(电热丝)装置。它与箱体上下盖之间形成两个可供丝束通过的空腔,在电热箱的前后两端,是一对装成一定交角的牵引辊,借以调节丝束在电热箱中间行走的重复次数。

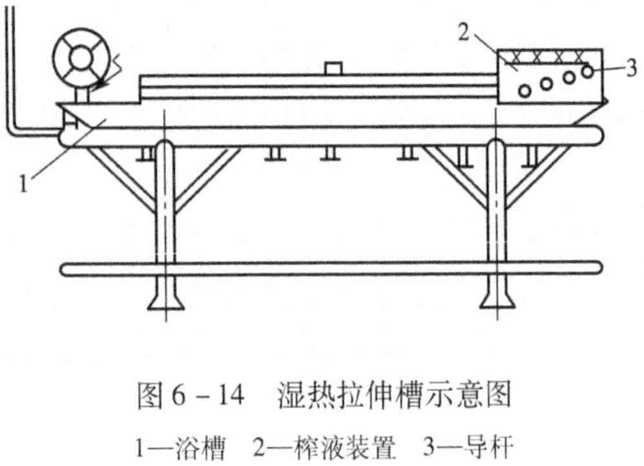

图6-14　湿热拉伸槽示意图

1—浴槽　2—榨液装置　3—导杆

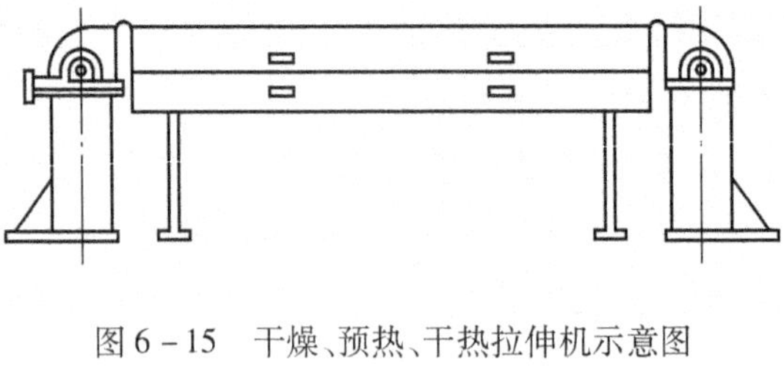

图6-15　干燥、预热、干热拉伸机示意图

三、纤维的热定型

（一）目的

维纶的热定型（热处理）是为了提高纤维的尺寸稳定性，改善物理机械性能，提高纤维的耐热水性，使纤维能够承受后续的缩醛化处理。纤维在热处理过程中，在除去剩余水分和大分子间形成氢键的同时，纤维的结晶度可达60%左右。随着结晶度的提高，纤维中大分子的自由羟基减少，耐热水性即水中软化点得到提高（半成品纤维软化点：长丝91.5℃，短纤维88℃）。

维纶的热处理有干热处理和湿热处理两种形式，目前PVA长丝或长丝束热处理采用前者；切断状PVA短纤维热处理采用后者，也可采用前者。故以热空气为介质的干热处理为主要方式。

（二）工艺控制

1. 热处理温度　在245℃以下进行热处理时，随着温度的提高，纤维的结晶度和晶粒尺寸有所增大，水中软化点也相应提高。但当热处理温度超过245℃时，效果相反，纤维的耐热水性趋于降低，这主要是由于高温下纤维结晶区的破坏速度大于其可能建立的速度，加之氧化裂解速度大大加快，使纤维的平均分子量减小，纤维品质变差。工业上，长束状纤维的热处理温度为225～240℃，短纤维的热处理需时较长（约6～7min），温度以215～225℃为宜。湿热处理温度低于干热处理温度，主要是防止纤维溶胀太大而黏结，工业上控制切断状短纤维湿热处理温度为85～90℃，硫酸钠浓度为70～100g/L。

2. 热处理时间　热处理时间和热处理温度密切相关，温度越高所需的热处理时间就越短。在一定时间范围内，随着热处理时间增加，纤维的结晶度提高。但是，当达到一定结晶度后，随着时间的增加，结晶度几乎不再变化。因此，确定热处理条件时，一般先定热处理温度，再确定适当的热处理时间。例如湿法长束状纤维的热处理温度为225～240℃，相应的热处理时间为1min。

3. 松弛度　松弛度又称收缩率，指纤维在热处理过程中收缩的程度。适当的松弛度会提高纤维的结晶度、结节强度和水中软化点，降低沸水收缩率，改善纤维的染色性。但松弛度过大，使纤维强度损失大，结节强度和结晶度减小，工业上控制松弛度一般为5%～10%。

4. 原料品质　原料的醇解度、所含支链的多少、大分子中所含1,2－乙二醇型结构的百分数等会影响热处理效果。例如，原料的醇解度低，表示原料中含残存醋酸根较多，会阻止大分子间的相互靠拢，使半成品的热处理效果降低。因此要严格控制原料品质指标。

5. 纤维成型条件　凝固浴密度偏低，则热处理效果差，表现为纤维在水中软化点偏低，因此要严格控制凝固浴参数。

6. 拉伸条件　总拉伸倍数和干热拉伸温度，尤其是干热拉伸倍数和温度的波动，直接影响热处理后纤维在水中的软化点。提高干热拉伸倍数和拉伸温度，可以直接导致半成品纤维在水中的软化点上升。

四、纤维的缩醛化

纺丝、拉伸和热处理后的聚乙烯醇纤维，已有60%～70%的羟基结晶，尚有30%～40%羟基处于无定形区。游离羟基的存在，使纤维在接近沸点的水中，不仅会发生溶胀，还将发生部分溶解，因此作为衣料用纤维，显然不能满足要求。为了进一步改善对热水的稳定性，必须进行缩醛化处理。

经缩醛化后，聚乙烯醇缩甲醛纤维在水中软化点为110～115℃，但纤维的弹性有较大的降低，染色性能也明显下降。需要指出的是，对那些不与水相接触的制品（如帘子线）则不需要进行缩醛化。

（一）缩醛化反应

缩醛化反应的实质是用醛处理纤维，使聚乙烯醇大分子上的游离羟基与醛作用，羟基部分被封闭，并在PVA分子内和分子间形成交联点，从而进一步提高纤维对热水的稳定性。在缩醛化工艺中，使用最普遍的醛化剂是甲醛。基本反应为：

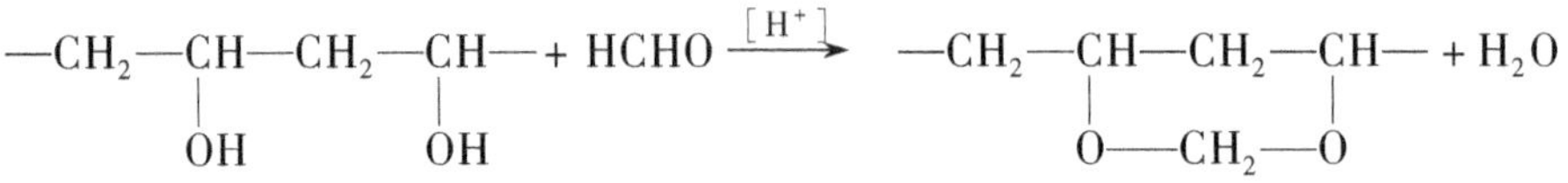

此反应为分子内缩合，占主导地位。

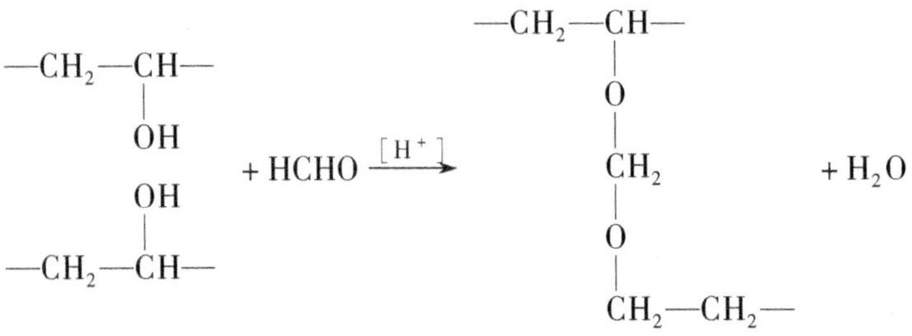

此反应为分子间缩合，占次要地位。

缩醛度（AD）指进入缩醛化反应的羟基数与大分子所含全部羟基数之比（亦即缩醛化反应中进入大分子的甲醛对聚乙烯醇基本链节的物质的量比）。可用分解滴定法和增重法测得。

（二）缩醛化工艺控制

缩醛化反应为液—固相反应。甲醛为缩醛化剂，硫酸为催化剂，硫酸钠为阻溶胀剂，配成一定浓度的水溶液喷淋在短纤维上，或使长丝束反复通过缩醛化浴进行反应。

1. 醛化浴组成　甲醛作为反应物，浓度增加，缩醛度增加，染色性有所提高；硫酸作为催化剂，浓度增加，缩醛度增加，染色性有所提高；硫酸钠作为阻溶胀剂，为了缓和反应条件，防止纤维过分溶胀，但硫酸钠增加使缩醛度下降，染色性下降，对于水中软化点高的未缩醛化纤维，可不加硫酸钠（在缩醛化时）。工业上控制醛化浴组成见表6－4。

表6－4　醛化浴的组成

组　　成	短　纤　维	长　丝　束
HCHO/(g/L)	25±2	32±2
H_2SO_4/(g/L)	225±3	315±4
Na_2SO_4/(g/L)	70±3	200±10
密度/(g/cm^3)	1.19±0.01	1.34±0.01

2. 缩醛化温度　缩醛温度高,有利于纤维溶胀并加快缩醛化反应的速度,但甲醛的损失量增大,并恶化劳动条件,工业上控制反应温度为70℃左右。

3. 缩醛化时间　反应初期,缩醛度随时间的延长而上升,到达一定阶段后趋于平缓。生产中控制反应时间为:喷淋式缩醛化为20~30min,浸没式缩醛化为10~12min。

4. 缩醛度　控制上述各项参数的目的是为了使纤维获得适当的缩醛度,使之既具有良好的耐热水性,又不太降低纤维的弹性和染色性能。工业上控制缩醛度为26%~32%。

第六节　聚乙烯醇缩醛纤维的质量控制

一、纺丝原液工段质量控制

纺丝原液工段常见故障的产生原因及解决方法见表6-5。

表6-5　纺丝原液工段常见故障的产生原因及解决方法

常见故障		产生原因	解决方法
水洗	洗涤后PVA中醋酸钠超标	1. 洗涤水量不足,洗涤水温过低 2. PVA膨润度变低,水洗机料层过厚 3. 金属网网眼堵塞	1. 检查原因,改变水洗条件至正常 2. 将不合格的PVA出料至计量车,然后分别溶解,将高醋酸钠和低醋酸钠聚乙烯醇相混 3. 冲洗金属网
水洗	洗涤后PVA含水率超标	1. PVA膨润度波动过大 2. PVA料层在金属网上分布不均匀 3. 金属网网眼堵塞	1. 改变榨液压力 2. 调节料层均匀性 3. 冲洗金属网
水洗	风送管路堵塞	1. PVA含水率过高,黏附管壁 2. 风管长期不清扫 3. 鼓风机运转失常	1. 控制水洗机榨液度 2. 清扫风管 3. 检修鼓风机
溶解	原液浓度超标	1. 聚合度变化大 2. PVA榨液率变化过大	1. 保证聚合度稳定 2. 保证PVA榨液率稳定
溶解	真空投料管堵料	1. PVA含水率过高,黏附管壁 2. 阀门中有结皮	1. 控制PVA含水量 2. 清除阀门内结皮
过滤及脱泡	过滤机漏液	1. 装滤布时,衬垫未铺平 2. 过滤机滤板不平	1. 铺平衬垫 2. 检查滤板平整度
过滤及脱泡	原液过滤质量差	1. 过滤压力过大 2. 滤布过滤性能差 3. 滤布上有破洞	1. 降低过滤压力 2. 检查滤布质量 3. 更换滤布
过滤及脱泡	脱泡桶排气管跑液	把两批原液误送入一个脱泡桶,由排气管跑液	停止原液输送,将原液压出2000L至空脱泡桶中,用压缩空气吹出余下的原液

二、纺丝工段质量控制

纺丝工段常见故障的产生原因及解决方法见表6－6。

表6－6　纺丝工段常见故障的产生原因及解决方法

常见故障	产生原因	解决方法
凝固浴冷却器效率降低	1. 冷却器列管外壁形成污垢层 2. 凝固浴中废丝及小凝胶块堵塞列管	1. 酸洗冷却器列管外壁污垢层 2. 清除管内的废丝与小凝胶块
喷丝头更换率高	原液中机械杂质多	加强原液过滤

三、后加工工段质量控制

后加工工段常见故障的产生原因及解决方法见表6－7。

表6－7　后加工工段常见故障的产生原因及解决方法

常见故障		产生原因	解决方法
拉伸	断边	1. 二浴丝束整形不良，边厚 2. 预热温度高 3. 导杆磨损、断裂 4. 纺丝集束、二浴罗拉滴水多	1. 提高二浴丝束的整形性 2. 降低预热温度 3. 更换导杆 4. 降低纺丝集束、二浴罗拉滴水
	断芯	1. 纺丝、二浴丝束整形不良，中间厚 2. 干燥温度低，丝束在罗拉上位移 3. 凝固浴密度低于1.312	1. 提高纺丝、二浴丝束的整形性 2. 提高干燥温度 3. 提高凝固浴密度
	风送管路堵塞	1. PVA含水率过高，黏附管壁 2. 风管长期不清扫 3. 鼓风机运转失常	1. 控制水洗机榨液度 2. 清扫风管 3. 检修鼓风机
热处理	纤维发黄	1. 干热处理温度过高 2. 热处理时间过长 3. 热处理介质中含氧 4. 原料中残存醋酸钠含量过高 5. 纤维中存在羰基	1. 降低热处理温度 2. 降低热处理时间 3. 降低热处理介质中氧含量 4. 降低原料中残存醋酸钠含量 5. 在原液或凝固浴中加硫酸铜
缩醛化	缩醛化不均匀	1. 缩醛化速度过快，引起反应不均匀 2. 棉层不匀，引起醛化液渗透不匀 3. 金属网漏，引起醛化液渗透不匀 4. 醛化液流量低，引起喷淋不均匀	1. 降低缩醛化速度 2. 纤维投料均匀，给纤水浴比大 3. 更换金属网 4. 清洗喷淋槽，更换喷淋槽

四、成品纤维质量控制

(一)强伸度异常

成品纤维强伸度异常的产生原因及解决方法见表6-8。

表6-8　成品纤维强伸度异常的产生原因及解决方法

工　序	产生原因	解决方法
凝固浴	1. 密度降低造成凝固不良 2. 温度过高造成凝固不良	1. 提高蒸发量,提高密度 2. 降低温度
纺丝	1. 凝固浴流量不正常 2. 纺丝速度不正常 3. 卷绕速度不正常	1. 调整流量,保证落差小于13g/L 2. 调整纺丝速度 3. 调整卷绕速度
干燥热处理	1. 干燥机、延伸机速度不正常 2. 丝束收缩率不正常 3. 干燥延伸温度分配不良	1. 调节速度 2. 调节收缩率 3. 调节温度

(二)纤维色相不正常

成品纤维色相不正常的产生原因及特征见表6-9。

表6-9　成品纤维色相不正常的产生原因及特征

产生原因	特　征	产生原因	特　征
聚乙烯醇着色度低	色调暗黄无光泽	一浴、二浴酸度配合差	无规则黄条
硫酸锌含量高	色调暗黄无光泽	罗拉滴水	无规则黄条
烘仓温度高	色调暗黄无光泽	单锭凝固不良	无规则黄条

(三)毛丝

成品纤维有毛丝的产生原因及解决方法见表6-10。

表6-10　成品纤维有毛丝的产生原因及解决方法

工　序	产生原因	解决方法
纺丝	1. 导杆磨损 2. 集束罗拉滴水少,芒硝析出	1. 更换导杆 2. 增加集束罗拉滴水,避免芒硝析出
二浴	1. 导杆磨损 2. 榨液大 3. 罗拉滴水少,芒硝析出	1. 更换导杆 2. 调整榨液量 3. 增加罗拉滴水,避免芒硝析出
干燥热处理	1. 干燥温度低 2. 分丝导杆磨损	1. 提高干燥温度 2. 更换分丝导杆

第七节　聚乙烯醇缩醛纤维的新品种

一、负离子聚乙烯醇纤维

在聚乙烯醇水溶液中加入具有永久自发电电极的纳米材料制成具有多种保健功能的纤维，如该纤维可以产生空气负离子，释放人体所需要的微量元素。具有良好的保健理疗功能，热效应功能和排湿透气功能，使人体上下组织中血流量增加，有效改善人体微循环，提高组织供氧，改善新陈代谢，增强免疫力[6]。

二、交联聚乙烯醇纤维

据介绍，交联聚乙烯醇纤维的制法为：将 PVA 聚合度 >1000，皂化度 >97.0%（mol）的 PVA 树脂溶于二甲亚砜中的浆液，经过干法和湿法凝胶纺丝，用甲醇作凝固液，拉伸，热处理，得聚乙烯醇拉伸丝，再经第一步加捻，然后合股成 2 股或 3 股成品加捻纱，成品加捻纱卷绕在筒管上以便交联，最后在含芳族醛化合物和酸催化剂的水溶性交联液中进行交联，最后制得交联聚乙烯醇纤维[7]。

三、湿法高模量聚乙烯醇长丝（FWB 纤维）

FWB 纤维是通过在纺丝原液中加入硼酸来抑制 PVA 分子内氢键或分子间氢键，以提高凝固纤维中的分子取向。硼酸作为添加剂既起着不形成网状组织的作用，又能和 PVA 分子形成络合物。PVA 和硼酸形成络合物后，变成环状杂环化合物，使分子变得更加伸展。另外凝固浴显碱性，由硫酸钠和氢氧化钠水溶液组成，主要使 PVA 分子间络合物变成分子内络合物。通过这一改性工艺，最后制得结晶度和取向度高的，晶区和非晶区密度相差小的，结构致密均匀的聚乙烯醇高模量纤维，其弹性模量可达 495g/tex（55g/旦），可作为汽车轮胎帘子线和水泥增强材料。

四、导电聚乙烯醇纤维

在聚乙烯醇溶液中加入纳米级导电粒子，经纺丝和后处理得到导电纤维已在其他聚合物纺丝中实现，聚乙烯醇对导电粒子具有乳化性能，使其分散更加均匀，在加入量较少的情况下可以得到较好的导电性纤维。

五、纳米聚乙烯醇纤维

以聚乙烯醇为原料，制备了具有超疏水性表面的纳米纤维。由于聚乙烯醇分子在纳米结构表面发生重排，疏水基团向外，分子间氢键向内，使得整个体系的表面能降低，从而表现出超疏水性。由此可以制备出超疏水性纳米界面材料纤维。

六、远红外聚乙烯醇纤维

将具有高效远红外辐射的纳米物质添加在聚乙烯醇水溶液中纺制成纤维。该纤维不但可以吸收太阳光和人体辐射的远红外线，使自身温度升高，而且可以在绝对零度以上的任何温度环境中发射出波长和功率与其温度相适应的远红外线，从而使织物具有更好的保暖效果。

复习指导

1. 重点掌握聚乙烯醇的缩醛化。
2. 掌握聚乙烯醇缩醛纤维生产的工艺过程、工艺控制、质量控制。
3. 了解聚乙烯醇缩醛纤维的用途。

思考题

1. 聚乙烯醇纤维生产使用的聚醋酸乙烯是以什么为单体，什么为溶剂，采用何种聚合法聚合的？
2. 简述影响醋酸乙烯聚合的工艺条件。
3. 工业生产上有几种聚醋酸乙烯的醇解方法？
4. 简述维纶湿法纺丝成型的工艺控制。
5. 简述湿法维纶切断短纤维后加工工艺流程。
6. 缩醛化反应的实质是什么？如何控制工艺条件？

参考文献

[1] 张一心，朱进忠，袁传刚，等. 纺织材料[M]. 北京：中国纺织出版社，2005.
[2] 董纪震，赵耀明，陈雪英，等. 合成纤维生产工艺学（下册）[M]. 北京：中国纺织出版社，1994.
[3] 李升基. 维尼龙（上册）[M]. 冯宝胜，译. 北京：纺织工业出版社，1985.
[4] 邬国铭，李光. 高分子材料加工工艺学[M]. 北京：中国纺织出版社，2000.
[5] 徐帮学. 化学纤维与化纤制品生产加工工艺技术标准规范及检测检验实用手册（中册）[M]. 吉林：吉林音像出版社，2003.
[6] 叶光斗. 化学纤维的发展与聚乙烯醇新纤维[J]. 维纶通讯，2005(4)：1-4，12.
[7] 山田. 聚乙烯醇纤维及聚氯乙烯纤维[J]. 化纤文摘，2006(3)：16.

第七章 聚氨酯弹性纤维生产及质量控制

第一节 概述

聚氨酯弹性纤维(Polyurethane elastomeric fibres)是一种含有85%以上氨基甲酸酯的、具有线型链段结构的嵌段高分子化合物制成的纤维,国际统称“斯潘得克斯”(Spandex),我国商品名称为氨纶,是一种性能优异的合成纤维。

一、聚氨酯弹性纤维的发展

(一)世界聚氨酯弹性纤维状况

1937年德国拜耳(Bayer)公司首次开发出氨纶并申请了专利,美国杜邦(Du Pont)公司于1959年研制出自己的技术并开始工业化生产。经过近10年的开发使用,至1967年世界氨纶产量达6800吨。20世纪60年代末世界氨纶产量因受需求和制造技术的影响,年产量不足1.0万吨。20世纪70年代以后,除杜邦公司以外,几乎都停留在原有水平上。以后由于氨纶包覆纱和包芯纱应用技术的开发,生产能力又有了较大的发展,增至每年2.0万吨的水平。90年代后进入规模化生产,1990年世界氨纶丝产能6万吨,产量4万吨;随着科技进步和推广、投资费用迅速下降以及人们消费观念的转变,世界氨纶的生产和消费得到快速提高,氨纶进入快速发展期。1995年氨纶产量8.31万吨/年,2000年氨纶产量21万吨/年,2005年氨纶产量28万吨/年[1]。

目前世界氨纶技术主要由美国杜邦、德国I. G. Farben、日本富士、日本东洋纺、韩国泰光产业(Taekwang Industries)等提供。

(二)我国聚氨酯弹性纤维状况

1986年,我国开始对聚氨酯纤维生产项目进行考察论证,1989年年产321吨的聚氨酯纤维生产厂在山东烟台建成,即烟台氨纶股份有限公司,由中国纺织工业设计院设计,采用日本东洋纺干纺技术,关键设备从国外引进,其他设备由国内配套。以后陆续建成了许多氨纶厂,1995年底我国氨纶生产能力达700吨/年,1998年底我国氨纶产能6000吨,从1999年开始,我国进入氨纶生产的投资高峰。到2000年,产能迅速增到15400吨,2005年底,产量17万吨,居世界之首。由于2005年国内氨纶行业的迅速扩产和由于中欧贸易摩擦导致需求下降,导致国内氨纶产能过剩,2006年下半年开始,我国企业成功实施了反倾销保护,较长时间的低价格使部分高成本产能关闭,价格出现了回升。2006年底,由于氨纶出口需求的拉动以及国内纺织和服装等行业的强劲需求,氨纶价格出现了大幅度上涨,15.6tex(40D)氨纶价格从2006年初4.5万元/吨上涨到目前 8.5 万元/吨左右。

二、聚氨酯弹性纤维的结构

一般的聚氨基甲酸酯均聚物并不具有弹性。目前生产的聚氨酯弹性纤维实际上是一种以聚氨基甲酸酯为主要成分的嵌段共聚物(Block copolyesters)纤维。其结构式如下[2]：

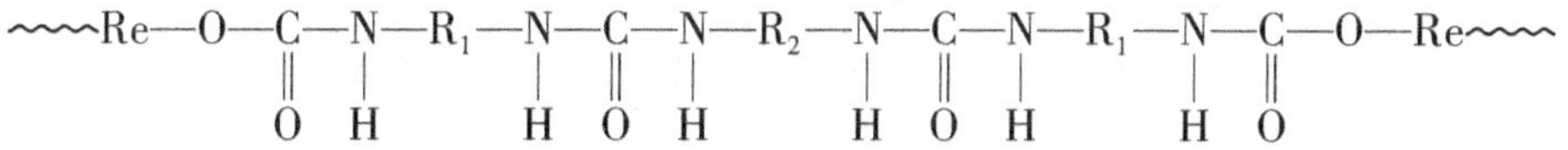

式中：Re——脂肪族聚醚二醇或聚酯二醇基；

R_1——次脂肪族基，如—CH_2—CH_2—；

R_2——次芳香族基。

在嵌段共聚物中有两种链段，即软链段和硬链段。软链段由非结晶型的低分子量脂肪族聚酯(1000～5000)或脂肪族聚醚(1500～3500)组成，玻璃化温度很低(T_g = -50～-70℃)，链段长度 15～30nm，为硬链段的 10 倍左右，常温下处于高弹态，纤维被拉长时，软链段能伸展变直，从而赋予纤维容易被拉长变形的特征，由于其质量占总质量的 65%～90%，故在纤维的形态结构中构成连续相；硬链段多采用具有结晶性且能发生横向交联的二异氰酸酯(Diisocyanate)和扩链剂，它的相对分子质量较小(500～700)，链段短，苯环的刚性和强的氢键及结晶性的相互作用使若干硬链段紧紧地聚集成簇状或形成“缚结点”，这样就形成非连续相的“岛”，使聚合物形成三维的网状结构，起着大分子链间的交联作用，一方面可为软链段的大幅度伸长和回弹提供必要的结点条件(阻止分子间的相对滑移)，另一方面可赋予纤维一定的强度，从而使聚氨酯纤维具备高弹性。

用化学反应纺丝法制造的氨纶只有一种软链段，但交错的软链段之间有由化学交联形成的结合点，它与软链段配合，共同赋予纤维高伸长、高回弹的特点[3]。正是这种软硬链段镶嵌共存的结构才赋予聚氨酯纤维的高弹性和强度的统一，所以聚氨酯纤维是一种性能优良的弹性纤维。以上两种类型的氨纶分子间结构示意图如图 7-1 所示。

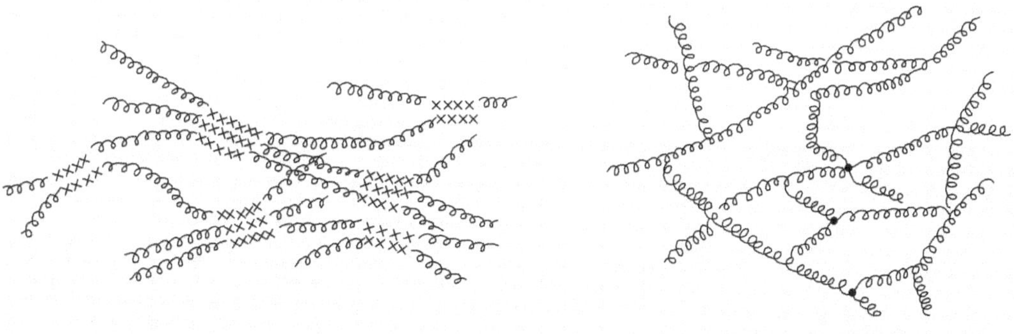

(a) 物理交联型弹性纤维的分子结构
× × × ×—硬链段

(b) 化学交联型弹性纤维的分子结构
—软链段

图 7-1　氨纶的分子间结构示意图

三、聚氨酯弹性纤维的性能

氨纶具有断裂伸长率大(500% ~800%);弹性回复率高(伸长500%时,回弹率为95% ~99%),氨纶分子结构中,软链段部分的相对分子质量越大,纤维的断裂伸长率和回弹率越高,聚醚型氨纶比聚酯型氨纶回弹率高;弹性模量低(0.11cN/dtex);耐疲劳性好(伸长50% ~300%的抗拉收缩疲劳次数超过100万次);强度较低(0.88cN/dtex);密度小(1.0 ~1.39g/cm^3);耐腐蚀、耐晒、耐热和抗老化,对染料有良好的亲和力,染色性好,无论采用分散性、酸性或复合性还是金属性染料均可染色均匀,因此,它是一种综合性能非常优秀的纤维[4]。

但氨纶的耐光性一般。据文献[5]报道,采用紫外光吸收剂可以提高聚氨酯纤维的光稳定性。常用的紫外光吸收剂有:Tinuvin 761[癸二酸1,2,2,6,6-五甲基-4-哌啶基双酯],添加量一般在0.2% ~2%。

氨纶的耐微生物性较差,由于聚氨酯纤维中的氨酯键与蛋白质中的肽键相似,在适当的温度和湿度条件下,容易受到微生物的侵袭发生降解。在微生物的作用下,酶进入高聚物的活性位置并发生化学反应,使聚氨酯纤维水解。脂肪族聚氨酯的生物稳定性更差。聚氨酯纤维发霉变质不但影响外观,还会降低纤维的力学性能,并缩短纤维的使用寿命。为了防止聚氨酯纤维的微生物降解,可以加入防霉剂。常用的防霉剂有五氯酚、五氯酚钠、8-羟基喹啉铜盐、2,3,5,6-四氯-4-(甲基磺酰)吡啶、双(苯基汞)十二烷基丁二酸盐和双(三-正丁基锡)氧化物等。防霉剂用量为0.5% ~1%。

溶液纺丝聚氨酯纤维的质量指标见表7-1,熔融纺丝聚氨酯纤维的质量指标见表7-2。

表7-1 各国溶液纺丝聚氨酯纤维的质量指标

国 家	美 国	美 国	意大利、美国	俄罗斯	德 国	日 本	英 国
商品名称	Lycra	Glospan	Virene	PU纤维	Dorlastan	Espa	Spanzelle
纺丝方法	干法纺丝	反应法	湿法纺丝	干法纺丝	干法纺丝	干法纺丝	反应法
软段类型	聚酯、聚醚	聚酯	聚酯	聚醚	聚酯	聚醚	聚酯
异氰酸酯	MDI	TDI	TDI、MDI	MDI	MDI	MDI	MDI
扩链剂	二胺肼	二胺	二胺	二胺	二胺	二胺	二胺
断裂强度/(cN/tex)	7.9~8.8	0.49~5.98	2.46~2.99	5.98~8.8	7.9~8.8	7.9~8.8	5.3~5.93
断裂伸长率/%	600~700	600~750	800	600~700	675~750	700	500~600
回弹率/%	95	92	98	96	86	96	95
弹性模量/(dN/tex)	1.5~2.06	8.54~17.95	3.96	12.9~20.24	12.32~14.1	15.84	20.24
耐紫外线①	4	2	2	4	3	4	2
耐洗涤性①	3	3	2	3	4	3	3
软化点/℃	175~200	215	189~190	—	175	—	275
熔点/℃	—	—	245	—	275	—	225
相对密度	1.077~1.3	1.077	1.295	0.98	1.167	—	1.077
吸湿性/%②	0.8~1.3	<1.0	1.0	1.2	1.0	1.2	1.1

①耐紫外线和耐洗涤性分为5级:1级为不耐紫外线和不耐洗涤性,2级为耐紫外线和耐洗涤性很低,3级为耐紫外线和耐洗涤性较好,4级为耐紫外线和耐洗涤性很好,5级为耐紫外线和耐洗涤性最好。

②相对湿度65%。

表7－2　熔融纺丝聚氨酯纤维的质量指标

聚氨酯纤维的性能	软段类型	
	聚酯①	聚醚②
线密度/dtex(旦)	48～50(43～45)	46.38(41.78)
断裂强度/(cN/tex)	14.64	11.82
断裂伸长率/%	613～620	458.67
100%定伸应力/(cN/tex)	0.71	25.58
沸水收缩率/%	10～15	10～15
300%×6次弹性回复率/%	98	96.63

①预聚体添加量为15%；

②预聚体添加量为10%。

四、聚氨酯弹性纤维的用途

氨纶作为一种重要的纺织原料，其服装制品柔软而富有弹性，穿着既贴身又无约束感，令人十分舒适。氨纶的用途有以下几种类型。

其一：氨纶纱。如氨纶裸丝、包覆纱(外层包覆其他品种长丝)、包芯混纺纱(外层包裹其他品种短纤维)、合捻纱(由1～2根普通棉纱、毛纱或锦纶与氨纶合并加捻而成)。

其二：氨纶织物。可制作紧身时装、泳装、健美裤、内衣裤、高档连裤袜、袜子、妇女的文胸、运动装等。

第二节　聚氨酯的合成

一、原料的准备

(一)芳香族二异氰酸酯

生产聚氨酯弹性纤维采用芳香族的二异氰酸酯，是体现硬链段的硬度所必需的。常用的芳香族二异氰酸酯是二苯基甲烷－4,4′－二异氰酸酯(MDI)或2,4－甲苯二异氰酸酯(2,4－TDI)；此外，还有2,6－甲苯二异氰酸酯、1,4－苯二异氰酸酯、1,5－萘二异氰酸酯等。

(二)二羟基化合物

一般选用相对分子质量为800～5000，分子两个末端基均为羟基的脂肪族聚酯或聚醚。

脂肪族聚醚，即聚醚多元醇，也称为聚烷醚或聚氧化烯烃，用环氧化合物水解开环聚合制得。用于合成聚氨酯的聚醚二醇有聚氧乙烯、聚氧丙烯和聚四亚甲基醚二醇(PTMG)(也称聚四氢呋喃PTHF)等。聚醚是构成聚氨酯弹性纤维的软链段部分，其相对分子质量越大，聚合物的分子极性越小，分子链越柔软。一般将其相对分子质量控制在1500～3500。

脂肪族聚酯，即聚酯多元醇，用二元羧酸和二元醇缩合制得。用于合成聚氨酯的聚酯二醇有聚己二酸乙二醇酯、聚己二酸丙二醇酯、聚己二酸丁二醇酯等。聚酯构成聚氨酯弹性纤维的软链段部分，其相对分子质量为1000～5000。

（三）扩链剂

扩链剂在化学反应中起分子链增长作用，几乎不起交联作用。用于纤维级聚氨酯生产的扩链剂主要为低分子化合物，有二胺类（芳香族二胺制备的纤维耐热性好，脂肪族二胺制备的纤维强力和弹性好），二肼类（耐光性较好，但耐热性下降）或者二元醇。

（四）添加剂

一般添加催化剂（叔胺类化合物或有机锡化合物）、抗氧化剂（抗氧化剂 3114）、抗静电剂（烷基三甲基氯化铵）、光稳定剂、消光剂（二氧化钛）、润滑剂、颜料等添加剂。

二、聚氨酯的合成

合成聚氨酯有两种方法，一步法则是将聚合物二醇和扩链剂低分子二醇同时加入反应体系中，聚合物二醇和低分子二醇交替与异氰酸酯基作用生成聚氨酯大分子；两步法首先由脂肪族聚醚或脂肪族聚酯与二异氰酸酯加成生成预聚体，预聚体的端基为异氰酸酯基（—NCO），平均分子量较低，一般在 5000 以下，然后在预聚体中加入扩链剂进行反应，扩链剂（低分子二醇或二胺）中的双官能团（—OH 或—NH_2）与预聚体分子中的异氰酸酯基反应，使分子链进一步扩展，生成相对分子质量在$(2\times10^4)\sim(5\times10^4)$之间的嵌段共聚物。工业上通常采用的是两步法。下面以两步法为例，介绍聚氨酯的合成。

（一）预聚体的制备

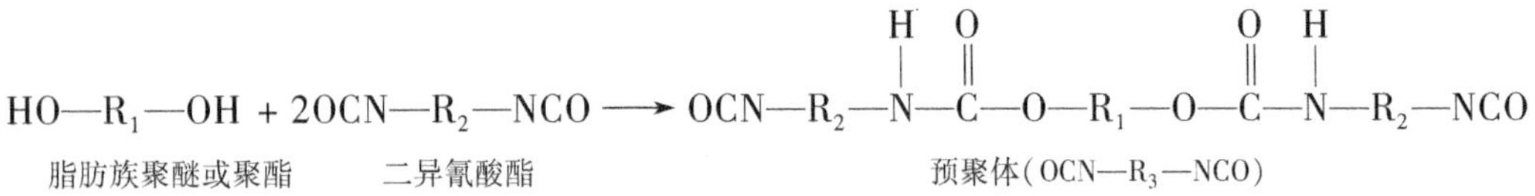

（二）扩链反应

1. 用二元醇作扩链剂

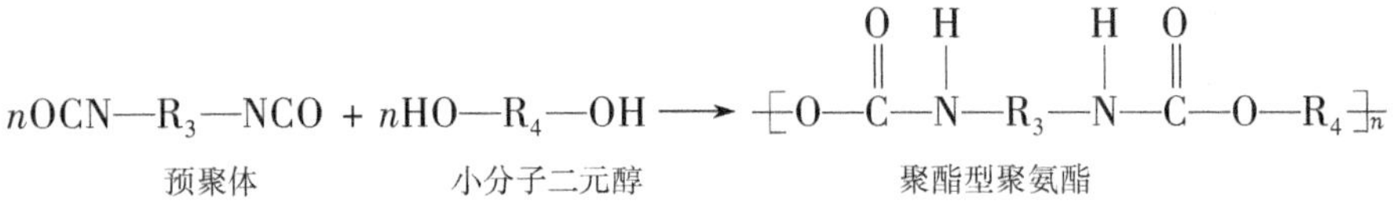

2. 用二元胺作扩链剂

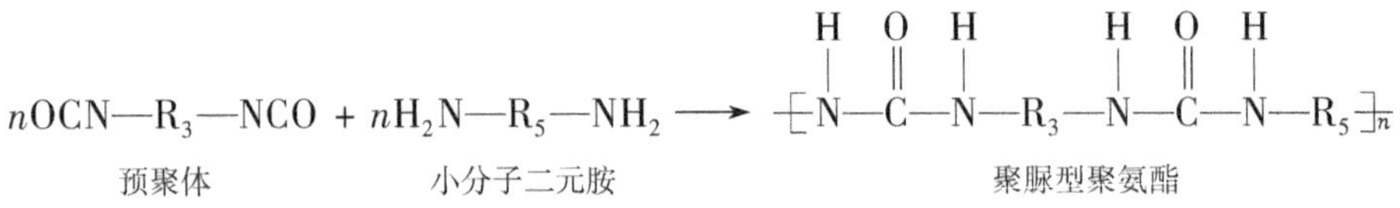

第三节 聚氨酯弹性纤维的纺丝成型

聚氨酯弹性纤维的工业化纺丝方法有：干法纺丝、湿法纺丝、熔体纺丝和反应纺丝等四种方法。这四种纺丝方法的流程示意图如图 7－2 所示。

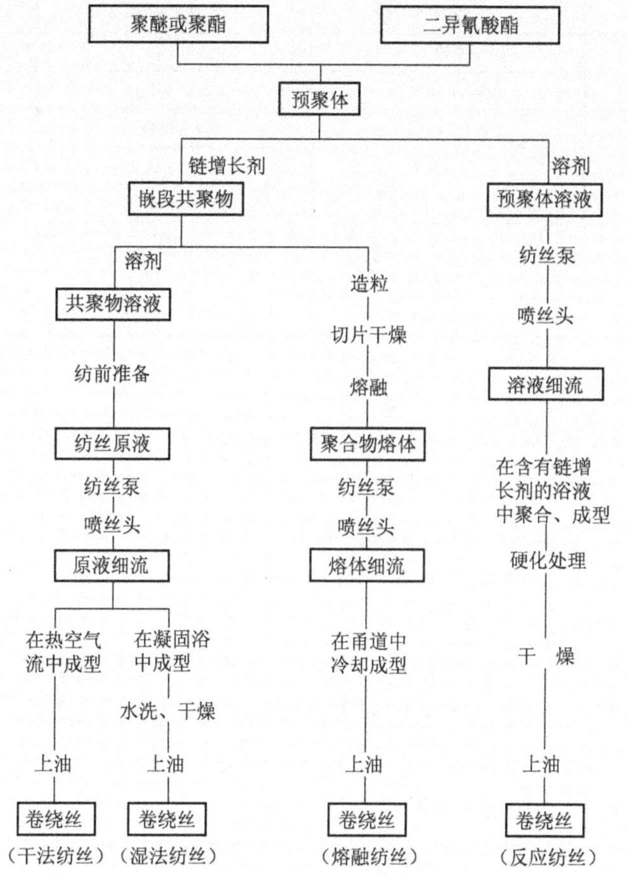

图 7－2　聚氨酯弹性纤维纺丝流程示意图

一、干法纺丝

干法纺丝（Dry spinning），又称为干法溶液纺丝，是溶液在热气流下溶剂蒸发而固化成丝的方法。干法纺丝是目前氨纶生产工业中最广泛的方法，占世界氨纶总产量的 80%，总产能的 86%，典型代表是美国杜邦公司的 Lycra 纤维和德国拜耳公司 Dorlastan 纤维，东洋纺、日清纺、旭化成、晓星等企业也是干法技术发展的推动者。多年来，日本东洋纺向我国输出的生产线最多、最成熟，均为干法纺丝生产工艺技术，国内很多企业已完全掌握。

干法纺丝的优点是：产品质量优良、强度高、弹性恢复率好、丝卷均一、适用面广；产品规格齐全，以生产细旦及中旦丝为主[6]，纤度范围为 2.2～29.2dtex；纺速较湿法快，一般在 300～600m/min，有的甚至高达 1000m/min。由于受到溶剂挥发速度的限制，干法纺丝的速度总比熔体纺丝的低。由于干法纺丝的丝条固化慢，丝条之间容易粘连，故喷丝板孔数比湿法纺丝的少，单纺丝位产量低于湿法。熔体纺丝、湿法纺丝、干法纺丝三种纺丝方法的基本特征见表 7－3。

表 7 - 3 三种纺丝方法的基本特征

基本特征	熔体	干法	湿法
纺丝液状态	熔体	溶液	溶液或乳液
纺丝液浓度/%	100	18 ~ 45	12 ~ 16
纺丝液黏度/Pa·s	100 ~ 1000	20 ~ 400	2 ~ 200
喷丝板孔数	1 ~ 30000	19 ~ 4000	24 ~ 160000
喷丝孔直径/mm	0.2 ~ 0.8	0.03 ~ 0.2	0.07 ~ 0.1
凝固介质	冷却空气(不回收)	热气体(回收)	凝固浴(回收)
凝固机理	冷却	溶剂挥发	脱溶剂(或伴有反应)
卷绕速度/(m/min)	20 ~ 1000	100 ~ 2000	18 ~ 380
喷丝板拉伸倍数	70 ~ 240	1.4 ~ 7.0	1.15 ~ 1.3

(一)纺丝原液的准备

成纤高聚物的制备是将相对分子质量为 1000 ~ 3000 的含二个羟基的脂肪族聚醚与二异氰酸酯按 1:2 的物质的量比进行反应生成预聚物。一般来讲,聚酯二醇不能用于干法纺丝,因为纺丝时的脱溶剂困难。聚合物中的硬链段多采用二苯基甲烷 -4,4′- 二异氰酸酯;软链段选用聚四亚甲基醚二醇(PTMG)(也称聚四氢呋喃 PTHF)的为多。

1. 溶剂 常用的溶剂有二甲基甲酰胺、二甲基乙酰胺等。二甲基甲酰胺的沸点较低,便于干法纺丝时的溶剂挥发,但在纺丝及溶剂回收的常压蒸馏中,易氧化裂解为二甲基胺和甲酸,这两种物质均为聚氨酯大分子链的封端剂,所以要采用离子交换法将其去除,如果采用减压蒸馏法可以把氧化裂解作用降到最低限度,可以省去离子交换工序;二甲基乙酰胺在常压下蒸馏时比较稳定,可以省去裂解产物的纯化工序。

2. 扩链剂 干法纺丝的扩链反应是在预聚体的溶液中进行的,所采用的扩链剂为含有两个氨基的肼或二元胺,最多使用的扩链剂是乙二胺和 1,2 - 丙二胺。二元胺可以加到预聚体的溶液中,也可以将预聚体加到二元胺的溶液中。扩链后,将纺丝聚合物溶液浓度调节到纺丝所需的浓度。脂肪族二胺碱性强、活性高,与异氰酸酯反应十分激烈,成胶速度快,难以控制。为了降低二胺的反应活性,常使用芳香族二胺,如 3,3′- 二氯 -4,4′- 二氨基二苯甲烷(MOCA),Bayer 公司生产的 DD - 1604 和 Cure A,美国 Ethyl 公司生产的 Ethacure - 100 和 Ethacure - 300,美国 Lonza 公司生产的 Lonzacure MCDEA 等。

3. 添加剂 干法纺丝加入的添加剂有染料改性剂、稳定剂、阻燃剂、抗静电剂等,如 GooCl-rite3114(抗氧化剂 3114)、1,3,5 - 三(3,5 - 二叔丁基 -4 - 羟基苄基) - *S* - 三嗪 -2,4,6 -(1H,3H,5H) - 三酮、2 - 羟基 -4 - 正辛氧基二苯甲酮、2 -(3′- 叔丁基 -2′- 羟基 -5′- 甲基苯) -5 - 氯苯并三唑、烷基三甲基氯化铵等。

聚合物、扩链剂、添加剂的加入以及混合可以是分批的,也可以是连续的。某些工厂把聚合物、扩链剂、添加剂的加入以及混合进行合并,采用连续法生产。

制备纺丝原液时,浓度应为 25% ~ 35%,再经过滤、脱泡等工序,制成性能均一的纺丝原液。

(二)纺丝成型

聚氨酯纺丝原液由纺丝泵在恒温下定量将纺丝原液压入喷丝头,从喷丝孔挤出的原液细流进入直径 30 ~ 50cm、长 3 ~ 6m 的纺丝甬道，由溶剂蒸气—惰性气体(N_2)所组成的热气体，由甬道的顶部引入并通过位于喷丝板上方的气体分布板向下流动。甬道上部温度 280 ~ 320℃，下部温度 200 ~ 240℃，由于甬道和甬道中的气体都保持高温，所以丝条细流内的溶剂迅速挥发，并移向甬道底部，丝条中聚氨酯浓度不断提高直至凝固。与此同时，丝条被拉伸变细，单丝线密度一般在 6 ~ 17dtex，纤维在离开甬道时被加捻，捻度向纺程上方传递，在甬道上方纤维被集束合股，在集束加捻装置内丝束被压缩空气的涡旋加捻，丝条被捻成圆形截面。由于丝条尚未完全固化，单丝之间相互形成许多化学键合点，抱合在一起。从纺丝甬道下部抽出的热气体，进入溶剂回收系统中回收以备重新使用。在甬道上设有氮气进口，可以不断地向体系内补充氮气。集束后的丝束经第一导丝辊后经上油装置上油，再经第二导丝辊调整张力后卷绕成卷装。

干法纺制氨纶一般采用多根单丝或组合多根单丝生产工艺。在纺丝甬道的出口处，单丝经组合导丝装置按设计要求的线密度组成丝束。根据线密度的不同，每个纺丝甬道可同时生产1 ~ 8束弹性纤维丝束。卷绕前还要进行后处理，如上油等，以避免纤维发生黏结和后加工中产生静电，通常采用经过硅油改性的矿物油为油剂。卷绕速度一般在 300 ~ 900m/min 范围内。

图 7 - 3 是干法纺丝工艺流程示意图。

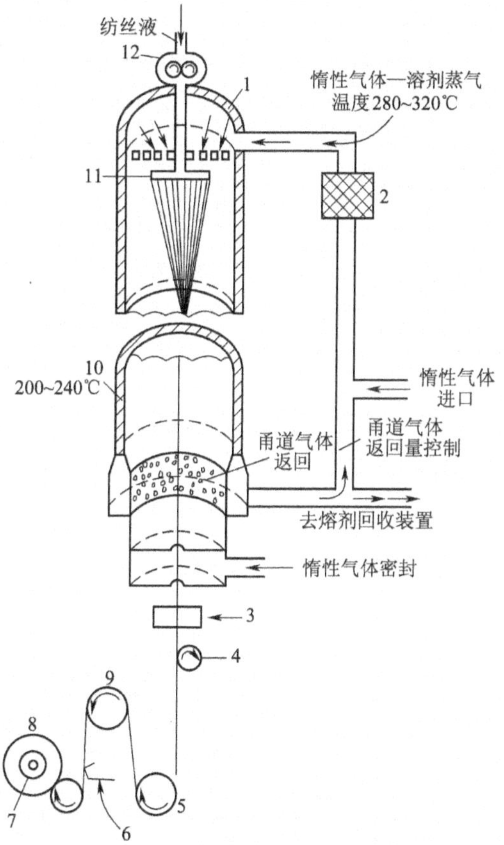

图 7 - 3　氨纶干法纺丝工艺流程示意图

1—甬道气体分布板　2—热交换器　3—假捻装置　4—整理辊　5—卷绕辊　6—导丝装置　7—卷绕转换臂　8—绕丝辊　9—转递辊　10—纺丝甬道壁　11—喷丝板　12—纺丝泵

干法纺丝的工艺条件见表7-4。

表7-4 聚氨酯纤维干法纺丝的工艺条件

溶 剂	聚合物浓度/%	挤出时原液温度/℃	喷丝孔孔径/mm	热风温度/℃		甬道高度/m	甬道直径/cm	纺丝速度/(m/min)	残留溶剂/%
				喷丝板附近	甬道下部				
DMF	30	105	0.1	180	180	3~6	30~50	400	—
DMF	30	110	0.1	170	185	—	—	110	—

干法纺丝和湿法纺丝工艺及产品质量比较,见表7-5和表7-6。

表7-5 干法纺丝和湿法纺丝工艺及产品质量比较

项 目	干 法 纺 丝	湿 法 纺 丝
产品范围/dtex(旦)	11~1244(10~1120)	22~2488(20~2240)
主要原料	PTMG或PEG、MDI或TDI添加剂等原料,有的需要进口	己二酸乙二醇酯(PEG),合成PEG的原料己二酸、乙二醇等及MDI、DMF等,国内可解决
工艺过程	DMAc为溶剂经连续聚合制备聚合物溶液,在高温氮气中成型,经上油、卷绕,制取成品	以PEG或PTMG、MDI为原料,DMF为溶剂,经间歇聚合制备聚合物原液,在水中凝固成型,经干燥、上油、卷绕,制取成品
纺丝速度/(m/min)	300~900	200~360
主厂房建筑面积/m^2	21780	15000
废水量/(m^3/h)	约35	约60
公用工程	电、氮气、压缩空气耗量大	蒸汽耗量大
总成本	高	低
价格	较贵	便宜

表7-6 干法纺丝和湿法纺丝聚氨酯纤维物理性能比较

物 理 性 能	干 法 纺 丝	湿 法 纺 丝
纤度偏差/%	±(1.1~4.4)	±(2.2~6.6)
断裂强度/(cN/dtex)	0.8~0.98	0.8~1.1
断裂伸长率/%	450~700	450~600
300%伸长模量/(cN/dtex)	0.19~0.29	0.19~0.35
300%回弹性/%	95~96	93.5
纤维断面	圆形截面	非圆形截面

从表7-5可以看出,干法纺丝工艺产量高、生产过程连续、生产速度快,但是需要进行溶剂

回收，成本较高；湿法纺丝的原料可以国产化，生产成本较低，但是产量低，并产生大量的污水，对环境有污染。从表7-6可以看出，干法纺丝生产的聚氨酯纤维的质量好于湿法纺丝的产品，但是干法纺丝生产的聚氨酯纤维的耐氯性能差于湿法纺丝。湿法纺丝生产的聚氨酯纤维的截面为非圆形，具有皮芯结构，但是有较好的耐氯性。

图7-4为改进热气体流动状态控制，稳定生产细旦丝的干法溶液纺丝装置。热气体通过一个环形缸体进入纺丝甬道，在缸体的下方设有环形出口，热气体经过设在环形缸体下的环形出口进入纺丝甬道。环形缸体安装在喷丝板的下方，可以根据工艺需要向喷丝板以远方向移动，调节吹风面与喷丝板的距离，以减少丝条的振动，可以生产细旦丝[7]。

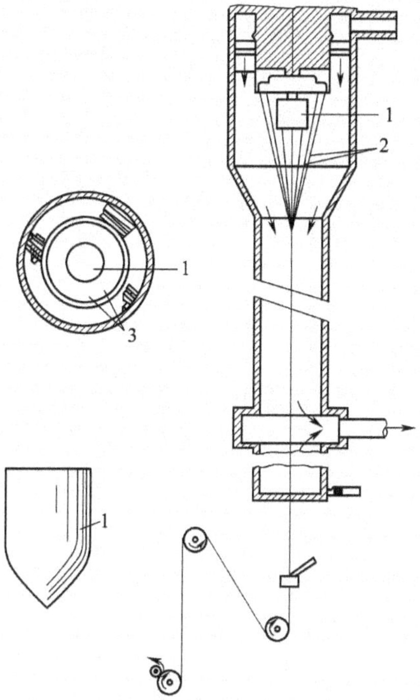

图7-4　改进热气体流动状态控制示意图

1—环形缸体　2—丝束　3—孔

二、湿法纺丝

湿法纺丝(Wet-spinning)，又称为湿法溶液纺丝，是原液在凝固浴中经双扩散作用固化成丝的方法。湿法纺丝约占世界氨纶总产量的10%，其代表是日本富士纺公司的Fujibo纤维。此法的缺点为：生产过程中污染大、纺丝速度慢、成本高。其工艺过程可分为预聚体的制备、纺丝原液的准备、湿法纺丝、后处理等。

工艺流程为[8]：纺丝原液→纺丝泵(过滤)→从喷丝板进入温水(<90℃)→再生槽凝固浴→脱去溶剂→丝条洗涤→干燥→卷绕成型

湿法纺丝采用DMF为溶剂，预聚体的制备和纺丝原液的准备与干法纺丝类似。

图7－5是湿法纺丝工艺流程示意图。纺丝原液（浓度5%～35%）经混合、过滤、脱泡后送至纺丝机，再经过滤、分配、稳压后，通过计量泵打入喷丝头，从喷丝孔挤出的原液细流进入由水和15%～30%溶剂组成的凝固浴中。当纺丝聚合物从喷丝孔挤出时，由于纺丝聚合物中的溶剂浓度大于凝固浴中的浓度，纺丝聚合物溶液中的溶剂便向凝固浴中扩散，细流中聚氨酯浓度不断提高，纺丝聚合物溶液细流的表面开始凝固，逐步从凝固浴中析出形成初生纤维，但是初生态纤维的抗拉强度很低，不能承受过大倍数的喷丝板拉伸，故采用负拉伸、零拉伸和拉伸倍数不大的正拉伸。纤维在凝固浴出口按所需线密度集束，并假捻成圆形截面的多股丝，合股后的丝条经与丝条逆向的多级萃取液洗涤，洗去纤维中残存的溶剂，并在加热辊上进行干燥、控制收缩热定型、上油等工序，最后卷绕在单独的筒管上。一条湿法纺丝生产线往往可以同时生产100～300根多股丝。

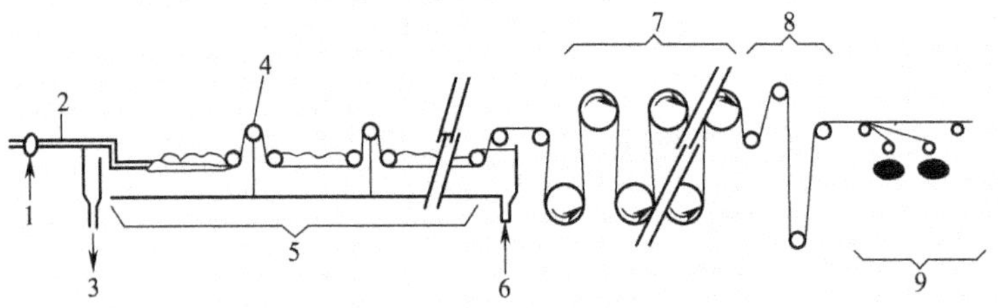

图7－5　氨纶湿法纺丝工艺流程示意图

1—纺丝计量泵　2—纺丝液进入管　3—水/溶剂到溶剂回收　4—假捻导丝辊　5—逆向流动萃取浴系列　6—从溶剂回收来的蒸馏水和去离子水　7—干燥—加热—定型　8—整理装置　9—卷绕包装

凝固浴是由水和溶剂组成的，凝固浴中DMF或DMAc的质量分数以15%～30%为宜。为了使纺丝聚合物细流中的溶剂更好地向凝固浴中扩散，较好地脱除溶剂，单丝线密度一般为0.6～1.7tex。在凝固浴出口处按设计的纤度集束，将复丝合股成圆形截面的多股丝。

湿法纺丝的纤维中含有大量的溶剂，萃取液与丝条的运动方向相反，向机头方向流动。浴槽需20m长，前几浴为凝固浴，后几浴为水洗浴。为了保持溶剂浓度的恒定，必须连续除去溶剂—水混合物，并不断地添加蒸馏回收的溶剂以补充。湿法纺丝的溶剂须蒸馏后回收。

采用湿法纺丝时，还必须配备凝固浴的调制、循环、回收设备，不仅工艺流程复杂，厂房建筑和设备投资费用较大，而且纺丝速度低（一般不超过200m/min），生产成本高。该法已逐渐被淘汰，目前湿法纺丝的产量不到氨纶总产量的10%，其中以聚酯型聚氨酯弹性纤维为主。

三、反应纺丝法

反应纺丝法亦称化学纺丝法或化学反应法溶液纺丝，是高聚物制成溶液经扩链剂使其发生化学反应而固化成丝的方法。美国橡胶公司是最早应用反应纺丝法的公司，其氨纶的商品名为Vyrene。反应纺丝法的纺丝速度一般为50～150m/min，以生产粗旦丝为主，一般为44～6000dtex。该法因工艺复杂，纺丝速度低，生产成本高，设备投资大以及由于二胺直接加入浴槽参与反应，会释放出二胺进入生产区，造成环境污染等问题，所以也逐渐被淘汰。目前世界上采用反应纺丝法生产的氨纶低于总产量的10%左右。

由纺丝液转化成固态纤维时，必须经过化学反应或用化学反应控制成纤速度，反应纺丝法由单体或预聚体形成高聚物的过程与成纤过程同时进行。反应纺丝法工艺过程可分为预聚体的制备、预聚体溶液的配制、扩链固化反应、后处理等，图7－6是氨纶反应纺丝工艺流程，仅供参考。

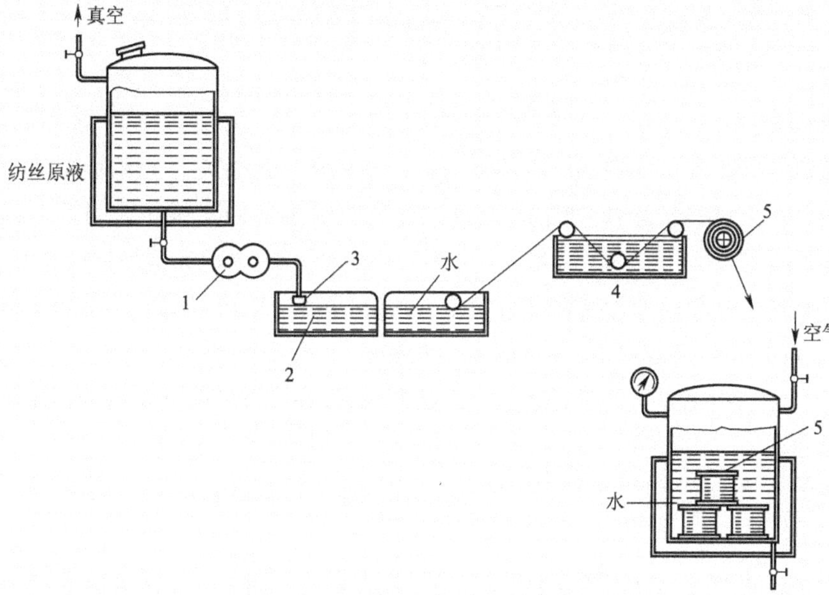

图7－6　氨纶反应纺丝工艺流程示意图

1—纺丝泵　2—凝固浴槽　3—纺丝头　4—中和浴槽　5—丝筒

（一）预聚体的制备

将相对分子质量为1000～3000的聚酯二醇或聚醚二醇与过量的二异氰酸酯反应，制取端基为异氰酸酯基的预聚体。为了提高聚氨酯纤维的耐热性，在聚酯二醇或聚醚二醇中加入少量的三羟基化合物（如三羟甲基丙烷、丙三醇）作为交联剂。

（二）预聚体溶液的配制

在进行反应纺丝法前，要将预聚物配制成溶液（浓度为40%）。所选的溶剂是不能与预聚体和扩链剂反应的，不影响预聚体合成速度，且不污染纤维的惰性溶剂，如甲苯等。

（三）扩链固化反应

反应纺丝法与湿法纺丝相似。先将两端含有二异氰酸酯的预聚体与有机溶剂配成纺丝原液，由计量泵定量挤入喷丝头。经稳压、过滤、分配后从喷丝板的喷丝孔挤出，从喷丝孔挤出的预聚体溶液细流进入凝固浴中，与凝固浴中的链扩展剂——二元胺（如乙二胺）发生化学反应，预聚物的链随之发生增长，形成嵌段共聚物的长链。另外，在纤维内的大分子间也会产生一定程度的横向交联，使之成为具有网状结构的大分子。

由于凝固浴从纤维表层向内部渗透是逐步进行的，当纤维表层已充分反应而硬化时，纤维的内层尚未充分反应。为此，在得到初生纤维以后，还应将它在加压的水中进行硬化处理，使纤维内层未起反应的那部分两端含二异氰酸酯的预聚物，很快地在大分子之间建立起具尿素结合形式的横向连接，从而转变为具三维结构的聚氨酯镶嵌共聚物。

（四）后处理

离开凝固浴的初生态纤维，要经过水洗工序洗去过量的乙二胺。再经过干燥、熟成等后处理工艺。用化学反应法溶液纺制的丝，其丝条之间易发生粘连，故使用前应重新倒筒，否则退绕不好。

四、熔融纺丝

熔融纺丝法是利用高聚物熔融的流体进行纤维成型的一种方法。氨纶熔融纺丝法是近年来新兴起来的，其具有代表性的纤维品种是日清纺公司的 Mobilon 、钟纺公司的 Lubell 和可乐丽公司的 Rexe。熔纺氨纶丝质柔软，耐气候性佳，保存时间长，单根纤维均一性良好，热定型性良好，产品品种变换快，熔融纺丝工艺流程简单，设备投资低，生产效率高，不使用溶剂、凝固剂，无废水废液处理问题，生产成本低，具有很大的发展潜力，是目前人们研究的热点之一。目前，熔纺氨纶在个别性能指标方面不能完全取代干法氨纶，但在中低档弹性织物的使用领域中完全可取代干法氨纶。

熔纺氨纶的生产方法大致分为三种：一步法、二步法与封端法。

（一）一步法

一步法合成工艺将聚氨基甲酸酯原材料（聚酯或聚醚二醇）与二异氰酸酯和短链脂肪族二醇扩链剂按一定配比（二异氰酸酯需过量）在螺杆挤出机中熔融聚合、造粒，经干燥、熔融、计量、纺丝、卷绕、上油、平衡等工序，即得到熔融纺丝氨纶产品。一步法以可乐丽公司为代表。

（二）二步法

二步法又称为预聚体法，是将聚氨酯切片熔融后，加入二异氰酸酯基过量的预聚体，和羟基过量的聚氨酯发生交联反应，修补断裂的软段，改善纤维的热性能和弹性回复率[9]。日本钟纺公司是氨纶熔融纺丝二步法的代表。用预聚体作添加剂的二步法，生产的纤维强度高，生产过程稳定，是一种比较理想的熔法纺丝工艺路线。目前，熔法聚氨酯的生产厂家多采用二步法技术。

1. 工艺流程　该生产方法大都是首先合成弹性体，弹性体经过螺杆挤压机熔融、挤出，在螺杆的出口处与预聚体在静态混合器充分混合后，通过计量泵、分配板到达喷丝板纺丝，其工艺路线如下：

预聚体
聚氨酯切片→干燥→熔融挤压
→混合→熔体分配→计量→喷丝→冷却→上油→牵伸
卷绕→热处理

熔纺聚氨酯纺丝工艺流程如图7－7所示。热塑性聚氨酯切片经风送至湿切片料罐，靠自重进入干燥塔，与来自干燥塔下部的干燥热空气对流干燥，使其含水率低于0.04%，以免高温下的水解和热裂解反应。干燥后的切片靠自重进入螺杆挤出机，随着螺杆的转动，切片被强制向前推进，同时切片由于受热而被熔融。预聚体经预热后，加入预聚体罐，预聚体罐设加热装置，加热后的预聚体经稳压泵稳压，再经预聚体计量泵计量后，进入螺杆挤出机的计量段。在螺杆挤出机的计量段设有特殊设计的动态混合器，将聚氨酯熔体和预聚体充分混合后，进入螺杆挤出机的测量头、熔体管道，熔体和预聚体混合物经熔体计量泵计量进入纺丝箱内的纺丝组件。当预聚体进入熔体后，由于螺杆挤出机内的温度比较高，聚氨酯熔体和预聚体并没有完全反应，当熔体和预聚体的混合物进入纺丝箱后，由于预聚体的黏度较低，故反应体系的黏度下降，为了保持纺丝熔体的黏度，工艺上采用较低的纺丝温度。在较低的温度下，预聚体中的异氰酸酯基一方面与羟基过量的聚氨酯熔体发生了交联反应，另一方面异氰酸酯基与断链的软段发生反应生成新聚氨酯软段，但是此时，部分硬段组分二异氰酸酯基已经溶于了软段组分中。在反应体系中，除了发生上述反应外，还生成部分的脲基甲酸酯基和缩二脲基团。聚氨酯与预聚体所组成的纺丝熔体从喷丝孔挤出形成熔体细流，熔体细流被拉长变细，经侧吹风冷却装置冷却，通过纺丝甬道，经上油装置上油后，经第一导丝辊（GR_1）、第二导丝辊（GR_2），最后经卷绕头卷绕成型。

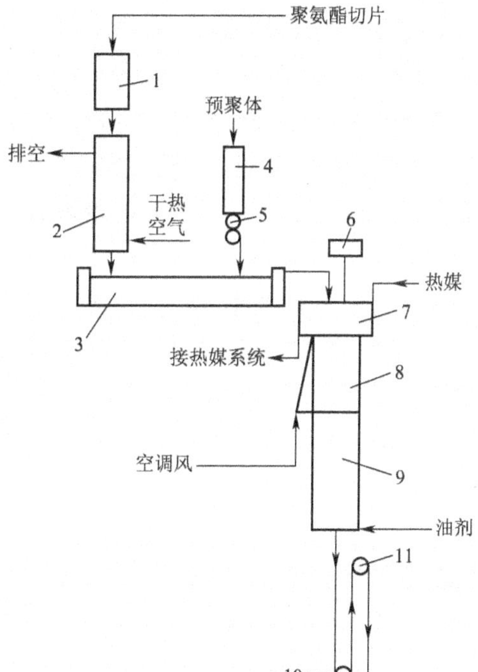

图7－7　熔纺聚氨酯纺丝工艺流程图

1—聚氨酯湿切片料罐　2—干燥塔　3—螺杆挤出机　4—预聚体罐　5—预聚体计量泵　6—熔体计量泵　7—纺丝箱　8—侧吹风冷却装置　9—纺丝甬道　10—第一导丝辊　11—第二导丝辊　12—卷绕头

卷绕成型的纤维并不能出厂，因为在纤维中继续发生交联反应。因此将卷装放置在温度为80～120℃（聚酯型聚酰胺纤维）或100～130℃（聚醚型聚酰胺纤维）热处理室内处理48～72h。在热处理过程中，聚氨酯大分子不断地运动，由于硬段有较大的内聚力，相邻的硬段产生结晶，产生了微相分离，使纤维获得较好的弹性和回弹性。

2. 工艺控制

（1）聚氨酯。用于制造熔纺氨纶的原料主要是线性聚酯型热塑性聚氨酯弹性体（TPU），其中聚酯二醇一般是相对分子质量为1000～2000的聚己二酸丁二醇酯、聚己内酯、聚碳酸酯等。熔纺氨纶的TPU合成主要采用一步法工艺，即将二异氰酸酯、聚酯二醇、扩链剂、催化剂、助剂等经计量后直接加入双螺杆反应器中聚合而成。熔融法纺丝工艺要求TPU切片具有较高的热稳定性，特性黏度均一，通常软化温度在170～190℃，密度1.02～1.15g/cm^3。在TPU合成过程中，体系中的R值（—NCO与—OH的物质的量比，表示聚合物的硬段与软段比值）对熔纺氨纶的可纺性和力学性能有显著影响。R值越大，所得纤维的断裂强度越大；反之，R值越小，则纤维的断裂伸长率越大。然而当R值过大时，分子交联过大，形成网状结构，不利于纺丝顺利进行，而当R值过小时，纤维熔点过低和强度过小，没有多大使用价值，因此，为了能获得刚性和柔软性适中的氨纶弹性纤维，R值控制在1.02～1.06之间[10]。聚醚型TPU耐水解性好，但耐热性较差，如果用于氨纶熔融纺丝，则需进一步提高其耐热性，可采用芳香族二醇做扩链剂。

（2）预聚体。预聚体是二异氰酸酯和聚合物二醇合成的聚醚或聚酯型预聚物，常温下为固态。100℃下的黏度仅为0.7～0.8Pa·s，极易水解，生产中采用干氮保护。预聚物在供给罐内用低于100℃的温度熔融，并在熔融时抽真空脱泡。预聚体起着添加剂作用，使熔融的大分子弹性体黏度下降，喷丝孔孔口膨化效应降低，使纺丝顺利进行；预聚体又起交联剂作用，使形成的弹性纤维有较高的强度，具备良好的使用性能。预聚体加入量为5%～25%，加入量过大，则与聚氨酯熔体混合不均匀，熔体的可塑性加快，活性基团的量增加，造成纺丝无法卷绕，即使卷绕到筒管上也会发生胶合，无法退绕；加入量过小，聚氨酯纤维的热性能改善不充分。

（3）干燥。由于聚氨酯切片中含有极性基团，具有较强的亲水性，水分的存在加剧熔融过程中的降解，引起毛丝和断头，严重时无法正常纺丝。另外，TPU切片中水分与熔体中异氰酸酯反应，生成胺并放出二氧化碳，起发泡作用等，使初生纤维泛白，成柱状喷出。一般生产上干燥后切片含水率控制在40mg/kg以内。干燥塔升温不宜过快，为防止切片在干燥塔中出现“架桥”现象，干燥塔温度应控制80℃，干燥时间8～12h[11]。

（4）纺丝温度。纺丝温度对熔纺氨纶的影响比其他聚合物熔融纺丝更加突出，温度较高发生热降解和热氧化降解，熔体黏度下降，纺丝困难；而温度低，黏度升高，则成纤困难。另一方面聚氨酯具有高贮能模量、高黏度的熔体性能，纺丝头温度过高，黏度下降，聚合物熔体会在喷丝板的孔道上形成湍流，也影响丝条的成型。因此一般纺丝温度控制在180～240℃[12]。生产中提高螺杆2～4区温度，3、4区温度梯度适当缩小，减少熔体停留时间，以减少黏度降解，箱体温度与第5区的相近，并保证喷丝板面温度不致太低。

（5）环境温度。由于聚氨酯切片的玻璃化温度很低，如果纺丝环境温度过高，自喷丝头喷出的熔体细流冷却不下来，使纤维发黏，将影响纤维的上油、卷绕及后处理工艺。理想的环境温度应控制在10～15℃[13]。

(6)侧吹风条件。侧吹风条件(风速、风温、相对湿度)对丝条均匀性影响较大。为保证丝条均匀性,侧吹风窗出风面横向风速极差小于10%,层流性要好。由于熔纺氨纶丝生成的特殊反应机理,经喷丝板喷出的熔体细流在距喷丝板100mm的区域内,尚处于黏流态,因此在侧吹风窗上部增加了高度为200～400mm的一段静止无风区,留有适当长的一段高温区域,在细流还未形成超分子结构前,使初生纤维内部未起反应的部分进行交联。实际生产中,冷却风温度宜控制在16～20℃,冷却吹风速度为0.3～0.5m/s,相对湿度在60%RH以下。

(7)纺丝速度。由于氨纶聚合物的玻璃化温度低,结晶部分比例也低,如果纺丝速度过高,熔体丝条的冷却不好,纤维发黏,将影响纤维的后处理工艺。适当的提高纺速会使熔纺氨纶丝的强度及回弹率增加,但丝的伸长会减小,纺丝断头增加,工业上控制纺丝速度一般在200～1000m/min。

(8)纺丝集束点位置。纺丝集束点位置即油嘴距喷丝板的距离。氨纶生产中,集束点位置不宜过高,如果集束点位置选择较高,在拉伸流动过程中大分子还没有进行有序排列取向之前,集束上油就将温度较高的纤维取向结构"冻结",拉伸过程中表现为断裂伸长小,断裂强度低。通常控制集束点位置在纺丝甬道的下方。

(9)含油率。如果含油率过高,那么油剂下滴严重,摩擦因数降低,丝束生产过程中抖动严重,不利于卷绕成型;如果上油不足,易产生毛丝,易缠辊断头。熔纺氨纶采用浓度100%纯油,油嘴上油,上油率控制在0.5%～0.7%。

(10)熟成。熟成是将卷装成型的成品纤维放置在温度恒定的平衡间(俗称熟成室)中平衡一定时间。通过加热处理,使聚氨酯和添加的预聚体在熔融纺丝后继续进行,使得一部分无定型链重新进行组合排列,有序的逐渐固定下来,以获得好的力学性能。工业上,卷绕下来的丝饼在恒温80℃的熟成室中平衡38～48h,丝的断裂强力、弹性回复率,耐热性呈明显上升趋势。

(三)封端法

以封端剂(例如酚、胺等)将MDI分子上的异氰酸基先行封闭,合成一种稳定的衍生物,然后与聚氨酯弹性体混合进行纺丝。在挤出时此衍生物是稳定的,在纺丝时解封闭,使—NCO基团再活化,解封闭后的自由—NCO基团在纤维固化成型过程中与聚氨基甲酸酯大分子发生交联,使纺丝过程中弹性体耐热性能提高,有利于熔纺,同时提高了纤维的物理机械性能,这种衍生物称为潜在交联剂。

第四节　聚氨酯弹性纤维的后加工

氨纶具有极好的伸缩弹性,目前在国内外已被广泛地应用到针织或机织的弹力织物中。归纳起来,其使用形式有以下四种:裸体氨纶长丝、包芯混纺纱、包覆纱、合捻线。图7-8为聚氨酯纤维加工纱的类型,仅供参考。

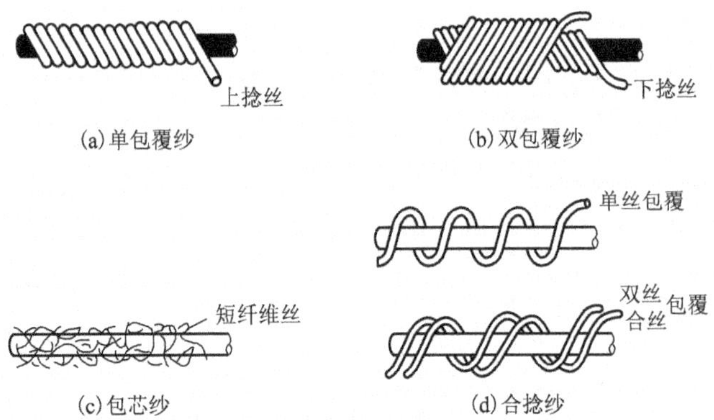

图7－8　聚氨酯纤维加工纱的类型

一、裸体氨纶长丝

裸体氨纶最早使用的是弹力长丝，它分低特的长丝单纤纱和高特的复合丝。这种丝拉伸与回复性能好，不用纺纱后加工便能使用，具有成本低的优点。因此，目前仍使用在一些弹力织物上。裸体氨纶长丝因其滑动性能差，目前织造要求很高的技术，直接用来做织品的情况不多，一般适用于在针织机上与其他长丝交织[14]。

二、包芯混纺纱

氨纶包芯混纺纱是以聚氨酯长丝为芯丝，外面包一种或几种非弹性的短纤维（棉、毛、涤/棉、腈纶、涤纶等）纺成的纱线。芯丝提供优良的弹性，外包纤维提供所需要的表面特性。包芯纱的伸长率为150%～200%，其中聚氨酯纤维占2%～12%。

包芯混纺纱的加工方法有环锭纺、气流纺、涡流纺、静电纺等。我国使用最多的方法是环锭纺。图7－9是在经过改装的环锭细纱机上纺制氨纶包芯纱的示意图。一般的改装方法是在普通的细纱机上加装氨纶丝的喂入装置以及预牵伸装置。

工作时，将氨纶筒子置于喂入罗拉上，经过预牵伸装置（包括预牵伸区和喂入区）和V形槽导轮，自前罗拉皮辊后方的集棉器处喂入，与牵伸后的非弹性短纤维条相合并，同时经过集棉器及前罗拉。当芯纱脱离前罗拉的握持点后，由于细纱纺纱张力小于芯纱所受的拉伸张力，使芯纱发生回缩。外包覆纤维由环锭回转的加捻作用形成纱鞘。即得到弹力包芯纱。

氨纶丝的牵伸倍数是由前罗拉和氨纶丝的喂入罗拉表面线速度之差形成，包括预牵伸区和喂入区两个阶段，一般为3～4倍。

氨纶丝的预牵伸是在喂入罗拉与预牵伸罗拉之间进行的，预牵伸倍数太低，将影响包芯纱的弹性；预牵伸倍数过高，氨纶丝容易断头，而且给纺织加工也会带来一定困难。

氨纶丝的喂入区牵伸是在预牵伸罗拉与前罗拉之间进行的，由于预牵伸罗拉的线速度比前罗拉要高出5%左右，所以喂入区牵伸倍数为负数，说明氨纶丝在喂入区是超喂的（负牵伸），这

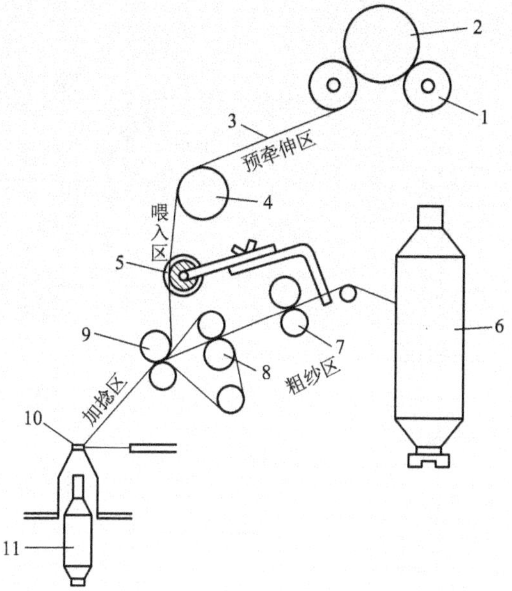

图 7 - 9　氨纶包芯纱纺制示意图

1—喂入罗拉　2—氨纶丝筒　3—氨纶丝　4—预牵伸罗拉　5—导丝轮
6—粗纱筒管　7—后罗拉　8—中罗拉　9—前罗拉　10—导丝钩　11—锭子

不仅可以减少牵伸断头,而且能使氨纶丝有良好的包覆性能。

成品纱的弹性主要取决于芯纱预牵伸的倍数;成品纱的强力主要取决于鞘纤维。

三、包覆纱

包覆纱是以氨纶丝为芯,外包以合成纤维长丝或短纤维纱线按螺旋方式对伸长状态的弹力长丝进行包覆而形成的弹力纱。包覆纱的特点是手感硬挺,纱支粗,其伸长率为 300% ~ 400% ,其中聚氨酯纤维占 7% ~20% 。

包覆纱分为单包覆纱与双包覆纱两种,区别在于包覆层数和外包层的每厘米圈数不同。单包覆是在氨纶丝外层包上一层长丝或纱,其缺点是由于施加于芯纱上的每厘米包覆圈数较少,主要用于袜子、弹力织物。双包覆是在氨纶丝外层包覆两层长丝或纱,这两层包覆方向相反。由于非弹性长丝是以相反的螺旋角对称包覆的,因此,芯纱上不需加捻,就可达到成纱弹力的平衡,但双包覆纱的加工费用较高。用于护腿、连袜裤、弹力织物、袜子口等。在弹力织物中,双包覆纱比较常用。包覆机工作原理如图 7 - 10 所示。

氨纶包覆纱一般是在空心锭子纺纱机上纺制的。全机共分弹力纱芯喂给、拉伸包覆和松弛卷取三个部分。上、下两组空心锭子(单层包覆时为一组)以相反方向回转,聚氨酯原丝从喂料辊通过空锭子送出,并在喂料辊与送出辊之间加上设计的牵伸倍数(和一定的捻度)。同时,外包覆丝在空心锭子回转时被引出,将聚氨酯原丝包覆一层或两层的棉纱或锦纶丝。

包覆纱从送出辊输出后,经过往复导丝器和卷绕辊,以平行筒的形状按一定的松紧度进行卷绕。

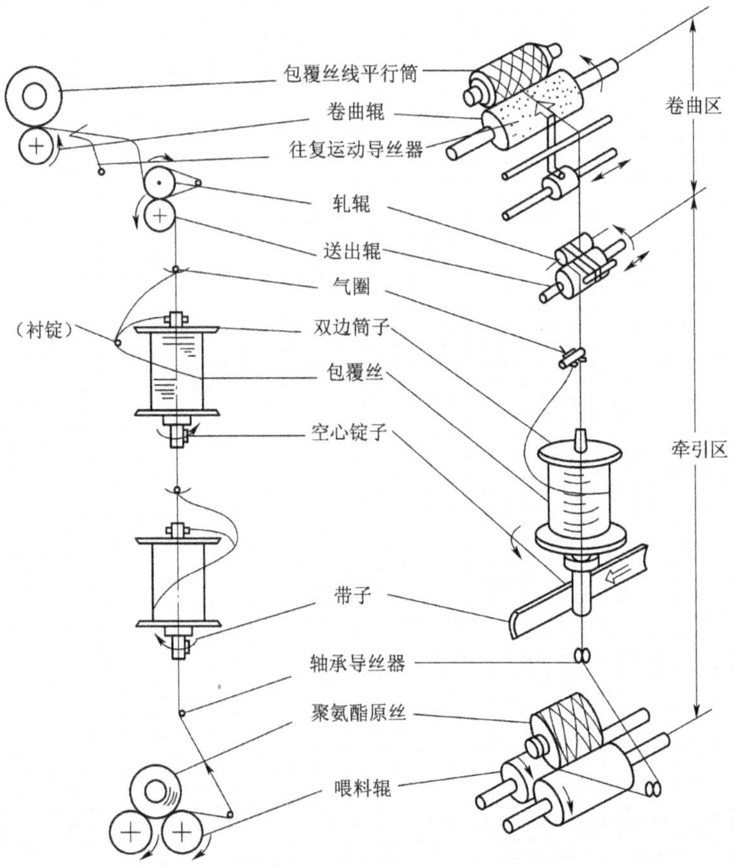

图7-10　包覆机工作原理示意图

四、合捻线

合捻线又叫合股线，是由有伸缩弹性的氨纶丝边牵伸边与其他无弹性的一根纱线或两根纱线合并加捻而成。一般在加装了特殊喂纱装置的环锭捻线机上进行，可以制取双股线、三股线。合捻纱能与其他纱配合织造[15]。

合捻纱是在捻线机上生产的，通常将氨纶在拉伸2.5～4倍下与其他纤维进行加捻。

第五节　聚氨酯弹性纤维的新品种

一、吸放湿式氨纶

日本旭化成公司推出牌号为Roica BZ的吸放湿式氨纶。该氨纶纤维特点是吸湿量大而放湿速度快，其吸湿性比棉快1倍，而在静止与低温环境时急速地放湿，使吸湿功能再生，称为“呼吸纤维”[16]。旭化成还开发了第二代耐氯性醚型氨纶 Roica SP，可与锦纶交织，已用于制作竞赛用泳衣。

二、大豆蛋白纤维氨纶包芯纱

大豆蛋白纤维氨纶包芯纱是以氨纶长丝为芯纱，外包大豆蛋白纤维，在改装后的环锭细纱机上纺制而成的。该纤维既具有天然蚕丝的优良性能，又具有合成纤维的机械性能。织制的织物是制作弹力服装的理想面料。

三、蚕丝氨纶抱合丝

蚕丝氨纶抱合丝是在缫丝过程中以氨纶为芯丝，多粒茧丝在外围平行纵向排列，一次抱合而成的新型原料，具有很高的推广价值。

四、细旦氨纶弹力丝

韩国晓星公司最新开发的 Creora# 新品包括一系列细旦弹力丝，可以配合细针距经编机和纬编机生产轻薄织物，面料柔软、通透、轻薄，且富有弹力。将其用于胸围和内裤上合体舒适，犹如第二层皮肤，感觉自如。

五、黑色氨纶

韩国晓星公司最新开发的 Creora#H—100D 是一种可以给服装和袜类带来更深的黑色的新型黑色氨纶。它是在生产的喷丝工序之前加入黑色原料，使色素原料混合在氨纶丝内，以保持更持久的黑色效果。Creora#H—100D 有着卓越的耐水洗性能，能保持成衣颜色，给服装或面料带来奢华的深黑色效果，在面料拉伸状态下防止露白现象的发生，甚至能用来开发新式样和新奇布面效果，如黑色条纹、花型图案、杂色效果等。

六、纳米改性氨纶

一般纳米粒子采用有机物质（如表面活性剂）对其表面加以处理。在纳米技术聚氨酯弹性体材料中有两种方法效果明显：一种方法称为原位聚合法，经表面处理的纳米粒子加入单体中，然后引发单体聚合，从而达到纳米改性聚合物目的；另一种是由硅胶分解成纳米 SiO_2，将此工艺与聚酯多元醇合成工艺结合一起，制得纳米聚酯多元醇。用此纳米聚酯多元醇原料可制得高性能的纳米改性氨纶。

☞ 复习指导

1. 重点掌握氨纶干法纺丝的原理、工艺流程、工艺控制。
2. 掌握氨纶熔融纺丝的原理、工艺流程、工艺控制。
3. 了解聚氨酯合成工艺。

思考题

1. 聚氨酯弹性纤维中的软链段和硬链段的作用分别是什么？
2. 简述聚氨酯弹性纤维干法纺丝成型原理。
3. 聚氨酯弹性纤维干法纺丝成型中常用做软链段和硬链段的物料是什么？
4. 聚氨酯弹性纤维二步法熔融纺丝的工艺流程。
5. 简述熔融纺丝聚氨酯弹性纤维的工艺控制。

参考文献

[1] 陈彬. 氨纶工业状况与生产技术发展趋势[J]. 浙江化工,2005(1):37－39.

[2] 肖长发,围翠玉,张华,等. 化学纤维概论[M]. 北京:中国纺织出版社,2001.

[3] 李栋高,蒋惠钧,潘志娟,等. 纤维材料学[M]. 北京:中国纺织出版社,2006.

[4] 李良飞,王冬梅,金敏善,等. 国内氨纶生产现状及发展趋势[J]. 高科技纤维与应用,2006(5):37－39.

[5] 刘凉冰. 聚氨酯的化学降解及其性能[J]. 聚氨酯工业,2001(2):5－6.

[6] 钱伯章. 国内外氨纶生产现状和市场分析(上)[J]. 上海化工,2006(7):44－46.

[7] 郭大生,王文科. 熔纺聚氨酯纤维[M]. 北京:中国纺织出版社,2003.

[8] 韩秀山,杨涛,董宏伟. 氨纶纤维的生产技术及发展趋势[J]. 化工科技市场,2004(2):14－18.

[9] 杨健华,袁峰,王文科. 聚氨酯熔法纺丝工艺路线[J]. 聚酯工业,2002(3):13－15.

[10] 杨涛锋,陈大俊,李瑶君. 熔纺氨纶的制备方法及性能[J]. 聚氨酯工业,2000(1):1－4.

[11] 赵跃,谭玉荣,马辉,等. 影响熔纺氨纶质量因素探讨[J]. 聚酯工业,2003(3):9－11.

[12] 薛孝川,郑巩伟. 熔纺氨纶生产技术[J]. 广东化纤,2001(3):25－28.

[13] 侯养全,尹波,杨国虎. 氨纶熔纺可行性探讨[J]. 合成纤维工业,1999(2):17－19.

[14] 王家昭,孙宗轩,纪永玲. 氨纶弹力丝生产及其应用[M]. 北京:纺织工业出版社,1989.

[15] 邬国铭,李光. 高分子材料加工工艺学[M]. 北京:中国纺织出版社,2000.

[16] 李立会. 氨纶生产新技术及发展趋势[J]. 化工新型材料,2006(10):30－34.

第八章　新型化学纤维的性能及生产

第一节　新型再生纤维素纤维

一、Lyocell 纤维

（一）概述

Lyocell 纤维是目前已实现工业化生产的使用有机溶剂法的再生纤维素纤维，它是以叔胺氧化物 *N*－甲基吗啉－*N*－氧化物（简称 NMMO）为溶剂，将纤维素浆泊溶解后进行纺丝而成。

Lyocell 纤维是国际人造纤维和合成纤维标准局（BISFA）于 1989 年为有机溶剂纺丝法制得的新纤维素纤维确定的属名，它是国际标准化组织 ISO 规定的再生纤维素纤维六大新品种（铜氨纤维、黏胶纤维、高强高湿模量纤维、醋酯纤维、三醋酯纤维及 Lyocell）成员之一。该纤维在英、美等国家中的注册商标为 Tencel，而在我国则俗称为天丝。因该纤维以天然纤维素为原料，其纤维结构基本上与棉纤维相同，具有独特的光泽、良好的吸湿性、优美的悬垂性、涤纶的强度、真丝般的手感、天然透气与抗静电性等优良特性，成为服装用纺织品和卫生用纺织品的主要原料而备受人们的青睐。

以 NMMO 为溶剂纺制纤维素纤维，首先于 20 世纪 70 年代由美国 ENKA 公司研究开发，80 年代由英国 Courtaulds 公司进行半工业化中试，1993 年底，Lyocell 纤维由英国化学纤维制造商 Courtaulds 公司在美国 Mobile 生产。其后，世界各国纷纷投资生产该纤维，目前生产这类纤维的国家主要是西欧和美国。主要产品商标有英国考陶尔兹 Courtaulds 公司的坦赛尔（Tencel），包括有光短纤维和工业用短纤维；奥地利兰精 Lenzing 公司的兰精里莱塞尔（Lenzing Lyocell）为短纤维；德国 Thuringian 纺织与塑料研究所的阿努斯路（Alceru）为有光短纤维。到 2005 年底，全球 Lyocell 纤维的年生产能力已超过 30 万吨。

再生纤维素纤维过去的代表作品一直是黏胶纤维。然而，黏胶纤维生产过程中会产生大量的“三废”。在倡导全球环境保护的今天，要求黏胶纤维生产企业必须治理“三废”，这必将大大增加黏胶纤维的生产成本。与传统的黏胶纤维相比，Lyocell 纤维有三个显著的优点。

（1）生产原料及生产过程对环境没有或者很少污染。Lyocell 纤维生产采用的溶剂 NMMO 是一种氨基氧化物，对人体和环境生物几乎没有毒性。而纤维的生产又是在完善的密闭和循环过程中进行，NMMO 的回收容易，废水、废气的排放量少，所有溶剂几乎全部回收（99.9% 以上），而黏胶纤维采用 CS_2、$ZnSO_4$ 及反应生成的多硫化物对人体和生物具有较大的毒性，所用的化工料（如 H_2SO_4、NaOH 等）及其反应生成物随着大量废水、废气和废渣排放，污染周围环境。虽然黏胶纤维的三废处理和环保问题，从技术上已经解决，但在经济上要增加投入量，操作费用昂贵,使生产成本增高。

(2)生产过程简单。采用 NMMO 溶剂,直接溶解纤维素,制成纺丝溶液,避免了黏胶原液生产中的多段化学反应过程,减少了生产设备,降低了能耗,提高了生产效率。

(3)具有优良的性能。Lyocell 纤维不仅具有良好的抗静电性、吸湿性、柔软性,易染色,易生物降解,穿着舒适,而且强度尤其是湿态强度优于传统的黏胶纤维。

由此 Lyocell 纤维成为 21 世纪最具发展前途的新型纤维,具有广泛的应用价值。

(二)Lyocell 纤维的结构及性能

1. Lyocell 纤维的结构

(1)分子结构。Lyocell 纤维生产过程属于物理过程,纤维素浆粕结构基本无变化,故大分子的化学结构是由 β - D - 葡萄糖剩基彼此以 1,4 苷键连接而成。大分子的两个末端葡萄糖剩基带有不同基团。一端有四个自由羟基,另一端有三个自由羟基和一个半缩醛羟基(潜在醛基)。这样的结构使纤维大分子具有还原性。另外,由于纤维素浆粕结构基本无变化,其聚合度较高,纤维大分子中的羟基能把几个结晶区和无定形区连在一起,形成紧密的整体,从而使纤维强度提高[1]。

(2)形态结构。Lyocell 纤维具有接近圆形的截面形态,有清晰的巨原纤结构特征,并有尺寸从 5 ~ 100nm 不等的空隙与裂缝,同时它也是一种有皮芯层结构的纤维,但皮层比例比黏胶纤维小,在 5% 以下[2]。

(3)超分子结构。和黏胶纤维一样,Lyocell 纤维也属于单斜晶系的纤维素Ⅱ型晶胞,使用干湿法纺丝,拉伸主要在干态(空气中)条件下进行,所以分子的取向度比普通黏胶纤维高,结晶度也高于普通黏胶纤维,晶粒长而薄,无定形区的取向程度较高。其结晶度为 63.9%,而普通黏胶纤维约为 40%。这说明 Lyocell 纤维分子紧密规整,具有很高的分子间力,纤维强度也大。采用双折射法测得 Lyocell 纤维的双折射率为 0.05 ~ 0.07,远高于黏胶纤维的 0.02。这有助于进一步提高纤维的强度。

(4)Lyocell 纤维原纤化。原纤化是纤维素纤维的共同特点。Lyocell 纤维在这方面表现特别明显。纤维在湿热状态下,由于纤维膨胀和机械张力作用,单个原纤会沿纤维轴向分裂,在纤维主干上形成绒毛[3]。

纤维素纤维的结构是产生原纤化的主要原因。从表 8 - 1 可看出,Lyocell 纤维的原纤化特别明显。这是由于 Lyocell 纤维采用溶剂法生产,在生产过程中,大量的结晶化原纤维沿纤维轴向定向排列,其相邻的非晶态或无定形态的纤维素将这些结晶部分连接起来,形成整根纤维;Lyocell 纤维的高吸湿性,与普通黏胶纤维不同,Lyocell 纤维中沿纤维轴向存在排列规则的微孔,直径 15 ~ 30nm,这使 Lyocell 纤维在水中的溶胀度比其他再生纤维素纤维有明显增加(表 8 - 2),横向与纵向的膨胀比在 1000 以上,使大量水分子进入纤维内部,纤维素吸湿膨胀,分子间结合力削弱。受机械外力作用,原纤沿纤维主体剥离成为直径小于 1 ~ 4μm 的巨原纤,产生原纤化现象;另外,Lyocell 纤维的高取向度使原纤沿纤维轴排列整齐,原纤间的交缠络合减少,有利于原纤的剥离;Lyocell 纤维纺丝属于溶剂纺干喷湿法工艺,使纤维极易形成皮芯层结构。皮层结构致密且薄,为纤维的原纤化提供了条件。

表 8－1 纤维类型与原纤化等级的关系

纤 维 类 型	微 原 纤 数	原纤化等级
黏胶纤维	1	1
棉纤维	4	2
富强纤维	10	3
Lenzing Lyocell	45	4
Courtaulds Lyocell	60	5

表 8－2 纤维素纤维的溶胀度

纤 维 类 型	横 向/%	纵 向/%
黏胶纤维	31.0	2.60
棉纤维	8.0	0.60
Lyocell	40.0	0.03

2. Lyocell 纤维的性能 Lyocell 短纤维和其他纤维的性能比较见表 8－3。Lyocell 长丝和 Lyocell 短纤维的主要性能相似，因此，下面将以目前应用较多的短纤维为主介绍 Lyocell 纤维的性能特点。

表 8－3 Lyocell 短纤维和黏胶长丝的性能比较

性 能	Lyocell 短纤维	黏胶纤维	HWM	棉纤维	涤 纶
纤维线密度/dtex	1.7	1.7	1.7	1.65～1.95	1.7
干强度/(cN/tex)	40～42	22～26	34～36	20～24	40～52
湿强度/(cN/tex)	34～38	10～15	19～21	26～30	40～52
干断裂伸长/%	14～16	20～25	13～15	7～9	44～45
湿断裂伸长/%	16～18	25～30	13～15	12～14	44～45
回潮率/%	11.5	13	12.5	8	0.5
5% 伸长湿模量/(cN/tex)	270	50	110	100	210

注 HWM 为高湿模量黏胶纤维。

(1)强度较高。从表 8－3 中可看出，Lyocell 纤维的强度比一般的纤维素纤维高许多，可与高强的合成纤维(涤纶)相提并论。造成这一现象的原因有以下几个方面：其一，Lyocell 纤维在制造过程中几乎不存在纤维素降解，能保持纤维素原有的聚合度，分子链长，分子间的氢键作用力大，故纤维强力较高；其二，Lyocell 纤维结晶度高，纤维分子紧密堆积，从而提高了分子间相互作用力，使再生纤维的干强首次接近高强度的涤纶[4]；其三，Lyocell 纤维取向度高，大分子、分子链段或结晶长轴的取向使分子链有序排列，次价键增强。另外，纤维受外力作用主要是经向拉伸，高取向度纤维的大分子能承受外力，减少因大分子应力集中所造成的局部大分子链断裂，因此高取向度纤维具有高强度。更为可贵的是，Lyocell 纤维在湿态下强度损失比普通的黏胶纤维小得多。从湿态强度损失的机理来看，水分子只能进入无定形区，不能进入以大量氢键紧密结合的结晶区；水的作用会使纤维大分子间的结合力降低，大分子上的羟基与水形成氢键而降低了大分子间的作用力，造成大分子的滑移，最终引起纤维强度下降。可见，因为 Lyocell 纤维结晶度比黏胶纤维高得多，故湿态下强度损失比黏胶纤维小得多。

(2)初始模量较高。Lyocell 纤维较高的初始模量与 Lyocell 纤维中巨原纤有很高的取向度和结晶度有关。Lyocell 纤维在湿态时仍然能保持很高的模量值，这在工业加工中很重要，因为它可以保证纤维在湿态条件下加工时保持良好的保形性。

根据纤维的结晶度高，且模量高于一般黏胶纤维并接近聚酯纤维的情况来分析，其变形回复能力也比较好。

(3)吸湿性能良好。Lyocell 纤维吸湿回潮率达 11% 以上。这是因为 Lyocell 纤维为纤维素纤维，大分子中存在众多亲水性羟基，羟基与水形成氢键，导致纤维吸湿性好。但 Lyocell 纤维吸湿回潮率明显小于黏胶纤维。产生这一结果的原因是由于 Lyocell 纤维具有较高的结晶度与致密的微结构。

(4)染色性能好。Lyocell 纤维的染着率与固着率较高，与丝光棉、黏胶长丝、铜氨长丝相近；Lyocell 纤维对染料的亲和力较高，染色速度快，与黏胶长丝相近。

(5)其他性能。Lyocell 纤维为圆形截面，表面光泽度较好，无条纹，其织物具有丝绸般的光泽，优良的手感、悬垂性和飘逸感，良好的抗静电性、柔软性，易生物降解；Lyocell 纤维较低的沸水收缩率源于其具有较高的结晶度及较大的结晶粒子。

(三)Lyocell 纤维生产及质量控制

Lyocell 纤维是将纤维素浆粕溶解在有机溶剂 *N* – 甲基吗啉 – *N* – 氧化物(简称 NMMO)中，制得黏稠纺丝液(黏度在几万 Pa · s 左右)，并除杂过滤；接着采用干喷湿纺丝工艺进行纺丝，然后对丝进行水洗、干燥、卷曲和切断，同时，凝固浴、清洗液中的 NMMO 被精制、回用。由于 Lyocell 短纤维应用广泛，以下仅讨论 Lyocell 短纤维生产情况及质量控制。Lyocell 纤维生产工艺流程如图 8 – 1 所示。

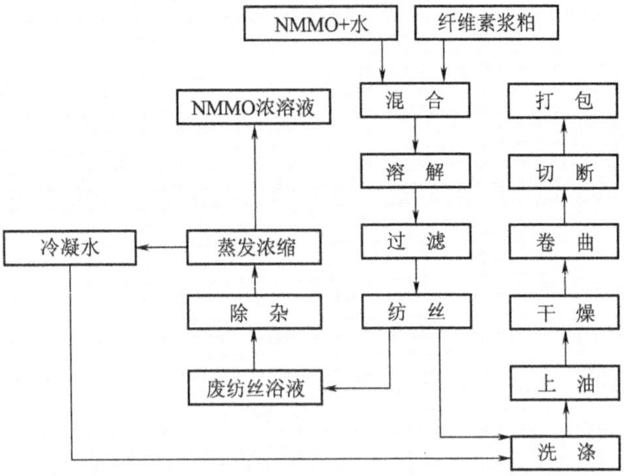

图 8 – 1　Lyocell 纤维生产工艺流程图

1. Lyocell 纤维生产工艺及质量控制

（1）原料准备。用于生产 Lyocell 纤维的浆粕可以是木浆或棉浆，要有较高的纯度，α－纤维素含量为 96.5%～99%；由于生产过程中纤维素的降解不明显，故原料浆粕的聚合度控制在 650～700；对杂质含量有一定要求：$Fe \leqslant 0.05mg/kg$，$Cl \leqslant 1.0mg/kg$，$Cu \leqslant 0.01mg/kg$，$Mn = 0.001 \sim 0.002mg/kg$，其他元素 $\leqslant 0.01mg/kg$。在混合、溶解前，浆粕要经过粉碎。

NMMO 是纤维素的良好溶剂。但其含水量不同，对纤维素的溶解能力亦不同。干态下的 NMMO 对纤维素有良好的溶解性，但因其熔点高（172℃），氧化力强，易使纤维素分解，且在高温下 NMMO 有爆炸危险，同时无水 NMMO 极易吸潮，化学性能不稳定；含水量 4.5% 以上的 NMMO 在 75℃以上为液体，在 80℃以上对纤维素的溶解良好；当 NMMO 的含水量在 19% 以上时，对纤维素丧失溶解能力。

以 NMMO 为溶剂，其溶解机理如下：

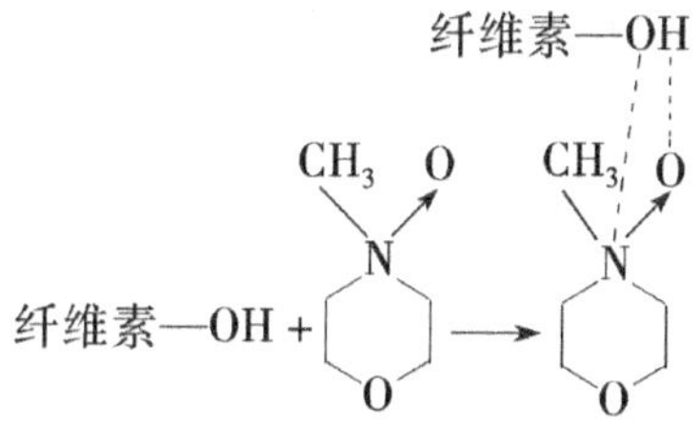

由上可知，NMMO 是一种环状的叔胺氧化物，它能溶解纤维素，是因为其甲基胺氧化物的氧原子有很强的极性，能与纤维素大分子上的羟基形成强的氢键，而使纤维素溶解。这种作用先是在纤维素的非晶区内进行，破坏了纤维素大分子间原有的氢键。由于过量的 NMMO 溶剂存在，氢键作用逐渐深入结晶区内，最终使纤维素溶解。

（2）纺丝液制备。

①纤维素的溶解。将粉末状纤维素、NMMO 和过量水配成悬浊液（Suspension），加热至 90～125℃，均匀搅拌，浆粕先溶胀，继而溶解。经 2h 左右，得到稍呈褐色的透明而黏稠的溶液，其纤维素含量约 15%～18%，黏度约 700～750Pa·s；另一方法是将经过粉碎的定量的浆粕，投入 60% NMMO 水溶液中，然后将混合物加热蒸发，提高 NMMO 浓度。纤维素开始先溶胀，然后慢慢溶解。当混合物中水分降低至 13%～19% 时，纤维素被完全溶解。这种方法可使纤维素在低于 100℃的条件下溶解，以减少纤维素的氧化降解。一般认为，在 85～90℃下溶解较适宜。

在加工过程中，特别是在高温下，NMMO 易氧化降解，因此有必要在溶解时加入抗氧化剂（如没食子酸丙酯），其用量为浆粕重量的 0.25% 以下。

②过滤脱泡。原液过滤和脱泡在 80℃以上的保温状态下进行。在此过程中，纤维素降解造成溶液黏度略有降低。

（3）纺丝。Lyocell 纤维采用干喷湿法纺丝，即通过空气夹层的湿法纺丝。其装置如图 8－2 所示。

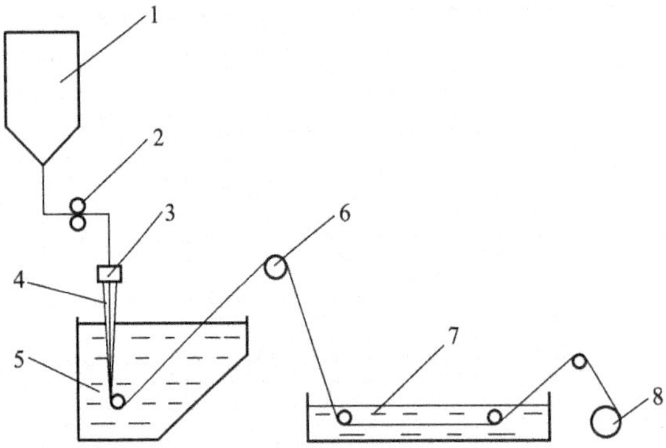

图 8 – 2 Lyocell 纤维纺丝拉伸装置示意图

1—原液罐 2—计量泵 3—喷丝头组件 4—空气夹层
5—凝固浴 6—导丝辊 7—水洗浴 8—卷绕辊

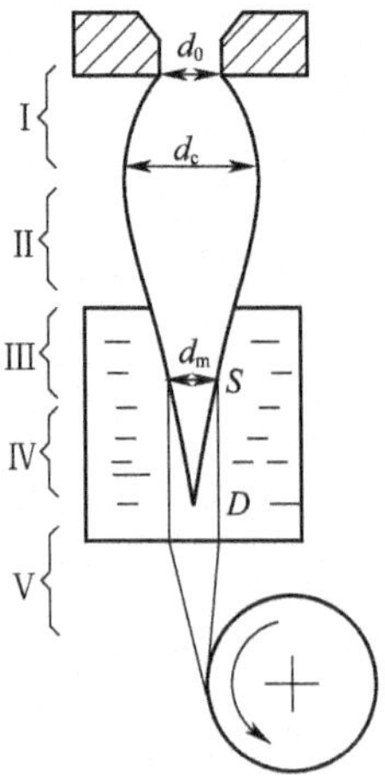

图 8 – 3 Lyocell 纤维成型过程

溶解后的纺丝原液自纺丝罐经计量泵准确计量，在压力下送入喷丝头，喷出的丝在进入凝固浴之前通过一段间隔（10 ~ 300mm），未成型的纤维流体在此阶段拉伸取向，在此间隔中空气是理想的介质，其他也可以是氮气或非凝固介质。然后进入凝固浴（含 50% NMMO 水溶液，约 15℃），凝固为丝条，再经水洗浴（室温）后卷绕。

干喷湿法纺丝中，纤维成型过程可按工艺特点大致划分为五个区（图 8 – 3）。

Ⅰ区为液流胀大区。自喷丝孔挤出的液流由于在喷丝孔中流动时产生的法向应力差而在出口处胀大。

Ⅱ区为液流在气体夹层中的轴向变形区。在此区内液流被强烈拉伸、变细。

Ⅲ区为液流在凝固浴中的轴向变形区。原液细流中的溶剂（NMMO）与凝固浴中的凝固剂（水）的双扩散作用，细流表面开始形成皮层，在皮层生成之前（点 S 之前），液流发生一定的纵向变形，直径变细。

Ⅳ区为固化区。此段（S 点至 D 点）纺丝线从表面到中心迅速凝固。在离开凝固浴之前，丝条的结构已基本形成。

Ⅴ区为导出区。丝条继续脱除溶剂和凝固剂，完成纤维结构的成型过程。

纺丝工艺中，喷丝板构造（如喷丝孔长径比）、气体夹层高度、拉伸倍数、凝固浴浓度和温度等因素对纤维物理性能有重要影响，同时它们之间也相互联系制约。

①喷丝孔孔径及长径比。当 D_R 和 v_L 一定时纺制单丝线密度大的纤维需用较大的 d_0；在其他条件相同的情况下，d_0 增大则纺制的纤维的 Δn 下降，纤维的强度亦相应降低。在较高的 D_R（$D_R > 15$）时，纤维的 Δn 与 d_0 无关。通常采用 d_0 为 0.10 ~ 0.15mm。

喷丝孔具有大的长径比，纺丝流体在喷出前就有较大取向，空气层高度就要适当小些，而拉伸比则可适当提高，但空气层高度不易太小，否则初生纤维过早与凝固浴接触，会使纤维结构中结晶过快，从而使成品纤维发脆。

②气体夹层高度 D_L。干喷湿法纺丝的拉伸和轴向变形主要发生在空气夹层这一区段。在相同的拉伸比 D_R 下，D_L 增大，则液流的形变速度梯度（也即形变速率）降低，纺丝的稳定性提高。在 D_L 约 20 ~ 30mm 的情况下，纺丝线可经受 10 ~ 20 倍拉伸。

研究表明，原液细流从喷丝孔挤出，在气体夹层 30mm 内，其直径已迅速变小，液流中纤维大分子在拉伸作用下已有较高的取向度，双折射率迅速增大；行程超过 50mm，则其直径及双折射率的变化已不明显；D_L 太大，纺丝线的液流段太长，容易断裂，或者由于拉伸速度梯度太小而致细流出口处膨胀过大，容易引致漫流。

③凝固条件。凝固浴浓度过高时，双扩散速度较慢，使凝固速度较慢，凝固还不充分的丝条进行拉伸容易发生分子间滑移而断裂；凝固浴浓度过低时，扩散速度随之增大，这不仅使表层凝固过于剧烈而很快凝固，表层在拉伸过程中产生应力集中，使纤维的可拉伸性下降，同时，过快凝固的表层阻碍双扩散的进行，内层凝固速度变慢，使已经拉伸取向的纤维素大分子解取向，纤维强度降低[5]。

提高凝固浴温度，能加快细流凝固。通常 Lyocell 纤维的凝固浴含 NMMO 为 50% 左右，浴温为 15℃左右。

④拉伸倍数 D_R。干喷湿法纺丝的拉伸倍数是指卷绕线速度 v_L 对喷丝速度 v_0 的比值。拉伸倍数 D_R 越大，则 Lyocell 纤维的双折射率 Δn 和断裂强度也越大，但断裂伸长率下降。

干喷湿法纺丝拉伸主要在气体夹层区段，纺丝线进入凝固浴很短距离内，已生成固态皮层，并很快完成凝固过程，大分子取向状态能有效地固定下来。拉伸倍数 D_R 随纺速 v_L 及气体夹层高度 D_L 的提高而提高，D_R 通常为 7 ~ 12 倍。

⑤纺丝速度 v_L。在其他条件相同时，提高纺丝（卷绕）速度 v_L，可提高产量。当 D_R 相同时，提高 v_L，则拉伸速度梯度增大，因此，应相应增大气体夹层 D_L。Lyocell 纤维的纺速为 40 ~ 50m/min[6]。

（4）纤维后处理及后加工。Lyocell 纤维凝固后，经过水洗、上油、干燥、卷曲、切断、打包就可出厂。

为使纺丝拉伸后尚处于部分溶胀状态下的初生丝条继续完成离浆（脱除溶剂和凝固剂）过程，纤维需经多段水洗。水洗温度为室温，水可循环使用，以便于回收 NMMO。

Lyocell 纤维所用的上油剂与黏胶纤维相仿。通过上油，赋予纤维平滑性、抱合性，增强其抗静电性。

（5）溶剂回收。尽管 NMMO 的毒性比乙醇还低，但昂贵的价格使得它在生产中的回收率一直为人们所重视，据称，当回收率在 99% 时，才有工业化生产的经济性。由于 NMMO 在 Lyocell 纤维的整个生产过程是一个基本上封闭式的循环系统，损失很少，每吨纤维的 NMMO 消耗量已降至几公斤之内。

溶剂循环过程如下：

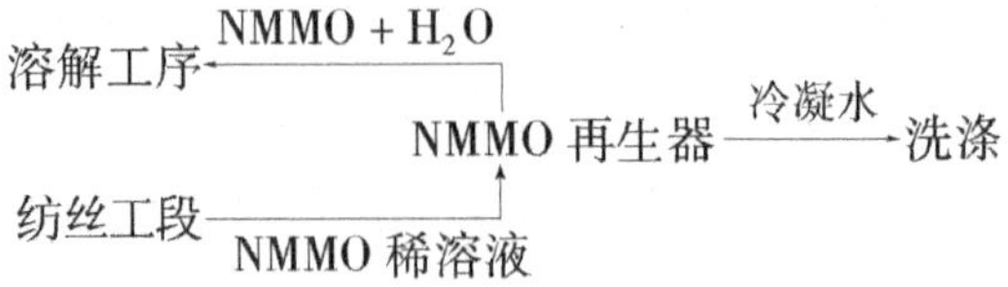

从上可知，从纺丝工段回收的 NMMO 稀溶液在 NMMO 再生器（主要包括过滤、蒸馏）中分成 NMMO 浓溶液和水，NMMO 浓溶液回到溶解工序，而大部分水则被用于后加工工序。

过滤系统要求去掉混浊物、凝胶质和有色物质，分离金属和其他阴、阳离子性分解产物，并使回收的溶剂有最佳 pH 值。利用吸附剂（如活性炭）或离子交换剂，或阴离子活性膜结合吸附树脂处理回收液可达到上述目的，并使溶液在循环系统中损失最小。

废纺丝浴液通过的 NMMO 再生器，是两个含有苯乙烯、二乙烯基苯共聚物的阴离子多孔性树脂塔，第一个塔中含有带弱碱性的—$CH_2N(CH_3)_2$ 基团的阴离子树脂，第二个塔中含有带强碱性的季铵碱—$CH_2[N(CH_3)]_3^+OH$ 的阴离子树脂。该树脂塔可以除去杂质和有色物质。该树脂的再生方法是：先用强无机酸的盐酸水溶液处理，再用 10% NaCl 或 1% NaOH 的水溶液处理。

在该工艺中除了有封闭式的溶剂循环系统外，还有一个回收水的循环系统。来自纺丝工段的 NMMO 稀溶液经蒸发后，大部分水经冷凝后用于后道工序（如洗涤）。在实际操作中，被蒸发的水中往往带有少量的挥发性物质（如胺）和溶剂，它们同水一起冷凝，因此要通过反渗透技术，将氨基残基、胺氧化物和/或其他物质分离出去，被分离的物质可被进一步处理、利用。这样形成一种经济的和无损于生态环境的循环处理系统。

2. Lyocell 纤维的生产设备 制备纺丝液是生产 Lyocell 纤维的核心技术之一，奥地利兰精公司用于浓缩浆粕悬浮液、制备纺丝液的设备参见表 8－4 和图 8－4。

表 8－4 Lenzing 公司用于浓缩浆粕悬浮液、制备纺丝液的设备

代　号	设备名称	制　造　商	型　号	商　标
B，B′	造纸的制浆机	Cellwood Grubbens AB	W 型或 SRM 型	—
C	薄膜蒸发机	瑞士 BUSS AG	HS/HSG 型	FILMTRUDE®
D	薄膜蒸发机	瑞士 BUSS AG	HS 0200 型	FILMTRUDE®

从图 8－4 看出，在制浆机 B、B′中先加入预定量的 NMMO 水溶液，然后加入浆粕片，制成 58℃均匀的悬浮原液，接着将其从物料进口 4、4′喂入薄膜蒸发机 C；C 圆筒形内壁 13 被供热夹套 7 包围，电动机 2 驱动分配环 14、旋转叶片 6，使得浆粕悬浮原液均匀地散布在内壁 13 上，形成薄膜层面蒸发，蒸发后的浓缩悬浮液为原浓重量的 57.7%，温度为 85℃；然后，浓缩的悬浮液进入薄膜蒸发机 D，用 142℃的饱和水蒸气加热蒸发，蒸发后可纺的纤维素溶液重量为原液重量的 47.6%，温度为 105℃；从薄膜蒸发机 D 输出的纺丝溶液进入纺丝设备纺丝[7]。

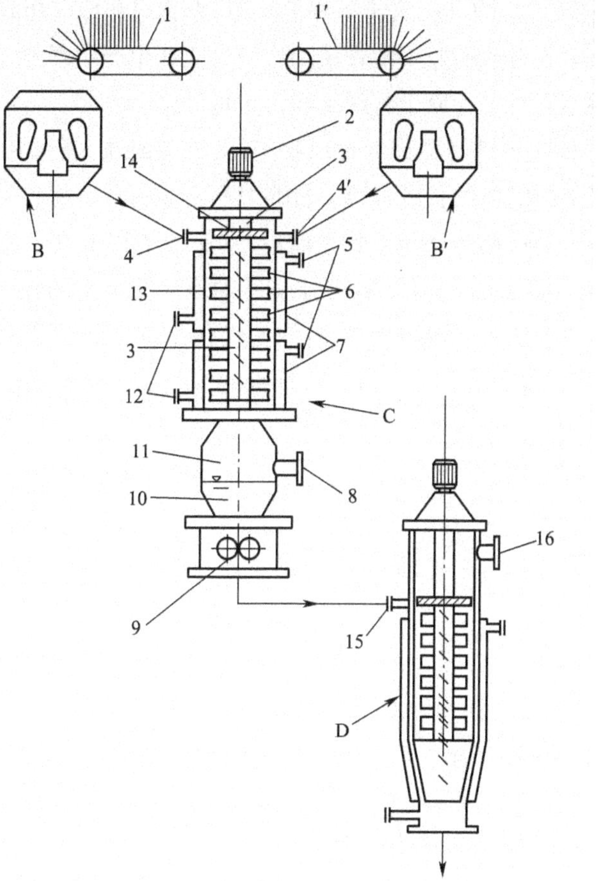

图 8-4 由制浆机、薄膜蒸发机构成的纺丝液制备使系

1,1′—称重传送皮带 2—电动机 3—转子 4,4′—物料进口 5—加热介质进口 6—旋转叶片 7—供热夹套 8—水蒸气排出口 9—浓浆排出泵 10—浓缩的浆粕悬浮液 11—接收器 12—加热介质出口 13—内壁 14—分配环 15—进口 16—水蒸气排出口 B,B′—造纸的制浆机 C—薄膜蒸发机 D—薄膜蒸发机

(注:图中省 B,B′轮流使用)

二、竹纤维

(一)概述

竹纤维作为一种新型纤维,其生产、加工过程及产品满足消费者的绿色健康、环保的要求,其废弃物土埋、焚烧不会造成环境污染,是一种环保型绿色纤维。竹纤维性能与黏胶纤维类似,竹纤维织物具有良好的吸湿、透气性,导湿性,其悬垂性和染色性能也比较好,有蚕丝般的光泽和手感,且具有抗菌、防臭、防紫外线功能,被誉为 21 世纪最具有发展前景的健康纤维。

现在,竹纤维又出了新产品。日本纤维生产商东丽工业公司 2001 年开始开发对生态环境友好的双组分竹纤维,2004 年 2 月成功生产并开始销售用这些纤维生产的纺织品(商标名为"So - Take")。"So - Take"是与合成纤维如聚酯或聚丙烯腈的混纺织物,竹纤维含量在 20% 以上。与竹纤维混纺的纤维,使用聚酯时是全消光聚酯短纤维"Afix",使用聚丙烯腈时是

"Olpia",以改善其触感;"So - Take"具有更好的生态、吸放湿和抑菌功能[8]。

竹纤维是采用来自大自然的速生常青植物竹子为原料生产的纤维,统称竹纤维。根据纤维的选材及加工工艺的不同可分为原生竹纤维和再生竹纤维。

1. 原生竹纤维 原生竹纤维又称为竹原纤维、天然竹纤维,常采用毛竹或簇生竹为原料,将天然竹竿锯成生产上所需要的长度,然后采用物理、机械的方法将竹子碾平、扭转、梳理,而后再对竹纤维脱胶,去除糖分、脂肪,消毒,晾干而成,它保留了竹子抗菌、除螨、清热、解毒的特性和天然清香,生产过程中不添加任何化学试剂,是一种真正意义上的纯天然纤维。

原生竹纤维制品具有凉爽、吸湿、透气、排汗的优点,同时具有天然抗菌的特性,受到国际市场的关注。由于它的天然性和加工工序较长,纤维的细度和产量受到限制。长度不等,一般在51 ~ 140mm。

原生竹纤维的表面有明显的竹节,有的壁层上有裂痕。截面呈椭圆形,环状中空。手感、光泽接近麻,有良好的刚性。

原生竹纤维的生产工艺分前处理工序、分解工序、成型工序和后处理工序四部分。具体步骤为:

选料→截断→制竹片→浸泡→蒸煮软化→水洗→分丝→再蒸煮→分丝→还原→脱水→软化→干燥→梳纤→筛选→检验→打包[9]

尽管原生竹纤维在棉纺设备上成功地试纺出了纱线,但就纤维的品质而言,还谈不上可纺、可用,原生竹纤维的处理工艺还需要进一步完善。目前,原生竹纤维已广泛应用在工业、建筑、环境保护领域,取代了木材和玻璃纤维的使用。

2. 再生竹纤维 再生竹纤维又称为竹浆纤维、竹黏胶纤维,是把竹子切片、风干后,采用水解——碱法及多段漂白将竹片精制成符合纤维生产要求的浆粕,经人工催化,将甲种纤维素含量在35%左右的竹浆纤维提纯到93%以上,使不溶性的浆粕予以变性,转变为可溶性竹浆粕,再经过抽丝纺制成竹子纤维素纤维,也称为竹子再生纤维素纤维。竹纤维标准直径可达0.03 ~ 0.18mm,长度达10 ~ 40mm,白度与普通黏胶纤维相近,强力较好,且稳定均一,韧性、耐磨性较高,可纺性能优良,目前竹纤维纺织品几乎都是由再生竹纤维制成的,所以在此重点介绍再生竹纤维的情况,在后文中所说的竹纤维如无特殊说明均指再生竹纤维。

(二)竹纤维的结构及性能

1. 竹纤维的结构 竹纤维的化学成分与黏胶纤维、Modal 和 Lyocell 纤维等化学组成基本相同,主要是纤维素、木质素和半纤维素,另外还有脂蜡质等少量杂质,但竹纤维的纤维素明显低于棉和麻,表 8 - 5 列出了竹纤维的化学成分,仅供参考。

表 8 - 5 竹纤维的化学成分

主要化学成分	脂蜡质	水溶物	果胶质	半纤维素	木质素	纤维素
竹纤维	0.64	0.81	0.13	6.75	10.14	81.52
棉纤维	0.60	3.30	0.90	1.02	5.90	87.08
亚麻纤维	0.74	1.53	1.38	7.83	4.93	83.54

竹纤维的纺丝过程与黏胶纤维大致相同，故从它的表面很难区分，都具有纵向表面光滑、均一的特征，并有多条浅的沟槽。但从它的横截面可以清晰地看到有别于棉浆、木浆的再生纤维，截面接近圆形，边缘为不规则锯齿形，多孔隙。这种结构使得竹纤维的表面具有一定的摩擦系数，纤维具有较好的抱合力，而且利于纤维的成纱。

竹纤维的结晶度、聚合度、取向度均较低，见表8－6。和其他的再生纤维素纤维相比较，竹纤维的聚合度较低，在280左右，与普通黏胶纤维接近。竹纤维双折射率为0.023，低于其他再生纤维素纤维，其结晶度为31.6%，在再生纤维素纤维中算低者。正是竹纤维的这一结构特点，赋予纤维较高的吸湿能力、优良的染色性，但也影响竹纤维的强伸性能，一般在其他条件相同的情况下，纤维的结晶度越小，纤维的强度越低。

表8－6　竹纤维与其他再生纤维素纤维结晶度、聚合度比较

纤维名称	聚合度	结晶度/%	纤维名称	聚合度	结晶度/%
普通浆粕	200～600	60	高湿模量黏胶纤维	350～450	44
Lyocell纤维	500～550	50	波里诺西克纤维	500左右	48
普通黏胶纤维	250～300	30	竹纤维	280左右	31.6

2. 竹纤维的性能

（1）强度较低、伸长度较大。从表8－7可看出，竹纤维物理机械性能指标与黏胶纤维相近，体现为强度低，尤其是湿态强度更低，伸长度大。这是由于竹纤维大分子聚合度和结晶度较低，纤维断裂主要表现为大分子间的滑脱。因此纤维强度低，伸长度大，柔软，吸湿能力强。纤维吸湿后，水分子进入纤维内部无定形区，减弱了大分子间的结合力，使分子间在外力作用下容易伸直和发生相对滑移，表现为吸湿后强力下降明显，伸长率有所增加。竹纤维具有略高于黏胶纤维的干湿初始模量，这表明竹纤维具有比普通黏胶纤维更好的加工性能和服用性能。

表8－7　竹纤维与其他再生纤维素纤维物理机械性能比较

纤　维	断裂强度（干）/（N/tex）	断裂强度（湿）/（N/tex）	断裂伸长（干）/%	断裂伸长（湿）/%	初始模量/（N/tex）
竹纤维	0.21	0.12	24	29	4.40
棉纤维	0.18～0.31	0.22～0.40	7～12	8～13	6.00～8.20
黏胶纤维	0.18～0.26	0.11～0.16	16～22	21～29	3.53～5.29
富强纤维	0.31～0.40	0.25～0.29	9～10	11～13	7.06～7.94

（2）卷曲性能好、可纺性好。竹纤维表面上具有一定的卷曲数，使竹纤维间具有一定的摩擦力和抱合力，有利于纤维纺纱加工。竹纤维的弹性回复率与它的结构有关，竹纤维的初始模量较大，因而弹性回复率相对稍低。

竹纤维的动摩擦因数约为0.101，静摩擦因数约为0.247；且动静摩擦因数差值相对较大，使纺出纱条间具有一定的摩擦力和抱合力，可纺性能优良，适合加工手感柔软、悬垂性佳、具有抗菌性能的高档仿丝绸品等[10]。

(3)天然的抗菌、抑菌、防紫外线性和保健功能。竹子生长在崇山峻岭的大自然中,无虫无蛀无腐蚀,极少受到污染,说明竹子自身具有天然的抗菌性和抑菌性,同时能抵抗外界病虫害,这种物质在竹材中含量很少,我们称它为“竹醌”,在竹纤维生产过程中采用高技术,使“竹醌”保留在竹纤维中不受破坏,使其具有抗菌性和抑菌性,防止了细菌的滋生,切断了通过衣服的传播途径,实践证明,经反复洗涤、日晒也不会失去抗菌作用。

竹纤维织物对200~400nm的紫外线透过率几乎为零,可以看出竹纤维织物有很好的对紫外线屏蔽作用。而普通黏胶纤维没有上述性能。

竹纤维天然含有竹蜜和果胶成分,该成分对皮肤健康有益。

(4)较好的吸湿性、透气性。天然纤维素与再生纤维素虽有相同数量的羟基,但由于再生纤维素大分子间氢键较少,故它的吸湿性比天然纤维要大,竹纤维属再生纤维素纤维,故它的吸湿性、透气性较好。

从形态结构看,竹纤维的最大特点是横截面的高度天然中空。竹纤维横截面上布满椭圆形空隙,空隙是梅花形排列,这使得竹纤维及其制品的吸湿、放湿、导湿性能极佳,竹纤维在标准状态下的回潮率可达12%,与普通黏胶纤维的回潮率相近。在36℃、100%的相对湿度条件下,竹纤维的回潮率已高达45%,且吸湿速度特别快。因此竹纤维具有好的吸湿、快干性能,更适合创作夏季服装、运动衣、床上用品和贴身衣物[11]。

(5)较好的染色均匀性。竹纤维和黏胶纤维一样,能用于黏胶纤维的染料同样用于竹纤维。在印染加工中,适合竹纤维染色的染料很多,如活性染料、直接染料、硫化染料、还原染料等。以活性染料为例,由于竹纤维具有多孔隙网状结构,可以在水中瞬时润胀,使活性染料这种水溶性极好而分子又较小的染料能迅速吸附于竹纤维,并能迅速在竹纤维中扩散,初染率较高,半染时间较短,由于活性染料在竹纤维中较高的扩散速率,又赋予其良好的渗透性和匀染性,活性染料的可吸区增加,活性染料和竹纤维之间以氢键、范德华力形成多层物理吸附的绝对数量增加,因此其平衡上染百分率较高,在上染百分率高的前提下,参加与竹纤维发生键合反应的活性染料的数量增加,赋予了较高的固色率,色牢度3.5级以上,因此,竹纤维活性染料染色性能优良,其平衡上染百分率较高,半染时间短,色泽鲜艳,匀染性好,固色率高,牢度优良。

(6)可生物降解性。在正常的温度条件下,竹纤维及其纺织品很稳定,但在一定环境和条件下,竹纤维可分解成二氧化碳和水,降解方法有:

①垃圾处理:纤维素燃烧生成CO_2和H_2O,对环境无污染;

②土地埋入降解:土中的微生物营养使泥土活化,经过8~10个月竹纤维降解成CO_2和H_2O;

③活性污泥中降解:主要通过大量存在的细菌,使纤维素分解。

(7)其他良好性能。竹纤维具有良好的悬垂性,耐磨性,光泽亮丽,不易褪色,富有丝质感觉,手感柔软、光滑。

(8)耐酸碱性差。纤维素大分子中,连接基本链节的葡萄糖苷键,对酸稳定性很小,加之竹纤维的结构特点,对无机酸的稳定性比黏胶纤维要小,温度升高时,酸的破坏作用特别强烈;竹纤维在碱中的膨润和溶解作用较强，在相同条件下碱对竹纤维渗透性要比普通黏胶纤维大，因此虽然竹纤维结晶度较普通黏胶纤维高，但结构多孔隙导致耐碱性较差。

（三）竹纤维的生产及质量控制

竹纤维的生产类似于黏胶纤维等再生纤维的生产，即先将竹子制成浆粕，再纺丝而成。

1. 浆粕的生产 竹茎秆是制浆中应用的主要部分，它是由茎秆和薄壁组织组成，茎秆中除有很少比例的表皮层外，其余部分是纵向的脉管状纤维束和包围着纤维素的薄壁组织。纤维束中木质素、薄壁组织、竹节以及硅质表皮是制浆过程中需要除去的主要物质。

竹子主要由纤维素、木质素、果胶和淀粉等组成，其中纤维素含量为40%～50%，木质素含量为20%～30%，灰分含量为1%～3%，多戊糖含量为16%～21%。

目前竹纤维浆粕的加工工艺主要有两种：一种是预水解—碱煮法，另一种为二次蒸煮法。

（1）预水解—碱煮法。预水解—碱煮法工艺流程为：

预水解→蒸煮→氯化→碱精制→漂白→酸处理→抄造

化纤浆粕主要用于生产纤维素的衍生物，它要求浆粕的化学纯度很高，即甲种纤维素含量高，灰分、铁质、半纤维素、木质素、树脂等含量低，并有适当的平均聚合度及良好的反应能力。

预水解的目的是溶出竹片中的半纤维素，提高浆粕的反应能力。半纤维素与木质素之间的化学键，也在预水解的作用下部分断裂，可溶出一定量的木质素。碱法蒸煮是为了除去竹子内部的木质素。这样，经过预水解—碱法蒸煮之后的竹浆粕，其甲种纤维素、灰分、多戊糖及树脂的含量才能达到竹纤维浆粕的要求。

碱法蒸煮工艺中升温阶段时间要长，要多次小放汽以及设置一段低压保温时间。这是因为，在竹子茎秆内部的纤维素中，有着维持细胞生存的输导组织——导管，其在蒸煮过程中即成为药液的渗透通道，但由于茎秆壁外层导管细，内层导管粗，而秆壁密度外层较大，内层较小，再加上竹子导管在竹片风干后形成不规则的密封状态，造成竹子在蒸煮过程中药液渗透困难，不易蒸解均匀。

采用氯化、碱精制、漂白、酸处理等漂白新工艺得到的浆粕白度高且稳定。这是因为，竹类纤维壁上纹孔很小、很稀少，而且厚壁纤维内还含有25%左右的缩合木质素，使得在漂白过程中，漂液很难进入纤维内壁，在不损伤纤维的情况下，用常规的漂白方法很难将其漂至78%以上的白度，而制成的浆容易返黄。

（2）二次蒸煮法。二次蒸煮法工艺流程为：

碱预浸渍→疏解→平板（带）式洗料→除砂、浓缩→渗漂、洗料→漂白→酸处理、洗料→后除砂、浓缩→抄造

碱预浸渍是经过开棉机将不溶性竹浆粕纤维开松、去杂，经分离喷碱后喂入螺旋压榨机，对粉碎、碱预浸渍后的不溶性竹浆粕纤维进行挤压渗透。碱预浸渍为提高竹浆粕的甲种纤维素纯度和降低聚合度作准备，为二次蒸煮的蒸煮均匀性奠定基础。二次蒸煮是对已经过硫酸盐法一步法蒸煮工艺的竹浆粕进行第二次蒸煮。二次蒸煮的目的是降低不溶性竹浆粕聚合度，提高甲种纤维素的纯度。

2. 竹纤维的纺丝、后处理及后加工 竹纤维的纺丝、后处理及后加工与普通黏胶纤维基本

相似：

浆粕→浸渍→压榨→粉碎→老成→黄化→研磨→溶解→过滤→脱泡→过滤→纺丝→牵伸→切断→后处理→干燥→打包

竹纤维生产的工艺控制中，要注意以下几方面：

(1)由于竹浆的聚合度、反应性能等指标均与棉浆有所区别，若按普通黏胶纤维制造方法，黄化后加入中途水、溶解水和回用水，则结团现象严重，甚至影响出料。为缓解这一矛盾，在黄化后停车，再逐一加入中途水、溶解水和回用水，以缓解竹黏胶纤维的结团现象，保证竹黏胶纤维顺利出料。

(2)为了保证竹黏胶的质量，延长研磨时间，必须严格控制研磨时的温度，确保出料温度为13～21℃，最好为15～19℃。

(3)由于竹子本身蜡质、油脂成分较高，在制成竹纤维用浆粕的过程中未能完全去除，所以所制成的竹黏胶中油与蜡的含量较高，造成竹纤维脱泡困难，因此，必须控制脱泡温度计脱泡时间。

三、Modal 纤维

Modal 纤维是奥地利兰精公司生产的，它是由木浆粕制造而成的新一代再生纤维素纤维，具有环保性，使用后可生物降解。其轻柔、滑糯，有丝的光泽且吸湿透气性好，染色均匀，色牢度好。其干强、湿强优于传统的纤维素纤维，可纺细号纱。在新型纺织材料中 Modal 纤维价格适中，可纺性相对较好，纺织企业利用其可开发生产新产品[12]。

Modal 纤维以其柔软、易处理、成本较低的特点更趋于大众消费。特别是针织内衣、儿童服装、运动服装、运动衫、袜子、柔软的斜纹布、睡衣、床上及装饰用品等。Modal 纤维与棉、毛、丝等在中国市场颇受广大消费者的欢迎。开发的产品还有 Modal 弹力织物，品种有紧身服装、衬衫、休闲服、时装等，覆盖高中低多个档次。兰精公司还开发了具有新型纤维功能的 Modal 产品，应用纳米技术开发的 Modal 抗菌纤维、Modal 抗紫外线纤维、与 Lyocell 纤维混纺的 Promodal 纤维，彩色 Modal 纤维及超细 Modal 纤维。应用这些纤维不仅生产出针织内衣、童装、衬衫，而且还着重推出了功能性服装。

(一) Modal 纤维的结构

Modal 纤维属于再生纤维素纤维，由纤维素大分子构成。Modal 纤维采用高湿模量黏胶纤维的制造工艺，从其性能看它属于变化型高湿模量纤维。

Modal 纤维成型时，黏胶中有变性剂，凝固浴中 $ZnSO_4$ 含量较高，故 Modal 纤维的截面为圆滑的皮芯结构，皮层厚度大于普通黏胶纤维。纤维的横截面结构在一定程度上反映出纤维的超分子结构，因而它和纤维的物理机械性能有一定的关系。Modal 纤维属于皮芯纤维，具有与超强力黏胶纤维近似的皮层结构，而其芯的结构则与波里诺西克纤维比较近似。皮层贡献了韧性，而芯层则贡献了刚性。因此，Modal 纤维的湿模量略低于波里诺西克纤维，而勾接强度则超过它。表 8－8 为 Modal 纤维与波里诺西克纤维、黏胶纤维在结构上的差异。

表 8－8　Modal 纤维与波里诺西克纤维、黏胶纤维在结构上的差异

项　目	Modal 纤维	波里诺西克纤维	黏胶纤维
截面形态	圆形，较厚皮层	圆形全芯结构	锯齿形，有皮芯结构
聚合度	450～550	600～800	300～400
微细结构	有原纤结构	有原纤结构	无原纤结构或少
结晶度/%	50	55～65	30
晶区厚度/μm	7～10	8～10	5～7
取向度	75～80	80～90	70～80
羟基可及度/%	60	50～55	65
纵向形态	纵向有 1～2 根沟槽	纵向有 1～2 根沟槽	纵向有 1～2 根细沟槽

从表 8－8 所列数据可见，Modal 纤维的结晶度、取向度高于普通黏胶纤维，而低于波里诺西克纤维。因此，它的强度和湿模量较波里诺西克纤维低，而伸度、勾接强度和耐磨性却比波里诺西克纤维高。

（二）Modal 纤维的性能

1. 物理机械性能　Modal 纤维与棉及其他纤维的物理机械性能比较，见表 8－9。

表 8－9　纤维物理性能比较

性　能	Modal	Lyocell	棉	黏胶纤维
断裂强度（干）/（cN/tex）	34～36	38～42	21～35	22～27
断裂强度（湿）/（cN/tex）	20～22	34～38	23～37	10～15
断裂伸长（干）/%	13～15	13～15	7～12	16～22
断裂伸长（湿）/%	13～15	16～18	9～14	21～29
回潮率/%	12.5	11.5	8.5	17
吸水率/%	60～70	60～70	50	75
勾接强度/（cN/tex）	8	20	20～26	7
相对湿度/%	60	85	105	50
保水性/%	60	70	50	90
水中膨润度/%	63	67	35	88

从表 8－9 可知，Modal 干强较大，湿强略低于棉，大于黏胶纤维，柔软顺滑，丝质感觉，湿态伸长较小，纤维的干态伸长介于棉和黏胶之间，它的湿态伸长和棉差不多，但小于黏胶；Modal 纤维的高强度使它适于生产超细纤维。断裂伸长率较小，湿态伸长也较小，因此水洗收缩率比较低，其纱线的缩水率仅为 1% 左右，而黏胶纤维纱线的沸水收缩率高达 6.5%。Modal 纤维吸湿能力比棉纤维高出近 50%，这使 Modal 纤维织物可保持干爽、透气。Modal 纤维织物是理想的贴身织物和保健服饰产品，有利于人体的生理循环和健康。正因为如此，许多的经编和纬编生产厂已经开始采用该纤维为原料生产日装和睡衣、运动服和休闲服，同时也用于蕾丝。该织

物配合其他贴身衣物时，拥有特别理想的效果，令肌肤经常保持干爽舒适的感觉，即使经清洗，依然能保持吸水和轻软的感觉，这全靠质料的顺滑表面，避免了衣物在清洗过程中纤维的互相缠结。Modal 纤维与棉纤维相比，具有良好的形态与尺寸稳定性，使织物具有天然的抗皱性和免烫性，使穿着更加方便、自然。

2. 化学性质 Modal 纤维耐化学性与黏胶纤维基本相同，耐碱性较好，但不耐酸。在强碱中发生膨胀，强力下降。在冷的弱酸条件下，纤维性能不变，加热时强力降低。在热稀酸、冷浓酸中强力开始逐渐下降，进而分解。容易受强氧化剂腐蚀，但使用次氯酸盐、过氧化物漂白 Modal 织物时，由于时间比较短，漂白后纤维无损伤。

3. 染色性 Modal 纤维的染色性能较好且经过多次洗涤仍保持鲜艳如新，吸湿透彻，色牢度好、色泽鲜艳明亮。与棉混纺可进行丝光处理，染色均匀、浓密，色泽保持持久，而且常洗常新。越洗越柔软，越洗越亮丽。

4. 耐热性、耐日光性 在150℃左右强力开始下降，180～200℃分解。因此，Modal 纤维同黏胶纤维一样，属于易燃性纤维；长时间日光照射，强力降低，颜色略变黄。

5. 微生物降解性 Modal 纤维的原料来自于大自然的木材，使用后可以自然降解，符合环境与可持续发展的要求。

6. 耐洗性 与棉织物一起经过 25 次洗涤后，柔软度、亮洁度都比棉好。传统的棉织物经多次水洗后，手感将越来越硬，而 Modal 面料则相反，越洗越柔软，越洗越亮丽。

7. 其他性能 Modal 纤维柔软、光洁，色泽艳丽，织物手感特别滑爽，布面光泽亮丽，悬垂性均比现有的棉、涤纶、人造棉好，有真丝般的光泽和手感，是一种天然的丝光面料。

第二节　新型再生蛋白质纤维

一、大豆蛋白纤维

再生蛋白质纤维是从天然植物（如花生、玉米、大豆等）中提炼出的蛋白质溶解液经纺丝而成，可分为再生植物蛋白纤维与再生动物蛋白纤维。纯大豆蛋白纤维是一种再生植物蛋白纤维，美国、日本科技人员在实验室研制了大豆蛋白纤维，美国的商品名为 Soylon，由于早期的这种纤维强度低、可纺性差，故无实际价值，并没有推广应用。现在的"大豆蛋白纤维"从组成和性能上说，是大豆蛋白改性的 PVA 或 PAN 纤维，即"大豆蛋白维纶改性纤维"或"大豆蛋白腈纶改性纤维"。虽然它采用化学生物方法以榨取过油脂的大豆豆粕为原料提纯出球蛋白，通过添加功能性助剂，在适当条件下与羟基和氰基高聚物接枝、共混，并经湿法纺丝而成，但大豆蛋白含量太低，故又称是含有大豆蛋白的 PVA 或 PAN 纤维。以下简称"大豆蛋白纤维"[13]。

大豆蛋白纤维（Soybean protein fiber）于 2000 年 3 月试纺成功，是由我国自主开发，具有知识产权的新型纤维。大豆蛋白纤维是从榨取过油脂的大豆豆粕中，通过生物化学手段提取球蛋白，并改变蛋白质空间结构，再与聚乙烯醇高分子聚合物接枝，共聚共混形成纺丝溶液，此溶液脱泡后再经湿法纺丝和后整理加工而形成。纤维上的蛋白质是不连续团状，分散在连续的 PVA

介质中[14]。大豆蛋白纤维具有优良的吸湿性、导湿性、透气性，而且手感柔软滑爽，兼具化学纤维和天然纤维的许多优点。由于大豆蛋白的 PVA 纤维目前推广较快，下面我们以大豆蛋白的 PVA 纤维为例进行讨论。

（一）大豆蛋白纤维的结构

1. 化学结构　大豆蛋白纤维的蛋白质含量为23% ~55%，聚乙烯醇高分子聚合物含量为45% ~77%。蛋白质是由氨基酸组成的，大豆蛋白纤维含有16 ~17 种氨基酸。在氨基酸的侧基上有不同的活性基团，如—OH、—NH_2、—COOH 等，能参与各种化学反应。在大豆蛋白纤维纺丝过程中，大豆蛋白纤维中酪氨酸、组氨酸等能与聚乙烯醇分子上的羟基反应，形成交联；同时，在醛化交联过程中，聚乙烯醇分子间、大豆蛋白分子间以及聚乙烯醇分子和大豆蛋白质分子间都有可能产生各种交联结构。红外光谱显示：大豆蛋白纤维的主要成分是大豆蛋白质和聚乙烯醇，未交联大豆蛋白纤维分子以呈现无规则卷曲为主，含有少量 α - 螺旋形态；而交联后的大豆蛋白纤维中分子以呈 β - 螺旋构象为主，其次为无规则卷曲，少量为 β - 折叠分子形态[15]。

2. 形态结构　大豆蛋白纤维横截面呈扁平状哑铃形、腰圆形或不规则三角形，呈明显皮芯结构；纵向表面呈凹凸沟槽和不连续的细微裂缝；纤维具有一定的卷曲，但卷曲度不如细羊毛明显。

大豆蛋白纤维这种横截面，是由于在大豆蛋白纤维的结构里，蛋白质与羟基等高聚物没有全部发生共聚，共聚的部分在湿法纺丝中先凝固，形成纤维芯层；而共混部分的蛋白质分布于纤维表面成为皮层，纤维形成皮芯结构。

大豆蛋白纤维这种纵向表面，是由于在纺丝牵伸过程中，纤维表面脱水，取向较快，导致纤维表层形成槽，从而使纤维具有良好的导湿性，吸湿放湿功能优异。

3. 超分子结构　大豆蛋白纤维的结晶结构尚未见诸报道，其单晶呈单斜晶系和三斜晶系的可能性较大，但呈螺旋晶也有可能，甚至只能侧向有序[16]。

（二）大豆蛋白纤维的性能

大豆蛋白纤维与其他纤维的性能比较见表8 -10。

表8 -10　大豆蛋白纤维与其他纤维的性能比较

项　目	大豆蛋白纤维	棉纤维	毛纤维	桑蚕丝	普通黏胶纤维（长丝）
断裂强度（干）/（cN/dtex）	4.2 ~5.4	3.0 ~4.9	1.0 ~1.7	3.4 ~4.0	1.7 ~2.3
断裂强度（湿）/（cN/dtex）	3.9 ~4.3	3.3 ~6.4	0.76 ~1.63	2.1 ~2.8	0.8 ~1.2
相对勾接强度/%	75 ~85	70	80	60 ~80	30 ~65
相对打结强度/%	85	90 ~100	85	80 ~87	45 ~60
初始模量/（cN/dtex）	71.5 ~132.2	69 ~93	11 ~25	50 ~100	65 ~85
断裂伸长率（干）/%	18	3 ~7	25 ~35	15 ~24	10 ~24
断裂伸长率（湿）/%	21	—	25 ~50	28 ~33	24 ~35
摩擦因数（静态）	0.235	0.22（纤维相互平行）	0.20 ~0.25（顺摩擦）	0.53（纤维相互平行）	0.43（纤维相互平行）

续表

项　目	大豆蛋白纤维	棉纤维	毛纤维	桑蚕丝	普通黏胶纤维(长丝)
摩擦因数(动态)	0.287	0.29～0.57 (纤维交叉)	0.38～0.49 (逆摩擦)	0.26 (纤维交叉)	0.19 (纤维交叉)
卷曲数/(个/cm)	5.2	—	6～9	—	4.8～5.6
卷曲率/%	1.65	—	—	—	—
残余卷曲率/%	0.88	—	—	—	—
弹性回复率/%	72(伸长率3%)	74(伸长率2%) 45(伸长率5%)	99(伸长率2%) 63(伸长率20%)	54～55(伸长率8%)	99(伸长率2%) 63(伸长率20%)
回潮率/%	7.6～8.6	9.0	14～16	11.0	13.0
密度/(g/cm³)	1.29	1.50～1.54	1.33	1.34～1.38	1.46～1.52
耐热性	120℃左右变黄、发黏 (差)	150℃以上长时间处理变棕色 (好)	— (较好)	140℃以下稳定 (较好)	150℃以上长时间处理强度下降 (较好)
耐碱性	一般	好	差	较好	好
耐酸性	好	差	好	好	差
抗紫外线性	较好	一般	较差	差	较差

1. 强度　大豆蛋白纤维的干态断裂强力接近于涤纶,断裂伸长与蚕丝和黏胶纤维接近,但是变异系数较大,尤其是断裂强力指标,这说明纤维存在较明显的强力不匀,这给纺纱带来一定难度;另外,大豆蛋白纤维吸湿之后,强力下降明显(与黏胶纤维类似)。主要是因为大豆蛋白纤维的吸湿和结构疏松(密度较低)以及PVA的吸湿性所致。因此,在纺纱过程中应适当地控制其含湿量,保证纺纱过程的顺利进行;大豆蛋白纤维的初始模量值变化范围较大,说明其存在强度不均匀;大豆蛋白纤维的摩擦因数相对其他纤维偏低,且动、静摩擦因数差值较小,使纺出的纤维抱合差,松散易断。但较低的摩擦因数又使加工的产品手感柔软。

2. 卷曲性能　大豆蛋白纤维的卷曲性能指标中卷曲弹性回复率较低。卷曲弹性回复率与刚度有关,大豆蛋白纤维的初始模量较小,因而弹性回复率也低,这使得纤维在纺纱过程中拉直后不易恢复到原来的状态,而使纤维的抱合力变小,降低了纤维的可纺性。

3. 热学性能　对大豆蛋白纤维做进一步热性能分析,通过热重(TGA)分析看出,未交联大豆蛋白纤维在335℃开始热分解,失重明显,在435℃热分解严重;交联纤维在365℃开始有明显的热分解失重,在460℃热分解严重。由此可见,交联型大豆蛋白纤维的耐热性比未交联型的好[17]。

4. 舒适性　大豆蛋白纤维面料不但有优异的视觉效果,而且在穿着舒适性方面更有不凡的特性。以大豆蛋白纤维为原料的面料摩擦性能、弯曲性能和悬垂性优于蚕丝和棉纤维,手感柔软、滑爽,悬垂性较好;其吸湿性与棉相当,而导湿透气性远优于棉,是制作高档内衣和时装的首选面料。

5. 染色性　大豆蛋白纤维本色为淡黄色,很像柞蚕丝色。其结构中含有羟基、氨基、羧基等极性基团,可用酸性染料、活性染料和直接染料染色。尤其是采用活性染料染色,产品颜色鲜艳而有光泽,同时其日晒牢度和汗渍牢度也非常好,与真丝产品相比解决了染色鲜艳度与染色牢度之间的矛盾(真丝产品日晒牢度和汗渍牢度极差,很容易掉色)[18]。

6. 溶解性　球状大豆蛋白质能溶于水,如果在蛋白质溶液中加入交联剂(如甲醛、乙二醛或戊二醛、多聚羧酸),则在蛋白质分子内或分子间形成交联,从而减少了蛋白质的水溶性,溶解度大大下降。

改变大豆蛋白质溶液的 pH 值,大豆蛋白质的溶解性也会发生变化。当 $pH < 4.6$ 时,蛋白质溶解度随 pH 值变小而增加,反之,溶解度变小;当 $pH > 4.6$ 时,蛋白质溶解度随 pH 值增加而增加。

因此,在纺丝过程中,控制分离大豆蛋白质的 pH 值和加入含氰基或羟基高聚物是十分重要的。纺丝后丝条用交联剂处理可提高大豆蛋白质的强度和耐热性,大豆分离蛋白质的等电点为 4.6 ~ 4.8。

7. 吸湿性　大豆蛋白纤维分子中含有羟基、氨基、羧基等亲水性基团,故吸湿性较好。大豆蛋白纤维的回潮率比棉、毛小,但仍具有一定的吸湿性,且优于常规的合成纤维织物。大豆蛋白纤维织物的放湿较棉和羊毛快,这是影响织物湿热舒适性的关键因素。大豆蛋白纤维织物在着装时的触体感觉优于天丝与棉,但比羊毛差。

8. 导电导湿性　大豆蛋白纤维吸湿性较好,但保湿性能较差,在周围相对湿度发生变化时,回潮率也会很快发生变化,这是因为大豆蛋白纤维纵向表面呈凹凸沟槽和不连续的细微裂缝,有利于吸湿、导湿、放湿。

大豆蛋白纤维的比电阻比棉、毛、丝纤维都大,在加工过程中易产生静电积累。

9. 保健功能性　大豆蛋白纤维与人体皮肤亲和性好,且含有多种人体所必需的氨基酸,具有良好的保健作用。在大豆蛋白纤维纺丝工艺中加入一定量的有杀菌消炎作用的中草药与蛋白质侧链以化学键相结合,药效显著且持久。

10. 化学性能　大豆蛋白纤维耐酸性比耐碱性好,也有较好的耐氧化还原性能。大豆蛋白纤维与其他纤维的化学性能比较见表 8 - 11。

表 8 - 11　大豆蛋白纤维与其他纤维的化学性能比较

项　目	大豆蛋白纤维	棉纤维	毛纤维	桑蚕丝	普通黏胶纤维(长丝)
耐酸性	在浓盐酸中可完全溶解,在浓硫酸中很快溶解,但残留部分物质。在冷稀酸中只有少量溶解	热稀酸、冷浓酸可使其分解,在冷稀酸中无影响	在热硫酸中分解,对其他强酸具有抵抗性	热硫酸会使其分解,对其他强酸抵抗性比羊毛稍差	热稀酸、冷浓酸可使其强度下降,以至溶解;5% 盐酸、11% 硫酸对纤维强度无影响
耐碱性	在稀碱溶液中即使煮沸也不溶解,在浓碱中经煮沸后颜色变红	在氢氧化钠溶液中膨润(丝光)但不损伤强度	在强碱中分解,弱碱对其有损伤	丝胶在碱中易溶解,丝朊受损伤,但比羊毛好	强碱可使其膨润,强度降低

续表

项目	大豆蛋白纤维	棉纤维	毛纤维	桑蚕丝	普通黏胶纤维（长丝）
耐氧化性	在双氧水中纤维软化，起初略显黄色，最终颜色很白；在次氯酸钠溶液中软化，颜色较白，类似羊毛	一般氧化剂可以使纤维发生严重降解	在氧化剂中受损，胱氨酸分解，羊毛性质发生变化，卤素还能降低羊毛缩绒性	含氯的氧化剂能使丝素发生氧化裂解，而且还会发生氧化作用，使肽键断裂	不耐氧化剂的作用，与棉类似

（三）大豆蛋白纤维的生产及质量控制

大豆蛋白纤维是以豆粕为原料，利用生物工程技术提取豆粕中的球蛋白并提纯，提纯的球蛋白改变空间结构，再添加羟基和氰基高聚物配制成一定浓度的蛋白纺丝液，经熟成后用湿法纺丝工艺纺成单丝0.9～3.0dtex的丝束，通过醛化稳定纤维的性能，再经过牵伸、卷曲、热定型、切断等工序生产出各种长度规格的大豆蛋白短纤维。大豆蛋白纤维生产工艺流程如下：

从大豆粕中提取纯蛋白质→纯蛋白质溶解制成要求浓度→
PVA溶解成所需浓度→
→按比例混合搅拌成纺丝原液→过滤→湿法纺丝→凝固浴丝条凝固→空气牵伸→湿浴牵伸→干热牵伸→半成品→半成品交联（缩醛化）→水洗→上油→烘干→卷曲定型→切断为成品→大豆蛋白短纤维

1. 原料 纺制大豆蛋白纤维的原料从大豆豆粕中提取，该豆粕是农副产品大豆榨过油的饼粕，从而大大提高农副产品的附加值，有效促进农副产品的结构调整和农业经济的发展。

2. 纺丝溶液黏度 纺丝溶液黏度取决于蛋白质的浓度、pH值、反应时间和温度。在黏度小于410MPa·s范围内，黏度越大，可纺性越好。蛋白质浓度大于14%时，纺丝溶液黏度过大，无法纺丝；低于12.5%时，纺丝溶液黏度太低，纺不出理想纤维。

3. 蛋白质溶液pH值 大豆蛋白纺丝液是将高纯度大豆蛋白质在碱的作用下，调制而成。在碱性条件下，有助于分子间相互作用，蛋白质中的巯基（—SH）和二硫键（—S—S—）的交换反应较易进行，有利于提高蛋白质的溶解度，增加纺丝液黏度。当溶液 $pH<4.6$ 时（酸性增强），蛋白质溶解度随pH值的增加而减小；当 $pH>4.6$ 时（碱性增强），其溶解度明显增大。因此，从大豆分离蛋白质的溶液pH值控制在蛋白质的等电点4.6～4.8较适宜。

4. 喷丝孔的长径比 由于大豆蛋白质纤维可纺性较差，因而选择大的长径比有利于纤维成型，提高可纺性。在蛋白质浓度、纺丝速度一定的情况下，喷丝孔长径比为60时，纤维可纺性以及强度最好。

二、蜘蛛蛋白纤维

蜘蛛丝是一种特殊的蛋白纤维，生物可降解，不会对环境造成污染，符合可持续发展的要求。它具有很高的强度、弹性、柔韧性、伸长度和抗断裂功能，以及轻盈、较耐紫外线、生物可降解等优点，是包括蚕丝在内的天然纤维和合成纤维所无法比拟的，是新一代的天然高分子纤维和生物材料。蜘蛛丝以其优良的性能引起了世界各国科学家的兴趣和关注。近年来，美国、瑞士、加拿大、日本、德国、丹麦等发达国家已投入大量的人力和物力进行研究，吸引了众多科学家参与此项工作，在利用基因和蛋白质测定技术解开了蜘蛛丝奥妙的同时，在蜘蛛丝人工生产方面也取得了突破性进展。相信在不久的将来，蜘蛛丝会在科技、国防、工业等领域得到应用。

（一）蜘蛛丝

1. 蜘蛛丝的结构 蜘蛛丝是一种蛋白质纤维，呈金黄色，透明。通过对蜘蛛丝的解剖学研究，认为一般蜘蛛丝网包含三种类型的丝（有的蜘蛛能生产 8 种甚至更多类型的丝）：捕捉丝（捕获猎物）、拉索丝或径向丝和圆周网丝。

蜘蛛丝和蚕丝相似，其主要成分是蛋白质，基本组成单元为氨基酸。蜘蛛丝的氨基酸组成与蚕丝丝素氨基酸组成相似，主要是由三个小侧链氨基酸（甘氨酸、丙氨酸、丝氨酸）所组成。与蚕丝丝素明显不同的是，大侧链氨基酸如脯氨酸和谷氨酸含量较高。

用显微镜观察蜘蛛丝，会发现它的横截面形态接近圆形，与蚕丝的三角形不同。蜘蛛丝是单丝，不需要丝胶来粘住两根丝。蜘蛛丝的纵向形态是丝中央有一道凹缝痕迹。蜘蛛丝的平均直径是 6.9μm，大约是蚕丝的一半。蜘蛛丝在水里有相当大的溶胀性，纵向有明显的收缩。

利用扫描电镜研究了蜘蛛丝的超分子结构，发现蜘蛛丝是由一些被称为原纤的纤维束组成，而原纤又是几个厚度为 120nm 的微原纤的集合体，微原纤则是由蜘蛛丝蛋白（Spidroin）构成的高分子化合物。

与蚕丝的结构相似，蜘蛛丝也是由结晶区和非结晶区交替排列构成。结晶区主要为聚丙氨酸链段，构象为 β - 折叠结构，分子链沿着纤维轴线方向呈反平行排列，形成曲折的 β - 片层结构进而相互重叠在一起构成结晶区。片层间为非结晶区，主要由大侧基氨基酸组成。蜘蛛丝的结晶度比蚕丝要小得多，其结晶度约为蚕丝的 55% ~60%，而非结晶区部分含量远远高于蚕丝。

2. 蜘蛛丝的性能

（1）力学性能。蜘蛛丝具有强度高、弹性好、韧性强、初始模量大、断裂功高、耐低温性等特性，是加工特种纺织品的首选原料，是一种优异的纺织材料。

蜘蛛丝由于结晶区的分子链间以氢键结合，因而分子间作用力很大，使得丝纤维在外力作用时有较多的分子链能承受外力作用，故蜘蛛丝具有高强度。据德国一个研究所对一种名叫 Nephila clavipes 热带蜘蛛的研究，其蜘蛛丝的线密度为 0.74 ~1.16dtex，强度为 6.4 ~8.2cN/dtex，在湿态下伸长有所增加，而强度基本保持不变。有的报道说蜘蛛丝的强度比钢丝大 5 倍，而美国南部有一种被称为“黑寡妇”的蜘蛛，其蜘蛛丝的强度比钢丝大 10 倍，另有报道蜘蛛丝的强度可以比杜邦的对位芳纶和联信的超高分子量聚乙烯纤维还要大。

固体蜘蛛丝内有呈不规则纠结状的蛋白分子链，是其具有弹性的原因；蜘蛛丝上 80% 的水分形成薄膜，包住蜘蛛网中的连接点，使其中的丝纠结、稳固，也就是这些丰富的水分，使得蜘蛛丝具有绝佳的弹性。

蜘蛛丝的初始模量比尼龙大的多，达到芳纶 Kevlar 纤维的高强高模水平。但是，Kevlar 纤维的断裂伸长率只有 2% ~5%，而蜘蛛丝的断裂伸长率有 36% ~50%。在黏弹性能方面，蜘蛛丝高于锦纶和Kevlar纤维。

(2)耐低温性。蜘蛛丝的另一个重要特性是它的耐低温性能。据报道，蜘蛛丝在-40℃时仍有弹性，只有在更低的温度下才变硬，因此，在极为寒冷的环境下，蜘蛛丝更是一种特具吸引力的工业纤维。

(3)其他性能。蜘蛛丝质轻、密度小、光滑、闪亮，耐紫外线性能强，而且较耐高温。蜘蛛丝在200℃以下具有较好的热稳定性，300℃以上才开始变黄。蜘蛛丝具有特殊的溶解性。蜘蛛丝所显示的橙黄色遇碱加深，遇酸褪色。它不溶于稀酸、稀碱，仅溶于浓硫酸、溴化锂、甲酸等，并且不能被大部分蛋白水解酶分解。加热时，蜘蛛丝能微溶于乙醇中。由于蜘蛛丝的构造材料几乎完全是蛋白质，所以它是生物可溶的，并可以生物降解和回收。

(二)再生蜘蛛蛋白纤维

人们在最初使用蜘蛛丝时有两个障碍：蜘蛛丝的产量有限，提取工艺又十分复杂，技术难度大；蜘蛛很难养殖，群养时互相残杀，不能规模化养殖。因此想利用天然蜘蛛丝是不现实的，只有人工合成才是有科学意义的途径。随着生物技术的发展和人们对蜘蛛吐丝原理的深入研究，所以近10~20年来，世界各国的科学家已经做了大量的工作，对蜘蛛丝蛋白质的化学组成、结构及蜘蛛蛋白质基因组成进行了大量的研究，以期利用基因技术研制出人工合成的再生蜘蛛蛋白纤维，使蜘蛛丝人工生产的方法有了突破性进展。

具体表现为，科学家用生物化学方法对蜘蛛丝蛋白和腺体分泌物进行了研究，分离了蜘蛛丝蛋白基因编码的核苷酸序列，建立了数据库，同时进行了基因序列的分离、纯化、结构特征的表达和克隆等研究工作，利用DNA合成技术已成功地在DNA水平上建立了不同蜘蛛丝蛋白片段的基因序列模型，用这种模型可制造出一种称为蜘蛛丝蛋白的合成基因，利用这种基因可生产出96.1%的基因序列与天然蜘蛛丝蛋白相同的产品。为下一步再生蜘蛛蛋白纤维工业化生产奠定了基础。

1. 制造方法

(1)牛羊乳蜘蛛丝法。加拿大魁北克的一家Nexia生物技术公司运用生物技术将能复制蜘蛛丝蛋白的合成基因移植到山羊乳腺细胞中，山羊生产的羊奶中就含有类似于蜘蛛丝蛋白的蛋白质，然后从羊所分泌的乳汁中，提炼出蜘蛛蛋白，纯度可高达70%~90%，其所产生的乳液中含有大量的光滑柔软的蜘蛛丝蛋白质纤维，这种含有蜘蛛基因的蛋白质纤维强度高，其性能类似于蜘蛛丝，这种纤维取名生物钢(Biosteel)，其强度比芳纶Kevlar大3.5倍。

(2)微生物植物吐丝法。此法是将蜘蛛丝基因转移到细菌、酵母或植物上，通过细菌发酵的方法来获得蜘蛛丝的蛋白质，由纺嘴挤出，即可得到再生蜘蛛蛋白纤维。例如美国杜邦公司已经发现一种名叫大肠杆菌(*Escherichia coli*)的细菌和一种名叫毕赤酵母(*Pichia pastoris*)的酵母菌通过基因移植技术能合成出高分子量的类似于蜘蛛拉索丝蛋白的蛋白质。并发现用大肠杆菌细菌可有效地生产出高分子量的蜘蛛丝蛋白，其分子长度可达1000个氨基酸，但高分子量蜘蛛丝蛋白的产量和均匀性则受到限制，可能由于在末端合成中某些端基出现了错误。而用毕赤酵母菌生产的高分子量蜘蛛丝蛋白则没有不均匀的问题，这种酵母菌可分泌出与蜘蛛拉索丝相似的蜘蛛丝蛋白。下一步工作就是研究如何利用工业发酵的方法大量生产这种细菌或酵母菌,然后把这种类似于蜘蛛丝蛋白的蛋白质分离出来作为纺丝的原料。

(3)利用植物生产蜘蛛丝蛋白质法。此种方法采用转基因方法或将能产生蜘蛛丝蛋白的基因移植到植物上,通过植物大面积的种植,使这种植物大量生产出类似蜘蛛丝蛋白的蛋白质,然后通过提取加工,便可以作纺纱的原料,同时降低成本。将蜘蛛丝蛋白的基因移植给花生、烟草和谷物等植物,使植物能大量生产近似于蜘蛛丝成分的蛋白质原料。如德国植物遗传与栽培研究所将能复制金纺蜘蛛(*Nephila clavipes*)的蜘蛛丝蛋白的合成基因移植给烟草和土豆,所培植出的转基因烟草和土豆含有可观数量的类似于蜘蛛丝蛋白的蛋白质,90%以上的蛋白质含有420~3600个碱基对,其基因编码与蜘蛛丝蛋白相似。

(4)利用蚕吐蜘蛛丝法。此法利用转基因技术中"电穿孔"的方法,将蜘蛛的基因注入只有半粒芝麻大的蚕卵中,使培育出来的家蚕分泌出含有蜘蛛丝基因的丝,这种由蚕吐出的蜘蛛丝性能非常优异,抗断裂的强度是蚕丝的10倍,锦纶的5倍;伸缩率高达35%,远远超过锦纶丝。上海生化研究所的科技人员用此法历经数年,攻关解决了转基因蚕基因导入、活性基因鉴定及传代育种等一系列技术难题。此研究被列为中国"863"计划重点项目,目前正在进行中。

(5)化学合成蜘蛛丝方法。有科学家模仿蜘蛛丝的组成元素和结构,以化学合成的方式发展"有蜘蛛丝功能"的高分子纤维。

如今用各种科技方法来制造再生蜘蛛蛋白纤维,还是无法完全媲美于原产物的一些功能,经过科学家们的研究,其关键可能是出在如何模仿蜘蛛独特的拔丝技巧。截至目前,大家还在努力仿真像蜘蛛丝一般的应用材料。

2. 应用

(1)军事和航天装备。再生蜘蛛蛋白纤维具有强度大、弹性好、柔软、质轻等优良性能,尤其是具有吸收巨大能量的能力,是制造防弹衣的绝佳材料。蜘蛛丝里的拉伸丝蛋白是目前人类已知强度最大的材料,用拉伸丝蛋白纺织出来的防弹衣能把弹头或弹片伤害士兵的危险降到最低限度,用再生蜘蛛蛋白纤维做的防弹背心性能比芳纶更好。美国麻省的"国家陆军生物化学指挥中心"和加拿大魁北克的"内克夏生物科技公司"的科学家,将蜘蛛身上抽取的蜘蛛丝基因植入山羊体内,使山羊奶含有蜘蛛蛋白,然后经过特殊的纺线程序,把山羊奶中的蜘蛛丝蛋白纺成"人造基因蜘蛛丝",这种人造蜘蛛丝有蚕丝的质感、光泽,弹性极强,它比钢铁密度大却又柔软无比,集坚韧与结实于一身,可被广泛地用来制造手术用缝合线、柔软的防弹衣以及极不易磨损的衣物等;美国麻省理工学院机械工程学教授加雷思·麦金利领导的一个小组和陆军"士兵纳米技术研究所"合作,其目的是研制出一种全新的军装,这种轻便的军装不仅能成为士兵的防弹装甲,还可以自动适应不同温度环境,甚至能为生病或受伤的士兵起到一定的医疗作用,这个研究项目在麻省理工学院内进行,政府称此项目为"蓝天",意思是其科技领先现实15~20年;四川大学天友生物工程股份有限公司将再生蜘蛛蛋白纤维的蛋白基因转移到家蚕上,用高蜘蛛丝蛋白含量的桑蚕丝作为新防弹衣的材料。

另外,再生蜘蛛蛋白纤维还可制成战斗飞行器、坦克、雷达、卫星等装备以及军事建筑物等的防护罩,还可用于制造降落伞,这种降落伞重量轻、防缠绕、展开力强大、抗风性能好、坚牢耐用。

(2)高强度材料。再生蜘蛛蛋白纤维可用于结构材料、复合材料和宇航服装等高强度材料。用再生蜘蛛蛋白纤维编织成具有一定厚度的材料进行实验,表明其强度比同样厚度的钢材高9倍,弹性也很高。因此,对再生蜘蛛蛋白纤维进行进一步加工,可用于制造武器装备防护材料、车轮外胎、高强度的渔网等。在建筑方面,再生蜘蛛蛋白纤维可用作结构材料。

(3)医疗卫生。在医学和保健方面,尤其有广泛用途。由于蜘蛛丝是天然产品,又由蛋白质组成,和人体有良好的相容性,因而可用作高性能的生物材料,制成伤口封闭材料和生理组织工程材料,如人工关节、人造肌腱、韧带、假肢、组织修复、神经外科及眼科等手术中的可降解超细伤口缝线等,具有韧性好、可降解等特性。

第三节 新型合成纤维

一、聚乳酸纤维

聚乳酸纤维(Polylactic acid 简称 PLA)是以农业产品玉米为原料,经过微生物发酵将玉米糖转化为乳酸,然后经缩合、聚合反应制成聚乳酸,再利用耦合剂制成较高分子量的聚乳酸,最后将其纺成丝,成为纤维。这种纤维制品废弃后,借助土壤和水中的微生物作用,完全分解成植物生长所需要的二氧化碳和水,形成资源循环再生,因而聚乳酸纤维不会对环境产生污染,是一种完全自然循环的可生物降解环保纤维。

(一)聚乳酸的制备

纺制聚乳酸纤维需要较高分子量的聚乳酸。聚乳酸的制备工艺一般有:一步聚合法、两步聚合法。

1. 一步聚合法 一步聚合法是在高真空和一定温度下用溶剂去除凝结水,将精制的乳酸直接聚合得到聚乳酸树脂,所制备的聚乳酸相对分子质量小于5000,不能作为生产聚乳酸纤维的原料。

2. 两步聚合法 两步聚合法是在较温和的条件下去除水分。将乳酸环化制成二聚物丙交酯,在真空下蒸馏提纯后再进行开环聚合制得聚乳酸树脂。此方法制得的相对分子质量可高达二十几万,是目前工业上普遍采用的方法,由于所生产的 PLA 相对分子质量高,结晶性好,强度高,用途广泛[19]。

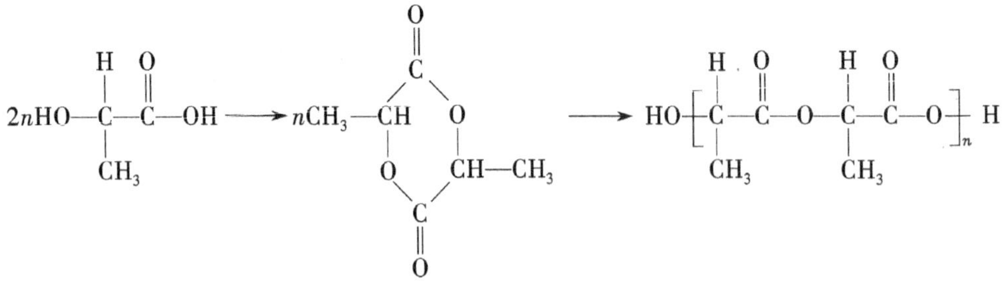

乳酸　　二聚丙交酯　　高分子量聚乳酸

(二)聚乳酸纤维的纺丝成型

聚乳酸纤维的纺丝成型可采用溶液纺丝法、熔融纺丝法和静电纺丝法。

1. 溶液纺丝法 采用溶液纺丝法中的干法纺丝所得到的纤维机械性能优于熔纺纤维[20]，由于溶液纺丝法的工艺较为复杂，使用溶剂有毒，溶剂回收难，纺丝环境恶劣，产品成本高，从而限制了其商业化发展。

2. 熔融纺丝法 熔融纺丝是最理想的纤维成型方式。熔融纺丝工艺技术比较成熟、环境污染小、生产成本低，更有利于自动化、柔性化生产，是目前聚乳酸纤维的主要成型方法[21]。

(1)原料预处理。聚乳酸在活泼和潮湿的环境中会通过酯键断裂发生水解反应而产生降解，造成分子质量大幅度下降。从而严重影响成品纤维的品质，所以纺丝前要在高真空下干燥除去聚乳酸的水分(含量 <50mg/kg)。

另外，可在60℃下用醋酸酐和吡啶对聚乳酸末端的—OH 基团进行乙酰化，然后再进行熔融纺丝，发现经端基封闭后的聚乳酸热稳定性有所提高，在纺丝温度低于200℃时基本不发生热降解[22]。

(2)纺丝成型。聚乳酸熔融纺丝的生产工艺与 PET 类似，高速纺丝一步法、纺丝—拉伸二步法都可采用。

高速纺丝不仅可以提高聚乳酸纤维的产量，还可通过其本身的热拉伸过程生产非取向或部分取向的纤维。对于熔融高速纺丝聚乳酸需要进行封端、抽真空等预处理。其一般工艺为：

预处理→熔融纺丝(温度 180 ~ 210℃，纺丝速率 2000 ~ 5000m/min)

二步法制得的聚乳酸纤维的机械性能一般好于高速纺丝制得的纤维。对于熔融纺丝—拉伸二步法。聚乳酸同样需要进行封端、抽真空等预处理。其一般工艺为：

预处理→熔融纺丝(温度 190 ~ 240℃，纺丝速率 500 ~ 1000m/min) →热拉伸(温度 100 ~ 160℃，拉伸倍数 4 ~ 7)

3. 静电纺丝法 即使带电荷的高分子溶液或熔体在静电场流动并发生形变，然后经溶剂蒸发或熔体冷却而固化形成纳米级至亚微米级(3 ~ 1000nm)的超细纤维。最终被收集在接蔽屏上，形成非织造超细纤维膜。该超细纤维膜非常适合生物医用领域的应用，像组织工程支架、伤口包覆材料、人造器官屏蔽保护织物等。

静电纺丝法制备聚乳酸超细纤维也面临一些问题：产量很低(1mg/h ~ 1g/h)，得到的纤维力学强度差。

(三)聚乳酸纤维的性能

1. 物理机械性能 聚乳酸纤维结构规整，具有较高的结晶度(约为 83.5%)、较高的拉伸强度和较好的柔软性，具有较好的物理机械性能，与聚酯和聚酰胺纤维比较，PLA 纤维具有更好的手感和悬垂性，密度小，抗紫外线好，可燃性差、发烟量小，有较好的卷曲性和保形性。聚乳酸纤维与聚酯纤维、棉纤维的性能见表 8 - 12。

2. 生物降解性 聚乳酸纤维的生物降解性优于合成纤维和纤维素纤维，其制品废弃后在土壤或海水中经微生物作用可完全分解成二氧化碳和水，是一种完全意义上的环保纤维。聚乳酸纤维降解的原因是聚合物链上酯键的水解。它的降解方式是必须先行水解，之后方可进行酶解。

表 8-12 聚乳酸纤维与聚酯纤维、棉纤维的性能

项　目	PLA 纤维	聚酯纤维	棉纤维
密度/(g/cm^3)	1.27	1.38	1.54
熔点/℃	175	260	—
玻璃化温度/℃	57	70	—
标准状态下的吸湿率/%	0.6	0.4	8.5
燃烧热/(kJ/g)	18.84	23.03	—
断裂强度/(cN/dtex)	4.0~4.9	4.0~4.9	3.0~4.9
伸长率/%	30	30	—
染料种类	分散染料	分散染料	活性染料

(四)聚乳酸纤维的应用

1. 生物医用领域 聚乳酸作为生物降解材料在医药及医疗用品方面的开发应用受到了高度重视。聚乳酸纤维因其优良的生物降解性、低毒性和生物降解性,在医疗、医学领域具有广阔的应用前景,纤维可用作手术缝合线、吊绳、纱布、针织布、外用脱脂棉、绷带等,非织造布可用作手术衣、手术覆盖布、口罩等。

如在聚乳酸主链中引入了聚已内醇(PLC)、聚乙醇酸(PGA)等的分子链,使左旋聚乳酸(PLLA)大分子链的规整度下降,共聚物纤维的结晶度较低,机械性能有所下降,用作可吸收性手术缝合线,由于其生物降解性,在伤口愈合后可自动降解并被吸收。特别对于体内伤口,使用可吸收性手术缝合线,无需二次手术拆线,减少了病人的痛苦[23]。

2. 服装面料领域 聚乳酸纤维弹性回复率高,保形性、保暖性、悬垂性和抗皱性很好,挺括不易变形,免烫性好。适宜加工各种服装面料。例如聚乳酸纤维可以与棉、羊毛和蚕丝等混纺,生产的织物吸湿透气,手感柔软,穿着舒适,具有优良的形态稳定性和抗皱性,并且不会刺激皮肤,具有极好的舒适性。

3. 非织造布领域 聚乳酸纤维由于透气性好,具有良好的回弹性和潮气的芯吸效应,可加工成各种非织造布产品,可生产妇女卫生巾和尿布等一次性用品,工业和家庭用抹布等。

二、水溶性纤维

水溶性纤维(Water soluble fiber)是一种能在水中溶解或遇水缓慢水解成水溶性分子(或化合物)的纤维,是一种很有价值的功能性差别化纤维,较有代表性的是水溶性聚乙烯醇纤维,商品名是水溶性维纶,还有海藻纤维、羧甲基纤维素纤维等。

水溶性 PVA 纤维是目前世界上生产的唯一溶于水的合成纤维,它不仅成本低,而且性能比其他水溶性纤维好。以下我们只介绍水溶性 PVA 纤维。

(一)水溶性 PVA 纤维的水溶性

水溶性 PVA 纤维的分子式为$\left[CH_2\underset{\displaystyle |\atop \displaystyle OH}{CH} \right]_n$,由于其分子结构中每个链上都有一个羟基,极易与水亲和,因此纤维极易溶解于水,其溶解温度取决于结晶度。结晶度低,溶解温度相对较

低，一般为60~100℃[24]。

水溶性PVA纤维的整个溶解过程包括膨润收缩和溶解分散两大过程。将水溶纤维或其织物放在一定温度的热水中，随着水温的增高，纤维逐步吸水膨润，随之产生收缩。当水温继续升高，纤维达到最大收缩率时，纤维就被溶断成胶状片段，进一步升高水温或延长处理时间，则PVA就以分子形式溶解分散而成为均匀的溶液。

（二）水溶性PVA纤维的制取方法

水溶性PVA纤维的制取方法主要有湿法纺丝、干喷—湿纺、干法纺丝。另外还有增塑熔融纺丝、硼酸凝胶纺丝和溶剂湿法冷却凝胶纺丝。

1. 湿法纺丝

（1）水系湿法纺丝。以水为溶剂，芒硝溶液为凝固浴，选择合适的聚合度和醇解度的PVA，以适宜的工艺条件，可制得水溶温度较低的水溶性纤维。用此法制得的水溶性纤维的截面常为复合形，如哑铃形截面，纤维径向不均匀，导致其物理机械性能会有一定的限制[25]。目前国内外水溶性PVA纤维大多数采用此法。

（2）有机溶剂系湿法纺丝。以二甲基亚砜（DMSO）为溶剂，DMSO和甲醇混合溶液为凝固浴，可制得横截面是圆形的纤维，一般纺丝原液黏度控制在5~200Pa·s。对于不能水洗的水溶性PVA纤维，可采用此方法。

2. 干喷—湿纺 纺丝溶液从喷丝头压出后先经过空气层，然后进入凝固浴。干喷湿纺显著优点是由于纺丝液细流出喷丝孔后，先通过空气层，这样就能大大提高喷丝头的拉伸效果，因而纺丝速度可比一般湿法纺丝高5~10倍，大大提高了生产效率。此法纺丝原液黏度控制在5~1000Pa·s，纺丝溶剂与凝固浴与有机溶剂系湿法纺丝相似。

3. 干法纺丝 将高浓度的PVA纤维溶液喷入热空气中，使溶剂蒸发而凝固成丝，再经干热牵伸、热处理而得到。干法纺丝可制造常温以上的水溶性PVA纤维。该方法主要制备长丝，也可制备既可水溶又具黏合性的长丝。纺丝溶剂有水和有机溶剂两类，纺丝原液黏度控制在500~5000Pa·s。

（三）湿法纺丝生产水溶性PVA纤维的工艺控制

1. 原料 生产水溶温度较低的水溶性PVA纤维应选择聚合度和醇解度较低的PVA。因为聚合度过高，大分子链增长，纤维水溶性温度增高；但聚合度过低，纤维强度太小。

随着PVA醇解度的降低，残存醋酸基数量提高，纤维的水溶性也增加，其原因是醋酸基体积庞大可显著地减小PVA分子间的相互作用力和分子间氢键的密度。但醇解度太低，PVA的可纺性变差，纤维力学强度下降。一般来说，聚合度小于1700，醇解度小于99%的PVA均可用于湿法纺丝制得水溶温度在60℃以上的水溶性PVA纤维。在实际生产中，大都采用PVA聚合度1700来生产水溶温度在90℃以上的水溶性PVA纤维[26]。

2. 纺丝溶液的制备 提高溶解温度，有利于溶剂的扩散，加快PVA的溶胀，同时高温可降低扩散层的黏度，大分子也较容易脱离表面层，所以提高温度有利于溶解。为获得优质的纺丝原液，溶解后的溶液必须经过两道过滤和负压静止脱泡。

PVA原液的黏度随温度的升高而下降，故纺丝前必须采取措施维持原液温度的恒定来保证黏度的稳定。另外，原液的黏度随原液浓度升高而升高，因此配置原液时，应严格控制原液浓度恒定来确保黏度的稳定。工业上，适宜的原液黏度为 100 ~ 150 Pa · s，原液温度约 100℃，原液浓度为 17% ~25%。

3. 纺丝

（1）凝固。PVA 原液在硫酸钠凝固浴中凝固，浴比越大，凝固越好，但这样会增加凝固浴的蒸发和循环。故生产中采用凝固浴温度 44℃的硫酸钠接近饱和溶液。

（2）拉伸。浴中拉伸一般为负拉伸，有利于初生纤维结构均匀，但负拉伸过大易造成黏丝、飘丝或毛丝，故生产溶解温度 90℃的水溶性 PVA 纤维，浴中拉伸应稍大一点，以零拉伸为好。

导辊拉伸指第一组导辊和第二组导辊之间的速度差，为正拉伸。刚离浴的丝条，处于膨化的可塑态，大分子链容易运动，有利于拉伸取向，但拉伸过大会造成初生纤维断裂，故此时的拉伸比为1.7。

湿热拉伸指集束机与干燥机之间的速度差，其作用使纤维在湿热下进一步拉伸固化，一般控制湿热拉伸比为 1.1。

（3）热处理。热处理包括干燥、预热、延伸、收缩等过程，为保证纤维质量，控制干燥温度 160 ~ 180℃，时间 2.5min；预热温度 190℃，时间 2min；延伸温度 204 ~ 210℃，时间 1.9min，拉伸倍数 1.3 倍；收缩温度 160 ~ 170℃，时间 3min。

4. 后处理

（1）热水卷缩。水溶性 PVA 纤维的热水卷缩相当于在松弛自由状态下的湿热处理，即利用硫酸钠溶液为热媒介，使处于非平衡状态的半成品纤维内的大分子产生应力松弛而回复到平衡状态，使成品纤维具有卷缩效果，工业上控制热水温度比半成品 PVA 纤维的 R_p 值（纤维在水中急剧收缩时的温度）约低 1 ~2℃，处理时间在 1min 以内。

（2）上油。油浴浓度 6.0g/L，油浴温度 40 ~50℃。

（3）干燥。水溶性 PVA 纤维要在较为缓和的条件下干燥，否则纤维将在湿热条件下被溶解，因此干燥采取低温长时间的工艺。

（四）水溶性 PVA 纤维的应用

1997 年 4 月，日本可乐丽公司开发成功可乐丽 K－Ⅱ纤维与低品质支数的羊毛混纺制成高支轻薄纯毛面料技术。利用水溶性 PVA 纤维的水溶性能，纺纱时，在低品质支数的羊毛纤维中混合一定比例的水溶性 PVA 纤维制成中等细度毛纱，经织造成布，在后整理过程中溶去 PVA 纤维，从而得到轻薄的纯毛面料。

在棉麻混纺纱中加入一定比例的水溶性 PVA 纤维，再在后加工过程中将 PVA 纤维溶解去除，可以得到较高品质的棉麻纱。

水溶性 PVA 纤维非织造布主要用作绣花底布，它可以与面料复合作为增强底布，也可以作为骨架使用，直接在上面进行电脑绣花，绣成后经热水处理将 PVA 非织造布去除，绣品自然，仿真效果好。

复习指导

1. 了解各种新型化学纤维的结构。
2. 了解各种新型化学纤维的生产。

3. 掌握各种新型化学纤维的性能。

参考文献

[1] 杨美华,杨东洁. Lyocell 纤维结构与性能的关系[J]. 成都纺织高等专科学校学报,2002(3):10-12.

[2] 李栋高,蒋惠钧,潘志娟,等. 纤维材料学[M]. 北京:中国纺织出版社,2006.

[3] 万雅波,王善元. 溶剂化纤维素纤维的原纤化性能[J]. 纺织学报,1999(3):19-21.

[4] 赵培华. Lyocell 织物染色[J]. 印染,1999(3):23-25.

[5] 段菊兰,胡学超,章谭莉,等. 凝固浴浓度对 Lyocell 纤维性能及最大纺丝速度的影响[J]. 合成纤维,1999(6):5-7.

[6] 邬国铭,李光. 高分子材料加工工艺学[M]. 北京:中国纺织出版社,2000.

[7] 武红艳,林其凌. Lyocell 纤维的纺丝生产工艺、性能和发展前景[J]. 纺织科学研究,1999(1):25-32.

[8] 桑榆译. 东丽:新型竹纤维[J]. 国际纺织导报,2005(8):7.

[9] 胡小霞, 王戈, 陈鹏,等. 纺织用竹纤维性能的研究与评价[J]. 木材加工机械,2006(4):39-43.

[10] 王建坤,夏川,张美玲,等. 新型服用纺织纤维及其产品开发[M]. 北京:中国纺织出版社,2006.

[11] 范杰. 竹纤维——一种新型的纺织纤维材料[J]. 天津纺织科技,2005(2):35-38.

[12] 李新娥,张江燕. Modal 产品织部工艺的优化[J]. 棉纺织技术,2005(5):48-50.

[13] 杨庆斌,于伟东. 大豆蛋白纤维及其加工与应用中的问题[J]. 纺织导报,2004(6):74-80.

[14] 沈国先. 大豆蛋白纤维产品开发的探讨和实践[J]. 新纺织,2005(9、10):26-29.

[15] 彭勇刚. 大豆蛋白纤维的研究现状[J]. 染整技术,2006(11):9-13.

[16] 姚穆. 关于大豆蛋白纤维开发应用的思考和建议[J]. 棉纺织技术,2001(9):5-6.

[17] 王化杰,杨旭红. 大豆蛋白纤维性能及产品开发新动向[J]. 江苏丝绸,2002(3):1-4.

[18] 翁卸元. 大豆蛋白纤维优越特性及制造技术[J]. 产业用纺织品,2002(3):35-37.

[19] 徐超武,王雪华. 聚乳酸(PLA)纤维的生产和开发应用[J]. 四川丝绸,2006(1):26-28.

[20] 宋海亮. 聚乳酸及其纤维的制备和应用新进展[J]. 产业用纺织品,2002(2):9-11.

[21] 张旺玺,张慧勤,潘玮,等. 聚乳酸纤维的合成加工与应用[J]. 中原工学院学报,2005(3):1-4.

[22] 任杰,董博. 聚乳酸纤维制备的研究进展[J]. 材料导报,2006(2):82-85.

[23] 姚军燕,杨青芳,周应学,等. 高性能聚乳酸纤维的研究进展[J]. 化工进展,2006(3):286-291.

[24] 薛飞燕. 水溶性维纶的性能与应用[J]. 产业用纺织品,2004(4):43-44.

[25] 张研,闻荻江. 水溶性 PVA 纤维的生产技术[J]. 合成纤维工业,2003(3):38-39.

[26] 何云. 湿法纺丝制备水溶性 PVA 纤维的工艺探讨[J]. 合成纤维工业,2004(4):31-33.

思考题答案

第一章　概论

1. 纺织纤维（柔软细长，长径比大于1000:1）；化学纤维（高聚物、化学方法、机械加工）；合成纤维（天然低分子原料，化学合成、加工）；再生纤维（天然聚合物、化学处理、机械加工、纤维的化学组成与原高聚物基本相同）；长丝（千米计）；短纤维（几厘米至十几厘米）；熔体纺丝（高分子熔体、空气或水中凝固）；干法纺丝（高分子浓溶液、热空气或氮气中溶剂挥发而凝固）；湿法纺丝（高分子浓溶液、凝固浴中凝固）。

2. 原料制备、纺丝流体（液）的制备、化学纤维的纺丝成型、化学纤维的后加工。

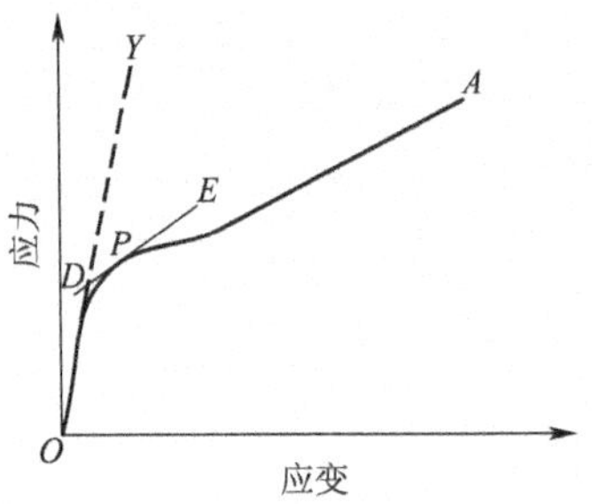

3. 物理性能指标、机械性能指标、稳定性能指标、加工性能指标、短纤维的附加品质指标。

4. 初始模量、屈服应力、屈服应变、断裂功、断裂比功、功系数、回弹性。

5. 初始模量：直线 OY 的斜率；屈服应力：P 点对应的应力；屈服应变：P 点对应的应变；断裂强度：A 点对应的应力。

6. 极限氧指数：试样在氧气和氮气的混合气中，维持完全燃烧所需的最低氧气体积分数。

分类	LOI/%	燃烧状态	纤维品种
不燃	≥35	常态环境及火源作用后短时间不燃烧	多数金属纤维、碳纤维、石棉、硼纤维、玻璃纤维及PBO、氟纶、PPS纤维
难燃	26～34	接触火焰燃烧，离火自熄	芳纶、氯纶、酚醛、改性腈纶、改性涤纶、改性丙纶等
可燃	20～26	可点燃及续燃，但燃烧速度慢	涤纶、锦纶、维纶、羊毛、蚕丝、醋酯纤维等
易燃	≤20	易点燃，燃烧速度快	丙纶、腈纶、棉、麻、黏胶纤维等

7. 纤维实际上是纤维、空气和水的混合物，故纤维的导热系数受纤维的结构与排列、空隙或空气的含量及空气流动性水分含量等的影响。

8. 细度不匀：平均差系数 $U\%$、均方差系数 $CV\%$、极差系数 R。

测量：乌斯特（Uster）条干均匀度仪。

9. 增加化学纤维与棉、毛混纺时的抱合力，改善纤维的柔软性。

第二章　化学纤维成型原理

1. 入口区、孔流区、膨化区、形变区和稳定区。

2. 类型：液滴型、漫流型、胀大型、破裂型。

依据：$Re_{el}>5\sim8$。

正常：胀大型。

3. 熔体状态下的流动取向（喷丝孔中切变流场中的流动取向、出喷丝孔后熔体细流在拉伸流场中的流动取向）纤维固化之后的形变取向。

4. 过程：溶胀→溶解。

结构因素：大分子链结构、超分子结构、溶剂性质。

5. 采用有机试剂作溶剂，凝固速度快，在较短时间内发生较大程度的浓缩，但皮层凝固程度高于芯层，芯层收缩时，皮层相应的收缩率较小，导致背向浴流的侧面凹进，使截面呈肾形。

6. 双扩散的传质过程（主导）和传热过程（辅助）。

7. 传热。

8. 双扩散的传质过程和传热过程。

9. 闪蒸、纺丝线内部的扩散、从纺丝线表面向周围介质的对流传质。

第三章　化学纤维拉伸和热定型原理

1. 定义：干拉伸时初生纤维处于空气包围之中，纤维与空气介质及加热器之间有热量传递。

方式：室温拉伸、热拉伸。

2. 定义：拉伸时纤维被包围在饱和蒸汽或过热蒸汽之中，由于加热和水分的增塑作用，使纤维的拉伸应力有较大的下降。

方式：饱和蒸汽浴拉伸、过热蒸汽浴拉伸。

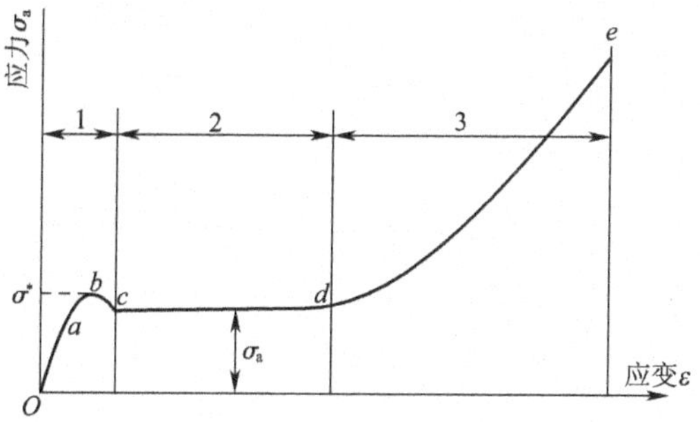

3. 定义：湿拉伸是指拉伸时纤维被液体介质（水、油剂或溶剂与沉淀剂的混合液）包围，有热量传递，在成型过程中的拉伸还可能有传质过程甚至有化学反应。

方式：液浴法、喷淋法。

4. Oa 段、ab 段、bc 段、cd 段、de 段。

5. $T>T_g$：结构单元（链段、大分子链、链束等）显著运动→大分子链沿纤维轴整齐排列→取向度↑。

$T<T_m(T_f)$：解取向小。

6. 消除纤维内应力、改善纤维物理机械性能、改善纤维的染色性能、去除纤维水分。

7. 松弛热定型、张力热定型。

8. 侧基的运动；主链中数个—CH_2—基的运动（又叫曲柄运动）；主链中杂原子的运动（例如聚酰胺中酰氨基的运动）；主链中 50～100 个碳原子所构成的链段运动（相当于 T_g）；整个大分子链作为单位的运动。

9. 涤纶有两个内耗峰，一个高于室温（α 转变），一个低于室温（β 转变），因此，涤纶的热定型效果很好，而且涤纶由于大分子上没有能生成氢键的基因，吸水性很差，虽然热定型温度要高于锦纶，但达到的定型效果较为永久，水洗对它没有影响。

第四章　黏胶纤维生产及质量控制

1. 纤维素是一种由大量葡萄糖残基彼此按照一定的连接原则，即通过第一个、第四个碳原子用 β 键连接起来的不溶于水的直链状大分子化合物。在纤维素的化学结构式的构造单元中，含有三个游离醇羟基，这三个游离醇羟基中，一个是伯羟基，两个是仲羟基，分别处在2、3、6三个碳原子上。

2. 纤维素是多羟基化合物，它很容易被氧化剂氧化，同时分子链发生断裂，聚合度降低。氧化后在链环上（葡萄糖酐）引起功能基的改变。

3. 由于苷键对碱的作用具有相当高的稳定性，在常温下，稀碱溶液对纤维素是不起什么作用的。纤维素与浓碱作用时，使纤维素发生化学变化、物理化学变化和结构变异。其化学变化就是生成新的化合物——碱纤维素；其物理化学变化就是润胀和溶解，使纤维素变得富有弹性和丝光。另外，可使纤维素中的低聚合度部分发生溶解，从而提高了纤维素相对分子质量的均一性，改善了它的力学物理性质。

4. 浸渍：纤维素在碱液中变成碱纤维素；溶出半纤维素；浆粕膨化提高反应性。

因素：浸渍时间、浸渍温度、浸渍碱液浓度、浸渍碱液中含杂量、浆粥浓度。

5. 浸渍碱液→碱液泵→碱液计量桶─┐
　　　　　　　　　　　　　　　　├→浸渍桶→浆粥泵→压力平衡桶→压榨机→预粉碎辊→粉碎机→压实机
　　　　　　　　　浆粕→喂粕机─┘

6. 作用：降低聚合物。

因素：老成温度、老成时间、半纤维素含量、碱纤维素组成、杂质、碱纤维素的压榨和粉碎度、大气压力。

7. (1) 黄化主反应：碱纤维素 + 二硫化碳→纤维素黄原酸钠 + 水 + 热量

(2) 黄化副反应：CS_2 与 NaOH 反应、纤维素黄原酸酯水解和皂化。

8. 浆粕质量、碱纤维素中含游离碱及粉碎度、黄化溶解液浓度及加入量、二硫化碳加入量、黄化温度、二氧化钛加入量、真空度、降解、黄化时间。

9. 二次真空法：抽真空 8×10^4 Pa 加入二硫化碳后，真空度下降为零（机内压力回升）→黄化反应结束后，真空度开始出现。

颜色观察法：黄原酸钠白色→淡黄色→黄色→橘红色（棉浆、木浆）、灰绿色（草浆）

10. 水解、皂化、补充黄化。

11. 主反应：纤维素黄酸钠与酸的反应、黏胶中的碱与酸的中和反应。

副反应：黏胶中杂质被硫酸分解。

12. 硫酸、硫酸钠、硫酸锌。

13. 集束：集束成大束便于后加工。

塑化：高温酸浴塑化浴→ 再次再生（再生完全）；丝条塑化状态→拉伸↑（纤维大分子链沿纤维轴整齐排列）

14.（1）流程：

散状纤维后加工：精练（水洗、脱硫、漂白、酸洗、上油）→切断→干燥→打包

丝束状后加工：切断→精练（水洗、脱硫、漂白、酸洗、上油）→干燥→打包

（2）作用：

水洗浴：除去纤维从凝固浴带来的硫酸及硫酸盐，以及附在丝条表面的硫黄。

脱硫浴：使不溶于水的胶态硫转化成水溶性的硫化物而被除去——内部硫。

漂白浴：增加纤维白度。

酸浴：除去纤维在漂白、水洗后含残余的氯和纤维上所带的有氢氧化铁及其他重金属。

上油浴：调节纤维表面摩擦力，使纤维具有柔软平滑的手感，又有适当的抱合力。

15. 黏胶的组成及性质（组成、黏度、熟成度、黏胶中的粒子及气泡）、纺丝速度、凝固浴（凝固浴各组分浓度、凝固浴温度、浸浴长度、丝上浴长度、空气浴长度）、纺丝间温湿度、拉伸（喷丝头拉伸、塑性拉伸、松弛回缩）。

16.“二次浸渍”是将老成后的碱纤维素在10%碱液中于低温下重浸渍。在此条件下，碱对纤维素具有最大的膨润能力，老成过程中产生的低分子纤维素被充分溶出。因此，重浸渍后的碱纤维素多分散性较为均匀，消耗更多二硫化碳的低分子纤维素组分减少，膨润充分的碱纤维素使二硫化碳分子更易渗入，从而可将二硫化碳用量降至20% ~25%（对甲种纤维素重量），碱纤比小于0.5，即可制成过滤性能良好的黏胶，并且大大降低二硫化碳、碱和硫酸消耗，减少对环境的污染。

“二次浸渍”生产中主要的困难是含半纤维素的废碱液增多，不易进行碱回收处理。而对浆粕和黏胶纤维的联合厂，就有可能将这种废浸渍碱液用于浆粕蒸煮。

17. 离心纺丝：黏胶 → 计量泵 → 过滤器 → 喷丝头 → 凝固浴 → 纺丝盘1 →纺丝盘2 → 漏斗 → 离心罐 → 酸性丝饼

半连续法离心纺丝：黏胶 → 计量泵 → 过滤器 → 喷丝头 → 凝固浴 → 纺丝盘 → 凝固辊→去酸辊 → 漏斗 → 离心罐 → 中性丝饼

连续法纺丝：黏胶 → 计量泵 → 过滤器 → 喷丝头 → 凝固浴 → 纺丝盘 → 处理辊 → 烘干辊 → 上油辊 → 卷绕 → 中性丝筒

第五章　聚丙烯腈纤维生产及质量控制

1. 一步法：流程短，连续化；溶剂回收流程较长，各工序影响大；品种变换难；纺丝与溶剂回收时有毒单体排放，污染大。两步法：聚合转化率高，反应热易除去；纺丝原液纯度高；各工序影响小；溶剂选择面广，溶剂回收简单。但连续化程度低，对聚合物含水量要求尤为严格。

2. 第二单体：改善弹性、手感、热塑性；第三单体：改善染色好。

3. 引发剂浓度、总单体浓度、聚合温度、聚合转化率、聚合反应时间、介质 pH 值、单体中含有的有机杂质、硫氰酸钠中含有的杂质、无机盐杂质、浅色剂、相对分子质量调节剂、溶剂硫氰酸钠浓度。

4. 引发剂浓度、总单体浓度、聚合温度、聚合反应时间、介质 pH 值、无机盐杂质、搅拌、氧、聚合物粒子大小、水洗、脱水。

5. 目的：消除气泡，避免毛丝、气泡丝；方法：常压静置脱泡、连续式真空脱泡法。

6. 双扩散。

7. 原液中丙烯腈共聚物的浓度、原液黏度、原液中气泡、原液压力、原液的温度、凝固浴浓度、凝固浴温度、凝固浴的循环量、凝固浴中浸长、凝固浴中的含杂量、初生纤维的卷绕速度。

8. 聚合物相对分子质量、纺丝原液组成、纺丝甬道长度、纺丝甬道中溶剂蒸气浓度、纺丝温度、纺丝速度、喷丝头拉伸、纤维的截面形状、喷丝头的孔数和孔径。

9. 拉伸：取向度提高、强度提高。

上油：柔软、平滑、抗静电。

干燥致密化：消除内应力和纤维内存在的缺陷，固定卷曲度，提高尺寸稳定性，降低纤维含湿量。

热定型：提高纤维尺寸稳定性，改善纤维机械性能（主要是勾强、勾伸）以及纤维染色性。

卷曲：提高纤维抱合力、柔软性、弹性和保暖性。

10. 温度、脱水。

11. 原因：表面光滑、透明、对光均匀反射、光泽强。

方法：表面粗糙化处理、消光剂。

第六章　聚乙烯醇缩醛纤维生产及质量控制

1. 单体（醋酸乙烯）、溶剂（甲醇）、聚合方法（溶液聚合法）。

2. 引发剂、溶剂、转化率、聚合时间、聚合温度、杂质。

3. 高碱醇解法、低碱醇解法。

4. 原液、凝固浴、喷丝头拉伸。

5. PVA 初生纤维→导杆拉伸→导盘拉伸→集束→湿热拉伸→干燥→预热→干热拉伸→冷却→卷绕→切断→热定型→缩醛化→水洗→上油→开松→干燥→打包→切断状 PVA 短纤维

6. 实质：用醛处理纤维，使聚乙烯醇大分子上的游离羟基与醛作用，羟基部分的被封闭，并在 PVA 分子内和分子间形成交联点，从而进一步提高纤维对热水的稳定性。

工艺条件：醛化浴、缩醛化温度、缩醛化时间、缩醛度。

第七章　聚氨酯弹性纤维生产及质量控制

1. 软链段：在外力作用下，软链段为纤维提供大形变，使纤维容易被拉伸。

硬链段：防止长链分子在外力作用下发生相对滑移，并在外力去除后立即回弹，起到物理交联的作用。

2. 溶剂挥发、聚氨酯固化。

3. 软链段：聚四亚甲基醚二醇（PTMG）；硬链段：二苯基甲烷-4,4′-二异氰酸酯（MDI）。

4. 预聚体—

聚氨酯切片→干燥→熔融挤压— →混合→熔体分配→计量→喷丝→冷却→上油→牵伸卷绕→热处理

5. 预聚体质量、聚氨酯质量、干燥、纺丝温度、环境温度、纺丝速度、纺丝集束点位置、含油率、熟成。

类别	书名	作者	定价(元)
工具书	聚酯纤维科学与工程	郭大生等	100.00
	化学助剂分析与应用手册(上、中、下)	黄茂福	550.00
	洗衣店经营手册（赠两张光盘）	北京布兰奇洗衣服务有限公司等编	70.00
	生态纺织品标准	中国纺织工业协会产业部组织编写	60.00
	聚酯纤维手册(第二版)	贝聿泷	30.00
	英汉纺织工业词汇(合订本)	本书编写组	50.00
	英汉化学纤维词汇(第二版)	上海化纤(集团)有限公司等	80.00
	英语化学化工词素解析	陈克宁	28.00
本科教材	纺织化学(部委级,附光盘)	刘妙丽	44.00
	功能纤维及功能纺织品(国家级)	朱平	34.00
	科技信息检索(部委级)	滕胜娟	28.00
	纺织材料实验技术(部委级)	余序芬	48.00
	纤维化学与物理	蔡再生	38.00
	亚麻纺织与染整	赵欣	37.00
	聚合物化学(双语教材)	约翰・W. 尼科尔森	35.00
	合成纤维(双语教材,"十一五"部委级)	J. E. 麦金太尔	35.00
	纺织品设计手册双语教材	杰奎・威尔逊	35.00
	有机波谱分析(双语教材,英文原音朗读)	R. J. 安德森	38.00
	有机合成方法(双语教材,英文原音朗读)	詹姆斯・R. 汉森	38.00
	高分子材料生产加工设备	张瑞志	38.00
	高分子材料加工原理	沈新元	45.00
	高分子材料加工工艺学	邬国铭	45.00
	高分子物理学(第二版)	梁伯润	35.00
	高分子化学(第二版)	余木火等	34.00
	化纤机械	薛金秋	30.00
	绿色化学通用教程	汪朝阳	28.00
	物理化学实验	刘廷岳	35.00
	高分子化学和物理	赵振河等	46.00
高职、高专教材	纺织应用化学与实验(国家级,附光盘)	伍天荣主编	36.00
	基础化学(第二版)(上册)(部委级,附光盘)	戴桦根主编	35.00(估价)
	基础化学(第二版)(下册)(部委级,附光盘)	刘妙丽主编	34.00
	纤维化学及面料	杭伟明主编	28.00
	化学纤维概论(第二版)	肖长发	32.00
中等职业教育教材	无机化学	张金兴	28.00
	分析化学	陈勇麟	28.00
	纺织材料基础	瞿才新等	22.00